J. H. ALLEN
Die Chronischen Krankheiten
Die Miasmen

Band 2

Materia Medica

übersetzt von Renée von Schlick

Vergleichstabellen der Miasmen
Therapieanweisungen

bearbeitet von Renée von Schlick

mit einer Vorrede
von Dr. med. O. Eichelberger

RvS

Verlag
Renée von Schlick

5. Auflage 2004

D-52017 Aachen, Postfach 10 17 08

Druck und Bindung: Fuldaer Verlagsanstalt
ISBN 3-926428-01-5
ISBN Gesamtwerk 3-926428-13-9
Printed in Germany

Inhalt

Vorrede

J. H. Allen gehört in die Reihe der Patriarchen der Homöopathie.

In diesem 2. Band der deutschen Ausgabe seiner „Chronischen Krankheiten“ werden von ihm vor allem differentialtherapeutische Konsequenzen gezogen. Er befaßt sich mit den Arzneimitteln insbesondere für die miasmatischen Leiden.

Er zitiert Hahnemann, der seit den Jahren 1816/17, wie er selbst schreibt, „bei Tag und Nacht beschäftigt war, den Grund auszufinden, warum alle die von der Homöopathie gekannten Arzneien keine wahre Heilung in den chronischen Krankheiten bringen.“ Er beobachtete, „daß die auf die beste Weise mit den bis dahin ausgeprüften Arzneien homöopathisch behandelten unvenerischen chronischen Übel nach ihrer wiederholten Beseitigung dennoch, und zwar immer in einer mehr oder weniger abgeänderten Gestalt und mit neuen Symptomen ausgestattet, wiederkehrten, ja alle Jahre mit einem Zuwachse an Beschwerden wiederkehrten. Ich war nun überzeugt, daß die Auffindung eines oder mehrerer Heilmittel, welche alle Symptome einschließen, die das ganze und vollständige Bild der jeweiligen Erkrankung ausmachen, bedeuten würde, alle Beschwerden und Symptome des unbekannten Ur-Übels entdeckt zu haben.“

J. H. Allen nun spricht von solcher Entdeckung des Meisters als von „dieser kostbarsten Seite homöopathischer Literatur.“ Das muß man wörtlich nehmen. Hahnemann erlebte es, als er jene neuen Homöopathika gefunden hatte, welche sämtliche Phänomene deckten: die Krankheit kam nicht wieder, sondern der Patient blieb gesund. Später befand er, daß das gesuchte Ur-Übel miasmatisch-chronischer Natur sein müsse. J. H. Allen stimmte diesem Postulat bei: „Welch’ wunderbare Entdeckung!“ Lapidar heißt es bei ihm, diese Urexistenz eines chronischen Miasmas ist die einzig wahre Auffassung von Krankheit.

Bei alledem handelt es sich um Kernpunkte des Vollzugs der Reinen Lehre im praktischen Tun. Ihr Begründer setzte sich allerdings erst als 63jähriger mit dieser unverzichtbaren Vervollständigung seiner Heilkunst auseinander. Und bis zum heutigen Tag haben diese zentralen Gesetzmäßigkeiten ihre Gültigkeit. Keine Belehrung seiner Nachfolger liefert Besseres, als die hier zur Disposition stehende Literatur. Sie vermittelt die universelle Idee des Homoion.

Der miasmatischen Prädisposition und Erkrankung, ihrer Symptomatologie in toto, wird kongenial zugeordnet das Heilmittel, eines oder mehrere, welches sämtliche Symptomzeichen des Krankheitsbildes auf sich vereinigt. Implizit können das nur die antipsorischen, antisykotischen, antisyphilitischen Medizinen sein. Wird anders gewählt, wird die notwendige Systemimmanenz in Frage gestellt. Es ist zu bedenken, all dieses konnte der Meister erst im letzten Drittel seines Lebens ins reine bringen!

Mit den genannten Arzneien wird also jede Sorte von Beschwerden und Symptomen des Ur-Übels „abgedeckt". Daraus resultiert die sehr wohl atemberaubende Logik der Kunst der Anamnese der Reinen Lehre: Es müssen alle möglichen Symptomzeichen, sämtliche Phänomene ausgekundschaftet werden - samt und sonders! Der Vergleich mit einem Kuchen ist angebracht. Zuvörderst muß der ganze Kuchen gebacken, die vollständige Krankenbiographie aufgenommen werden, ehe die Suche nach den Rosinen, den kleinen und den großen, nach den Leitsymptomen demnach, eingeleitet werden darf. Halber Kuchen besagt halbe Rosinenzahl. Diese Rosinen versinnbildlichen jene Symptomatologie, welche gemäß Paragraph 153 des Organon die mittelentscheidende Spitzenqualität auf sich vereinigt. Sie repräsentiert die sonderlichen, eigenheitlichen, die höchstpersönlichen Daten der kompletten Biographie des Leidenden. Die noch existierenden guten bis interessanten Symptome, Zeichen und Modalitäten folgen auf dem Fuße. Ihr Stellenwert ist jedoch geringer; das Bessere ist des Guten Feind.

Das tout ensemble der Anamnese schließt auch die Blutsverwandtschaft aller Grade mit ein, somit auch die bereits lebende Nachfolgegeneration. In summa: Auf keine andere Weise ist die Homöopathik (Hahnemanns Terminus) verifizierbar. Eigenbrötelei, Verballhornung ihrer Betriebsvorschriften verdrängen diese Medizindisziplin in die Gefilde der Provinzialität. Wer sollte sich um die schwierige Beherrschung dieser Heilkunst bemühen, wenn er nur solche Ergebnisse erreichte, die jedem ehrenwert allopathisch Behandelnden ebenso zugänglich sind? Wir wollen wesentlich effizienter kurieren. Es hat sich lange erwiesen, daß diese Homöopathie fabelhafte Erfolge zeitigt, wenn sie kunstgerecht praktiziert wird.

Dafür tritt mit das Werk J. H. Allens auf den Plan. Dieses ist im Grunde unverzichtbar, seine Lehrinhalte bewähren sich als beste homöopathische Tradition. Keine noch so umfangreiche, jahrelang autochthon deklarierte Homöotherapie wird dasjenige ersetzen können, was unsere Vorfahren an optimaler Simileheilkunst überliefert haben. Ab ovo alles allein wissen zu wollen wäre Nonsens.

Heutzutage wird es unsere besondere Aufgabe sein - viele Erkrankungen breiten sich bereits seuchenartig aus -, gerade den klassischen Formen der Miasmen Herr zu werden, der Psora, der Sykosis, der Syphilis nach unserem Verständnis.

Jetzt allerdings müssen wir uns fragen: Ist es bisher gelungen, die von Hahnemann inaugurierten „Gegenmittel" zu den obigen Übeln intensiv und sicher genug an den Mann zu bringen? Nein, das ist leider nicht der Fall. Schuld daran gewissermaßen ist die Genietat Hahnemanns selbst. Seine neu geschaffenen antimiasmatischen Medizinen führen ja ungezählte Symptome mit sich, eine Fülle von Phänomenen, die, wie er sagt, „das ganze und vollständige Bild der jeweiligen Erkrankung ausmachen". Wir wissen im übrigen, dank der immer weiter und besser geprüften Heilmittel der neueren Zeit: letztlich sind unsere sämtlichen Arzneien an dieser „Schuld" mitbeteiligt.

In der 200jährigen Geschichte der Homöopathik war es daher kaum möglich, ihr riesiges Mittelarsenal, über 1.000 Einzelarzneien, sinnvoll anzuwenden. Die Repertorien brachten zwar wertvolle Hilfe, trotzdem fühlte man sich bei der Auswahl des Simile, der Similia gerade für die chronischen Leiden wie ein Kork auf dem Ozean, der verloren im Wasser schwimmt, nirgendwo Land erreichen kann. Man war gezwungen, ständig Kompromisse zu schließen, auf der einen Seite bei der Fallaufnahme, auf der anderen Seite bei der Wahl der passenden Medizin. Das führte zu vielen Mißverständnissen. Es entstanden „Bastard-Homöopathien" jeglicher Couleur. Das ist die Crux der Reinen Lehre bis vor wenigen Jahren gewesen, ihre Praktizierbarkeit war nicht ausreichend gewährleistet.

Diese Quadratur des Zirkels konnte (mit der nötigen verbleibenden Distanz) erst dann gelöst werden, als innerhalb der dritten industriellen Revolution die elektronische Datenverarbeitung (EDV) ihren Siegeszug begann. Durch die systematische Einführung des Rechners in die Homöopathik, beginnend vor etwa 10 Jahren, unter gleichzeitiger

Anpassung der Fallaufnahme an die Computeranlage mittels weiträumig angelegter Anamnesebogenaktionen, deren Sinn es ist, an den Kranken einen erklecklichen Teil der Beantwortung der uns am Herzen liegenden vielfältigen Fragestellungen zu delegieren, hat eine neue Ära der Similemedizin begonnen.

Diese Werkzeuge erlauben es zum ersten Mal überhaupt, die Hahnemannischen, somit unsere differentialtherapeutischen Intentionen in einem Maße zu verwirklichen, in einer Intensität und Klarheit eine Similedefinition auch bei den kompliziertesten Fällen durchzusetzen, an die man früher nicht im Traume hatte denken können.

Folgen wir Hahnemann und dem Adepten, vom dem hier die Rede war, und den anderen Patriarchen, die uns seine Heilkunst gelehrt und überliefert haben. Die hochmodernen Entwicklungen der Technik haben der Reinen Lehre eine unerhörte Dignität und eine nicht mehr zu überbietende Sicherheit der Arzneimittelwahl beschert.

Dr. med. O. Eichelberger, München.

Vorbemerkung

Zur Herausgabe des 2. Bandes der „Chronischen Krankheiten“ von J. H. Allen möchten wir einige Worte über den Autor sagen. J. Henry Allen war Professor für Haut- und Geschlechtskrankheiten am Hering Medical College, Chicago und schrieb außer den „Chronischen Krankheiten“ ein Werk über „Hautkrankheiten und ihre Behandlung[1]“. Er war ein Schüler, Patient und Freund seines Namensvetters H. C. Allen, dem er das vorliegende Werk auch widmete. Er beendete dasselbe 1906 und wir nehmen an, daß er bald danach starb, denn das von ihm angekündigte Werk über die Syphilis blieb ungeschrieben.

Eine Anzahl bekannter Autoren beziehen sich auf das Werk von J. H. Allen, so Dr. H. A. Roberts in seinem homöopathischen Lehrbuch „Grundlagen und Kunst der homöopathischen Heilung“. Dieses Buch von Dr. Roberts wurde 1936 herausgegeben und war offizielles Lehrbuch im Hahnemann Mecical College of Philadelphia. Die indische Schule hat Allens Werk immer empfohlen, so auch Dr. Noel Pudephatt, der ein Lehrbuch über die Homöopathie schrieb, welches er in England veröffentlichte[2]. In seinem 2. Band für Fortgeschrittene steht das Werk von J. H. Allen an zweiter Stelle der von ihm empfohlenen homöopathischen Bücher.

Ein weiterer großer Homöopath, der Allen seinen Schülern empfiehlt, ist der zeitgenössische Dr. J. N. Kanjilal, Herausgeber der größten indischen homöopathischen Zeitschrift „Hahnemannian Gleanings“ und D. N. des Homoeopathic Medical College & Hospital in Calcutta, Indien. In einer Empfehlungsliste auf S. 256 seiner „Writings on Homoeopathy“, Calcutta 1977, gibt er eine Reihe homöopathischer Bücher für das Selbststudium an, wobei er er neben Hahnemann für die Chronischen Krankheiten nur J. H. Allen benennt.

Bei der Übersetzung der Materia Medica wurde die Reihenfolge der Symptome - soweit es die Klarheit erforderte - in den meisten Fällen geändert und vereinheitlicht. Nur dort, wo Allen das Typische eines

[1] „Diseases and Therapeutics of the Skin“

[2] Noel Puddephatt „Homoeopathic Correspondence Course“ (später Homöopathisches Lehrbuch) Health Science Press, Sussex, England 1962.

eines Mittels durch Placierung der Hauptsymptome an den Anfang besonders unterstreichen wollte, haben wir dies belassen. Dies trifft vor allem auf die Mittel Lac caninum, Lac defloratum und Lachesis im Kapitel „Materia Medica des Urogenitaltraktes" zu.

Folgende Reihenfolge wurde in Anlehnung an Allen von uns für alle Mittel gewählt:

1.) Stadien (bei Behandlung der Gonorrhoe)
Miasmen, Klinisches
Typische Symptome

2.) Symptome der zu behandelnden Krankheit
Harnorgane
Genitalorgane (oder umgekehrt, je nach Erkrankung)

3.) Allgemeinsymptome
Psychische Symptome (oder umgekehrt, wichtigstes zuerst)

4.) Angezeigt bei ...

5.) <>

6.) Mittelverwandtschaften, evtl. Potenz

Die Tabelle der Miasmen bezieht sich vornehmlich auf das Kapitel „Die Rubriken" aus dem 1. Band der „Chronischen Krankheiten" von J. H. Allen; des weiteren wurde das Kapitel „Tertiäre Läsionen" eingearbeitet. Zur Vervollständigung wurden Symptome der Nosoden Medorrhinum für die Sykose und Syphilinum für die Syphilis aus den „Guiding Symptoms of our Materia Medica" von C. Hering[3] übernommen. Wir haben diese durch Kursivschrift kenntlich gemacht. J. H. Allen selbst benutzte auch Symptome von Hering. Ferner wurden einige Symptome aus H. C. Allen „Materia Medica of the Nosodes" (AN), aus P. N. Banerjee „The Chronic Miasms" (B) und H. A. Roberts „The Principles and Art of Cure by Homoeopathy" (R) eingefügt.

Das Kapitel „Anwendung der Mittel" wurde aus allen in Band 1 geäußerten Bemerkungen über Auswahl, Reihenfolge, Wiederholung, Potenz, Behandlungsverlauf und Wirkungsdauer zusammengestellt, geordnet und wo nötig mit verbindendem Text versehen.

---

[3] C. Hering „Leitsymptome unserer Materia Medica" 10 Bände. Ins Deutsche übersetzt von Renée von Schlick, erschienen in unserem Verlag, siehe letzte Seiten.

In unserer überarbeiteten 3. Auflage haben wir im Anhang ein gesamtes Repertorium aus den Arzneilehren der einzelnen Kapitel erstellt und mit der deutschen KENT-Übersetzung Künzli/v.Keller (KK-KENT) verglichen.

Im Anschluß daran folgt das bereits zuvor gedruckte Repertorium der Miasmenzugehörigkeit sämtlicher Mittel aus Allens Arzneilehre sowie der kurze Überblick über die von ihm bezeichneten Patiententypen der Arzneien. Diese sind auch bei ihm wegen der verschiedenen Patienten nicht einheitlich und können natürlich nur als Hinweis dienen.

Renée von Schlick, Aachen 1996

Die Behandlung der Gonorrhoe

ACIDUM BENZOICUM

Gichtische Symptome infolge einer Unterdrückung. Blasengicht, besonders bei Kindern, welche die sykotische Veranlagung von ihren Eltern haben.

Harn riecht sehr übel, faulig, stechend wie Ammoniak; dunkelbraun, wie starkes Bier und sehr übelriechend, wie Hirschhorn riechend.

Häufig im dritten Stadium der Sykose angezeigt. Asthma im Wechsel mit Gicht oder rheumatischen Beschwerden. Hauptsächlich bei Frauen und Kindern mit deutlich ausgeprägter sykotischer Anlage angezeigt. Gichtische Ablagerungen und Knoten werden in den Gelenken zusammen mit den oben beschriebenen Harnsymptomen gefunden.

ACIDUM CARBOLICUM

Brennen und Jucken in der Harnröhre. Strengt sich an, um zu Urinieren, Harn dunkel, olivgrün; Ausfluß weiß oder eitrig, scharf, übelriechend, wundmachend, verursacht Hautrötung an den benetzten Teilen.

Großes Verlangen nach Anregungsmitteln, besonders nach Whisky; Verlangen gebessert durch Limonadetrinken.

ACIDUM FLUORICUM

Harn spärlich, beißend-scharf und stinkend mit Brennen nach dem Urinieren und quälenden Schmerzen[1] in der Blase; starkes sexuelles Verlangen in der Nacht; heftiges Verlangen nach Beischlaf. Gonorrhoe bei alten Männern mit stark erhöhtem Sexualverlangen; Penis geschwollen mit Schmerzen im Samenleiter; chronische oder subakute Gonorrhoe, bei der nur ein einzelner gelber Tropfen am Morgen erscheint. (Sep., Medorrh.).

ACIDUM NITRICUM

Gonorrhoe mit Syphilis oder einer syphilitischen Anlage.

[1] engl. aching = Schmerz, Weh. Hier stets mit „quälende Schmerzen (Wehtun)“ übersetzt. (KK-Kent: Wehtun, quälendes)

Viele Schmerzen und Empfindlichkeit in den Hoden. Tiefe, leicht blutende Genitalgeschwüre, die eine falsche Granulation aufweisen, mit durchstechenden Schmerzen in den Geschwüren. Ausfluß wie schmutziges Wasser, schwachblutig mit Geruch nach Fischlake. Der Ausfluß kann grünlich mit einem Stich ins Gelbe und sehr dünn sein, scharf und übelriechend.

Harn sehr übelriechend, dunkelbraun, riecht wie Pferdeurin; fühlt sich beim Ablassen manchmal kalt an. Wir finden nur selten gelben oder eiterartigen Ausfluß bei Acidum nitricum.

Warzen und sykotische Ausschläge erscheinen häufig an den Schleimhäuten um die Körperöffnungen herum. Sie sind feucht, nässend, bluten leicht bei Berührung; stechende Schmerzen wie von Splittern.

ACONITUM

Im Beginn von Krankheiten mit Fieber und Durst, heißer, trockener Haut, großer Unruhe mit Brennen im Blasenhals, wenn nicht uriniert wird. Spärlicher, dunkler Urin, der sich während des Urinierens heiß anfühlt. Schmerzhafter, heftiger Harndrang. Gonorrhoischer Ausfluß in Form eines dünnen, durchsichtigen oder weißen Schleimes. Akute gonorrhoische Hodenentzündung; Hoden heiß, hart, geschwollen; große Furcht, starke Unruhe und Ängstlichkeit.

AGARICUS

Manchmal angezeigt bei alter, chronischer Gonorrhoe oder postgonorrhoischem Schleimausfluß: Organe kalt, zusammengeschrumpft oder schlaff; sehr schmerzhafte gonorrhoische Harnröhrenentzündung[2]. Jukken und Kribbeln in der Harnröhre. Der Harn fließt langsam oder tröpfelt und ist häufig milchig. Ein einzelner Tropfen des Ausflusses erscheint am Morgen (wie bei Sepia). Verlust der sexuellen Kraft bis zur vollständigen Impotenz.

Starke geschlechtliche Erregung bei gonorrhoischer Harnröhrenentzündung[3] mit schmerzhaften Erektionen, chronischer Gonorrhoe oder

[2 + 3] engl. chordee = schmerzhafte Erektionen (evtl. mit Krümmung des erigierten Gliedes) bei Gonorrhoe, d. h. bei gonorrhoischer Harnröhrenentzündung. Im weiteren Text meist nur mit „gonorrhoische Harnröhrenentzündung“ übersetzt, außer wenn eine Verschlechterung zu bestimmter Tageszeit oder unter bestimmten Umständen (nach dem Urinieren o. a.) angegeben wurde, was auf die schmerzhaften Erektionen schließen läßt. Im Künzli-Kent III/692 wird „chordee“ unter „HARNRÖHRE Entzündung Chorda“ angegeben, daneben gibt es noch eine „einfache Entzündung“.

postgonorrhoischem Schleimausfluß, wo bereits alle Arten örtlicher Behandlung versucht worden sind. Ausfluß weißen Schleimes oder blutiger Ausfluß mit Jucken und Kribbeln in der Harnröhre. Häufiges Auftreten eines einzelnen Tropfens am Morgen (Medorrhinum, Sepia).

Zucken und Zittern der Glieder; linkische Bewegungen; lähmungsartige Schwere und Müdigkeit in den Beinen. Brennen und Kribbeln in der Wirbelsäule.

Angezeigt bei alten Sykotikern, die durch übermäßige Befriedigung und sexuelle Ausschweifungen ein geistiges Wrack geworden sind (Agnus castus): Genitalien kalt, eingeschrumpft; leidet an Rückenmarksreizung durch Selbstbefriedigung.

ALUMINA

Chronischer Schleimausfluß (Nachtripper[4]) bei alten Männern, die von der Krankheit (Gonorrhoe) und vom Alter geschwächt sind.

Urin blutig oder mit sandigem Sediment. Der Harn fließt anfangs sehr langsam und besser im Stehen. Ausfluß gelblich, schmerzlos, mild, postgonorrhoischer Ausfluß[5] immer gelb oder eiterartig. Vergrößerung der Prostata.

Gefühl von Völle im Perineum; große Schwäche des geschlechtlichen Bereiches; Stimme tief und schwach; Haut trocken, kein Schweiß.

AMMONIUM CARBONICUM

Schmerz in Hoden und Samensträngen. Heftige Erektionen, verstärkt am Morgen. Urin macht die benetzten Teile wund und verursacht Beißen und Jucken. Er hat einen ammoniakalischen Geruch (Acid. benz.). Gonorrhoischer Ausfluß dünn, spärlich, scharf, verursacht Jucken, Schwellung und Brennen der benetzten Teile.

AMMONIUM MURIATICUM

Häufiger Tenesmus beim Urinieren (wie Nux oder Canth.), der auf den Blasenhals beschränkt bleibt. Der Urin ist reichlich, riecht streng, dumpfig, moderig oder nach Ammoniak. Der Ausfluß sieht wie Hüh-

[4 + 5] engl. gleet = Nachtripper, postgonorrhoischer Katarrh, chron. Harnröhrenausfluß, (KK-Kent: dünnschleimiger Ausfluß)

nereiweiß aus oder ist bräunlich und schleimig und ist < nach dem Urinieren.

ANANTHERUM

Drückender und brennender Schmerz in der Blase mit Harndrang jede Minute. Gefühl als seien die Nieren und die Blase voll. Die Blase kann nur eine kleine Menge Urin halten (Caladium). Harnverhaltung mit Zusammenziehen der Harnröhre. Harn kommt in Tropfen oder kleinen Spritzern, dick und voller Schleim. Blasenkatarrh. Strenger Geruch des Harnes, welcher eine schillernde Haut hat.

Gonorrhoischer Ausfluß zu Beginn der Krankheit weiß-schleimig; später wird derselbe jedoch dick und gelblichgrün mit Brennen in der Harnröhre. Brennen und tiefliegende Schmerzen im Hodensack und den Hoden. Während des Geschlechtsverkehrs (Koitus) Erleichterung der Beschwerden, die sich jedoch danach stark verschlimmern. Sexuelles Verlangen stark erhöht, während der Patient die Gonorrhoe hat.

Verschlechterung: am Morgen, bei Wetterwechsel, von Wein und durch Koitus.

ANGUSTURA

Uriniert häufig und reichlich; Harn hell oder orangefarben. Wollüstiges Jucken an der Spitze der Eichel, was zum Reiben treibt. Häufiges Jucken des Hodensackes. Ziehender Schmerz im linken Samenstrang. Papulöser Ausschlag auf den Genitalien, brennend und juckend (Rhus tox.). Ein Schmerz wie gequetscht beim Urinieren mit Tenesmus.

APIS

In allen Stadien und besonders bei pseudo-psorischer Veranlagung angezeigt.

Brennen und schmerzendes Stechen[6] beim Urinieren; Harndrang häufig und sehr dringlich; kann keine Minute warten; manchmal ist der Drang unaufhörlich. Harn farblos oder dunkel und rauchfarben. Heftiges Brennen, Verbrühen, schmerzendes Stechen. Häufiges Lassen geringer Mengen farblosen Harnes. Langsames Urinieren, muß warten

[6] engl. stinging = schmerzendes Stechen. sting = Stachel, Stich. (KK-Kent: Stechen, feines Stechen)

und sich eine lange Zeit anstrengen. Starke Reizung mit Brennen und schmerzendem Stechen im Blasenhals. Abschnürung mit Striktur. Harn kupferfarben, rauchfarben oder blutig.

Starke Schwellung der Vorhaut. Reichlicher Ausfluß, dünner Schleim mit brennenden und tief stechenden Schmerzen. Starkes Ödem des Hodensackes oder der Vorhaut; Gewebe stark geschwollen, blaß. Durchsichtige, erysipelartige Schwellung des Penis mit starkem Ödem.

ARGENTUM NITRICUM

Wenn psychische Symptome als Ergebnis einer Unterdrückung vorherrschen. Gonorrhoe junger Knaben, die vorzeitig gealtert aussehen. Impotenz nach wiederholtem Befall der Krankheit (Agnus castus). Tendenz zu sykotischen Gewächsen, Warzen und Polypen.
Ausgang der Harnröhre (Meatus) sehr rot, roh, aufgedunsen (Medorrhinum). Ausfluß reichlich, gelblichgrün, mild (wie Pulsatilla), wird grün, nachdem er der Luft ausgesetzt war. Blutung aus der Harnröhre; Erektionen sehr schmerzhaft, qualvoll; Urin geht häufig unbemerkt ab; Urin läuft zu langsam. Gonorrhoischer Ausfluß dick, reichlich, grünlichgelb. Nebenhodenentzündung oder Hodenentzündung nach einer Unterdrückung; viele Schmerzen, die Teile sind hart, geschwollen, sie brennen und stechen schmerzhaft. Postgonorrhoischer Ausfluß dünn, hellgelb, folgt dem reichlichen, dicken Ausfluß der Gonorrhoe, der mild und grünlichgelb ist. Herabdrängen oder zerrendes Gefühl in den Hoden.

Verlangen nach Zucker oder Süßem, welches verschlechtert. Großes Verlangen nach frischer Luft. Friert, wenn unbedeckt. Der Patient fühlt sich müde und erschöpft. Empfindlich; leicht verwirrt. Kein Verlangen zu sprechen; vergißt die Worte, die er sagen wollte (Sykose). Brust und Stimme schwach, heiser.

Verschlechterung: Rheumatismus schlechter in feuchtem oder wechselhaftem Wetter.

ARMORACEA

Harnbeschwerden (Dysurie), entzündliches Stadium der Gonorrhoe. Häufiger Harndrang mit durchdringenden Schmerzen, Brennen, Empfindlichkeit und allgemeinem Entzündungszustand, wie man es im ersten Stadium der Krankheit antrifft. Reichlicher oder spärlicher schleimiger Ausfluß mit schneidendem Brennen, durchdringenden Schmerzen und Empfindlichkeit während des Urinierens.

Vergleiche mit Capsicum und Cantharis.

ARSENICUM ALBUM

Angezeigt in allen Stadien der Krankheit, besonders bei tuberkulösen Patienten und wenn Komplikationen mit weichem Schanker (Ulcus molle) oder eitrigen Bubonen vorliegen. In diesen Fällen häufig angezeigt.

Ausfluß dünn, weiß, scharf; erzeugt Hautrötung (Erythem) auf den Teilen über die er fließt.

Deutlich ausgeprägte gonorrhoische Kachexie. Gesicht blaß und um die Augen, im Gesicht und an den Lippen aufgedunsen. Mund trokken, Durst auf häufige kleine Schlucke Wasser. Schneller Kräfteverlust und Versagen der Lebenskräfte; Todesangst mit großer Furcht. $<$ 1 Uhr nachts.

ASPARAGUS

Sehr stark ausgeprägte geschlechtliche Erregung.

Harn sehr übelriechend. Durchstechende Schmerzen[7] in der Harnröhre oder seitlich am Penis. Feines schmerzendes Stechen am Ausgang der Harnröhre (Meatus) mit einem Gefühl, als ob nach dem Urinieren noch etwas läuft. Steinartige oder fettige Ablagerungen am Rand des Harngefäßes. Häufige aber spärliche Entleerung mit einem Gefühl, als ob etwas in der Harnröhre festsitzt. Schwellung des Penis mit Erektionen und Harndrang. Der Harn hat einen stinkenden Geruch. Schneiden in der Harnröhre.

BERBERIS

Kränklich aussehende, blaßgesichtige Personen mit blauen Augenringen, durchbohrenden oder schießenden Schmerzen in den Nieren; mit quälendem Schmerz in der Nierengegend nach Unterdrückung des Ausflusses.

---

[7] engl. sticking = durchstechende, durchbohrende Schmerzen.

Vergrößerte Prostata nach Unterdrückung. Gefühl eines Klumpens oder Druck im Dammgebiet. Viel Schmerzhaftigkeit, wund und weh in der Kreuzgegend nach Unterdrückung. Blase sehr reizbar mit Schmerz beim Urinieren. Ein quälender Schmerz (Wehtun[8]) im Samenstrang und den Hoden oder ein brennendes Gefühl den Samenstrang entlang. Der Harn enthält ein dickes, dunkles und rötliches Sediment in reichlicher Menge.

BONDONNEAN (Ein Mineralwasser)

Der Harn hat einen starken Geruch. Stechen wie Nadelstiche in der Harnröhre beim Urinieren. Viel schleimiger Ausfluß aus dem Penis mit Jucken. Gonorrhoischer Ausfluß von reichlichem weißem Schleim. Häufige morgendliche Erektionen.

Großer und andauernder Hunger mit überreichlichem, feuchtkaltem und sauer schmeckendem Speichelfluß aus dem Mund.

BORAX

Dunkelblaue Flecken um die Öffnung der Harnröhre mit beißendem Schmerz während des Urinierens. Der Ausfluß verklebt die Öffnung. Durchdringende Schmerzen beim Urinieren oder Brennen und Spannung in der Eichel. Qualvoller Drang, der nach dem Urinieren noch bestehenbleibt. Schreit, wenn der Harn fließt, weil dieser so heiß wie Feuer ist (bei Kindern und jungen Leuten). Gonorrhoischer Ausfluß weiß-schleimig und teigig.

BRYONIA

Ein wunderbares Mittel für die Symptome, welche der Unterdrükkung eines gonorrhoischen Ausflusses folgen. Die Symptome und Krankheiten, welche der Unterdrückung folgen, sind häufig subakut.

Viele Fälle von gonorrhoischer Arthritis wurden geheilt. Es ist für gewöhnlich bei fibrösen Gewebsentzündungen angezeigt, bei denen die serösen Häute und Gelenkbänder betroffen sind. Lungenentzündung infolge von Unterdrückung. Die Schmerzen sind scharf, schießend oder dumpf drückend. Die Teile fühlen sich immer zu schwer an, wie

[8] engl. aching = Schmerz, Weh.

von einer niederdrückenden Last. Bewegung verschlimmert sehr, ebenso Hitze.

Hodenentzündung immer stärker rechts. Stiche im rechten Hoden und Samenstrang; postgonorrhoischer Ausfluß grünlich mit etwas Brennen. Unterdrückter Ausfluß für gewöhnlich von Rheumatismus, akuter Hodenentzündung oder subakutem Rheumatismus gefolgt. Hoden sehr stark geschwollen; deutliche Verhärtung, stärker auf der rechten Seite. Harn vermindert, heiß und von dunkler Farbe.

Der Patient ist sehr durstig auf kaltes Wasser, er trinkt große Mengen. Stirnkopfschmerz. Patient ist mürrisch, reizbar, verstopft; Stühle massig, hart und trocken. Großes Verlangen nach Dingen, die abgelehnt werden, sobald er sie hat. Starkes Verlangen nach sauren Getränken.

CALADIUM

Harnorgane. Ein Gefühl von Völle in der Blase ist ein beständiges Symptom bei beiden Geschlechtern; sie scheint zum Bersten voll, es läuft jedoch nur eine kleine Menge Harn ab; Völle mit sehr geringem Drang zu urinieren oder Völle mit Harndrang. Die Blasengegend ist berührungsempfindlich. Harn übelriechend, brennt wie heißes Wasser während er fließt oder Ziehen von der Blase zum Penis.

Bei Männern Impotenz. Gonorrhoe wobei der Eichelwulst (Corona glandis) mit tiefroten Punkten oder Flecken bedeckt ist (Thuja, Medorrh.); Eichel trocken, rot und juckend; schmerzhafte oder auch unvollkommene Erektion ohne sexuelles Verlangen. Bei Frauen heftiges Jucken an den äußeren Genitalien, was häufig zu Onanie führt.

Komplementär zu Acidum nitricum.

CALCIUM CARBONICUM

Chronische Gonorrhoe bei deutlich pseudopsorischer Diathese.

Calcium heilt Feigwarzen, welche den typischen Geruch nach Heringslake haben. Chronischer postgonorrhoischer Schleimausfluß bei lymphatischen Personen mit übermäßigem Schweiß im Gesicht und am Kopf, die kalte Füße haben oder bei der geringsten körperlichen oder geistigen Anstrengung an den Handflächen schwitzen. Calcium hat übermäßiges sexuelles Verlangen und wollüstige Vorstellungen.

Schneiden in der Harnröhre mit nächtlichem Brennen am Ausgang der Harnröhre. Brennen vor dem Urinieren und schneidender Schmerz beim Urinieren, < beim Trinken. Verhärtung der Hoden mit allgemeinen Calcium-Symptomen. Der Hodensack hängt schlaff. Sterilität als Folge der pseudopsorischen Diathese oder aufgrund lange unterdrückter Gonorrhoe. Ausfluß mild und hellgelb von stinkendem Geruch. Warzen rund, weich an ihrem Grunde, von gleicher Farbe wie die Haut; sie jucken und bluten leicht.

CANTHARIS

Entzündliche Gonorrhoe mit heftigen Erektionen, Harnzwang (Strangurie) und intensiver Blasenreizung. Ausfluß schleimig oder blutig mit Drang und großer Anstrengung zum Urinieren, häufig kommt nur ein Tropfen auf einmal unter großen Schmerzen und Leiden. Reizung des Blasenhalses durch Unterdrückung. Unerträglicher Tenesmus der Blase mit heftigem Schneiden und Brennen am Blasenhals. Gewaltsame und schmerzhafte Erektionen (Chordee). Sitzt und müht sich ab, zu urinieren ohne Erleichterung. Harn brennt wie Feuer; schreit oder stöhnt beim Urinieren. Der Penis ist stark entzündet und schmerzhaft, manchmal mit Fieber, wütendem Delirium und sexueller Tobsucht.

CANNABIS INDICA

Angezeigt im frühen Stadium der Krankheit. Symptome akut, schmerzhaft, entzündlich.

Sexuelles Verlangen stark vermehrt, bis zur Satyriasis. Heftige gonorrhoische Harnröhrenentzündung mit schmerzhaften Erektionen, schlimmer beim Bewegen oder Gehen. Scharfes Stechen wie von Nadeln in der Harnröhre; leichtes Brennen beim Urinieren. Ausfluß gelblichweiß, sehr reichlich.

Strengt sich an, um den letzten Tropfen zu urinieren, die Blase kann sich selbst nicht ganz entleeren; muß warten bevor der Harn fließt. Unbehagliches Gefühl in der Harnröhre mit häufigem Harndrang.

Vergißt was er sagen wollte (sykotisch); Gedankenfülle im Gehirn.

CANNABIS SATIVA

Angezeigt im ersten Stadium und im Beginn des zweiten. Symptome schmerzhaft, entzündlich (Cann. ind., Canth.).

Reichlicher, schleimiger Ausfluß. Eichel dunkelrot. Im späteren Verlauf der Krankheit ist der Ausfluß dick, gelb, eitrig. Kälte der Genitalien mit Wärme im restlichen Körper. Der ganze Penis ist geschwollen, schmerzhaft wie verbrannt und schlechter beim Gehen.

Harnröhre sehr schmerzhaft, empfindlich gegen Berührung, geht mit breit gespreizten Beinen. Durchstechende, schießende Schmerzen von der Öffnung aufwärts in alle Richtungen. Harnröhrenkrämpfe; Harn hört auf zu fließen. Durchstechende, piekende Schmerzen beim Urinieren; starke Schwellung der Harnröhre und der Öffnung, die Eichel bedeckt mit hellroten Flecken. Durchstechende Schmerzen mit Brennen am Meatus, wenn nicht uriniert wird. Harn trübe, rot und voller Fasern (Canth., Caps., Gels., Petros, Cann. ind.).

CAPSICUM

Angezeigt zu Beginn des zweiten Stadiums. Ist häufig das Mittel bei Menschen mit einer tuberkulösen Anlage, besonders angezeigt bei blonden, blauäugigen, plumpen Menschen mit rotem Gesicht und allgemeiner Blutüberfülle, die leicht frieren und kälteempfindlich sind.

Vorhaut geschwollen, Ausgang der Harnröhre rot und aufgedunsen. Häufig Schmerzen in der Prostata. Ausfluß dick, gelb, reichlich und rahmartig, manchmal Kälte der Hoden. Brennen und Beißen nach dem Urinieren oder ein heißes Gefühl wie von Pfeffer am Meatus oder Jukken in der Harnröhre. Brennender Schmerz beim Harndrang.

CEDRON

Antisykotisch. Ein gutes Mittel in einer hohen Potenz nach allopathischen Anreizen mit starken unverdünnten Mitteln.

Der Patient klagt über starke Schmerzen in der Nierengegend und häufigen erfolglosen Harndrang (Nux); Ausfluß dünn, weißlich, postgonorrhoisch mit dem Gefühl als ob ein Tropfen aus der Harnröhre käme (Kali bi., Medorrh., Thuja). Nervöse Erregung gefolgt von Depression. Matt, schwer und niedergeschlagen.

CHIMAPHILA UMBELLATA

Harndrang selbst nach Entleerung des Harns (Nux, Merc. cor., Canth.). Schneidende und sengende Schmerzen beim Urinieren.

Harn kommt tropfenweise oder der Strahl ist gespalten und dünn; uriniert besser im Stehen mit beiden Beinen weit auseinander.

Gonorrhoischer oder katarrhalischer Ausfluß reichlich, schleimig-eitrig, sogar dicke Fäden ziehend und blutig. Postgonorrhoischer Ausfluß mit Striktur und schmerzhaftem Harndrang oder Harnzwang (Strangurie). Ausgeprägte Steindiathese. Durchdringender Schmerz im Blasenhals, zieht sich über die ganze Länge der Harnröhre hin.

CLEMATIS

Urinieren zu Beginn sehr qualvoll, einige Tropfen kommen unter großem Schmerz, dann hört der Krampf auf und der Patient uriniert verhältnismäßig beschwerdefrei. Unterbrochener Strahl. Harn trübe, milchig; der letzte Tropfen verursacht große Schmerzen und Brennen (Sars.). Harn tröpfelt Tropfen um Tropfen in schweren Fällen.

Ausfluß dünnschleimig (postgonorrhoisch) oder dicker gelber Eiter. Wenn der gonorrhoische Ausfluß unterdrückt wurde, werden Hoden, Blasenhals und Samenstränge von der Krankheit mitergriffen. Hodenentzündung von unterdrücktem Ausfluß; Hoden schmerzhaft hart, geschwollen, entzündet, berührungsempfindlich, mit ziehenden und schießenden Schmerzen, welche die Samenstränge hochziehen; < nachts. Hodenschwellung und -verhärtung nach Unterdrückung (Bry., Puls.).

COPAIVA

Angezeigt in einem frühen Stadium.

Heftige Erregung und ständiges sexuelles Verlangen; Harnröhre wund, geschwollen, schmerzhaft mit Beißen, Brennen und Jucken beim Urinieren. Ausfluß gelb, eitrig oder schleimig-eitrig; Harn schaumig, trüb, mit Geruch nach Veilchen. Häufiger Harndrang mit Tenesmus und Druck auf der Blase; kitzelndes Gefühl an der Mündung der Harnröhre. Strahl dünn, verdreht (Cann. sat., Medorrh.).

Antidot gegen Mißbrauch ist Nux vom. Es ist häufig das Aconit der Gonorrhoe, man denke an das Mittel in Verbindung mit Gelsemium.

CUBEBA

Angezeigt im frühen Stadium der Krankheit.

Zusammenschnürendes und schneidendes Gefühl in der Harnröhre.

Ausfluß reichlich, weiß, schleimig oder mit Blut gefärbt; sengende oder schneidende Schmerzen oder Gefühl von Hitze in der Harnröhre. Wenn die Krankheit weiter fortgeschritten ist, wird der Ausfluß reichlich, eiterartig und klebrig; noch später wird er dick, gelbgrün und verstopft den Harnfluß. Nachdem der letzte Tropfen Urin geleert wurde, entschlüpft der Harnröhre Schleim in dicken Fäden. Nach dem Urinieren Gefühl in der Blase, als ob sie nicht ganz entleert worden wäre.

Ein Nesselausschlag begleitet häufig die Gonorrhoe.

DIGITALIS

Starke Reizung des Blasenhalses mit Strangurie und häufigem Harndrang; Harnröhre stark entzündet mit qualvollem Brennen; Ausfluß dick, hellgelb und eitrig. Reichliche Absonderungen von dickem Eiter auf der Eichel (Farrington); gonorrhoische Harnröhrenentzündung mit heftiger und andauernder schmerzhafter Erektion. Langsamer, intermittierender Puls mit einem Gefühl, als setze der Herzschlag aus.

DORYPHORA (Colorado-Kartoffelkäfer)

Der ganze Körper fühlt sich wie geschwollen an; starke Müdigkeit und Schwere mit dem Bedürfnis, sich hinzulegen; ein Gefühl von Schwere im Mastdarm.

Beschwerliches Urinieren mit Harnverhaltung. Dunkler, schmutziger, rot gefärbter Harn, der unter großen Schmerzen entleert wird. Eichel geschwollen und bläulichrot; Jucken und Brennen in der Eichel. Harndrang, aber der Harn fließt nicht; Schmerzen im Rücken und in der Kreuzgegend mit Zittern der Glieder; Harnbeschwerden (Dysurie) mit brennenden und tiefstechenden Schmerzen (Canth., Apis).

Allgemeine Wassersucht, aber die Patienten „ertrinken" nicht darin. Das Gesicht hat einen dummen Ausdruck, als ob der Patient reichlich berauschende Getränke getrunken hätte. Er ist sehr reizbar wie bei Nux.

Verschlechterung: von Essen, Trinken und Rauchen.

DULCAMARA

Der rheumatische Anteil und die Empfindlichkeit dieses Mittels auf klimatische Veränderungen sind Anzeigen für dasselbe bei Sykose im dritten oder chronischen Stadium. Alle seine Symptome werden bei fallendem Barometer erheblich verschlechtert. Bei Nierenbeschwerden infolge von Sykose kann dieses Mittel manchmal während der Behandlung gebraucht werden.

Gonorrhoischer Ausfluß schleimig-eitrig, gelblichweiß und reichlich. Bei Nierenbeschwerden kann der Schleimausfluß blutig und übelriechend sein; Harn spärlich, trüb, übelriechend; < bei feuchtem Wetter.

EPIGEA REPENS

Akute (entzündliche) Gonorrhoe mit starkem Tenesmus der Blase; Brennen im Blasenhals beim Urinieren; Harn blaß oder mit blutigem Sediment; gonorrhoischer Ausfluß mit viel Schleim und Eiter.

ERECHTHITES (Feuerkraut)

Harn ziemlich spärlich und schmerzhaft beim Urinieren; sengend und brennend im Meatus beim Urinieren; hohes spezifisches Gewicht und eine sehr saure Reaktion; der Harn ist rauchfarben, spärlich, dunkel und häufig mit Blut gemischt, wird nach dem Stehen milchig. Blutung aus Niere oder Blase.
Schmerzhafte Empfindlichkeit und Schwellung des rechten Hodens bei unterdrückter Gonorrhoe; dumpfer, weher Schmerz in der Kreuzgegend. Erektion mit Träumen und Emissionen gegen Morgen, ähnlich wie bei Cubeba.

ERIGERON CANADENSIS

Harnbeschwerden (Dysurie) bei zahnenden Kindern; das Kind schreit beim Urinieren. Der Harn hat eine sehr starke Farbe, reizt und entzündet die benetzten Teile.

Gonorrhoe; Harndrang mit Abgang von nur wenigen Tropfen; scharfe, tief stechende Schmerzen im Bereich der linken Niere; Schmerzen in der rechten Niere, hinunterstrahlend zum Hoden; große Beschwerden in der Blase mit häufigem Urinieren.

Verschlechterung: alle Symptome schlechter bei Regenwetter.

ERYNGIUM AQUATICUM

Gonorrhoe im akuten Stadium; akute Entzündung.

Häufiger Harndrang, wobei nur ein Tropfen auf einmal abgeht

(Canth., Cann. sat., Merc. cor., Nux vom.); tief stechende Schmerzen in der Harnröhre und hinter der Eichel beim Urinieren. Müdes Gefühl in der Kreuzgegend. Sexuelles Verlangen stark herabgesetzt; starker Schmerz in linker Leiste und linkem Hoden; dicker, gelblicher Ausfluß, zäh und schleimig; starkes Hautjucken.

EUPATORIUM PURPUREUM

Chronische Formen von Blasenkatarrh von verschiedenen Ursachen herrührend. Tiefliegender, dumpfer oder schneidender Schmerz in den Nieren, muß alle zehn Minuten urinieren mit Schmerzen in der Blase; durchdringender gonorrhoischer Schmerz und Brennen in der Blase und Harnröhre, sehr ausgeprägt beim Urinieren; Strahl sehr dünn.

EUPHORBIA PILULIFERA

Brennender Schmerz beim Urinieren bei Gonorrhoe; muß sich hinsetzen und ruhig verhalten; heftiger Harndrang (Cann., Canth.).

FAGOPYRUM ESCULENTUM (Buchweizen)

Akute Gonorrhoe im frühen Stadium.

Dysurie mit großen Beschwerden, den letzten Tropfen zu entleeren; Schneiden wie von einem Messer bei Beendigung oder während des Urinierens (Sars.); Schmerzen in den Därmen nach dem Urinieren.

Große Müdigkeit und Mattigkeit mit Gähnen und Strecken.

Besserung: Bewegung, Essen und in frischer Luft.

Verschlechterung: nachmittags und abends.

GELSEMIUM

Akute, entzündliche Gonorrhoe mit Fieber, allgemeinem Wehtun, Kopf- und Rückenschmerzen. Kopfschmerz > durch Entleeren großer Mengen von Urin. Große Schlaffheit und Erschöpfung des Muskelsystems; sehr reizbar, nervös, empfindlich, mit Zittern der Glieder und Bedürfnis, sich hinzulegen. Im Fieber ist der Patient betäubt, empfindungslos (torpid), schläfrig und will sich nicht bewegen. Dumpfer Schmerz im Rücken mit Kopfschmerz an der Schädelbasis und Fieber (akutes Stadium). Das Gesicht erscheint schwerfällig, gerötet, töricht oder wie betrunken.

Gonorrhoischer Ausfluß von spärlichem weißem Schleim verbunden mit Hitze, durchdringenden Schmerzen und Röte der Harnröhrenmündung (Meatus) sowie leichtem Brennen. Gonorrhoe, die gleich nach Erscheinen des Ausflusses unterdrückt wurde, mit drohender Hodenentzündung. Gonorrhoe im Beginn des Befalles mit leichtem Brennen beim Urinieren, Fieber mit Schläfrigkeit und allgemeinen Schmerzen (Wehtun) in Gliedern und Rücken. Gonorrhoe durch arzneiliche Injektionen unterdrückt; hohes Fieber, Schmerzen und starke Schwellung der Hoden; kein Ausfluß; Harn reichlich und schmerzhaft.

Sehr nervös, zittert, wenn er versucht, sich zu bewegen. Gesicht gerötet, Puls langsam, weich; muß im Bett bleiben.

Viele weitere Symptome dieses wertvollen Mittels könnten angegeben werden, aber das Angeführte reicht aus, um seine Wirkung bei der Gonorrhoe zu erkennen.

GNAPHALIUM POLYCEPHALUM (Ruhrkraut)

Gefühl von Völle in der Blase selbst wenn diese geleert wurde (Calad.); beim Erwachen starkes sexuelles Verlangen; starke Schmerzen in der Prostata oder ein intensiver Schmerz mit einem Gefühl von Taubheit den rechten Ischiasnerv entlang.

Dumpfer, schwerfälliger Gesichtsausdruck, das Gesicht erscheint angeschwollen; Schwindel beim Aufstehen mit dumpfem Schmerz im Hinterkopf (Nux vom.).

HYDRASTIS

Akute oder chronische Gonorrhoe mit geringer Schmerzhaftigkeit oder Wundheit in der Harnröhre. Ausfluß reichlich, dick, klebrig; dicke Fäden ziehender, gelblicher oder grünlichgelber Schleim. Weicher Schanker und gonorrhoische Geschwüre mit schmerzlosen Granulationen und gelblichen Absonderungen; die Geschwüre bluten leicht und der Ausfluß ist reichlich, dick, gelb und schmerzlos mit Zerren in den Leisten und Hoden und kachektischem Gesichtsausdruck; Harn riecht wie zersetzt. Gonorrhoe im zweiten Stadium, nachdem das akute entzündliche Stadium aufgehört hat; Ausfluß dick, gelb, faserig oder zeitweilig dicke Fäden ziehend. Nachtripper mit dickem gelbem Ausfluß. Zunge schmutziggelb belegt. Verstopfung ähnlich wie bei Nux.

Angezeigt bei alten Sündern, die sich dem Alkohol oder anderen Rauschmitteln ergeben haben. Große Kraftlosigkeit und allgemeine Nervenschwäche.

KALIUM BICHROMICUM

Dieses Mittel ist ziemlich häufig bei gemischten venerischen Erkrankungen angezeigt. Bei Syphilis und Gonorrhoe oder weichem Schanker und Gonorrhoe.

Ausfluß wie ein zähes Band, dicke Fäden ziehend, festklebend; kann zu langen, schleimigen Fäden ausgezogen werden; tiefe Geschwüre mit ausgestanzten Rändern; unregelmäßig, mit gelbem Grunde. Ist häufiger am Ende des zweiten Stadiums angezeigt, wenn der postgonorrhoische Ausfluß spärlich und zäh ist und dicke Fäden zieht. Nach dem Urinieren bleibt ein Gefühl, als ob einige Tropfen zurückgeblieben sind oder als ob ein Tropfen abläuft. Beschwerde beim Urinieren der letzten Tropfen. Diphterische Formen der Gonorrhoe.

Druck an der Nasenwurzel. Häufig angezeigt bei Sykose oder Syphilis der Nase. Dies ist ein weiteres Mittel für Patienten, die gerne Anregungsmittel nehmen und Magengeschwüre usw. entwickeln. Erbricht Blut und dicken, fadenziehenden Schleim; bringt durch Räuspern viel Schleim nach oben, welcher dicke Fäden zieht. Nach Unterdrückung von Katarrhen folgen gichtische Zustände. Zunge glatt, trocken, rot, manchmal rissig.

Paßt für dicke, blonde Leute, die von kühlem Wetter Erleichterung finden.

KALIUM JODATUM

Angezeigt bei gemischten Geschlechtskrankheiten wie Syphilis und Sykose oder Sykose mit syphilitischer Veranlagung, obwohl es auch bei Sykose mit tuberkulöser Anlage oder bei Beteiligung der Drüsen angezeigt sein kann.

Brennender Schmerz in den Nieren mit Schmerz wie gequetscht oder zerschlagen in der Kreuzgegend; sexuelles Verlangen vermindert; Hoden atrophiert oder enorm geschwollen und verhärtet. Penis stark geschwollen mit beständiger Teilerektion. Gonorrhoischer Ausfluß schleimig-eitrig oder blutig mit Brennen in der Harnröhre.

Alte chronische Fälle von Gonorrhoe mit syphilitischer Vorgeschichte; dicker, grünlicher Ausfluß ohne Schmerzen oder mit nur sehr geringer Schmerzhaftigkeit. Weicher Schanker mit Gangrän, begleitet von Gonorrhoe. Abszesse von Bubonen mit Fistelöffnungen und mit übelriechendem, blutigem, serös-jauchigem und ätzendem Ausfluß. Geronnene Ausflüsse.

KALIUM MURIATICUM (Kalium chloratum)

Gonorrhoe im akuten entzündlichen Stadium oder gemischt mit weichem Schanker und weichen Bubonen. Akute Hodenentzündung nach Unterdrückung mit Injektionen.

Ausfluß dick, weiß, schleimig. Verhärtung des linken Hodens nach Unterdrückung; chronischer Blasenkatarrh mit reichlichem Ausfluß weißen Schleimes; sehr schwere gonorrhoische Harnröhrenentzündung. Fibröse Exsudationen mit Infiltration und Verhärtung der Drüsen.

KALIUM SULFURICUM

Angezeigt im zweiten Stadium. Ferner bei Sykose auf tuberkulöser Grundlage, siehe im letzten Abschnitt.

Ausfluß gelb oder gelblichgrün (Puls.), manchmal schleimig oder klebrig. Schmerzloser, dicker, gelber Ausfluß; keine Harnsymptome; nur leichte Schmerzhaftigkeit in der Harnröhre. Hodensack und Vorhaut ödematös und stark geschwollen, nachdem unterdrückende Maßnahmen angewandt worden waren.

Gonorrhoische Augenentzündung. Sykotische Metastasen zur Lunge oder den Hoden infolge von Unterdrückung. < in feuchtem Wetter und von Ruhe. „Lockerer Husten mit Wundheit und Schmerz in der linken Brustseite“ (Nash).

Bei gemischten venerischen Beschwerden ist es auch im dritten Stadium brauchbar, wenn Warzen oder Kondylome oder Gicht der Füße auf Unterdrückung oder schlechte Behandlung folgen (man vergleiche mit Thuja). Die Warzen befinden sich alle um den After oder die Geschlechtsorgane, aber auch im Gesicht und um die Augen; auf den Händen befinden sich Blasen, die eine gelbliche Flüssigkeit enthalten. (Komplementär zu Thuja). Sykose auf tuberkulöser Grundlage (Capsicum).

Ich habe es in alten chronischen Fällen nützlich gefunden, bei denen Pulsatilla angezeigt zu sein scheint und versagt. Es steht zwischen Pulsatilla und Capsicum.

LAC CANINUM (Hundemilch)

Dieses Mittel wird manchmal in gemischten venerischen Erkrankungen benötigt, so auch bei Gonorrhoe und Syphilis oder Gonorrhoe mit weichem Schanker.

Weicher Schanker mit großen schwammigen Geschwüren am Penisrücken, tiefe Geschwüre mit scharfen, sauber geschnittenen Rändern von glänzendem oder schleimigem Aussehen, ohne Schmerz. Leicht und stark blutende weiche Schanker der Vorhaut. Gonorrhoe mit starken intermittierenden Schmerzen in der Mitte der Harnröhre oder im Penis; ständiger Harndrang mit heftigem Schmerz; dunkler und spärlicher Urin; Geschlechtsorgane sehr berührungsempfindlich. Ausfluß weißlich, dünn und übelriechend.

Träume von Schlangen, Tod und dunklem Wasser; Lebenswille erloschen; Widerwille gegen das Leben.

LACHESIS

Angezeigt bei gemischten venerischen Beschwerden mit weichem Schanker und Gonorrhoe, oder Schanker und Gonorrhoe.

Gonorrhoe mit heftiger geschlechtlicher Erregung; ständige nächtliche Erektionen mit Nachtschweißen. Weicher Schanker oder dunkelblaue, syphilitische Geschwüre auf der Vorhaut; Hodensack oder Penis stark geschwollen. Gangrän oder weiterfressende (phagedänische) Geschwüre der Geschlechtsorgane. Urin dunkel, sogar schwarz und spärlich, enthält Albumin. Gefühl als ob ein Ball in der Blase rollt; übelriechender gonorrhoischer Ausfluß oder blutiger Schleim. Teile sehr berührungsempfindlich. Sehr heftiges Brennen beim Urinieren.

Bubonen mit Fistelöffnungen. Hektisches Fieber und eine allgemeine septische Verfassung. Starke körperliche Erschöpfung mit Zittern und Todesangst in phagedänischen und septischen Zuständen.
Verschlechterung: Symptome < linke Seite und ebenfalls < nach Schlaf.

LITHIUM CARBONICUM

Die Blasensymptome sind sehr ausgeprägt. Vor dem Urinieren treten plötzlich blitzartige Schmerzen in der Blasengegend auf, < rechte Seite; nach dem Urinieren läuft der Schmerz den linken Samenstrang hinauf. Gonorrhoe mit viel Schmerzhaftigkeit oder Wundheit in der Blase und scharfen, tief stechenden Schmerzen im Blasenhals; Urin dunkel mit rötlichbraunem Ziegelmehlsediment (Sep., Phos., Lyc.). Gonorrhoischer Ausfluß grünlich, sehr reichlich, dick und eitrig. Starker Tenesmus mit Schmerz im Blasenhals und entlang der Harnröhre.

Angezeigt in subakuten oder chronischen Fällen. Häufig im dritten Stadium der Gonorrhoe angezeigt, wenn sich eine Steindiathese entwickelt.

LYCOPODIUM

Es ist ein prächtiges Mittel bei Gonorrhoe mit weichem Schanker.

Gonorrhoe mit Harndrang, muß aber eine lange Zeit warten bis der Harn läuft; Harnzwang (Strangurie). Harn spärlich, dunkel, schlammig-trüb mit rotem Sediment wie Ziegelmehl; Penis kalt und schlaff. Gonorrhoe im zweiten Stadium. Schleimhaut der Harnröhre stark geschwollen. Ausfluß milchig oder gelblichgrün, dick und übelriechend.

Viele abgehende Blähungen (Flatulenz) und Auftreibung des Dickdarmes mit Magenbeschwerden. Gesicht bleich, kränklich, kachektisch aussehend.

Verschlechterung: chronische Symptome < auf der rechten Seite und um 16 Uhr.

MEDORRHINUM

Urin kann entweder blaß oder von dunkler Farbe sein; der Strahl ist für gewöhnlich dünn und läuft langsam; er kann geteilt oder verdreht sein. Frostig nach dem Urinieren. Großes Unbehagen und Druck in der Blase. Häufiges Urinieren in der Nacht: wenn dieses Symptom bei jungen Männern angetroffen wird, ist es eine hochwertige Anzeige für dieses Mittel. Häufiger Harndrang nachts, lange nachdem die Gonorrhoe unterdrückt wurde; dabei kann irgendein Schmerz oder Brennen oder ein unbehagliches Gefühl am Blasenhals zusammen mit diesem häufigen Harndrang vorhanden sein oder auch nicht.

Chronische Gonorrhoe mit akutem Brennen beim Urinieren; Ausfluß durchsichtig oder von gummiartiger Beschaffenheit; färbt die Wäsche gelb. Gonorrhoischer Ausfluß dünn, weiß, schleimig, reichlich oder spärlich mit heftigen und häufigen Erektionen am Tage oder nachts, aber für gewöhnlich < nachts.

Chronische Blasenentzündung, bei der der Harn wegen mangelnder Kraft nur sehr langsam abfließt. Wenn der Patient im Bett warm wird oder der Körper allgemein warm ist, uriniert er leicht. Gonorrhoe mit Brennen am Meatus beim Urinieren; die Öffnung ist rot, gedunsen, geschwollen und es besteht starke Schmerzhaftigkeit oder Wundheit die ganze Harnröhre entlang. Sehr geringe Empfindlichkeit, nur dumpfe Schmerzhaftigkeit. Ausfluß schleimig oder gelblichgrün, übelriechend und im allgemeinen spärlich, bei Patienten mit tuberkulöser Diathese jedoch reichlich. Ein Gefühl als ob nach dem Urinieren etwas zurückbleibt oder als ob etwas aus der Harnröhre läuft (Thuja, Kali-bi.).

Postgonorrhoischer Ausfluß chronisch oder subakut, schmerzlos oder mit Schmerzen. Nur ein Tropfen erscheint am Morgen (Sep.). Die Öffnung ist jeden Morgen verklebt. Farbe des Ausflusses gelblichgrün (Thuja); Ausfluß immer < am Morgen. Er vermehrt sich drei Tage lang nach jeder Gabe. Kann nachts den Harn nicht halten. Häufig kein Schmerz oder Brennen, aber der Blasenhals ist so reizbar, daß der Harn nicht lange zurückgehalten werden kann.

Gonorrhoische Ausflüsse wurden mit diesem Mittel geheilt in Fällen, wo ein chronischer postgonorrhoischer Ausfluß zurückgeblieben war, der fünf bis fünfundzwanzig Jahre lang angehalten hatte. Es ist besonders bei Unterdrückung anzuwenden, wenn kein anderes Mittel angezeigt erscheint. In den meisten Fällen wird es jedoch den Ausfluß wiedererzeugen, wonach die konstitutionellen Symptome alle nachlassen oder aufhören.

Verschlechterung: in feuchtem Wetter, Kälte, nachts, auch < um 10 Uhr morgens und nach 12 Uhr nachts; Bettwärme verschlechtert die Blase.

Besserung: bei Bewegung, durch Liegen auf dem Bauch oder Herabbeugen des Kopfes; nahe an der Küste, in trockener Atmosphäre und im Sommer in mittleren Höhen.

MERCURIUS SOLUBILIS

Nützlich bei der gemischten Krankheit. Ich habe eine Anzahl Fälle von Gonorrhoe geheilt, die ebenfalls Syphilis hatten. Es ist einfach, die Krankheit mit diesem Mittel, selbst in Potenz, zu unterdrücken (bei syphilitischen Symptomen).

Ausfluß dick, gelb, grün oder eitrig, manchmal blutig, übelriechend; < nachts. Harn oft blutig mit Brennen und durchdringenden Schmerzen beim Urinieren. Geschwüre im Hals und an den Geschlechtsteilen mit syphilitischen Hautausschlägen, Geschwüre flach mit speckigem Grund.

In einem einfachen Fall von Gonorrhoe ist es nur selten – wenn überhaupt – angezeigt.

NATRIUM CARBONICUM

Harn dunkelgelb, stinkend und sauer mit Druck in der Blasengegend. Brennen in der Harnröhre während und nach dem Urinieren. Spannung und Tenesmus in der Blase aufgrund einer Prostatavergrößerung. In den Hoden Gefühl von Schwere, wie gequetscht und ein ziehendes Gefühl.

NATRIUM MURIATICUM

Gonorrhoe bei pseudo-psorischen Menschen.

Ausfluß durchsichtig, wäßrig oder hellgelb mit Gefühl von Schneiden und Verbrühen beim Urinieren; später im Stadium des postgonorrhoischen Ausflusses kein Schmerz. Ausfluß hinterläßt dünne, durchsichtige Flecken auf der Wäsche. Bei Frauen wird der Ausfluß grün, nachdem er der Luft ausgesetzt war. Der Harn fließt anfangs langsam, muß darauf warten. Die Schleimhäute fühlen sich trocken an. Harn tröpfelt mit einem Gefühl als sei noch mehr in der Blase zurückgeblieben.

Angezeigt in milden, chronischen Fällen, besonders im postgonorrhoischen Stadium.

NUX VOMICA

Dieses Mittel kann jederzeit im frühen Stadium der Gonorrhoe angewandt werden, wenn viele allopathische Mittel gebraucht wurden, besonders wo Copaiva, Cubeba, Cedron, Abführmittel und arzneiliche Injektionen angewandt wurden. In solchen Fällen treffe ich für gewöhnlich die Nux-Kopfschmerzen an. Es kann in solchen Fällen einige Tage lang gegeben werden, ehe das heilende Mittel ausgewählt wird, und es heilt viele Fälle ohne weitere Hilfe.

Tenesmus mit Harndrang (Merc. cor.) Nach eifrigem Bemühen zu Urinieren nur tröpfelnder Harn. Ausfluß reichlich, weiß, schleimig.

Reizbar, streitsüchtig, eigensinnig, verdrießlich, wird leicht zornig; überempfindlich gegen Licht, Geräusch und andere Eindrücke. Zunge dunkelbraun belegt; Atem übelriechend; schlechter Geschmack. Fühlt sich beim Sitzen oder Lesen dumpf, schläfrig und benommen. Der Patient fröstelt häufig und hat dabei Rückenschmerzen; < beim Hinlegen. Er ist sehr nervös und das Geschäft ärgert ihn sehr; möchte allein sein. Manchmal ist er zusammengebrochen und sexuell erschöpft und hat großes Verlangen nach Reizmitteln und allen möglichen Gewürzen.

Verschlechterung: er fühlt sich < am Morgen.

Besserung: von Ruhe und Wärme.

Fall 1: Herr B., 30 Jahre, straffes Gewebe; dunkelbraune Haare und blaue Augen, hatte Gonorrhoe zwei Wochen lang, unterdrückt durch arzneiliche Injektionen. Er war sehr reizbar mit dumpfem Kopfschmerz in den Schläfen. Zunge schmutzig belegt, Appetitmangel und schlechter Geschmack im Mund. Nux IM behob den Kopfschmerz sogleich, stellte den Ausfluß wieder her und besänftigte sein Gemüt in hohem Maße. Nach vier oder fünf Tagen gab ich ihm MEDORRHINUM, das ihn heilte.

Fall 2: Herr J. G., 37 Jahre, groß und schlank, dunkle Gesichtsfarbe; ein Arbeiter. Er hatte Cedronöl genommen bis sein Magen in schlimmem Zustand war. Harn sehr spärlich und wird mit großer Mühe gelassen; hat ebenfalls Stuhldrang. Beim Urinieren Schimpfen, Lästern und sehr reizbar. Nux IM heilte in kurzer Zeit. Der Ausfluß war sofort wiederhergestellt und alle seine anormalen Geistessymptome verschwanden.

Fall 3: Frank L., 26 Jahre, Maschinist; hat alle Arten Heilmittel von seinem Apotheker genommen; ist sehr entmutigt und sehr nervös.

Sein Gesicht sieht hager, angespannt[10] und unglücklich aus. Er klagt über Frösteln mit Appetitmangel und Verlangen nach Tabak, den er im Übermaß gebraucht. Die Zunge hat einen dicken braunen Belag und der Atem ist übelriechend. Starkes Verlangen nach Bier; möchte entweder Pfeffer, Senf oder Meerrettich zu seinem Essen. Es besteht ein reichlicher, schleimig-eitriger Ausfluß und er muß sich etwas anstrengen beim Urinieren. Nux CM behob alle seine Symptome außer einem dünnschleimigen Ausfluß, der von einem anderen Mittel geheilt wurde.

PALLADIUM

Drückende Schmerzen in der Nierengegend als ob der Harn zu lange zurückgehalten würde; < beim Sitzen. Druck in der Blase wie übervoll. Häufiger Harndrang mit quälendem Schmerz in der Blase. Subakute Gonorrhoe mit einem Völlegefühl in der Blase, als sei sie übervoll mit Urin, es ist aber nicht viel Harn darin. Stechende Schmerzen, die durch die Harnröhre zur Eichel laufen; Harn trüb. Schwere oder ein unangenehmes Gefühl schmerzhafter Schwäche in den Geschlechtsorganen.

Flüchtige, vorübergehende Schmerzen in ganzen Körper. Gefühl als würde der Körper breiter und größer oder als ob etwas Schreckliches passieren würde.

PERUBALSAM

Durchstechende Schmerzen in der Harnröhre wenn nicht uriniert wird. Häufiges Urinieren während der Nacht. Harn klar aber spärlich mit einem eigenartigen Geruch nach Rosinen.

Ziehende Schmerzen im rechten Schienbein und quälende Schmerzen am Gaumenbogen und am Zäpfchen.

PETROSELINUM

Angezeigt in den ersten Stadien der Gonorrhoe (Cann., Canth., Medorrh.).

Der plötzliche Anfall von heftigem Harndrang ist das Leitsymptom (Apis); schreit oder springt vor Schmerz herum, wenn er keine Gele-

---

[10] engl. drawn

genheit zum Urinieren hat, wenn der Drang kommt. Es paßt ebenfalls für Blasenbeschwerden alter Leute oder bei Gonorrhoe, wenn der Blasenhals mitbetroffen ist. Wenn eine Stauung der Krankheit zum Blasenhals durch Injektionen herbeigeführt wurde, ist dieses Mittel das Richtige. Wollüstiges Kribbeln und Brennen in der ganzen Harnröhre; Kitzeln in der Nabelgrube, Beißen und Jucken in der Harnröhre mit einem dünnen, weißlichen und spärlichen Ausfluß.

PIPER NIGRUM

Die Blase fühlt sich voll und geschwollen an. Häufige Neigung zu Urinieren; brennender Schmerz in der Blase wie von glühenden Kohlen. Penis stark entzündet und geschwollen. Unmäßiger Priapismus mit brennendem Schmerz. Ausfluß grünlich und übelriechend.

PRUNUS SPINOSA

Krämpfe und häufiger Tenesmus mit Brennen und Beißen in der Blase, Urin heiß und wundmachend, Strahl gespalten. Wenn der Urin die Eichel berührt, erzeugt er heftige Schmerzen und Krämpfe. Ausfluß weißen oder blutigen Schleimes. Trockene Hitze in den Genitalorganen.

PULSATILLA

Es besteht eine Neigung zu Hodenentzündung; es kommt hier als Mittel in der Häufigkeit nach Bryonia.

Jucken und Brennen an der inneren Seite der Vorhaut mit einem milden, dicken, gelben oder gelblichgrünen Ausfluß. Schwere und langanhaltende gonorrhoische Harnröhrenentzündung begleitet von Rückenschmerzen. Die Vorhaut hat häufig ein wassersüchtiges Aussehen wie bei Apis, und die gonorrhoische Entzündung neigt dazu, Prostata und Hoden anzugreifen mit schneidendem Schmerz entlang des Samenstranges. Selbst in diesem Stadium des postgonorrhoischen Katarrhes ist der Ausfluß dick, gelblichgrün und mild.

Der Harn ist spärlich und verursacht beim Urinieren häufig brennende und durchdringende Schmerzen; die Blasensymptome verschlimmern sich beim Liegen auf dem Rücken.

Das Gesicht hat ein kränkliches Aussehen und sieht oft scheckig und aufgedunsen aus. Es ist kein Durst vorhanden, aber Verlangen nach sauren, erfrischenden Sachen und eine Verschlechterung von Fetten und fettigen Speisen jeder Art. Die Zunge hat einen lockeren, teigigen, weißen Belag und der Speichel ist baumwollartig mit einem schleimigen Geschmack.

Angezeigt bei Patienten mit heller Gesichtshaut und von mildem, freundlichem Wesen (Natr. sulf.). Bei Gonorrhoe ist das Gesicht häufig bleich.

Verschlechterung: Fette und fettige Speisen. Die Nase ist in einem warmen Raum häufig verstopft und die Symptome sind alle < abends.

Besserung: der Patient fühlt sich > in Bewegung und an der frischen Luft.

SACCHARUM LACTIS

Erhebliche Schmerzhaftigkeit und Wundheit in der Harnröhre beim Urinieren. Dünner, gelber Ausfluß nach dem Urinieren mit schneidenden Schmerzen die Harnröhre hinauf.

SANICULA (Sanicula aqua)

Gelegentlich angezeigt bei chronischer Gonorrhoe und postgonorrhoischem Ausfluß, ist aber eher im Anfang des dritten Stadiums angezeigt.

Beim Versuch, den Harn zurückzuhalten, entsteht ein krampfartiger Schmerz, der sich am linken Harnleiter entlang erstreckt. Der gonorrhoische Ausfluß riecht wie Fischlake (Medorrh., Thuja, Teucr.). Fluor riecht nach abgestandenem Fisch oder nach Fischlake (Medorrh.). Kalter, klammer Schweiß am Hodensack. Feigwarzen an oder um die Geschlechtsorgane herum.

Ständig wechselnde Symptome (Puls.). Siehe allgemeine Symptome von Sanicula (Clarke).

SARSAPARILLA

Schmerzhaftes Zusammenschnüren der Blase mit Harndrang und Brennen, Empfindlichkeit und Auftreibung der Blasenregion. Häufiges nächtliches Urinieren (chronisch). Spärlicher Ausfluß und Brennen; schneidender Schmerz beim Urinieren, der < am Ende oder nach Beendigung ist. Starker Schmerz bei Beendigung des Urinierens veranlaßt ihn aufzuschreien. Gonorrhoischer Ausfluß weiß, schleimig oder schleimig-eitrig und scharf.

SENECIO AUREUS

Gelegentlich im dritten Stadium der Gonorrhoe angezeigt, wenn die Prostata vergrößert und hart ist und sich geschwollen anfühlt.

Dumpfe, starke Schmerzen im linken Samenstrang, die hinab zu den Hoden ausstrahlen; wollüstige Träume mit Pollution. Nierenstauung mit Fieber nach Gonorrhoe. Starke Schmerzen in der Lumbalregion; Bewegung verschlimmert die Schmerzen (Bry.). Starke Schmerzen in der rechten Niere, die beim Urinieren bis zum Äußersten gehen. Harn von rötlicher Farbe, heiß und scharf. Neigung zu Blutungen aus Nieren und Blase bei Stauung der rechten Niere. Ausfluß grünlich, besonders bei Frauen.

Durchdringende Schmerzen in der Nabelgrube. Starke Müdigkeit in den Beinen.

SENEGA

Starke Reizbarkeit der Blase < nachts im Bett. Drang und sengender Schmerz vor und nach dem Urinieren. Subakuter und chronischer Blasenkatarrh. Grünlich-schleimige Fasern im Ausfluß.

SEPIA

Harn häufig trübe, dunkel, von kräftiger Farbe mit erdfarbenem oder rötlichem Sediment. Gefühl, als sei die Blase voll und Druckgefühl. Gonorrhoe. Harndrang mit Druck in der Blase. Harn läuft langsam. Brennen nach dem Urinieren < abends und morgens. Kein Schmerz oder Brennen beim Urinieren, aber hellrote, runde, herpesartige Flecken auf der Eichel.

Ausfluß schleimig oder schleimig-eitrig, spärlich. Bei subakuten oder chronischen Fällen erscheint nur ein Tropfen gelblichgrünen Eiters am Morgen mit großer Schmerzhaftigkeit entlang der Harnröhre. Erhöhtes sexuelles Verlangen mit großer Schwäche der Genitalien. Schweiß am Hodensack und häufiges Jucken der Geschlechtsteile. Jucken der Vorhaut.

Häufig angezeigt bei postgonorrhoischem Katarrh (Nachtripper), wo ein einzelner Tropfen gelbgrünen Eiters am Morgen erscheint, der die Wäsche gelb färbt.

SILICEA

Tenesmus der Blase und des Afters. Ständiger Drang mit spärlichem Harnabgang; nächtliche Harninkontinenz. Sehr reichliches Urinieren behebt den Kopfschmerz (Gels.). Leichte Schmerzhaftigkeit oder Wundheit und Brennen beim Urinieren. Abgang von Prostatasekret beim Stuhlpressen. Gonorrhoischer Ausfluß eiterartig oder blutiger Eiter, häufig mit Fetzen. Gonorrhoe mit eiternden Bubonen, mit Fistelöffnungen.

Übelriechender Fußschweiß. Mangel an Lebenswärme. Starke Müdigkeit und Gefühl von Erschöpfung während der Eiterungen. Schwächende saure Nachtschweiße. Erkrankte Körperteile hart, geschwollen und bläulich.

Verschlechterung: morgens, durch warmes Einhüllen, von heißen Anwendungen auf die erkrankten Teile.

STAPHISAGRIA

Chronische gonorrhoische Prostataentzündung nach Unterdrückung oder aufgrund sexueller Exzesse. Angezeigt für gemischte Geschlechtskrankheiten.

Harn spärlich, dunkel und stark mit Uraten angereichert. Harndrang, wobei jedoch nur teelöffelweise Harn abgeht mit Brennen vor- und nachher. Blasenreizung nach sexuellen Exzessen. Harn tröpfelt unfreiwillig.

Hoden geschwollen und stark entzündet mit brennenden, tief stechenden, drückenden oder ziehenden Schmerzen im Samenstrang; Gefühl wie zusammengedrückt; starke Schrumpfung der Hoden nach sexuellen Exzessen oder Onanie. Starke sexuelle Erregung.

Sehr nervös und schwermütig. Mutlos und verzagt[11] nach sexuellen Exzessen oder Samenverlusten. Große geistige Stumpfheit. Leicht zornig, leidet danach sehr.

[11] engl. despondent = mutlos, verzagend, verzweifelnd, hoffnungslos, niedergeschlagen. (Vergl. KK-Kent: entmutigt)

STILLINGIA

Stillingia hat dumpfen Schmerz in der rechten Niere oder quer über den Rücken in dieser Region. Harn trüb und milchig mit blasenbildendem Schaum.

Gonorrhoe mit heftigen, durchdringenden Schmerzen den ganzen Verlauf der Harnröhre entlang. Beim Urinieren entsteht ein scharfer Schmerz in der Eichel, der die Harnröhre hinaufzieht. Häufige Harnröhrenreizung und gonorrhoische Harnröhrenentzündung. Beim Urinieren können sengende, brennende und durchdringende Schmerzen auftreten sowie durchstechende oder schießende Schmerzen wie bei Cannabis sat.

TEREBINTHINA

Heftiges Brennen in der Harnröhre beim Urinieren; uriniert alle paar Minuten mit Erleichterung des Schmerzes. Tenesmus und heftiges Brennen beim Urinieren mit spärlichem Harnfluß; akutes Stadium der Gonorrhoe (Cantharis).

Gonorrhoe mit schwerer Blasenentzündung und Druck in der Blasengegend; schmerzhafter Harndrang (Strangurie) und Harnverhaltung. Gonorrhoe, bei der die Kraft der Krankheit sich auf die Nieren wirft (Berb.), mit brennendem Schmerz in der Kreuzgegend. Gonorrhoe mit Tenesmus, schmerzhaftem Harndrang (Strangurie) und häufigem, schmerzhaftem Urinieren.

Harn wolkig oder rauchfarben, jedoch häufig blutig oder es fließt reines Blut aus der Blase. Kaffeesatzsediment. Ausfluß grünlich oder blutiger Eiter. Der Harn riecht nach Veilchen.

Urinieren bringt ihm Erleichterung.

THUJA

Rein sykotisch. Selten angezeigt im frühen Stadium; für gewöhnlich geht Medorrhinum der Thuja voran; sie folgt diesem Mittel später im Verlauf der Krankheit. Geben Sie Thuja nicht bei akuter Gonorrhoe.

Zu schwach, den Urin auszustoßen. Wenn nicht uriniert wird Gefühl als flösse Harn oder irgendeine Flüssigkeit aus der Harnröhre ab. Gefühl von Zusammenziehen in der Harnröhre; möchte Wasserlassen, aber kann nicht. Diese Neigung ist häufig mit Brennen verbunden.

Impotenz nach Gonorrhoe (Staph., Agnus castus). Subakute oder chronische Gonorrhoe mit einem dunklen, wäßrigen, gelblichgrünen Ausfluß. Mit Injektionen gegen eine Prostataentzündung bekämpfte Gonorrhoe, wobei erstere (die Prostatitis), nach unterdrückenden Maßnahmen aufgetreten war. Rote Flecken und Wucherungen auf der Eichel oder der Vorhaut. Bei Thuja riecht der Ausfluß wie Heringslake oder hat wenigstens einen stechenden, starken Geruch.

Die Warzen sind fächerförmig oder sie sind groß, rissig, häufig empfindlich und gestielt und befinden sich auf den Geschlechtsorganen oder auf behaarten Teilen. Der Patient schwitzt an den unbedeckten Teilen, was im Schlafe aufhört (umgekehrt wie Samb.)[12]. Der Schweiß ist stinkend und riecht sauer. Die Nägel sind spröde und gefurcht. Die Haut sieht schmutzig aus (Sulf.). Rheumatismus infolge einer Unterdrückung.

Thuja hat nicht die gleiche Beziehung zur Sykose wie Mercurius zur Syphilis, wie die alten Autoren gesagt haben. Sie heilt selten einen Fall von Sykose im ersten und zweiten Stadium, aber sie heilt die tertiären Krankheitszeichen der Sykose, und zwar wenn die warzenartigen Eruptionen und warzenförmigen Auswüchse am Ende des zweiten Stadiums erscheinen: dies ist ihr Platz bei der Sykose.

URANIUM NITRICUM

Dies soll ein gutes Mittel bei der Brightschen Krankheit und bei Diabetes mellitus sein. Der Patient scheidet große Mengen von Zucker und Eiweißstoffen (Albuminen) im Urin aus.

Harn blaß oder milchig, Nachtschweiße und große Schwäche. Geschlechtsteile kalt, schlaff und schwitzig. Harn riecht nach Fisch.

Schmerz in der Kreuzgegend, Müdigkeit und Schwere in den Beinen. Verstopfung mit vermehrtem Hunger und Durst. Schmerz in der linken Schulter bei tiefer Einatmung.

Ich kann leicht sehen, daß dies ein gutes Mittel für organische Nierenkrankheiten sein wird, die durch unterdrückte Gonorrhoe herbeigeführt wurden, oder für viele der schweren tertiären Krankheitsäußerungen im Harntrakt.

---

[12] Hier irrte sich Allen wahrscheinlich: Hering und Clarke schreiben ausdrücklich, daß bei Thuja der Schweiß während des Schlafens auftritt und sofort beim Erwachen aufhört. Sambucus hat Schweiß nach dem Erwachen und trockene Hitze im Schlaf.

Materia Medica des Urogenitaltraktes

ACIDUM BENZOICUM

Acidum benzoicum hat viele Symptome ererbter Sykose oder des tertiären Stadiums der Krankheit. Wie Lycopodium, Lithium carbonicum, Acidum nitricum und andere sykotische Mittel paßt es besonders gut für die Harnsymptome und die harnsaure Diathese. Es hat die echte gichtische und steinbildende Konstitution, von der wir alle wissen, daß sie zu den hartnäckigen sykotischen Zuständen gehört, die so schwierig zu heilen sind. Wir kommen häufig auf dieses Mittel zurück, um die akuten steinbildenden Auswirkungen der chronischen Sykose zu beheben. Wenn diese Gichtzustände ihr Maximum erreichen, werden die verletzenden Trümmer durch den Urin ausgeschieden, wodurch diese Diathese in den Harnausscheidungen sichtbar wird.

Die Symptome sind krampfartig und wechselhaft, ebenso wie die gichtischen Zustände vom Wechsel der Lebensführung, der Diät und des Wetters beeinflußt werden.

Harnorgane: Der Urin wechselt plötzlich von heller Farbe zur Farbe dunklen Bieres. Urin dunkel, häufig tiefrot. Wenn der Harn spärlich ist, leidet der Patient unter gichtischen Ablagerungen in den Gelenken oder gichtischen Zuständen des Herzens, der Leber, des Magens oder Verdauungstraktes. Sobald der Harn reichlich wird, hört das Leiden auf. Der Harn riecht streng, wie Pferdeurin. Harn spärlich, dunkel und voll mit Ablagerungen, die ziegelmehlartig oder ähnlich wie roter Pfeffer und sehr übelriechend sind. Dr. Kent sagt verständigerweise, daß wir diese übermäßige Ausscheidung der Nieren nicht bekämpfen dürfen, denn dies würde dem Patienten ebenso schaden wie die Unterdrückung irgendeiner anderen Absonderung. Wenn der Urin voll von diesen Steinablagerungen ist, fühlt sich der Patient wohl und umgekehrt. Der Urin hat häufig einen so eigenartigen, stechenden Geruch, daß er in Ihre Nase kommt, sobald Sie in das Krankenzimmer eintreten. Wir finden dies oft bei Kindern oder sogar Säuglingen, deren Eltern eine erworbene Sykose haben. (Acid. nitr., Ammon. mur.). Der

Körper und die Kleidung dieser Kinder riecht nach Urin.

Geschlechtsorgane: Sexuelles Verlangen bei Männern und bei Frauen gedämpft, bei Frauen häufig völlig erloschen. Starke Erschöpfung nach Geschlechtsverkehr (Koitus). Schneidende Schmerzen nach Koitus. Starke Reizbarkeit und Schwäche am Morgen nach Koitus. Brennen in der Harnröhre nach Geschlechtsverkehr oder bei Männern brennender Schmerz im Samenstrang, der in die Hoden ausstrahlt. Ausfluß schleimig-eitrig.

Gonorrhoe: Penis hart und im oberen Teil an der Oberfläche zusammengezogen. Brennen in der Eichel bei Nierenbeschwerden. Kältegefühl an der Vorhaut und Eichel. Große Schwäche in den Sexualorganen wird nach dem Urinieren bemerkt. Ständiger Harndrang mit Schmerzen im Blasenhals oder Schmerzen, die in die Hüften und die Oberschenkel ausstrahlen.

ACIDUM FLUORICUM

Harnorgane: Urin spärlich, beißend scharf, stinkend und häufig alkalisch. Brennen vor und nach dem Urinieren mit quälenden Schmerzen in der Blase. Drang häufig und erfolglos. Schmerz auf dem Scheitel nach erfolglosen Bemühungen zu urinieren.

Männliche Geschlechtsorgane: Satyriasis, starkes Sexualverlangen nachts; starkes Verlangen nach Geschlechtsverkehr. Gonorrhoe bei alten Männern mit erhöhtem sexuellen Verlangen oder plötzlichem Verlust der Geschlechtskraft. Penis gebogen, stark geschwollen, mit Völle und Schmerzen in den Samensträngen. Chronische Gonorrhoe, bei der nur ein einzelner gelber Tropfen am Morgen erscheint (wie Sepia).

Weibliche Geschlechtsorgane: Angezeigt bei alten Frauen in tiefsitzenden, chronischen Fällen. Stimmung gehoben, selbstzufrieden, fürchtet nichts. Menses zu früh, reichlich, geronnen. Fluor gelblich, wundmachend.

Psychische Symptome: Abneigung gegen die eigene Familie, vergeßlich, Gedächtnisverlust, Gefühl als ob irgendetwas Schreckliches passieren würde. Dumpfheit in der Stirngegend.

Syphilis verbunden mit Sykose, chronische Fälle, bei denen Silicea versagt hat (Afterjucken, Sykose der Nase). Nasengänge immer verstopft. Gefühl als ob der hintere Nasenraum vergrößert sei. Chronischer, fließender, wäßriger Schnupfen. Chronischer sykotischer Schnupfen.

ACONITUM

Aconit ist selten bei anderen als psorischen oder pseudo-psorischen Zuständen angezeigt, jedoch habe ich es mehrmals bei fieberhaften Zuständen junger Leute im Beginn der Krankheit angewandt, wo hohes Fieber mit heißer, trockener Haut, trockenem Mund, großem Durst, großer Unruhe und psychischer Angst vorhanden war.

Brennen im Blasenhals wenn nicht uriniert wird. Harn spärlich, dunkel, fühlt sich beim Vorbeifließen heiß an. Schmerzhafter, heftiger Drang mit Entleerung von spärlichem, dunklem und heißem Urin; akute gonorrhoische Hodenentzündung; Hoden heiß, hart und geschwollen.

Fall: Herr L., 18 J., hatte seit vier bis fünf Tagen Gonorrhoe. Der Ausfluß wurde durch arzneiliche Lotionen unterdrückt. Als ich zu ihm kam, litt er unter hohem Fieber mit trockener, heißer Haut; große Unruhe und häufiges Herumwerfen im Bett mit akutem Delirium. Großer Durst. Häufiger, schmerzhafter Harndrang, wobei unter großen Schmerzen nur ein paar Tropfen blutiger Urin abgingen. Die Temperatur ging während der Nacht herunter und der gonorrhoische Ausfluß war wiederhergestellt, wodurch ein Fall akuter Blasenentzündung vermieden wurde.

AGARICUS

Dies ist ein weiteres Mittel, bei welchem die männlichen Geschlechtsorgane kalt und zusammengeschrumpft sind.

Es hat viele besondere Reflexerscheinungen aufgrund sexueller Exzesse. Es wirkt auch bei der Heilung von altem, chronischem Nachtripper oder alter chronischer Gonorrhoe. Wie Nux vomica oder Medorrhinum ist es häufig das Mittel, das nach vieler örtlicher Behandlung folgt.

Die Erektionen und Geschlechtsorgane sind schmerzhaft, häufig heftige gonorrhoische Harnröhrenentzündung. In Dr. Kents Materia Medica finden wir das Symptom: beständiges Jucken, Kribbeln und Prickeln entlang der Harnröhre. Es hat wie Sepia den zeitlich hinausgeschobenen letzten Tropfen des Ausflusses.

Der Harnfluß ist unterbrochen oder tröpfelt nach dem Urinieren. Er ist gelegentlich milchig mit Brennen in der Harnröhre nach dem Urinieren und starkem Jucken der behaarten Teile.

Fall: John C., 50 Jahre, groß, mager, mutlos, niedergeschlagen, hat Todesangst. Hatte seit sechs Monaten Gonorrhoe. Ausfluß gelblich, schleimig mit quälenden Schmerzen den Samenstrang entlang. Vollständige Impotenz, Penis schlaff, klein. Geschlechtsorgane kalt und schlaff. Zweimal wöchentlich hat er einen Samenerguß. Befürchtet zu sterben oder unheilbar zu sein. Er wurde von diesem Mittel geheilt.

ALUMINA

Dies ist ein Mittel für chronischen Nachtripper bei Männern, die sowohl vom Alter als von der Krankheit geschwächt sind. Obgleich es nicht sehr häufig angezeigt ist, hilft es gut, wenn die Symptome es verlangen.

Urin: Der Harn wird häufig und in kleinen Mengen gelassen, ist häufig blutig oder mit lehmartigen Ablagerungen gemischt. An Alumina als Mittel kann man im tertiären Stadium der Krankheit denken, besonders wenn sich durch eine Unterdrückung eine Brightsche Krankheit oder ein Diabetes entwickelt hat und die Symptome auf dieses Mittel zeigen. Der Harn beginnt bei diesem Mittel sehr langsam zu fließen, der Patient uriniert > im Stehen. Die vasomotorische Paralyse geht durch den Verlauf der ganzen Prüfung hindurch.

Männliche Geschlechtsorgane: Gonorrhoischer Ausfluß gelblich, schmerzlos und mild. Der postgonorroische Ausfluß ist gelb und wird nie weiß wie bei anderen Mitteln. Von weiteren Symptomen könnte die Prostatareizung und -vergrößerung erwähnt werden. Gefühl von Völle im Dammgebiet. Paralytische Schwäche oder Parese der ganzen Geschlechtsregion.

Stimme schwach, tief und matt. Haut trocken. Kein Schweiß.

AMMONIUM CARBONICUM

Die Ammoniumverbindungen sind bei sykotischen Beschwerden selten angezeigt. Gelegentlich finden wir Symptome, die dieses Mittel fordern, bei Frauen mit einem schwachen Herzen und einer deutlichen Neigung zu Ohnmachtsanfällen. Dies tritt mehr bei älteren Frauen oder alten Jungfern zutage. Sie haben für gewöhnlich eine tuberkulöse Diathese mit einer Neigung zu Blutungen (hämorrhagische Tendenz).

Das Blut gerinnt nicht und ist sehr dunkel. Die Herzsymptome sind schlechter in einem warmen Raum oder durch Überanstrengung. Man kann es bei hysterischen Beschwerden vor Lachesis in Erwägung ziehen.

Urin: Druck in der Blase besonders nachts. Der Harn macht die Teile, mit denen er in Berührung kommt, wund und erzeugt Beißen und Jucken.

Männliche Organe: Schmerz in den Hoden und Samensträngen; heftiges sexuelles Verlangen ohne Erektion; < am Morgen.

Gonorrhoische Ausflüsse bei Frauen dünn, scharf, spärlich oder sehr reichlich; sie erzeugen Jucken, Anschwellung und Brennen der Schamgegend oder des Dammes. Manchmal hat der Ausfluß einen ammoniakalischen Geruch.

Dieses Mittel ist wie Pulsatilla besser durch Liegen auf dem Magen und seine Verschlechterungen sind ähnlich wie bei Rhus tox., nämlich feuchtes Wetter, Waschen und während der Menses.

AMMONIUM MURIATICUM

Harnorgane. Bei diesem Mittel finden wir beinahe den Tenesmus von Nux, Merc. und Cantharis. Es steht in der Tat mit seinem Tenesmus nicht weit hinter Cantharis, obgleich es nicht die Strangurie dieses Mittels hat. Dieser Tenesmus beschränkt sich hauptsächlich auf den Blasenhals. Starker Harndrang, wobei nur wenige Tropfen abgehen. Harn reichlich, stark riechend, moderig, muffig, ammoniakalisch.

Gonorrhoischer Ausfluß oder Fluor wie Hühnereiweiß oder bräunlich oder schleimig, < nach dem Urinieren. Kolikartige oder kneifende Schmerzen begleiten den Ausfluß bei Frauen.

ANTHRAKOKALI

Harnorgane: Reichliche Entleerungen blassen, farblosen Urins ohne Sediment, von alkalischer Reaktion. Jucken, leichtes Brennen und Kitzeln an der Öffnung beim Urinieren.

Männliche Organe: Langanhaltende, schmerzhafte Erektionen.

Hautausschläge und viele Symptome verstärkt beim Schwitzen. Diarrhoe mit vermehrtem Harnabgang, ein ungewöhnliches Symptom. Man sollte eine vollständigere Prüfung dieses Mittels machen.

ANTIMONIUM CRUDUM

Die Mehrzahl der Symptome konzentrieren sich, wie wir wissen, um den Magen und den Verdauungstrakt. Es ist ein vielgepriesenes Mittel für sykotische Magenstörungen und deutliche gichtische Zustände im System. Es wird auch angewandt beim sykotischen Schnupfen („Schniefen") der Säuglinge, der bei Erwärmung des Raumes schlechter wird, wie bei Pulsatilla.

Harnorgane: Schneidende Schmerzen in der Harnröhre beim Urinieren und Rückenschmerz während des Harnabganges sind ziemlich deutliche Symptome dieses Mittels.

Der gonorrhoische Ausfluß besteht aus reichlichem, dickem Schleim, ähnlich wie bei Nux vomica.

ARGENTUM METALLICUM

Wie alle Mineralien ist dieses ein tiefwirkendes Mittel. Es hat sich sehr nützlich sowohl bei sykotischen als auch bei psorischen Krankheiten erwiesen. Man sagt, daß es besonders auf die Nerven und Knorpel wirkt, aber wir können ruhig sagen, daß es jede Zelle und Faser des Organismus beeinflußt. Je unruhiger der Patient wird, umso stärker magert er ab. Der Argentum-Patient sieht bekümmert, müde, blaß und kränklich aus.

Alle Absonderungen dieses Mittels, die Diarrhoen, der Fluor, die Gonorrhoen und die katarrhalischen Beschwerden, haben den gleichen schmutzig-grünlichen oder gelblichgrünen Schleim. Die erkrankte Schleimhaut ist immer rot, gedunsen, geschwollen und mit dieser eigentümlichen Absonderung bedeckt. Die Absonderungen haben einen muffigen Geruch nach altem Heu oder abgestandenem Fisch. Der gonorrhoische Ausfluß von Medorrhinum ist spärlicher, aber ist von ähnlichem Geruch und ähnlicher Beschaffenheit.

Harnorgane: Harn farblos, stinkend, häufig von süßlichem Geruch; bei unruhigen, nervösen Patienten häufig sehr reichlich. Der Zustand der Unruhe wird durch Ablassen großer Harnmengen gebessert; die Unruhe geht davon vorbei. (Ignatia hat ebenfalls dieses Symptom). Diabetischer Urin[1].

Männliche Organe: Chronische Hodenentzündung, Hoden stark infiltriert und hart nach Gonorrhoe. Der Schmerz wird beschrieben als ob die

[1] Weitere bei Allen hier unter Arg. met. aufgeführte Harnsymptome wurden von uns unter Arg. nitr. aufgeführt. Allen irrte hier, da diese Symptome in der ges. alten Literatur bei Arg. nitr. erscheinen: s. T. F. Allen Encyclopedia of Pure Mat. Med. I/465 Sympt. 485 und Hering Guiding Symptoms (Leitsymptome) I/525.

Teile zerquetscht würden. Gonorrhoische Harnröhrenentzündung mit blutigem Harn. Quetschende Schmerzen in den Hoden mit Vergrößerung und Verhärtung. Ausfluß bei Gonorrhoe reichlich gelblicher, grüner Schleim. Der gonorrhoische Ausfluß ist gelbgrün und dickflüssig, selbst in alten, chronischen Fällen. Dies ist ein ungewöhnliches Symptom, da der Ausfluß im allgemeinen dünner wird, wenn die Krankheit chronisch und schmerzlos wird. Er macht die Haut wund und erzeugt Hautröte (Erythem), wenn er über gesunde Haut oder Schleimhaut fließt. Häufig finden wir Schleimfäden im Ausfluß.

Weibliche Organe: Bei Frauen pflegt der Ausfluß eitrig, serös-jauchig und blutig zu sein und wird von mehr oder weniger Schmerzen im linken Eierstock und einem herabdrängenden Gefühl der inneren Teile begleitet.

Typisch für dieses Mittel ist seine Augenentzündung. Seine Nervensymptome unterscheiden sich stark von denen des Argentum nitricum. Die Kachexie der Sykose ist bei diesem Mittel oft sehr deutlich ausgeprägt. Das Gesicht ist blaß oder bläulich, die Wangen eingesunken und bleich, das Gesicht sieht schmutzig und vor der Zeit gealtert aus. Die Tatsache, daß dieses Mittel im Rohzustand ein kräftiges unterdrückendes Mittel in Händen der alten Schule ist, beweist uns seine Wirksamkeit als Heilmittel der Gonorrhoe in homöopathischer Gabe.

ARGENTUM NITRICUM

Typisch für dieses Mittel ist ein geschwürsartiger oder Splitterschmerz, der sich durch die Mitte der Harnröhre entlangzieht.

Der Harn brennt beim Vorbeifließen. Die Harnröhre fühlt sich geschwollen an und als ob ein Tropfen zurückgeblieben wäre (Thuja, Kali jod., Medorrh.). Harn dunkel oder von dunkelgelber Farbe. Heftiger Drang zum Urinieren. Läßt häufig und wenig Harn auf einmal; Öffnung sehr empfindlich. Öffnung geschwollen, gedunsen, worin es Medorrhinum ähnelt.

Es ähnelt Medorrhinum in der Tat auf viele Weise in seiner Wirkung auf die Harnorgane.

ARUNDO MAURITANICA

Harnorgane. Nephritische Schmerzen. Stechen wie von Nadeln in der Blase. Urin rot mit sandigem Sediment (Phos., Lyc., Kali phos., Sep.). Roter Sand (vergleiche mit Lyc.). Nach dem Urinieren Schwere, Brennen, Jucken in der Harnröhre.

Männliche Geschlechtsorgane: Sexuelles Verlangen erhöht, wollüstige Gedanken. Häufige Erektionen. Nach dem Geschlechtsverkehr Schmerzen im Samenstrang.

ASPARAGUS OFFICINALIS

Harnorgane. Nephritische Kolik. Harndrang. Harn hat einen strengen Geruch (Acid. nitr., Acid. benz.). Entleerung häufig, spärlich, mit leichtem Brennen und dem Gefühl als ob etwas in der Harnröhre stecke. Häufiges Urinieren mit feinem schmerzendem Stechen im Meatus. Harn spärlich, strohfarben, übelriechend, gefolgt von Schneiden und Brennen in der Harnröhre, < von 6 bis 8 Uhr morgens. Gefühl als ob nach dem Urinieren noch etwas weiterläuft. Rotes Ziegelmehlsediment am Gefäßrand (Sep.) oder eine fettige Ablagerung.

Männliche Organe: Sexuelle Erregung mit Stichen an der Seite des Penis, mit Harndrang, Schwellung und Erektion.

BARIUM CARBONICUM

Harnorgane: Die Blasenreizung verstärkt sich nachts. Ständige Reizung, kann den Harn nicht halten (alte Leute). Harn klar, überreichlich. Vor dem Urinieren starker Drang, während des Urinierens Brennen in der Harnröhre, danach erneuter Drang mit Tröpfeln.

Männliche Organe: Impotenz, vermindertes sexuelles Verlangen, Penis schlaff, Erektionen nur morgens. Prostatahypertrophie. Postgonorrhoischer Ausfluß oder gonorrhoischer Ausfluß eitrig mit Schmerz in der Nabelgrube auf Druck. Schweiß und Empfindlichkeit am Hodensack.

Weibliche Organe: Während der Menses kneifende Kolik mit Schneiden im Bauch; Gefühl von Schwere auf dem Schamgebiet. Schmerz wie zerschlagen im Kreuz. Lahmheit, Gewicht und Schwere in der Kreuzgegend. Blutiger, schleimiger Fluß. Fluor blutig, schleimartig, mit Reißen im Schambereich und begleitet von Ängstlichkeit und Herzklopfen bei fettleibigen, älteren Frauen oder bei schwachen, zwergenhaften und unentwickelten jungen Mädchen.

BERBERIS

Harnorgane: Man studiere dieses Mittel und vergleiche es sorgfältig mit Acidum benz. und Lithium carb. in seiner Wirkung auf den Harntrakt. Seine gichtischen und Steinsymptome sind dieselben wie bei diesen Mitteln. Dr. Kent sagt: „Es ist bei anämischen, schwachen Konstitutionen und besonders bei älteren Menschen angezeigt, die blaß und kränklich sind und ständig frieren."

Der Urin ist entweder sehr spärlich oder sehr reichlich, von heller Farbe oder voller Steinablagerungen. Es hat rote, sandige Ablagerungen wie Lyc., Sep. und Phos. Sie kommen meistens von der linken Niere. Die Schmerzen sind scharfe, durchgehende Stiche und breiten sich hauptsächlich in der Nierengegend aus oder sie strahlen von den Nieren aus.

Blase: Krampfhaftes Zusammenziehen oder ein quälender Schmerz (Wehtun)[2] in der Blase, gleichgültig ob diese voll oder leer ist. Schneidende, tiefsitzende Schmerzen; heftige durchgehende Stiche in der Blase mit Harndrang. Starker Drang mit Schmerz im Blasenhals, Brennen mit spärlichem Urinieren. Diese schneidenden Schmerzen sind stets < in der linken Seite der Blase oder des Beckens. Chronische sykotische Blasenkatarrhe, die schon lange bestehen (ähnlich wie Thuja oder Sarsaparilla), mit schießenden Schmerzen im Lenden- oder Beckengebiet. Schmerzen in den Hüften oder Oberschenkeln vor dem Urinieren, > durch Urinieren. Diese Schmerzen wecken den Patienten nachts ungefähr alle zwei Stunden auf und verschwinden durch das Urinieren. Die Patientin schlief ein, sobald sie uriniert hatte und die Schmerzen aufhörten.

Schneiden und Brennen in der Harnröhre, < beim Urinieren. Heftiges Brennen und schießende Schmerzen an der Harnröhrenöffnung. Harn häufig blutrot. Urin voll von reichlichem, grauweißem oder rötlichem Sediment, gelblichroten Kristallen, kleinen Steinen. Manchmal fließt der Harn sehr langsam mit großen Schmerzen und Druck in der Blase. Heftiger Drang < morgens, verbunden mit Schmerzen im Kreuz und in den Hüften.

Geschlechtsorgane: Bei gichtischen Zuständen treten Schmerzen in den Samensträngen und Hoden auf. Diese Schmerzen können stechen oder brennen, sind mit sexueller Schwäche verbunden und < im lin-

[2] engl. aching

ken Samenstrang. Schmerz im Samenstrang ausstrahlend in den abdominalen Ring oder in die Hoden. Ziehen vom linken Hoden zum Samenstrang. Geschlechtsorgane kalt, eingeschrumpft, mit schießenden oder brennenden Schmerzen im Samenstrang.

CANNABIS INDICA

Harnorgane: Häufiges Urinieren mit brennendem Schmerz. Akute Gonorrhoe < abends; der Harn fließt langsam, muß die letzten Tropfen herauspressen; Harntröpfeln nach dem Urinieren. Starker Harndrang mit großer Anstrengung, kann jedoch keinen Tropfen lassen (Canth., Nux vom., Merc. cor., Con., Bell.). Es gibt auch einen sengenden Schmerz und ein Brennen in der Harnröhre vor und nach dem Urinieren.

Männliche Geschlechtsorgane: Heftige Erektionen, schmerzhaft; schlimmer beim Gehen oder Sitzen, besser beim Liegen. Sexuelles Verlangen außerordentlich verstärkt, selbst bis zur Satyriasis. Scharfe, stechende Schmerzen wie von Nadeln in der Harnröhre mit Brennen beim Urinieren. Akute, entzündliche Gonorrhoe mit einem reichlichen, gelblichweißen Ausfluß. Schleimiger Ausfluß oft glänzend.

CANNABIS SATIVA

Harnorgane: Schießende oder schneidende Schmerzen beim Urinieren. Seine Wirkung ist sehr ähnlich wie Cann. ind., Canth. und Petros. Brennen und durchdringende Schmerzen in der Harnröhre, sie fühlt sich in ihrer ganzen Länge wund und entzündet an. Während der Erektion ein spannender, ziehender Schmerz, als ob die Harnröhre heraufgezogen und verknotet würde. Schmerz ausstrahlend von der Öffnung der Harnröhre zurück zum Blasenhals. Schmerzender, krampfhafter Verschluß des Schließmuskels mit Stuhldrang beim Urinieren (Nux vom.); Schmerz < am Ende des Urinierens (Sars.).

Männliche Geschlechtsorgane: Sehr schmerzhafte Schwellungen des Penis mit schmerzhaften Erektionen. Sexuelles Verlangen stark erhöht während eines Anfalles von Gonorrhoe. Priapismus mit reichlichem, schleimigem Ausfluß bei akuter Gonorrhoe. Urinieren begleitet von schießenden Schmerzen (Cann. ind.). Penis geschwollen, Vorhaut dunkelrot. Rote, linsenförmige Flecken auf der Eichel. Akute Gonorrhoe mit stechenden Schmerzen beim Urinieren. Häufige, zu lange dauernde Erektionen mit schießenden, stechenden Schmerzen. Starke Schwellung der Vorhaut. Penis fühlt sich beim Laufen sehr wund an, läuft mit weit gespreizten Beinen.

Angezeigt im akuten, entzündlichen Stadium der Gonorrhoe, wenn die Entzündung tief sitzt.

CAPSICUM

Die Aromatika und die Pfefferarten sind alle gute antisykotische Mittel. In der Regel verschlechtern sie alle die Krankheit in jedem Stadium, wenn sie als Würzstoffe in den Speisen verwendet werden. Die allopathische Schule hat durchaus recht, ihre Verwendung allen mit dieser Krankheit behafteten Patienten zu verbieten, und häufig ebenso, wenn sie den Gebrauch von Anregungsmitteln aus dem gleichen Grunde verbietet, weil diese den Ausfluß verstärken und zum großen Teil die Unterdrückung der Krankheit verhüten oder verhindern. Sogar der Gebrauch von Tee, Kaffee, Pfeffer und Tabak wird diesen Patienten untersagt, sobald man entdeckt hat, daß sie von dieser Krankheit befallen sind. Es ist jedoch merkwürdig, festzustellen, daß diese selben Mittel in kräftigen Gaben innerlich gegeben werden, um die örtlichen Maßnahmen bei ihren sogenannten Heilungen der Gonorrhoe zu unterstützen. Cubeba, Copaiva, Cedronöl und andere Antisykotika werden allgemein verwandt und sie alle wirken stark reizend auf den Harntrakt. Aus den oben angeführten Gründen erweist sich Capsicum als ein wertvolles Mittel bei dieser Beschwerde.

Harnorgane: In Herings Leitsymptomen ist Brennen in der Blase als ein auffälliges Symptom angegeben, aber ich habe dieses Symptom nicht bestätigen können. Brennen am Meatus oder an der Öffnung ist ein wichtiges Symptom des Mittels bei Gonorrhoe; ein Brennen wie von Feuer. Es ist ein pfeffriges Brennen, der Urin ist beim Vorbeifließen an der Öffnung heiß und das Brennen bleibt noch eine Zeitlang nach dem Urinieren. Brennen, Beißen, Schneiden, durchdringende und sengende Schmerzen mit Tenesmus und schmerzhafte Erektionen nach dem Urinieren aufgrund der gonorrhoischen Harnröhrenentzündung. Urin rötlich oder sogar blutig.

Männliche Organe: Gonorrhoe mit schmerzhaften Erektionen und einem dicken Ausfluß von sahniger Beschaffenheit mit einem leicht grünlichen Farbton (Natr. sulf.). Gonorrhoische Harnröhrenentzündung mit schmerzhaften Erektionen[3] gelindert von kaltem Baden. Milder, dicker, rahmartiger gonorrhoischer Ausfluß ohne Schmerz (zweites Stadium); Meatus geschwollen, gedunsen und rot wie bei Medorrhinum; Skrotum kalt; Schmerzen in der Prostata. Gefühl als sei Pfeffer auf die Geschlechtsteile verstreut, immer schlechter auf der Haut der betroffenen Teile.

Psychische Symptome: Von Selbstmordgedanken gequält; möchte sich nicht selbst das Leben nehmen, aber die GEDANKEN SIND HARTNÄCKIG UND VERLASSEN IHN NIE. Wenn er Selbstmord begeht, so liegt es an diesen starken Impulsen. Die Sykose erzeugt Selbstmordsymptome mehr als jedes andere Miasma.

Capsicum paßt zu blühend aussehenden blonden Personen mit rotem Gesicht und heller Haut, die gerne Bier trinken und anregende Speisen und Gewürze lieben. Sie sind in der Regel ziemlich plethorisch, leicht ermüdet und haben eine langsame und schwerfällige Reaktion.

Es ist häufig angezeigt im tertiären Stadium oder bei den charakteristischen gichtischen Zuständen dieses Mittels.

Man vergleiche den gonorrhoischen Ausfluß mit Pulsatilla und Natrium sulf., < durch Berührung, > durch Baden in kaltem Wasser. Es wird häufig gefolgt von Sulf., Sil. und Natr. mur.

Fall 1: Herr Charles L., 21 J., helle Gesichtsfarbe, blaue Augen. Gesicht errötet leicht. Das tuberkulöse Element ist in jedem Zug seines Gesichtes gut ausgeprägt, ja, in der Tat zeigt seine ganze Erscheinung bis zu seinen Fingern die tuberkulöse Diathese. Er hatte seit drei Wochen Gonorrhoe. Der Urin fühlt sich beim Vorbeifließen heiß an und ist von Schneiden, Brennen und durchdringenden Schmerzen begleitet. Die Öffnung ist rot, gedunsen und geschwollen. Der Ausfluß ist dick, von sahniger Beschaffenheit und ähnelt dem tuberkulösen Eiter. Einige Pulver Capsicum IM wurden gegeben, nach zehn Tagen gefolgt von der CM Potenz. In vier Wochen geheilt.

Fall 2: John S., 26 Jahre, helle Gesichtsfarbe, blaue Augen, neigt zum Dickwerden und hat keine Lust zu arbeiten. Beschuldigt sich ständig, daß er sich die Krankheit zugezogen hat. Hatte Gelsemium genommen, jedoch der Ausfluß war plötzlich dick und eitrig geworden.

---

[3] engl. chordee (vgl. Fußn. Seite 6)

Einige Gaben Capsicum IM innerhalb von zehn Tagen verminderten ihn zu einem dünnen, spärlichen und wäßrigen Ausfluß. Der Fall wurde nochmals aufgenommen und Silicea gegeben, das den postgonorrhoischen Ausfluß heilte.

CARBO VEGETABILIS

Der gesamte psychische und körperliche Zustand dieses Mittels ist langsam und schwerfällig. Die Kapillaren und Venen sind voll, die Zirkulation träge. Die Venen im ganzen Körper sind blutüberfüllt, Hände und Gesicht sind aufgedunsen. Der betroffene Körperteil fühlt sich voll und vergrößert an. Die Haut ist dunkel oder schwärzlich und die vom Zentrum des Blutumlaufs entfernten Teile sind kalt.

Harnorgane: Schmerzhaftigkeit oder Wundheit am Blasenhals. Harndrang zu häufig, Tag und Nacht ängstlicher Drang. Schmerz schneidend und scharf beim Urinieren. Urin übelriechend, trübe, spärlich, manchmal nur blutiger Schleim. Harntröpfeln bei alten Männern. Harn schal, schmutzigbraun oder gelblich. Alte, chronische, katarrhalische Zustände der Blase bei alten Männern oder alten Leuten mit Kälte der Extremitäten und allgemeiner Schwäche.

Gonorrhoe bei alten Männern, die durch sexuelle Exzesse zugrundegerichtet und mit chronischen Krankheiten behaftet sind. Geschlechtsorgane schlaff und herunterhängend, gebadet in kaltem Schweiß mit tröpfelndem Urin.

Es ist häufig angezeigt bei alten Leuten, deren Körper keine Lebenskraft mehr besitzt, wo jede Krankheit, die den Patienten befällt, tiefwirkend, schwer und oft lebensbedrohend ist.

CAUSTICUM

Harnorgane: Die Wirkung dieses Mittels auf die Blase und die Harnorgane ist sehr interessant. Wir finden Lähmung des Blasenschließmuskels und ebenfalls der austreibenden Kraft dieses Organs. Der Schließmuskel erschlafft und der Harn kann nicht zurückgehalten werden oder, wenn er zurückgehalten wird, kann er nicht ausgetrieben werden. Der Harn geht ab, ohne daß der Patient es bemerkt und er ist sich dessen nicht bewußt. Er muß seine Kleidung überprüfen, um zu sehen, ob sie von abgegangenem Urin feucht ist oder nicht. Dieses

Symptom findet sich bei beiden Geschlechtern und häufig bei Kindern. Sie nässen das Bett ein, ohne es zu bemerken. Bei Frauen entweicht der Urin unfreiwillig beim Husten, Lachen oder Niesen. Parese von langem Zurückhalten des Harnes oder nach Entbindung ist ebenfalls ein Symptom, das man sich merken muß. Es wetteifert in dieser Beziehung mit Opium. Schmerzhafte Harnverhaltung von Erkältung.

Prostatabeschwerden verursachen viele chronische Blasenbeschwerden bei diesem Mittel: Tröpfeln des Harnes oder Krampf des Blasenhalses infolge von Druck. Der Krampf zieht sich oft bis zum Blasenhals oder bis zum Rektum hin; Harndrang bei vergrößerter Prostata; Harndrang ohne einen Tropfen Urin lassen zu können. Muß eine lange Zeit vor dem Urinieren warten (Puls.). Wir haben hier zwei Extreme: Harndrang mit Blasenkrampf und unwillkürlichen und unbewußten Harnabgang. Bei beiden zeigt sich früher oder später das Lähmungssymptom in irgendeiner Weise (Sars.).

Urin: Dunkelbraun, trübe nach Stehenlassen; Ablagerungen: ein hefeartiges Sediment oder Calciumoxalat.

Männliche Geschlechtsteile: Blutiger Samen. Brennen in der Harnröhre nach Koitus; schwache Erektionen. Gonorrhoischer Ausfluß nicht deutlich. Einsatz muß von allgemeinen Symptomen, besonders von den Blasensymptomen abhängen.

Weibliche Geschlechtsteile: Fluor sehr reichlich, fließt wie die Menses. Die Farbe ist dunkel und er macht die äußeren Geschlechtsteile (Vulva) wund. Der Fluor zieht manchmal dicke Fäden, ist aber hell. Fluor häufig < nachts.

Gesichtsfarbe sehr bleich, kränklich aussehend. Müdigkeit in den Oberschenkeln; zerrende Schmerzen und Lahmheit in der Lendengegend. Hat eine Abneigung gegen Süßigkeiten und frisches Fleisch. Der Appetit vergeht, sobald die Patienten anfangen zu essen. Stimmlosigkeit; schwache Stimme.

Rhus folgt diesem Mittel oft nach Überanstrengung der Blase.

CHAMOMILLA

Dies ist ebenfalls ein echtes antisykotisches Mittel. Seine Wirkung bei erblicher Sykose oder beim sykotischen Kind ist jedem Arzt bekannt, obgleich wir vielleicht nicht gewußt haben, daß die Mehrzahl dieser kleinen Leidenden sykotisch waren und von sykotischen Eltern abstammten, die ihrerseits die gonorrhoische Sykose erworben hatten.

Wir sehen dies an ihrer psychischen Reizbarkeit, ihrer Überempfindlichkeit gegen das Angesehenwerden oder Angesprochenwerden, ihrer Unfähigkeit, Schmerzen zu ertragen, ihren kolikartigen Schmerzen und den grünen, schleimigen Stühlen (wie wir sie auch bei Rheum sehen). Wir sehen es an ihrer Besserung von Bewegung, vom Herumgetragenwerden oder Gewiegtwerden, was die üblichen Besserungsmodalitäten bei sykotischen Erkrankungen sind.

Harnorgane: Dieses Mittel hat durchgehende Stiche um den Blasenhals, häufig < wenn nicht uriniert wird. Der Harn geht ohne Druck ab. Urin heiß, gelblich mit einem flockigen Sediment, trüb oder erdfarben nach kurzem Stehen.

Männliche Organe: Heftige Erektionen und erregtes sexuelles Verlangen bei Gonorrhoe. Schwellung, Schmerzhaftigkeit oder Wundheit und starke Röte der Vorhaut.

CHIMAPHILA

Akute Prostataentzündung mit Harnbeschwerden (Dysurie) und Harnverhaltung als Folge von Unterdrückung einer Gonorrhoe. Im Dammgebiet Gefühl auf einem Ball zu sitzen. Harn stinkend, reichlich, dick. Gefühl wie von einer Schwellung am Damm (Perineum).

CINNABARIS (Rotes Quecksilbersulfit, Zinnober)

Diese rote Schwefelverbindung des Quecksilbers (Mercurius) macht gegenüber den anderen Arten des Quecksilbers keine Ausnahme in seiner starken antisyphilitischen Wirkung. Jedoch verleiht es seine Kraft besonders dem, was man als gemischte Syphilis bezeichnen könnte oder einer syko-psorisch-syphilitischen Person, wenn man es mir erlaubt, dies so auszudrücken. Es ergreift jedes Gewebe im Körper und schließt jede krankhafte Veränderung von einer Papel bis zu einer Warze, von einem Geschwür bis zu einer Exostose ein. Es hat einen Schwefelanteil, der ihm seine psorische Phase gibt und entspricht deshalb der gemischten Syphilis im tertiären Stadium oder in Fällen wo die Krankheit bald nach der Geburt auftritt.

Es paßt für krankhafte Gewächse, besonders Feigwarzen (Kondylome), um die Körperöffnungen, die in Form eines Hahnenkammes, blumenkohlartiger Auswüchse, warzenförmiger oder brombeerartiger

Gewächse auftreten. Diese Gewächse erscheinen nach der Geburt oder nach schlecht behandelten Fällen gemischter Geschlechtskrankheiten.

Wie Nux, Medorrhinum oder Psorinum stellt das Mittel oft einen unterdrückten gonorrhoischen Ausfluß wieder her. Es hat große Empfindlichkeit und Schmerzhaftigkeit in der ganzen Länge der Harnröhre, die beim Wiedererscheinen des gonorrhoischen Ausflusses verschwindet. Warzen und Kondylome erscheinen, wenn der Ausfluß unterdrückt wird oder wenn die Syphilis mit zu starken Gaben von Quecksilber unterdrückt wurde.

Seine Ausflüsse sind reichlich, dick, schmutzig, grünlich oder es ist ein gelblicher Eiter. Die erkrankten Oberflächen bluten leicht: dies ist ein sehr häufiges Symptom. (Acid. nitr.). Die Ausflüsse sind im allgemeinen übelriechend wie verdorbenes Fleisch oder haben den Geruch abgestandenen oder toten Fisches.

Man muß immer nach Knochenschmerzen und Neuralgie der Knochenhaut und Exostosen Ausschau halten.

Verschlechterung: viele seiner Symptome sind < von Hitze und immer < nachts vom Liegen auf dem Rücken und während des Sommers.

Besserung: in einer mittleren Temperatur.

DULCAMARA

In Dulcamara haben wir ein Mittel, das zu allen Stadien der sykotischen Krankheit enge Beziehungen hat, vom ersten Symptom an, bis es jede Äußerung seiner fortschreitenden Prüfung am Organismus aufgezeigt hat. Es paßt besonders für die zweiten und dritten Stadien (der Sykose), das heißt für die chronischen Krankheiten der Schleimhäute und ihre rheumatische Grundlage. Oft kann man kein besseres Bild einer sykotisch erkrankten Schleimhaut finden als bei diesem Mittel.

Kein anderes Mittel, außer vielleicht Rhus tox., ist empfindlicher gegen Klimawechsel oder Veränderungen des Barometers als die Bittersüß. Sie hat die sykotischen Stühle und den katarrhalischen Zustand der Därme, die bei der Herbstruhr oder den Herbstdurchfällen der Kinder so deutlich auffallen und die von Erkältung des Sonnengeflechtes in kalten Nächten nach heißen Tagen während des Sommers oder des Herbstes ausgelöst werden. Hierin ist sie wie Ars., die Aloearten,

Croton tigl., Cham. und andere. Sie erreicht ganz besonders die rheumatischen Erkrankungen, die im dritten Stadium der Sykose erscheinen, und die hervorgebracht werden durch Naßwerden oder durch unterdrückten Schweiß oder infolge Temperaturwechsels von hoher zu niedriger Temperatur oder von kaltem zu warmem Wetter. Es ist das große Herbstmittel für sykotische Patienten.

Harnorgane: Nierenbeschwerden herbeigeführt von der Sykose, vom Verbleib in Kälte und Feuchtigkeit. Brightsche Krankheit aus denselben Ursachen, besonders in den akuten Stadien der Krankheit; oder Brightsche Krankheit nach Scharlach oder Malaria. Schwellung der Beine mit wachsartig verfärbter Haut wie Apis.

Urinieren: Ständiger Drang zum Urinieren, der tief im Leib gefühlt wird. Dieser ständige Drang kommt häufig von Durchnässung oder Erkältung oder wenn der Körper friert. > durch Warmwerden.

Gonorrhoe: Brennen im Meatus beim Urinieren. Schmerzhafter Druck in der Blase. Urin spärlich, übelriechend, trübe mit viel Schleim. Blasenkatarrh von Erkältung. Alle Blasensymptome sind schlechter in kaltem, feuchtem Wetter. Wenn der Körper fröstelt, entsteht Harndrang und häufiges Verlangen zu urinieren. Während der Menses ist der Urin häufig stinkend und trüb und es besteht ständiger Harndrang.

Männliche Geschlechtsorgane: Gonorrhoische Ausflüsse schleimig-eitrig, gelblichweiß, reichlich, übelriechend, katarrhalisch. Während des akuten Stadiums ist der Ausfluß manchmal blutig. Schmerzhafter Bläschenausschlag (Herpes) der Vorhaut, rot oder blaßrot, rund, klein und schuppig.

Rheumatismus: Die Prüfung dieses großen antisykotischen Mittels hat den rheumatischen Bestandteil sehr deutlich angezeigt. Es ist voller Schmerz und Weh. Die Gelenke werden plötzlich entzündlich rot, schmerzhaft, geschwollen und berührungsempfindlich. Die Schmerzen kommen durch Unterdrückung von Schweiß oder vom Arbeiten im Wasser oder Naßwerden. Sie werden > durch Lagewechsel wie bei Rhus tox.

Eine Krankheit, bei der Dulcamara angezeigt ist, wird häufig von Nesselsucht (Urtikaria) begleitet. Sie erscheint in großen roten oder weißen brennenden und juckenden Quaddeln. Sie werden < wenn der Körper friert oder von Kälte in jeglicher Form. Diese Patienten haben oft Rheumatismus im Wechsel mit Diarrhoen oder schmerzhaften und entzündeten Augen.

Alle diese konstitutionellen Symptome sind < in kaltem oder feuchtem Wetter. Erkältungen, Schnupfen, schmerzhafte und entzündete Augenlider, Rheumatismus und Diarrhoen folgen auf Erkältungen oder Feuchtigkeit. Psorinum ist immer kalt, Mercurius ist > von Kälte und Medorrhinum < in kaltem oder feuchtem Wetter; Feuchtigkeit und fallendes Barometer verschlechtern alle sykotischen Patienten sehr.

Psychische Symptome: Vergißt Worte oder kann nicht das richtige Wort finden (Medorrh.). Kann seine Gedanken nicht konzentrieren, deshalb große Verwirrung im Geist. Der Patient ist sehr unruhig, ungeduldig, leicht verärgert oder zornig, streitsüchtig und hat Angst um seine Zukunft. Verlangen zu Schelten während der Menses. Schlaf unruhig und voller Träume. Alle diese Symptome werden stark < wenn das Barometer sinkt oder das Wetter wechselt.

Verschlimmerung: Abends; nasses, kaltes und feuchtes Wetter.

Besserung: Wärme, trockene Luft, trockenes Wetter und Bewegung. Die rheumatischen Schmerzen bessern sich durch Lagewechsel (Rhus tox.).

EUPHRASIA

Nase: Dies ist ein sehr wertvolles Mittel für die Heuschnupfenerscheinungen der Sykose. Es erleichtert oder behebt ebenfalls sehr die tuberkulösen Formen des Heuschnupfens, die ungefähr am 10. August auftreten oder vom 10. bis zum 20. August an[4]. Diese syko-tuberkulösen Formen des Heuschnupfens haben eine deutliche Periodizität. Ich habe oft beobachtet, daß sie jährlich genau am gleichen Tage wiederkehrten. Wenn Sie das tuberkulöse Erscheinungsbild des Patienten sorgfältig prüfen, werden Sie leicht sehen, daß ein sykotischer Bestandteil damit vermischt ist. Wenn Sie nun diese Patienten eingehend befragen, werden Sie finden, daß sie in ihrer Jugend eine Erfahrung mit der Gonorrhoe gemacht haben, die in der alten orthodoxen Weise behandelt wurde. Wenn der Patient ein Kind ist, werden Sie dagegen Anzeichen der Vererbung finden.

Augen, Nase, Kehlkopf: Die Symptome von Euphrasia betreffen

[4] Diese Daten gelten für die USA (Anm. d. Übers.)

besonders den Kopf, die Augen und die Nase, obgleich es in manchen Fällen auch deutliche Kehlkopfsymptome hat und den Fällen entspricht, die am Anfang dieses Werkes geschildert wurden. Dort wurde erklärt, daß die Erkältungen der Sykose in der Nase beginnen mit schleimiger, fließender Absonderung, die ein paar Tage andauert und der ein Kehlkopfhusten folgt und zuweilen auch asthmatische Symptome. Euphrasia folgt diesem Gesetz oft bis auf den Buchstaben. Zuerst Kopfschmerzen, Schleier vor den Augen, stechende Schmerzen im Kopf und Lichtscheu; danach eine reichliche, wäßrige Absonderung aus Nase und Augen mit Niesen, durchdringenden Schmerzen und Brennen. Die Absonderung ist wäßrig und scharf und verursacht Brennen der Nasenscheidewand, ferner ein Gefühl als sei Staub oder Sand in den Augen mit viel Jucken und dem Verlangen, sie zu reiben.

Alle Schleimhäute des Halses, der Nase und der Augen sind betroffen; reichlicher Tränenfluß und Schnupfen. Manchmal ist die Nasenabsonderung mild; in den meisten Fällen jedoch erstreckt sich die Krankheit auch auf den Kehlkopf und es folgt ein schwerer Husten, der manchmal von Asthma begleitet wird. Die Symptome dieses Mittels sind scharf ausgeprägt: Fließschnupfen, Frösteln und Fieber, häufig im Wechsel mit Lichtscheu, brennendheißen Tränen, Niesen und Kopfschmerzen. Manchmal bricht ein Ausschlag ähnlich wie Masern während eines Anfalles aus. Die Patienten klagen immer über merkwürdige Gerüche wie von Eiter oder süße Gerüche oder solche, die sie nicht beschreiben können.

Verschlechterung: am Morgen, im Freien, kalte Luft, vom geringsten Zug oder vom Bewegen.

Besserung: Wärme, im Hause bleiben, Hinlegen oder sich ruhig verhalten.

Fall: Ich erinnere mich an den Fall eines Schulmädchens, das ich drei Jahre lang während der Heuschnupfenzeit behandelte, wonach sie keinerlei Symptome mehr hatte. Natürlich hatte sie noch viele Symptome der Sykose, aber die Heuschnupfenanfälle traten zwei Jahre lang mit den Symptomen dieses Mittels auf. Im dritten Jahr jedoch erhielt sie Pulsatilla, das die Heilung vollendete. Für gewöhnlich behob eine Gabe in der CM Potenz ihre Beschwerden.

GAMBOGIA

Harnorgane: Der Urin geht stoßweise ab. Der spärliche Fluß hört gänzlich auf, kehrt jedoch wieder mit Brennen am Meatus. Der Urin riecht nach Zwiebeln.

Männliche Geschlechtsorgane: Postgonorrhoischer Ausfluß, verklebt die Öffnung bei chronischer Gonorrhoe (Graph.).

Allgemeines Beißen wie von Ameisen an den Geschlechtsorganen. Aphten an den Labien während der Menses mit Verklebung der Teile am Morgen.

Es ist ebenfalls häufig angezeigt bei dunklen, grünen, sykotischen Stühlen der Säuglinge und Kleinkinder oder bei Sykose des Gastrointestinaltraktes (Borax, Cham., Arg. nitr., Rheum, Crocus sat., Magn. carb.).

GELSEMIUM

Dieses Mittel kann als das Aconit der Gonorrhoe betrachtet werden. Es wird häufig im akuten oder frühen Stadium der Krankheit benötigt, besonders, wenn viele Schmerzen oder eine Entzündung von Fieber begleitet wird. Das Fieber kommt langsam auf und wird begleitet von einem langsamen, weichen Puls, allgemeinem Unwohlsein, Kraftlosigkeit und Schmerzhaftigkeit der Muskeln, Frösteln, Durstlosigkeit, allgemeinen quälenden Schmerzen und Schläfrigkeit. Schmerz an der Hirnbasis und im ganzen Körper. Bei der Gonorrhoe können Schmerzen und allgemeines Wehtun fehlen, aber im Fieberzustand dieses Mittels sind sie häufig anzutreffen. Wenn es früh genug gegeben wird, schneidet es die Krankheit häufig ab. Es verliert jedoch nach ein paar Tagen seine Wirkung und muß von einem anderen Mittel gefolgt werden.

Harnorgane: Schmerz, Hitze, Röte und Brennen am Meatus. Häufiger Drang mit spärlichem Abgang von Urin und mit mehr oder weniger Empfindlichkeit der Blase. Urinieren erleichtert[5] oder behebt häufig den Kopfschmerz.

Gonorrhoischer Ausfluß weißlich, schleimig, im Fieberstadium spärlich, aber reichlich wenn das Fieber aufhört. Ein zerrendes Gefühl in den Hoden. In seinem schleimigen Ausfluß ähnelt es Nux vom.

Weitere Symptome sind Zittern der Hände, starke Erschöpfung und Kraftlosigkeit der Muskeln, Mutlosigkeit und Verzagtheit.

Fall 1: Arthur B., 20 J., helle Gesichtsfarbe, wurde plötzlich ohne

---

[5] engl. relieve = erleichtern, beheben, lindern

ersichtlichen Grund krank. Temperatur 39,5°C, Gesicht leicht gerötet, allgemein sehr erschöpft, etwas Gliederschmerzen und ein dumpfer Kopfschmerz an der Hirnbasis. Er ist reizbar, wenn er angesprochen wird, schläfrig, will schlafen. Viel Brennen am Meatus beim Urinieren, was ungefähr jede Stunde eintritt. Alle akuten Symptome wurden von diesem Mittel beseitigt. Ich erfuhr nach etwa einem Tage, daß er eine arzneiliche Injektion bekommen hatte, die den Ausfluß aufhören ließ. Einige Stunden nach der Einnahme des Mittels kam ein reichlicher, schleimiger Fluß.

Fall 2: Frau. L., 32 J., dunkle Gesichtsfarbe. Er hatte fast eine Woche lang Sandelöl genommen. Symptome: Fieber, allgemeine Schmerzen, Kopfschmerzen, Schläfrigkeit, benommen, will allein gelassen werden. Uriniert alle paar Minuten, wenn er auf ist; besser wenn er sich hinlegt. Ist sehr hinfällig und fröstelt. Puls weich und langsam im Vergleich zur Temperatur, die 38,9°C beträgt. Der Ausfluß ist spärlich, wie Stärkewasser und wurde erheblich mehr, nachdem der Gebrauch von Sandelöl eingestellt wurde. Der Fall war in einer Woche geheilt ohne Wechsel des Mittels.

KALIUM NITRICUM

Harnorgane: Stiche in der Prostataregion beim Urinieren. Häufiger Harndrang mit zuerst nur wenigen Tropfen, dann wird der Strahl normal (T. F. Allen). Gonorrhoe mit Stichen an der Harnröhrenöffnung beim Urinieren. Brennen, Beißen oder ein kitzelndes Gefühl in der Öffnung beim Urinieren. Wenn der Harn beginnt zu laufen, überkommt den Patienten ein Schauer als friere er. Brennen am Ende des Urinierens.

Schwellung der Hoden und besonders der Nebenhoden nach Unterdrückung. Die Hoden sind hochgezogen und empfindlich, der Ausfluß besteht aus weißem Schleim.

LAC CANINUM (Hundemilch)

Dr. J. T. Kent sagt, daß die Milchmittel, weil sie tierische Produkte und Nahrung für tierisches Leben sind, deshalb der allerinnersten Natur unseres Körpers entsprechen. Tatsächlich ist es häufig nötig, eines dieser Milchprodukte auszuwählen, um ein Mittel zu finden, das tief genug in das Leben hineinreicht, um das starke störende Element zu beseitigen. Lac caninum ist eines dieser Mittel, die in Erwägung gezogen und studiert werden sollten. Es hat viele psychische und Nervensymptome, die für die Sykose typisch sind. Im rohen Zustand wurde es vor dreitausend Jahren gebraucht, um den toten Foetus auszutreiben sowie als Antidot bei Giften. Seine Symptome sind wie folgt:

Psychische Symptome: Sehr vergeßlich beim Schreiben, gebraucht zu viele Worte und nicht die richtigen, vergißt Worte und Sätze (Medorrhinum). Seine psychischen Symptome verbleiben lange im Patienten und sind sehr quälend.

Wie Lachesis ist Lac caninum < nach Schlaf. Sobald die Patientin die Augen schließt, sieht sie Schlangen, dunkles oder schwarzes Wasser und schreckliche Gesichte, die einen bleibenden Eindruck auf sie machen. Ich entsinne mich jetzt an den Fall einer Frau, die keinen Händedruck mit ihren Freunden tauschen wollte, aus Angst, sich zu beschmutzen oder anzustecken. Es besteht keine Lust zum Leben, wir haben daher ein weiteres Suicidmittel. Die Manie der Patientin ist oft so heftig wie bei Belladonna, Stram., Verat. alb.

Wir möchten einige der auffallenderen sykotischen Krankheiten anführen, die mit diesem seltsamen Mittel heilbar sind: Hysterie, akute oder subakute Manie von unterdrückter Gonorrhoe oder psychische Zustände nach Operationen bei sykotischen Krankheiten der Frauen, wie Entfernung der Eierstöcke, der Gebärmutter und der Eileiter. Der Wahnsinn oder die Manie ist ähnlich der von Lachesis, ebenso die Träume und Halluzinationen. Träume von schrecklichen Krankheitszuständen, faulenden Geschwüren, als ob ihr Körper so krank wäre, daß sie ihn nicht berühren könne. Beständig waschen oder schrubben sie ihren Körper, um ihn sauber zu bekommen. Trifft dies nicht für die Sykose mehr als für jedes andere Miasma zu? Die Psora ist wasserscheu und für gewöhnlich verschlechtert es alle ihre Symptome.

Die diphterischen Symptome zeigen die Bösartigkeit des vorhandenen sykotischen Elementes. Alle Absonderungen sind eitrig und übelriechend. Es hat Geschwüre, Halsweh, Pusteln und Ausschlagskrankheiten aller Art.

Harnorgane: Ständiger Drang zu urinieren mit heftigem Schmerz. Harn spärlich, dunkel, von kräftiger Farbe, macht die äußeren Geschlechtsteile wund. Urin oft kaffeefarben, übervoll mit Schleim oder

Albuminen. Harn unterdrückt ohne jeglichen Harndrang (Opium).

Männliche Geschlechtsorgane: Syphilitische Geschwüre des Penis, pilzartig-schwammiger (fungoider) Schanker auf der Eichel. Schanker glänzend, Geschwür schrecklich übelriechend, bösartig aussehend. Bubonen mit vielen Schmerzen. Gonorrhoe mit intermittierenden Schmerzen im mittleren oder vorderen Teil der Harnröhre.

Gemischte Geschlechtskrankheiten: Schanker mit Gonorrhoe oder weicher Schanker mit Gonorrhoe. Bösartige Formen der Geschlechtskrankheiten. Diphterisch aussehende Schanker oder weiche Schankergeschwüre mit großen Schmerzen, starker Empfindlichkeit und Unruhe. Die Geschwüre sind für gewöhnlich rund, grauweiß oder von glänzendem oder glitzerndem Aussehen.

Verschlimmerung: Berührung, Bewegung, Stehen, Alleinsein.

Besserung: Menses, während des Flusses.

Es paßt für große, schlanke, dunkelhaarige Leute mit einem deutlich nervösen Temperament.

Eine Einzelgabe sollte verabreicht werden, nicht unter der dreißigsten Potenz. Wenn eine Wiederholung nötig ist, gebe man zur gleichen Uhrzeit.

LAC DEFLORATUM

Wir stehen erst im Beginn, den Nutzen der Milchmittel zu verstehen und sind Dr. Swan und Dr. Laura Morgan zu großem Dank verpflichtet für das, was wir über dieses Mittel wissen. Es zeigt deutlich, daß wir nicht aufhören sollten, aus der Schatzkammer der Natur heilende Wirkstoffe für die Heilung der Kranken auszuwählen. Eigentümlich und seltsam sind die Symptome, die sich aus den tierischen Sekreten und Absonderungen entwickeln, ihre Wirkungen sind äußerst tief. In ihrer Einwirkung auf die Lebenskraft reichen sie hinab bis zu den innersten Lebensräumen.

Psychische Symptome: Depression; Lustlosigkeit, Abneigung sowohl gegen körperliche als auch geistige Arbeit scheint ein ziemlich beständiges Symptom zu sein. Kopfschmerz mit starker psychischer Depression.

Kopf: Es heilt (wie Natrium) einen Kopfschmerz, der bei anämischen, tuberkulösen Patienten und besonders bei Frauen gefunden wird, deren Gesundheit heruntergekommen ist und die sehr blutarm sind. Die ihnen verbleibende Zufuhr von Nervenenergie ist sehr niedrig, deshalb fallen sie leicht in Ohnmacht oder haben Ohnmachtsanfälle. Der Kopfschmerz dieser Patienten ist häufig < , wenn sie sich hinlegen. Wenn sie aus dem Bett kommen und aufstehen, führt dies eine Ohnmacht oder ein Ohnmachtsgefühl herbei wie bei China oder Ammon. carb. Der Schmerz ist für gewöhnlich in der Stirn gerade über den Augen, gelegentlich erstreckt er sich bis zum Hinterkopf. Der Schmerz ist oft unerträglich, intensiv und dauert tagelang. Natrium mur. und Tuberkulinum haben einen ähnlichen Kopfschmerz. Wenn der Schmerz sehr stark wird, veranlaßt er häufig Übelkeit und Erbrechen. Die Patienten haben große Furcht vor Licht, Geräuschen und Bewegung. Der Schmerz wird gebessert von reichlichem Harnabgang. Der innere Winkel der rechten Augenbraue ist der bevorzugte Platz für den Beginn der Kopfschmerzen dieses Mittels. Man nennt sie die krankmachenden „amerikanischen" Kopfschmerzen.

Chronische Verstopfung ist bei diesen krankmachenden Kopfschmerzen nicht selten. Die Stühle sind trocken, massig und hart, so daß sich der Patient sehr anstrengen muß; der Stuhl verletzt den After häufig.

Harnorgane: Bei Frauen ist der Urin blaß, reichlich und ist schwer zurückzuhalten. Schmerz in der Nierengegend, der weiter zur Blase zieht wie bei Berberis; oder der Schmerz zieht von den Nieren den Rücken hinunter bis zu den Oberschenkeln. Manchmal geht der Harn in einem starken Guß ab und fühlt sich wie heißes Wasser an.

LACHESIS

In diesen Tagen rastlosen Lebens voller Belastungen und Überbeanspruchungen benötigen wir häufig ein Mittel wie es die Lachesis ist. Wir brauchen eine Vielzahl solcher Mittel, um die Harmonie der mißbrauchten und überarbeiteten Nervenzentren unserer Patienten wiederherzustellen. Viele ihrer Symptome entsprechen den Symptomen der Sykose, ebenso wie dies bei Rhus tox., Gels., Lac can. und bei Thuja der Fall ist. Bedenken Sie, wir haben in Lachesis den schnellen, überempfindlichen Patienten mit leichter Auffassungsgabe oder wir können eine starke intellektuelle Schwerfälligkeit oder Stumpfheit mit körperlicher Schwäche antreffen, die dem niedrigen Geisteszustand entspricht.

Häufig sind die Patienten traurig, melancholisch, grillenhaft, argwöhnisch und mißtrauisch und vor allem eifersüchtig. Der Gesichtsausdruck ist ängstlich, sorgenvoll und unglücklich. Verlegenheit oder Befangenheit ist immer sehr hervorstechend, auch kann kein Druck oder Gewicht auf irgendeinem der Nervenzentren des Körpers vertragen werden. Dies ist typisch für Lachesis in allen ihren Prüfungen und in der klinischen Arbeit. Im Wahnsinn meinen sie, sie hätten übermenschliche Kräfte oder Macht und sind überempfindlich gegenüber allen Eindrücken oder gegen Berührung, alle Sinne sind überempfindlich und intensiviert. So merkwürdig es auch klingt, bringt ihnen jedoch harter Druck häufig Erleichterung.

Alle Absonderungen sind dunkel, übel oder faulig riechend, dünn und wäßrig. Die krankhaften Veränderungen sind bösartig oder teilweise bösartig, überempfindlich und werden < von Hitze, Berührung, warmem Baden und nach Schlaf.

Das Gesicht hat in dieser Krankheit eine purpurrote Farbe oder ist in schweren Fällen fleckig oder marmoriert und weist Hautblutungen von dunklem, dünnem, wäßrigem Blut auf. Wiederum kann es gedunsen, fahl und töricht aussehen oder bleich und geschwollen sein.

Harnorgane: Stechende Schmerzen in den Nieren, die herunter und durch die Harnleiter ziehen. Bei Blasenentzündung gibt es ein Gefühl, als sei ein Ball in der Blase oder im Bauch, wenn der Patient sich umdreht. Erfolgloser Drang; wenn der Urin dann abfließt, brennt er sehr. Ferner kann der Urin spärlich und sehr dunkel sein und heftiges Brennen verursachen. Der Harn ist streng, dunkelbraun, im Fieber übelriechend, oder er ist schwarz und schaumig und kann wie mit Kaffeesatz vermischt aussehen, z. B. bei Scharlach. Ein anderes Mal kann er bei dieser Krankheit schwarz und eiweißhaltig sein.

Männliche Geschlechtsorgane: Starke sexuelle Erregung und sexuelles Verlangen tritt bei dieser Krankheit zutage. Eine Eifersuchtsmanie oder Epilepsie folgt den sexuellen Exzessen bei diesem Mittel häufig. Erhöhtes Geschlechtsverlangen mit ständigen Erektionen in der Nacht oder nach dem ersten Schlaf; der Samen hat einen stechenden Geruch. Auf den Geschlechtsorganen werden Sie häufig sykotische Eruptionen oder Geschwüre von dunkler, bläulicher Farbe finden. Der Hodensack ist stark geschwollen und von dunkler Farbe. Drohendes Gangrän der Geschlechtsorgane. Schanker oder weiche Schankergeschwüre, dunkelfarbig und weiterfressend (phagedänisch). Dunkel gefärbte Bubonen, die sehr berührungsempfindlich sind und Fistelöffnungen haben.

MANGANUM

Wir haben bis jetzt nur wenige Symptome dieses Mittels, die sich auf den Harntrakt oder den sexuellen Bereich beziehen, aber es ist ein so tiefwirkendes Gewebemittel und hat eine so große Kraft, die Blutkörperchen zugrundezurichten, daß es sich wahrscheinlich als ein wunderbares Heilmittel für alle sykotischen Patienten erweisen wird, besonders für diejenigen, die eine ausgeprägte pseudo-psorische Grundlage haben. Es erzeugt fast alle Hautläsionen und zerstört solche Gewebe wie Knochen und Lungengewebe. Es könnte mit Sil., Tub., Calc. c., Calc. p. und Hepar in eine Gruppe eingeteilt werden. Die pseudo-psorischen Patienten sind diejenigen, die den geringsten Widerstand gegenüber den Geschlechtskrankheiten haben, und wenn sie befallen werden, bekommen sie die schlimmsten Formen und sind die schwierigsten Fälle zu heilen.

Psychische Symptome: Große Angst und Furcht. Sehr furchtsam und ängstlich wegen ihres Zustandes. Fürchtet, daß sich irgendetwas Schreckliches ereignen wird. Wenn ein solcher Patient an Sykose mit ihrem ganzen Gefolge psychischer Erscheinungen erkrankt, so können wir uns leicht vorstellen, was für ein gestörter psychischer Zustand sich daraus ergeben wird. Frauen mit einer derartig tiefgehenden tuberkulösen Durchseuchung sind untröstlich, wenn sie mit der Sykose, besonders im zweiten Stadium befallen werden. Sie sind traurig, mutlos und verzagt, weinen leicht und finden keine innere Ruhe. Dr. Kent sagt, daß die psychischen Symptome dieses Mittels ähnlich denen von Argentum nitr., Phos., Graph. und Sulfur sind, und wir könnten Tuberkulinum hinzufügen.

Harnorgane: Häufiger Harndrang mit Schneiden in der ganzen Länge der Harnröhre. Harnsediment erdig und violettfarben.

Männliche Geschlechtsorgane: Harndrang mit Schmerz im Samenstrang. Allgemeines Schwächegefühl in den Organen mit Schmerzen im Samenstrang. Ausfluß reichlich, grünlichgelb, übelriechend und tuberkuloseartig.

Weibliche Organe: Schießende Schmerzen in der Gebärmutter beim Abgang von Blähungen.

Harnorgane: Häufiges, spärliches Urinieren mit Harndrang, er kann jedoch die Blase nicht entleeren. Stuhl- und Harndrang zur gleichen Zeit. Völlegefühl in der Blasenregion mit Harndrang. Unterdrückte Gonorrhoe mit Blasenentzündung infolge unterdrückter Ausflüsse. Ausfluß unterdrückt mit starken Mitteln wie Copaiva, Cubeba oder irgendeinem der pflanzlichen oder mineralischen Gifte. Anspannung und schmerzhafter Drang, Harn geht tropfenweise ab (Canth.). Strenger, scharfer Urin nach Ausschweifungen, verstärkt nachts und nach dem Hinlegen. Brennen und Reißen im Nacken beim Urinieren oder Brennen um den Meatus. Verstopfung mit Stuhldrang (Merc. cor.).

Männliche Geschlechtsorgane: Schmerzhafte Erektionen, zunehmend am Morgen. Sehr erregbar, aber nur schwache Kraft. Gonorrhoe mit Brennen und Harndrang zusammen mit Stuhldrang. Gonorrhoe verschlimmert durch Überessen, durch zu fette oder zu nahrhafte Speisen, Wein, Bier oder Liköre jeder Art, sexuelle Exzesse oder irgendwelche anderen Übertreibungen. Ausflüsse reichlich, schleimig mit Schwellung der Hoden. Linker Hoden hart und geschwollen mit ziehendem oder reißendem Schmerz den Samenleiter entlang. Ausflüsse schleimig, schlüpfrig oder zäh und eitrig. Hodenentzündung.

Weibliche Geschlechtsorgane: Menses dunkel, überreichlich oder spärlich, sehr oft unregelmäßig. Fluor: Stinkend, färbt die Wäsche gelb. Gewicht und Schwere in der Gebärmutter mit schmerzendem Stechen und Brennen in der Scheide.

Stuhlverstopfung mit Stuhldrang. Stuhl spärlich, dunkel, häufig mit Übelkeit und Erbrechen und deutlicher Magenstörung. Schmutzigbraun belegte Zunge. Schlechter Geschmack im Mund.

Psyche: Eigensinnig, reizbar, verdrießlich und schlecht gelaunt; es geht ihm > in Wärme und nach dem Frühstück oder mit dem Fortschreiten des Tages. Stuhlverstopfung, reizbar. Schläfrig. Schläfrig oder dösig beim Sitzen oder Lesen. Sehr reizbar. Möchte alleingelassen werden und nahe an der Heizung oder am Ofen sein. Fühlt sich besser in Wärme.

Verschlechterung: Fühlt sich < morgens, von Kälte und nach dem Essen.

Besserung: gegen Mittag, von Wärme, Ruhe oder wenn keine geistige Arbeit verrichtet wird.

Fall 1: C. E., Alter 20 J., Unterdrückte Gonorrhoe mit Schwellung des linken Hodens. Friert die ganze Zeit über, was sich bei Wärme verringert. Ist verstopft mit Appetitverlust. Der Patient ist eigensinnig, reizbar und hat einen Widerwillen gegen sich selbst. Schmerz im Hoden und Samenstrang gelindert von Hitze. Kurz und bissig beim Sprechen zu seinen Freunden. Ausfluß seit zehn Tagen unterdrückt. Wurde wiederhergestellt innerhalb von vierundzwanzig Stunden mit Aufhören aller seiner Symptome.

Fall 2: N. B., 35 J., schwärzliche Gesichtsfarbe, dunkle Haare und Augen. Zog sich die Gonorrhoe vor zwei Monaten zu. Hat Copaiva genommen und die üblichen Mittel, die die reguläre Schule für diese Krankheit gibt, sowie eine Injektion von Zinksulfat, welche den Ausfluß innerhalb von vierundzwanzig Stunden unterdrückte. Eine Woche danach hatte er Geschlechtsverkehr mit seiner Frau, der er die Krankheit übertrug, obgleich vier bis fünf Tage lang kein Ausfluß mehr zu sehen war. Der Patient klagte nun über linksseitige Kopfschmerzen, fröstelte die ganze Zeit und hatte das Verlangen, neben der Heizung zu sitzen. Abends schläfrig, konnte jedoch nachts nicht schlafen. Wenn er doch schlief, erwachte er früh und konnte nicht wieder einschlafen. Er hatte eine starke Verstopfung und war morgens sehr reizbar und eigensinnig, wollte allein gelassen werden. Kein Ausfluß seit der Injektion von Zink.

Nach drei Tagen kam ein geringer schleimiger Ausfluß aus der Harnröhre. Allgemeine Symptome besser. Vier Tage danach heftige gonorrhoische Harnröhrenentzündung mit Schmerzen beim Urinieren und Stuhldrang, wonach ein sehr reichlicher, schleimig-eitriger gonorrhoischer Ausfluß wiederhergestellt war. Die psychischen Symptome besserten sich zuerst, danach die gastrointestinalen und zuletzt hörte der Ausfluß auf.

PAPAYA VULGARIS

Reißende Schmerzen an der Blase mit ständigem Harndrang. Unwiderstehlicher Drang zu Urinieren beim Geräusch von fließendem Wasser. Brennen in der Harnröhre vor und nach dem Urinieren; der Schmerz läuft vom Damm zum mittleren Teil des Penis oder ein scharfer Schmerz im Hoden weckt ihn nachts auf. Ausfluß geleeartig oder eiweißartiger Schleim.

PAREIRA BRAVA

Harnorgane: Dieses Mittel erzeugt eine schwere Form von nephritischer Kolik; die Schmerzen schießen den Harnleiter hinunter, besonders den linken, mit heftigem Tenesmus begleitet von Übelkeit und galligem Erbrechen. Der Urin geht Tropfen für Tropfen ab und nur im Knien oder wenn der Kopf gegen etwas Hartes gedrückt wird. Schrecklicher Schmerz mit Überdehnung. Der Patient schreit auf vor Schmerz (Canth.); schießende oder brennende Schmerzen an oder in der Harnröhrenöffnung. Ständiger, erfolgloser Drang wobei der Harn in Tropfen abgeht und brennend heiß in der Harnröhre ist.

Schwere Harnröhrenentzündung mit Prostatakomplikation. Beim Urinieren bricht Schweiß aus. Ausfluß dicker weißer Schleim.

Angezeigt im ersten und zweiten Stadium einer schweren krampfartigen Form der Gonorrhoe.

PETROSELINUM

Harnorgane: Häufiges Verlangen zu urinieren, veranlaßt durch einen kribbelnden stichartigen Schmerz in der Nabelgrube (T. F. Allen). Nach dem Urinieren ist der Schmerz schneidend und beißend. Brennen in der Nabelgrube beim Urinieren; besser beim Stehen oder Sitzen. – Akute Blasenentzündung infolge von arzneilichen Injektionen bei Gonorrhoe (Canth., Nux vom., Pareira brava, Medorrh.).

Männliche Geschlechtsorgane: Priapismus ohne Biegung des Penis. Wollüstiges Kribbeln in der Nabelgrube. Gonorrhoe mit Strangurie und unwiderstehlichem Drang zu urinieren mit Kribbeln in der Nabelgrube. Der Ausfluß ist milchig, eiweißhaltig und manchmal gelb.

PULSATILLA

Harnorgane: Blase: Starker Tenesmus mit schmerzendem Stechen im Blasenhals. Häufiger Harndrang mit scharfen, schneidenden Schmerzen in der Blasenregion. Brennen im Blasenhals mit Frösteln. > von leichter Bewegung, durch langsames Umhergehen. Der Drang und die Anstrengung zu urinieren ist bei diesem Mittel ähnlich wie Nux vom. Alle Blasensymptome sind < beim Liegen auf dem Rücken; > beim Liegen auf der Seite, besonders auf der linken. Pulsatilla hat unwillkürliches Urinieren bei Frauen während des Hustens oder Niesens.

Wie bei Bryonia oder Causticum muß das Kind unwillkürlich urinieren, sobald es einschläft (Sep.). Harntröpfeln bei Frauen (alte Männer: Carbo veg.).

Männliche Geschlechtsorgane: Samenergüsse schlimmer am Morgen. Hodenentzündung mit quälenden Schmerzen und Brennen in den Hoden, mit oder ohne große Schwellung; Hodenentzündung von unterdrückter Gonorrhoe (Bry.); Hodenentzündung schlechter im linken Hoden (rechts: Bry., Medorrh., Rhus tox., Ars. und Cycl.). Hodenentzündung von Durchnässung oder Naßwerden (Rhus); von arzneilichen Injektionen im frühen Stadium der Gonorrhoe (Nux, Medorrh.). Ausfluß dick, gelblich oder gelblichgrün (ähnlich wie Hepar oder Natr. sulf.) mit Brennen und Tenesmus beim Urinieren und heftiger gonorrhoischer Harnröhrenentzündung mit schmerzhaften Erektionen am Morgen. Der postgonorrhoische Katarrh besteht ebenfalls aus einem gelblichen Ausfluß.

Ein gutes Mittel für Rheumatismus, gonorrhoische Arthritis, akut oder subakut infolge Unterdrückung der Gonorrhoe im akuten Stadium. Subakute Formen von entzündlichem Rheumatismus, der Knie oder Knöchel befällt und der Unterdrückung des Ausflusses durch arzneiliche Injektionen oder Spülungen folgt.

Wir finden dieses Mittel angezeigt bei Personen von mildem, sanftem Wesen, die freundlich, zaghaft, schüchtern oder verschämt und nachgiebig sind, ständig saure Sachen begehren und nach frischer Luft verlangen. Sie brauchen offene Fenster und Bewegung im Freien.

Verschlechterung: Es geht ihnen < am Nachmittag und abends, < beim Liegen auf der linken Seite oder auf dem Rücken mit niedrigem Kopf, in einem warmen geschlossenen Raum, vor und während der Menstruation, durch Essen von Fett oder fetten, nahrhaften Speisen.

Besser in frischer Luft, durch langsames Umhergehen oder von leichter Körperbewegung (heftige Körperbewegung: Sepia). Es ist ähnlich wie Tuberkulinum in seinem Verlangen nach frischer Luft.

Fall 1: Emma B., 22 J., unterdrückte Gonorrhoe im ersten Stadium, gefolgt von gonorrhoischem Rheumatismus des linken Knöchelgelenkes in subakuter Form. Zu Anfang war der Fluor dick, von milchiger Farbe und mild. Es war zu keiner Zeit Durst vorhanden, obwohl das Fieber bis auf 38,9° C stieg. Schmerzen schlimmer nachmittags und abends. Schmerz gebessert durch leichte Bewegung und kaltes Baden.

Zunge weiß belegt. Die Patientin weint leicht und ist begierig nach frischer Luft.

Fall 2: Alice M., farbig. Unterdrückte Gonorrhoe gefolgt von Tubenentzündung. Ein Tumor von der Größe einer kleinen Apfelsine wurde im Eileiter gefunden und war begleitet von Fieber, Schmerzen und großem Leiden. Sie hatte vorher einen gelblichen Fluor mit scharfem Schneiden im Blasenhals und häufigem Harndrang gehabt, was schlimmer wurde, wenn sie auf der linken Seite oder auf dem Rücken lag. Pulsatilla 50M behob alle ihre Symptome, die sie bis zu der Zeit hatte. Ich verlor den Fall danach aus den Augen.

Fall 3: Geo. F., 22 J., Gonorrhoe seit drei Wochen, Behandlung durch die reguläre Schule. Symptome: Schmerz im linken Hoden, der sehr stark geschwollen ist; kleiner Bubo ebenfalls an der linken Seite. Ausfluß sehr spärlicher, milchiger Schleim; viel Brennen und Schneiden im Blasenhals beim Urinieren. Weiter keine Symptome. Kein Durst, kein Appetit. Arbeitet jeden Tag, aber fühlt sich jeden Nachmittag nach drei Uhr sehr müde und erschöpft. Zunge weiß belegt. Schlechter Geschmack und kein Verlangen nach Wasser. Geheilt mit Pulsatilla IM.

RATANHIA

Akute oder chronische Gonorrhoe mit Brennen an der Wurzel des Penis beim Urinieren. Häufiger Harndrang.

RHUS TOXICODENDRON

Dies ist ein wertvolles Mittel für die rheumatischen Erscheinungen der Gonorrhoe oder für Krankheiten, die bei Patienten mit sykotischer Konstitution von Durchnässung herbeigeführt werden, unabhängig davon, ob die Sykose erworben wurde oder nicht. Sykotische Patienten (und besonders Männer) leiden bei jedem Wetterwechsel und bei jedem Fallen des Barometers an Steifheit der Gelenke, Schmerzen in den Sehnen oder Muskelscheiden. Diese Patienten werden steif und lahm, bekommen Schmerzen und können sich kaum bewegen wegen der schweren Muskelerschöpfung, die die Krankheit begleitet. Hexenschuß (Lumbago) von der geringsten Entblößung, vom Schwitzen oder vom zu warm werden bei der Arbeit oder vom Sitzen im Zug. Achten Sie darauf, wie häufig diese unvollständig geheilten Patienten Lumbago haben. Rhus hat breit gefächerte Anwendungsmöglichkeiten bei Rheumatismus, der von unterdrückter oder erblicher Sykose herrührt. Die Symptome sind quälende Schmerzen (Wehtun), Unruhe, Ängstlichkeit und das Verlangen, sich ständig zu bewegen. Die Erleichterung ist zwar nur vorübergehend, aber der Patient ist gezwungen, sich zu bewegen.

Harnorgane: Harndrang mit starkem Tenesmus und Schmerz in der Prostatagegend; dies ist wie Nux. In schweren Fällen ist ebenfalls Stuhldrang vorhanden. Die Symptome sind alle > von Bewegung. Urin heiß, spärlich, häufig blutig. Entweder vollständige Harnverhaltung oder der Harn fließt sehr langsam. Bei Frauen ist häufiger Harndrang vorhanden, der Tag und Nacht nicht aufhört, und gelegentlich tröpfelt der Harn weg. Dies ist < in kalter Luft oder beim Frieren, > von Warmwerden oder von Bewegung. Rheumatische oder mit Harnsäure behaftete Patienten, die dieses Mittel benötigen, haben häufigen, heftigen Harndrang; der Urin ist dunkel, spärlich, wird beim Stehen trüb und lagert ein weißes Sediment ab. Der Urin geht unter Anstrengung und großen Schmerzen nur tropfenweise ab (Apis, Canth., Merc. oder Nux vom.). Harnbeschwerden mit vielen Schmerzen (Wehtun), Steifheit und Schmerzhaftigkeit im Rücken oder an den Nieren.

Männliche Geschlechtsorgane: Gonorrhoische Harnröhrenentzündung mit Harndrang. Rote Flecken von der Größe eines Stecknadelkopfes oder größer auf der Oberfläche der Eichel (Medorrh., Thuja, Sulfur). Hodenentzündung von unterdrückter Gonorrhoe mit starkem Ödem und begleitet von rheumatischen Symptomen. Wundrose (Erysipel) auf den Geschlechtsorganen, besonders auf dem Hodensack nach akuter Unterdrückung oder während des Nachtrippers. Wundrose folgt dem postgonorrhoischen Ausfluß oder nach Unterdrückung des Ausflusses.

Weibliche Geschlechtsorgane: Schmerzhaftigkeit der Gebärmutter mit rheumatischen Schmerzen im Rücken oder den Gliedern. Verschlechterung vor Gewittern bei allen Beschwerden des Unterleibes. Fluor < nach den Menses bei Frauen mit rheumatischer Veranlagung. Fluor dünn, dunkel, spärlich, wie schmutziges Wasser, beißt die Schamteile. Er kann auch dick, von sahniger Beschaffenheit und scharf sein und von Kreuzschmerzen sowie starkem Brennen und Jucken der äußeren Geschlechtsteile begleitet werden; er kann Schmerzhaftigkeit, Röte und Anschwellen der benetzten Teile verursachen (Ars.).

Fall 1: Erysipel des Hodensackes nach Unterdrückung von Sykose im ersten Stadium. Es begann auf der linken Seite und breitete sich nach unten über den Damm aus und hinüber zur rechten Seite. Temperatur 39,5° C. Viele Schmerzen (Wehtun) und Unruhe mit schießenden Schmerzen in den Beinen. Brennen, Jucken, Beißen und durchdringende Schmerzen der Haut. Rhus IM heilte in einer Woche.

Fall 2: Frau R., 53 J., zog sich die Sykose im zweiten Stadium von ihrem Ehemann zu, der ein Reisender war. Symptome: Brennen, Beißen, durchdringende Schmerzen beim Urinieren. Harn spärlich mit Harndrang. Drang plötzlich und häufig. Ausfluß aus der Scheide dünn, spärlich und die Schamteile wundmachend. An allen Teilen, mit denen der Ausfluß in Berührung kommt, entsteht eine Hautrötung. Diese verursacht durchdringende Schmerzen und Brennen wie Wundrose. Ständige Rückenschmerzen, kann kaum vom Sitzen aufstehen, sie werden aber besser, wenn die Patientin umhergeht. Besser von heißen Duschen und heißen Bädern; schlechter bei feuchtem oder stürmischem Wetter. Geheilt mit Rhus tox., das in der IM gegeben wurde, dann in der CM Potenz, worauf Sulfur CM folgte.

SARSAPARILLA

Dieses Mittel ist syko-syphilitisch und bei alten Männern am Ende des zweiten und am Anfang des dritten Stadiums angezeigt. Es ist eines der Mittel für alte Sünder oder ausschweifende Menschen, die durch berauschende Mittel und Geschlechtskrankheiten geschwächt sind.

Harnorgane: Krampf des Blasenschließmuskels beim Hinsetzen zum Urinieren, gebessert durch Stehen. Am Ende des Urinierens versucht der Patient, den Blasenhals mit seinen Fingern zu packen. Wenn das Urinieren zu Ende geht, kommt ein starker Schmerz oder Krampf, der ihn aufschreien läßt. Kinder schreien beim Urinieren, aber dies wird für gewöhnlich durch Abgang von Sand oder Steinablagerungen aus der Blase verursacht.

Nässende Ausschläge an den Geschlechtsteilen. Übler Geruch der Genitalien (Psor., Thuja).

Rheumatismus infolge von Unterdrückung des Ausflusses (Ars., Bry., Rhus, Dulc.). Rheumatismus folgt auf Gonorrhoe, die durch

Kalt- oder Naßwerden zurückgehalten wurde. – Kopfschmerzen mit Schmerz im Hinterkopf, der Schmerz setzt sich an der Nasenwurzel fest.

Angezeigt im dritten Stadium, wenn Warzen, gichtische Knoten und gichtische Schmerzen der Unterdrückung des ersten oder zweiten Stadiums einer Gonorrhoe folgen. Paßt für dunkelhaarige Personen von gallig-nervösem Temperament.

Es kann auf Nux folgen und kann bei Gonorrhoe mit Thuja verglichen werden.

SEPIA

Paßt für große, dünne Frauen mit schlaffen Muskelfasern. Die Patientin hat keine natürliche Zuneigung oder sexuelles Verlangen, besonders nach der Entbindung. Sie ist reizbar, nervös und unruhig; < wenn sie allein ist. Das Gesicht ist häufig sommersprossig oder hat viele weiße Stellen und Pigmentflecken.

Geschlechtsorgane: Gonorrhoischer Ausfluß milchig oder dick und grünlichgelb. Ausfluß schmerzlos. Häufig am Ende des zweiten Stadiums angezeigt. Postgonorrhoischer Ausfluß ohne Schmerz; keine Schmerzhaftigkeit. Subakutes oder chronisches Stadium der Krankheit mit nur einem Tropfen Ausfluß von milchiger oder gelblicher Farbe, der nur am Morgen erscheint, im allgemeinen schmerzlos ist und die Wäsche gelb färbt. Bei Striktur hat es die gleichen Symptome; der Ausfluß färbt die Wäsche gelb oder gelblichbraun. Gonorrhoischer Ausfluß nachts nur bei Männern, färbt die Wäsche gelb; schmerzloser Tropfen; kein Brennen beim Urinieren; Urin voller Urate. Chronische Gonorrhoe mit Verlust der Sexualkraft. Große Schwäche nach Koitus. Meatus am Morgen verklebt. Schwächegefühl der Geschlechtsorgane.

Harnorgane: Häufiger Harndrang. Urin milchig und wie Feuer brennend (bei Frauen). Schneiden wie von Messern beim Urinieren; beim Niesen oder Husten geht der Harn unfreiwillig ab (Bry., Caust.). Gefühl als ob ein Tropfen aus der Blase käme; ständiger Druck auf der Blase mit dem Bedürfnis zu urinieren. Urin lagert Ziegelmehlsediment ab. Gefühl von Vergrößerung der Blase.

STAPHISAGRIA

Ein syko-syphilitisches Mittel, das nach übermäßigem Quecksilbergebrauch nützlich ist.

Prostata stark vergrößert, was häufigen Harndrang verursacht, der tropfenweise abgeht mit Brennen vor- und nachher. Impotenz und vollständiger Verlust der sexuellen Kraft. Empfindliche Warzen um die Geschlechtsorgane. Hoden atrophiert, sehr klein.

Der Patient ist leicht erregt und erzürnt. Härte, Verhärtung und chronische Vergrößerung der Drüsen. Beine und Rücken schwach mit Verlust der geistigen und der Lebensenergie. Schmerzen der Knochenhaut an den Röhrenknochen, < nachts.

STRAMONIUM

Harnorgane: Bei akuten fieberhaften Krankheiten der Kinder sondern die Nieren sehr wenig Harn ab oder gar keinen. In akuten Krankheiten oder nach den Wehen oder einer Fehlgeburt oft starkes Bedürfnis zu urinieren.

Blase: Harnverhaltung; nach großer Anstrengung gehen ein paar Tropfen ab. Nicht schmerzhaft wie Cantharis; Harnfluß verstärkt durch Essigtrinken. Urin wird erst nach starkem Drang und Anstrengung tropfenweise gelassen (Canth., Merc. cor., Nux, Apis). Uriniert reichlich in der Nacht, während der Harn am Tage spärlich ist und nur mit großen Beschwerden abgeht. Harnverhaltung reflektorisch durch Rückenmarksreizung, Hirn- oder Rückenmarkserkrankungen. Urin überreichlich nach dem Delirium bei diesem Mittel. In schwerem Fieber oder bei Hirnerkrankungen Harn oft unwillkürlich oder tröpfelnd. Vorübergehende Lähmung des Blasenschließmuskels. Blase leer, es wird kein Urin abgesondert. Reichlicher Abgang von blassem, wäßrigem Urin nach akutem Delirium oder Nervenanfällen.

Gonorrhoe: Starke Reizung der Harnwege. Starker Drang und ungewöhnliche Anstrengung, die Blase zu entleeren. Der Strahl hört häufig auf und beginnt dann wieder. Erschaudern beim Urinieren. Die Harnröhre fühlt sich eng an, als sei sie von einem Band umwunden. Der Harnstrahl beginnt von selbst nach Trinken von Essig. Keine Kraft in der Blase, um den Harn auszutreiben.

Männliche Geschlechtsorgane: Entblößt ständig die Genitalien (Hyos.), ein psychisches Symptom. Vorübergehender Verlust der sexuellen Kraft. Extreme sexuelle Erregung. Wollüstige, erhöhte geschlechtliche Leidenschaft. Onanie als Folge oder Ursache von Epilepsie. Kleine Jungen fassen ständig die Geschlechtsorgane an, können die Hände nicht davon lassen (Coffea). Heftige gonorrhoische Harnröhrenentzündung mit unerträglichem geschlechtlichem Verlangen. Bei Gonorrhoe dient es oft als Palliativmittel.

SULFUR

Antipsorisch. Sulfur ist ein rein antipsorisches Mittel und ist als König der Antipsorika bekannt. Unter den Mitteln für Psora steht es an erster Stelle. Es heilt häufig chronische Krankheiten, bei denen Syphilis und Sykose mit der Psora gemischt oder verbunden sind, indem es die psorische Veranlagung oder Durchseuchung entfernt oder die Fessel der Psora von den anderen Miasmen trennt.

Weibliche Organe: Zu starke, zu frühe und zu lang andauernde Menstruation. Nicht selten hört die Menstruation am vierten oder fünften Tage vollständig auf; sie kehrt dann wieder und die Patientin blutet zwei bis drei Tage länger. Dies war mir stets ein sehr zuverlässiges Schwefelsymptom. Noch andere Mittel haben es, aber Sulfur hat es sehr deutlich. Chronische Gebärmutterblutung mit Brustbeklemmung. Sehr reichlicher Fluß am Morgen mit starken, kolikartigen Schmerzen in den Därmen. Stehen verschlimmert die Beschwerden und am Ende des Flusses erzeugt derselbe starkes Jucken der Schamteile und äußeren Geschlechtsteile. Er macht häufig die äußeren Geschlechtsteile und den Damm wund.

Gefühl von Schwäche und Hinsein im Magen ungefähr um 10 oder 11 Uhr morgens, > von Essen einiger Happen[6]. Nagender Hunger. Ohnmachtsanfälle. Schwere Kolik während der Menses; Schmerzen in den Seiten. Auftreibung des Bauches, Verstopfung. Blutende Hämorrhoiden während der Menses.

Blutandrang zum Kopf oder Brust, Hitze auf dem Scheitel. Brennen auf dem Scheitel während des Flusses. Hände und Füße kalt. Hitzewellen zum Gesicht, ruhelos und schlaflos in der Nacht. Erwacht oft in der Nacht. Brennen der Hände und Füße, besonders beim Hinlegen oder gleich nach dem Insbettgehen. Große Unruhe und Herumwälzen nachts mit Verlangen, die Füße und Glieder aufzudecken oder einen kühlen Platz im Bett zu finden. Hitzewellen gefolgt von leichtem

[6] Im indischen Nachdruck steht < von Essen... Dies ist wahrscheinlich ein Druckfehler, da < von Essen in der alten Literatur nicht gefunden werden konnte, wohl aber bei T. F. Allen „Handbook of Materia Medica“ Seite 1066 „Stomach: Weakness and fainting at 11 a. m. with need to eat“.

Schwitzen während der Menses, in der Zeit um oder zu Beginn des Klimakteriums. Sie kann kein warmes Zimmer vertragen, möchte während der Menstruation im Zimmer nur 16 - 18 ° C. haben. Hat Hitzewellen und fühlt sich sehr matt.

Verdrießlich und schlecht gelaunt. Tut alles in großer Hast. Ist ängstlich und zweifelt an ihrer Erlösung. Starke Trockenheit der Haut. Jucken der Augenlider und des ganzen Körpers im Bett und unter warmer Bedeckung. Lippen sehr rot. Gesichtshaut und Körper haben ein schmutziges, ungewaschenes Aussehen. Häufig abends ein trockener Husten. Gefühl von Schwere in den Beinen. Die Patientin ist leicht ermüdet, schlechter beim Steigen auf eine Anhöhe.

Sulfur paßt gut zu dünnen, gebückt gehenden Frauen, die tief mit Psora oder Pseudo-Psora imprägniert sind. Es rüttelt jede Zelle zur Tätigkeit auf und gibt ihr neue Kraft und heilt eine Vielzahl von chronisch-miasmatischen Zuständen des Systems.

Verschlechterung: beim Stehen; von Hitze, durch Baden, in Ruhe, nachts und von wechselhaftem Wetter.

Besserung: Liegen auf der rechten Seite, von kühler Luft und trokkenem, warmem Wetter.

SYPHILINUM

Harnorgane: ein verstopftes Gefühl, wie von einem Klotz, in der männlichen Harnröhre. Der Urin verbrüht. Jucken an der Öffnung (Sulf.). Uriniert sehr langsam, muß sich deshalb anstrengen (sekundäre Syphilis); Farbe goldgelb (Kali carb.); Urinieren unregelmäßig, spärlich, langsam. Ziemlich reichlicher Urin nach Frieren. Die Harnbeschwerden nehmen nachts zu (Syphilis).

Männliche Geschlechtsorgane: Schanker um die Eichel, ziemlich klein; speckiger Grund, umgestülpte Ränder; Eichel purpurfarben. Unterdrückter Schanker, wobei die Krankheit den Organismus an anderen Stellen angreift. Stechen wie von Nadeln oder durchgehende Stiche im Schankergeschwür sind ein ziemlich häufiges Symptom (Acid. nitr.). Bubo in der linken Leiste, klein, fluktuierend, purpurfarbig, schmerzhaft; < beim Stehen und nachts oder von Mitternacht bis morgens. Entzündung und Verhärtung des Samenstranges.

TABACUM

Harnorgane: Nierenkolik, schreckliche Schmerzen am Harnleiter entlang (Berb., Coloc., Verat. alb.) mit Übelkeit, Erbrechen, Brechreiz oder Brechwürgen (Tartar. emet.) und kaltem Schweiß. Der über zu lange Zeit ausgedehnte Genuß von Tabak erzeugt manchmal eine Art von Blasenparese mit Harntröpfeln, gewohnheitsmäßige Stuhlverstopfung und klebende, salbenartige Stühle; Zittern der Hände und der Zunge.

Männliche Geschlechtsorgane: Nächtliche Samenergüsse ohne Erwachen. Organe schlaff, ohne Erektionen. Impotenz der Raucher.

Gonorrhoischer Ausfluß erneuert oder wiederhergestellt nach Tabakgenuß bei Menschen, die gegen berauschende oder anregende Getränke (Kaffee oder irgendein alkoholisches Getränk) empfindlich sind.

Viele Ärzte verbieten den Gebrauch von Tabak während der Behandlung der Gonorrhoe, weil es ihre Unterdrückung verhindert oder eine Heilung verhindert, wo homöopathische Mittel angewandt werden.

THUJA

Bei diesem Mittel ist das Gesicht sehr charakteristisch, in der Tat ist häufig eine typisch sykotische Kachexie vorhanden. Es sieht grau, sogar wachsartig aus, wiederum kann es ein eigentümlich fettiges, glänzendes Aussehen haben, ähnlich dem, welches man bei der Syphilis zu Beginn des zweiten Stadiums findet; ich habe dies häufig in den öffentlichen Krankenhäusern angetroffen. Thuja ist auch ein großes Mittel zum Antidotieren tierischer Gifte, der mit Syphilis gemischten Gonorrhoe oder der schlechten Wirkungen von Impfungen.

Wir finden den reichlichen Schweiß des Quecksilbers (Mercurius), aber er ist von süßlichem Geruch, wie Honig, oder er kann stechend, muffig oder schimmelig sein oder er riecht wie Fischlake. Besonders trifft dies auf den Schweiß um die Genitalien bei beiden Geschlechtern zu. Wir bemerken dieses Symptom in den meisten Fällen chronischer Gonorrhoe vielleicht ebenso deutlich wie den Geruch der Füße bei Silicea- oder Barium carbonicum-Patienten.

Harnorgane: Brennen in der Harnröhre während des Urinierens

und noch eine beträchtliche Zeit danach. Dies ist ein ziemlich beständiges Symptom dieses Mittels (nach Sars.). Schneiden, Ziehen und Brennen in der Harnröhre mit häufigem Drang (Cann. sat., Cann. ind.).

Blase: Zeitweise Verlust der Kraft. Unfähig, den Urin ganz zu entleeren, muß es mehrmals versuchen. Inkontinenz verstärkt während der Nacht, kommt beim Husten (Bry., Caust.); Harn schaumig, häufig dunkel mit strengem Geruch.

Männliche Geschlechtsorgane: Gonorrhoische Harnröhrenentzündung mit schmerzhaften Erektionen in der Nacht bei Gonorrhoe. Ausfluß grünlich, wäßrig, oder eine dünne, gelblichgrüne Flüssigkeit; Strahl gegabelt oder verdreht. Brennen oder Schneiden beim Urinieren (Cann. sat., Medorrh.). Schmerz < beim Gehen. Der Harn versengt ihn beim Urinieren und die Harnröhre ist stark geschwollen. Zucken, Schneiden, Brennen mit einem unterbrochenen Strahl. Wenn der gonorrhoische Ausfluß aufhört, beginnt Rheumatismus. Gefühl als ob etwas Feuchtes aus der Harnröhre läuft (Kali. bi.). Harntröpfeln in chronischen Fällen.

Starkes Brennen in der Eichel. Unterdrückte Gonorrhoe mit subakutem oder chronischem Rheumatismus. Eichel sehr rot, bedeckt mit roten, wunden Stellen oder Flecken; erhabene rote, wunde Punkte, die oft einen gelblichgrünen Schleim absondern. Kleine Knötchen (sykotisch) um die Eichel. Warzen und warzenartige Auswüchse auf den Geschlechtsorganen oder um den After und den Damm bei beiden Geschlechtern. Kondylome nach Gonorrhoe, meist trocken (feucht: Acid. nitr., Cinnabaris). Tiefrote Flecken auf der Eichel und der Innenseite der Vorhaut mit leichtem Brennen. Eichel bedeckt mit einem dünnen, gelblichgrünen, schlecht riechenden Sekret. Eichel rot, stark geschwollen im ersten und zweiten Stadium (Medorrhinum). Symptome sehr ähnlich wie bei Medorrhinum, besonders die psychischen. Heftige, lang anhaltende Erektionen am Morgen mit erhöhtem Verlangen nach Geschlechtsverkehr. Wollüstiges Jucken der Vorhaut. Harn gelb, reichlich, mit Tag und Nacht andauerndem häufigem Bedürfnis zu urinieren.

Allgemeine Symptome: Die Haut sieht schmutzig oder bräunlich aus. Reichliche und sauer riechende Schweiße an unbedeckten Teilen (umgekehrt wie Sil.), die nach dem Aufwachen aufhören. Schweiße um die Genitalien, süßlich riechend.

Thuja ist ein echtes Antisykotikum, von tiefer und langer Wirkung und ist häufiger bei Blonden oder beim lymphatischen Temperament angezeigt, aber es heilt sowohl bei dunklen als auch bei blonden oder hellen Menschen. Das Fehlen schmerzhafter oder krampfartiger Symptome ist keine Gegenanzeige für dieses Mittel, es ist jedoch häufiger im zweiten und dritten Stadium angezeigt.

Dysmenorrhoe

Wenige Frauenkrankheiten verursachen so viele Schmerzen und Leiden wie diese Krankheit. In seinem herrlichen Werk „Diseases of Women“ (Frauenkrankheiten) teilt Skene die Dysmenorrhoe in fünf besondere Arten ein: die „entzündliche, membranöse, neurotische, Verstopfungs- und ovarielle Dysmenorrhoe“. Sie alle sind mehr oder weniger schmerzhaft und manche von ihnen in außerordentlicher Weise. Jede Form ist von vielen Autoren der zahlreichen Werke über Frauenkrankheiten genau beschrieben worden. Jeder Schreiber hat sein Bild des Elends und Leidens mit der ganzen Kraft seiner Feder gezeichnet, meiner Meinung nach hat jedoch keiner dieses Leidensbild stark übertrieben dargestellt.

Wir haben keinen Platz für eine Beschreibung der verschiedenen oben genannten Formen mit ihrer vielfältigen Anordnung von Symptomen, denn dies ist nicht das Thema dieser Abhandlung. Schließlich hat die ganze Literatur, die über dieses Thema geschrieben wurde, die Mehrzahl der Praktiker nicht befriedigt. Wir meinen, daß die Ätiologie der Krankheit noch nicht gefunden wurde, die wahre Ursache ist noch nicht enthüllt. Warum tritt diese Krankheit in so vielen Formen auf, von denen kaum zwei Fälle derselben Form einander gleichen? Wir müssen anderweitig nach Ursachen Ausschau halten, nach anderen als den in diesen Werken genannten Ursachen, unter welchen diese Krankheiten eingeteilt oder klassifiziert worden sind. Eine Form wird einer Blutüberfüllung oder Kongestion zugeschrieben, eine andere einer Neuralgie, wieder andere Verschlüssen oder Hindernissen, weitere den Membranen; ferner werden Mißbildungen der Organe oder die verschiedenen pathologischen Zustände und Verfassungen des Genitalapparates herangezogen.

Es ist wahr, daß bei einigen Arten pathologische Zustände vorhanden sind, die zuweilen starkes Leiden verursachen, aber die Mehrzahl der Fälle ist funktionell oder neurotisch, und dahinter liegt irgendeine konstitutionelle Dyskrasie. Über die Ursache der membranösen Dysmenorrhoe sagt derselbe Autor (Skene): „Wenn man die heutigen Ansichten über die membranöse Dysmenorrhoe verwirft – das heißt sie sei von einer Entzündung veranlaßt oder die Folge einer Schwangerschaft – so verbleibt keine in irgendeiner Weise vernünftige Ansicht hinsichtlich ihres Ursprungs, die man anzubieten hätte. Während es vielleicht nicht ein Zeichen von Weisheit ist, irgendeine Ansicht oder eine Frage in der Medizin zu diskreditieren, ehe man etwas Besseres anzubieten hat, so ist es – wenn die angegebenen Ursachen leicht als unrichtig aufgezeigt werden können – dennoch unendlich viel besser und sicherer, gänzlich in Unwissenheit über die Ursache von Dingen zu bleiben, als sie falschen Ursachen zuzuschreiben." Wie wahr ist dies, aber es ist nur selten, daß einer als Zweifler aufsteht, die Lehrmeinungen des Tages verwirft und allein zu forschen beginnt – und sich damit lieber der Minderheit zuzählt und die Wahrheit findet, als der Mehrheit zugezählt zu werden und dem traditionellen Weg zu folgen. Die Welt von heute MÖCHTE JEDE URSACHE MATERIALISIEREN, DENN NICHTS ANDERES SCHEINT DEN GEIST DER MATERIALISTEN ZU BEFRIEDIGEN. Wie glücklich und zufrieden ist der Pathologe, wenn er die URSACHE in irgendeiner Ecke oder einem Teil des Körpers lokalisieren kann, in einem Muskel, einem Organ, einem Nervenzentrum, einem Ganglion oder selbst in einer Nervenendfaser.

Wenn Hahnemann sagt: „Krankheit ist eine Störung der Lebenskraft", so sagt dies vielen von uns nichts, weil wir so wenig von dieser LEBENSKRAFT wissen, die den menschlichen Körper belebt und beseelt. Es ist notwendig, Hahnemanns Lebenskrafttheorie zu verstehen und die Gesetze, die sie beherrschen, bevor wir irgendetwas über Krankheit klar und deutlich verstehen können. Außerdem müssen wir etwas über die CHRONISCHEN MIASMEN wissen, ehe wir die WAHRE URSACHE UND DIE VIELFACHEN VERÄNDERUNGEN DER KRANKHEITSERSCHEINUNGEN verstehen können. Einer schreibt die Ursache der Dysmenorrhoe einer rheumatischen Diathese zu, ein anderer der Syphilis, ein dritter der Kropfdiathese, welche letztere natürlich die tuberkulöse ist. Andere haben sie äußeren Ursachen zugeschrieben und in einem Sinne haben sie recht; aber wenn wir darangehen, die Krankheiten sorgfältig vom Standpunkt der chronischen Miasmen zu studieren, wird ein anderes Licht auf Ursache und Wirkung geworfen. Dann sehen wir Krankheit in ihrem wahren Licht, wir können eine Dysmenorrhoe begreifen, die von der Psora veranlaßt wurde oder von der Pseudo-Psora, der Sykose, der Syphilis oder die Folge irgendeiner der Verbindungen dieser großen zentralen Lebensstörungen ist. Wir sind bald in der Lage, jede Art der Dysmenorrhoe einzuteilen und an ihren Platz zu stellen, jeden einzelnen Fall dorthin wo er gehört und ihn, je nachdem wie der Fall liegt, psorisch, pseudo-psorisch, sykotisch oder syphilitisch zu nennen. Der Autor hat diesem Thema ein großes Studium und viele Gedanken gewidmet und hat in der Praxis wunderbare Ergebnisse von der Verschreibung homöopathischer Mittel bei der Dysmenorrhoe gesehen, sowohl bei palliativer Methode als von den Antimiasmatika. Von den Letzteren möchten wir noch weiter sprechen.

Wir bemerken die tuberkulösen Formen der Dysmenorrhoe deutlicher als irgendeine andere Form. Der Grund ist, daß wir ihnen so häufig in der Praxis begegnen und da wir eine beträchtliche Kenntnis der tuberkulösen Diathese haben, verbinden wir die beiden gerne miteinander. Wir sehen das Ansteigen und Absinken der latenten tuberkulösen Ausdrucksform im Organismus. Für die miasmatische Tätigkeit gibt es kein größeres Feld als die Fortpflanzungsorgane und geschlechtlichen Funktionen der Frauen.

Heute treffen wir bei einer großen Anzahl von Frauen irgendeine Form von Dysmenorrhoe an. Der ganze Organismus ist während der Menstruation mehr oder weniger gestört. Oft geht die Störung vom Scheitel bis zur Sohle, sie haben irgendeine Form von Beschwerden und alle sind dem Vorhandensein des tuberkulösen Elementes zuzuschreiben. „In einem normalen, gesunden Organismus ist keine Funktion jemals verkehrt“ und keine darf von Schmerzen und Leiden begleitet werden. Schmerz ist immer ein Zeichen von Krankheit und seine Bedeutung ist eine Buße oder eine Bestrafung. Eine Frau sollte während ihrer Menstruationszeit nicht leiden, sie sollte nur ihre Gegenwart wahrnehmen, eine geringfügige Trägheit der Lebenskräfte, sozusagen eine Pause zur Vorbereitung. In der Tat dürften wir nie mehr als einfache Bewußtheit des Vorhandenseins und der Tätigkeit irgendeines Organes haben, und doch finden wir in den Menstruationsfunktionen der mit Sykose oder Tuberkulose verseuchten Frauen jeden Grad des Leidens selbst bis zur Todesangst, wenn die Organe versuchen, ihre periodische Arbeit zu verrichten. Die Geschlechtsorgane der heutigen Frauen sind große Krankheitszentren und dies gilt besonders für das sykotische Miasma, dessen zerstörerische und aufrührende Wirkung für unsere besten Pathologen und fähigsten Therapeuten zu einem Gegenstand der Besorgnis geworden ist. Wenn die therapeutischen Maßnahmen versagt haben, muß häufig der Chirurg gerufen werden, um einen Teil oder sogar alle Fortpflanzungsorgane der Frauen zu entfernen. Vielmals wird zum Messer des Chirurgen Zuflucht genommen, nur weil er als Therapeut nicht mit den Wirkungen des sykotischen Giftes (Miasmas) auf die Fortpflanzungsorgane vertraut war. Seine therapeutische Kenntnis reichte nicht so weit, und so bewies er sein Unwissen über die Krankheit mit der Entfernung des Organs.

Als die Seidenwürmer in Frankreich krank wurden, sagte Pasteur in diesem Sinne: „Tötet die Seidenwürmer!“ So sagen sie: „Töte alles, was krank ist, entferne das kranke Organ.“ Es wäre besser, mit diesen Krankheiten vertraut zu werden und ihre zerstörerischen, todbringenden Grundlagen zu erkennen, damit wir sie analysieren können, sie auf therapeutischem Gebiet bekämpfen und mit therapeutischen Maßnahmen heilen können.

Diese menstruellen Abartigkeiten tuberkulöser Patienten sind häufig Abbilder schrecklicher Leiden dieses gefürchteten Miasmas Pseudo-Psora. Der Fluß ist immer von Erschöpfung und Müdigkeit begleitet. Er kommt zu früh, ist zu reichlich und dauert zu lange und nimmt häufig die Form einer Hämorrhagie an. Die Patientin fühlt sich eine Woche vor Erscheinen der Menses und eine Woche danach schlecht. Die Menstruationszeit ist begleitet von schweren Rückenschmerzen, gastrischen Störungen, Neuralgien, Kopfschmerzen, ovarieller Neuralgie und sogar Diarrhoe und Fieberzuständen. So sieht das Bild eines tuberkulösen Falles von Dysmenorrhoe aus mit all seinen gesteigerten Funktionszuständen und all seinen Leiden und Erscheinungen dieser erschöpfenden und todbringenden Grundkraft, des tuberkulösen Elementes.

Die Menstruation der sykotischen Patientin ist nicht zu lange wie bei der pseudo-psorischen und ist selten so reichlich. Wenn sie sehr reichlich ist, dann ist sie nicht so erschöpfend und schwächt die Leidende nicht so sehr. Sie kann vierundzwanzig Stunden oder sogar etwas länger sehr reichlich sein, aber es dauert nicht eine ganze Woche wie bei den pseudo-psorischen Patientinnen. Der Fluß der sykotischen Patientin ist mehr krampfartiger Natur.

Die Tuberkulösen haben dunkle Ringe um die Augen, sind hohläugig und blaß, sehen zerrüttet und erschöpft aus. Appetitverlust, Übelkeit, Erbrechen und Diarrhoe sind nicht selten vorhanden. Hysterische Zustände jeden Schweregrades können in diesen Fällen ausbrechen, sie sind in der Tat die schwierigsten Fälle dieser Art, die wir zu behandeln haben. Der Fluß ist zeitweise blaß, wäßrig und lange anhaltend wie man bei Calcium carb., Kalium carb. und dieser Gruppe von Mitteln sieht. Andererseits ist er überreichlich bis zur Erschöpfung, von hellroter Farbe und führt bei jungen Frauen im Alter zwischen siebzehn und vierundzwanzig Jahren eine Anämie herbei. Gelegentlich wird das Gesicht blaß oder aschfarben oder nimmt einen gelblichen Ton an. Auf die Menstruation folgt nicht selten Fluor, Herzklopfen und allgemeiner Vitalitätsverlust; später große Schwäche, Erröten des Gesichtes, trockner, kitzelnder Husten, Schwindel, Heiserkeit und schließlich haben wir einen gutentwickelten Fall von Tuberkulose vor uns, der durch eine sorgfältige Analyse des Falles und ein aufgrund der pseudo-psorischen Symptome ausgewähltes Mittel zu einem früheren Zeitpunkt im Leben hätte angehalten werden können.

Allein die psychischen Symptome dieser Patienten versehen uns oft mit genug Daten, auf welche wir unser pseudo-psorisches Mittel gründen können. Diese Patienten sind traurig, schwermütig, voller eingebildeter Vorstellungen, sie ahnen Unheil oder sagen es voraus, sind angstvoll, äußerst empfindlich, nervös und reizbar. Manchmal kommen sie durch die Menstruationszeit mit nur wenig Beschwerden hindurch, sie wird jedoch von lange andauernden und quälenden Gesichtsschmerzen gefolgt. Ich habe noch wenig von den Neuralgien, den vielen reflektorischen Symptomen und ungenannten Leiden dieser Patientinnen gesagt. In einem deutlichen Falle einer tuberkulösen Anlage finden wir für gewöhnlich Retroflexionen und alle Arten von Fehlstellungen der Gebärmutter. Ihre Leiden beginnen kurze Zeit nach der Pubertät, mindestens innerhalb von einem oder zwei Jahren danach.

Bei der Sykose werden die Neuralgien durch das rheumatische Element ersetzt. In der Tat sind fast alle Schmerzen der Sykose rheumatisch. In vielen Fällen herrscht der Muskelrheumatismus vor. Natürlich gibt es viele Schmerzen, die der Pseudo-Psora ähneln, aber bei genauer Analyse kann das rheumatische (sykotische) Element als Ursache zurückverfolgt werden. Häufig haben sie Muskelrheumatismus zwischen den Menstruationszeiten, Hexenschuß (Lumbago) oder Steifheit der Nackenmuskeln und Gliederschmerzen. Wir finden auch Gliederschmerzen bei den Tuberkulösen, aber diese sind von großer Müdigkeit und einer so schweren Beckenkongestion begleitet, daß sie während einer unbestimmten Zeitdauer nicht auf ihren Beinen stehen können. Bei der Sykose sind die Gebärmutterschmerzen krampfhaft, kolikartig und erstrecken sich oft über das ganze Abdomen; sie werden im allgemeinen an den Schleimhäuten der Eierstöcke und der Eileiter verspürt.

Die für sykotische Dysmenorrhoe benötigten Mittel sind Colocynthis, Chamomilla, Colchicum, Cyclamen, Rhus tox., Bovista, Actea racemosa (Cimicifuga), Phytolacca, Sepia, Lachesis, Medorrhinum, Natr. sulf., Caulophyllum, Gelsemium, Dulcamara und gelegentlich Pulsatilla, Arsenicum album, Lycopodium, Nux vomica, Croton tiglium, Asarum, Viburnum opulus. Dies sind einige der sykotischen Mittel, aber es gibt noch viele andere, auf die wir Sie aufmerksam machen werden, wenn wir die Indikationen für die Mittel geben. Die miasmatische Grundlage wird unter jedem Mittel angegeben werden.

Der Fluß kommt häufig sturzweise mit vielen Schmerzen und ist in der Regel dunkel und klumpig, wie wir bereits angeführt haben. Die Menstruation einer tuberkulösen Patientin ist selten klumpig, sie ist eher dünn und wäßrig oder hellrot und reichlich. Der Geruch der tuberkulösen Menstruation ist wie Blut, während die sykotische muffig ist oder einen Geruch wie Fischlake oder abgestandenen Fisch hat. Sie ist häufig reizend, ätzend und wundmachend und erzeugt nach einer Zeit des Flusses Jucken, im allgemeinen am Ende. Das Jucken ist ein beißendes, schmerzendes, juckendes Gefühl und der Ausfluß macht ziemlich häufig wund und erzeugt eine Hautrötung auf den Teilen, mit denen er in Berührung kommt. Wir finden häufig irgendeine Form von Tubenentzündung selbst bis zur vollständigen Zerstörung der Eileiter (Tuben) oder wir können jegliche der am Anfang dieses Werkes[1] genannten krankhaften Veränderungen finden.

Die schlimmste Form der Dysmenorrhoe, die wir zu behandeln haben, ist die Verbindung der tuberkulösen Anlage mit der sykotischen. Außer Bösartigkeit gibt es keine schlimmere Kombination, als wenn eine Dysmenorrhoe auf tuberkulöser Grundlage mit einer zusätzlichen

[1] Im Textband, Teil II "Sykose", der sich im 1. Band dieser Übersetzung befindet

sykotischen besteht, die alle ihre Stadien noch verschlimmert.

Bei einer typisch sykotischen Patientin, die die Sykose entweder erworben oder ererbt hat, ist für gewöhnlich irgendeine Form von Blasenreizung um die Zeit des Erscheinens der Menses oder während derselben vorhanden. Der Urin geht entweder häufig oder in kleinen Mengen ab oder er ist reichlich und häufig mit mehr oder weniger Schmerz oder Reizung am Blasenhals verbunden. Die Menses sind fast immer dunkel, klumpig und schwer auszuwaschen. Menstruationskolik ist häufig mit Eierstocksschmerzen verbunden und die Brüste sind während des Flusses empfindlich.

Es ist genug gesagt worden, um dem Leser eine Vorstellung eines Falles von sykotischer Dysmenorrhoe zu geben; eine nähere Beschreibung von ihr wird bei den Indikationen für die Mittel vorgebracht werden. Die Behandlung sollte fortgesetzt werden, bis die Patientin normal oder beinahe normal menstruiert, was von drei Monaten bis zu einem Jahr dauern kann, in manchen Fällen sogar zwei Jahre. Verordnungen, die zwischen den Perioden (intermenstruell) gegeben werden, sind am wirksamsten, weil sich die akute Auswirkung dann beruhigt hat und die latente klarer hervortritt und es besser ist, unsere Verordnung auf diese Symptomatologie zu begründen.

Die Behandlung der Dysmenorrhoe

ACONITUM

Aconit ist nur in einem Falle angezeigt, bei dem das psorische Element hervorstechend ist, weil es kein sykotisches Mittel ist.

Die Menses sind sehr reichlich, hellrot und zu lange andauernd oder aber sie sind unterdrückt von Kälte, kaltem Baden, Schreck, übermäßiger Freude, schlechten Nachrichten usw.

Fieber mit Angst und Furcht; schneller und voller Puls; Todesangst, große Unruhe und Aufregung; schmerzhafte Menstruation und ein fiebriger kongestionierter Zustand. Die Schmerzen sind scharf oder schneidend, sie veranlassen die Patientin, sich zu krümmen. Die Hände sind kalt, selbst im Fieberzustand. Frostigkeit mit Hitzewellen vermischt. Überempfindlichkeit gegenüber Geräusch oder Berührung. Unruhe mit Umherwerfen im Schlaf (wie Rhus tox. oder Arsenicum album). Weitere Symptome sind Herzklopfen, schneller, harter Puls, Angst, Furcht und ein heißes, rotes Gesicht.

Es paßt hauptsächlich für das sanguinische Temperament, zu jungen Mädchen, die viel Sitzen.

ABSINTHIUM

Als Erstwirkung hat dieses Mittel eine sehr angenehme und lindernde Wirkung. Es enthält ein ätherisches Öl (Absinthol), von welchem seine Wirkung weitgehendst abhängt. Es beeinflußt besonders das Zentralnervensystem und erzeugt Symptome, die der Epilepsie sehr ähneln:

Es ist eines der Mittel, die die Menses kommen lassen. Seine Dysmenorrhoe beginnt mit schießenden Schmerzen in der Gebärmutter und den Eierstöcken gefolgt von Zittern des ganzen Körpers sowie epileptischen Krämpfen und Betäubungszustand (Stupor) (ähnlich wie Alkohol, Belladonna, Hyoscyamus, Stramonium).

Zucken der Muskeln, besonders des Gesichtes, klonische und tetanische Krämpfe der Muskeln. Aufschreien, Zähneknirschen. Der Harn geht unwillkürlich ab. Speichelfluß. Konvulsionen gefolgt von einer

Zeit der Bewußtlosigkeit. Nach den epileptischen Anfällen bleibt keine Erinnerung daran.

ACIDUM ACETICUM

Dies ist ein pseudo-psorisches Mittel, das für Personen paßt, die an Krankheiten in fortgeschrittenen Stadien leiden wie Brustkrankheiten, Darmbeschwerden, langdauernde Fieber und nach schweren Verletzungen. Es folgt gut nach China bei Blutungen, Nachtschweißen, erschöpfenden Absonderungen, Ödemen, ausgedehnten Geschwüren usw.

Menses sehr reichlich; Menses kommen nicht durch aufgrund von Lungenleiden.

Passive Blutungen aus der Gebärmutter oder der Nase, den Lungen oder Därmen bei bleichsüchtigen oder anämischen Frauen. Blutungen mit schneller Abmagerung bei erschöpfenden Krankheiten. Die meisten Beschwerden werden von sehr reichlichen Nachtschweißen begleitet, durchnässende Nachtschweiße. Hektische Fieber mit Nachtschweißen. Schwellung der Füße mit Nachtschweißen; hektische Fieber mit schnellem Zusammenbruch der Lungen.

Fall: Frau L., 32 Jahre, eine große, dünne, aktive Brünette, kam im April 1896 zu mir wegen Lungenbeschwerden. Die rechte Lunge ist stark infiltriert und der tuberkulöse Zustand weit fortgeschritten. Sie hatte schmerzlose, zu langdauernde und reichliche Menses; der Fluß ist beängstigend stark und hellrot, wie arterielles Blut. Der Husten locker, rasselnd, viel Schleim in den Bronchien, Temperatur 38,3° C. Nachtschweiße schlimmer auf der oberen Körperhälfte. Hierfür gab ich Acidum aceticum, nachdem Trillium große Erleichterung gebracht hatte, aber bei dem Fall nicht länger half. Sie lebt noch immer, obgleich sie nicht geheilt ist, jedoch hat Acidum aceticum bei ihr Wunder gewirkt.

ACIDUM MURIATICUM

Antipsorisch und pseudo-psorisch.

Menses zu früh, viel zu reichlich, dunkel; dünnes, flüssiges Blut. Meistens sind mehr oder weniger drückende und herabdrängende Schmerzen während des Flusses vorhanden oder ein Druck, als ob die

Menses eintreten würden, lange bevor dies der Fall ist. Während der Menses sind die Geschlechtsteile außerordentlich berührungsempfindlich, sogar gegen den Druck der Kleidung (Plat.).

Tägliche Kopfschmerzen von 9 Uhr morgens bis 1 Uhr mittags. Ein quälender Schmerz ist im Kreuzgebiet vorhanden sowie Schwere im After und große Schwäche der Oberschenkel, was beim Gehen hindert. Stark schmerzende, geschwollene Hämorrhoiden von dunkelblauer Farbe, die berührungsempfindlich sind. Der Urin läuft langsam aufgrund der Blasenschwäche.

Es paßt für Frauen von dunkler Gesichtsfarbe und schwarzen Augen.

Verschlechterung: um 9 Uhr morgens, durch Gehen und Liegen auf der rechten Seite; Berührung der Genitalien.

AESCULUS HIPPOCASTANUM

Dieses Mittel ist sowohl beim pseudo-psorischen als auch beim sykotischen Miasma angezeigt. Die Hämorrhoiden des Mittels findet man bei der tuberkulösen Diathese; sie sind häufig schlechter während der Menstruationszeit, besonders bei Patienten mit Blutüberfülle im Abdomen und Pfortaderstauung. Das Mittel hat viele gichtische Schmerzen, welche die Sykose anzeigen. Es ist ein eindeutig venöses Mittel.

Die Hämorrhoiden sind groß, purpurrot, schmerzhaft. Sie sind verbunden mit Nackenkopfschmerz. Des weiteren kommt ein Gefühl von Völle in Händen und Füßen während der Menses vor. Diese venöse Blutfülle ist < bei Wärme oder nach einem heißen Bad. Der Blutandrang ist immer venös. Der untere Teil des Bauches fühlt sich vor und während der Menses voll und schwer an. Krampfadern sind bei diesem Mittel sehr häufig. Die Verdauung ist träge, Verstopfung mit Hämorrhoiden. Gefühl wie von einem Stück Holz oder einem Splitter im Mastdarm. Dies letztere wurde immer als ein Leitsymptom angesehen, ich habe dasselbe jedoch auch bei Sulfur gefunden. Ein trockenes, volles, wehes und unbehagliches Gefühl im Mastdarm entspricht Aesculus eher.

Große Schwäche in der Kreuzbein- und Darmbeingegend (Sakroiliakalregion) mit ständigem Rückenschmerz quer über die Hüften; Kreuzbeinschmerz mit Pochen hinter dem Schambein. Die Rückenschmerzen werden < von Gehen oder Bücken. Der Schmerz ist häufig äußerst stark, ein Gefühl als ob der Rücken beim Gehen nachgeben würde.

Das Gemüt ist trübsinnig, mutlos, verzagt und reizbar.

Verschlechterung: Gehen, Bücken, heiß Baden, Wärme allgemein.

Besserung: Ruhe, Stille und kühle Luft.

AGARICUS

Agaricus ist ein syko-psorisches Mittel.

Es ist eines der ungewöhnlich und eigenartig wirkenden Mittel. Viele seiner Symptome betreffen das Rückenmark oder sind reflektorisch bedingt. Seine Reflexe äußern sich in Muskelzucken, Zittern des Körpers, krampfhaftem Zusammenfahren oder Zuckungen des Körpers bis zum Veitstanz (Chorea). Rückenmarksreizung, die häufig auf sexuelle Exzesse zurückzuführen ist.

Während der Menses bestehen alle möglichen Arten von anormalen Gefühlen. Gefühle wie von Kälte oder Hitze, als ob Insekten über den Körper laufen; Gefühl als ob heiße Nadeln ins Fleisch eindringen würden; Gefühl von schmerzendem Stechen; Brennen, Jucken, Stechen wie von Nadeln und Kribbeln, alles besonders an den Gliedern. Die Menstruation ist reichlich und verbunden mit Kitzeln der Geschlechtsorgane sowie starkem Verlangen nach Geschlechtsverkehr. Zuweilen gehen sehr quälende Schmerzen im Bauch und Rücken mit dem Fluß einher, sie sind drückend und reißend; Jucken und Brennen der Ohren oder der Füße wie bei Frostbeulen; Herzklopfen während der Menses; Zucken der Gesichtsmuskeln; starke Empfindlichkeit der Wirbelsäule; bei jeder Drehung des Körpers Schmerzen in der Wirbelsäule.

Der Geist ist träge und schwerfällig, zuweilen dumm. Kann nichts behalten. Die Koordination der Muskeln ist schlecht, läßt Dinge fallen und ist ungeschickt, ähnlich wie Pulsatilla und Sepia in ihren menstruellen Symptomen.

Es paßt für blonde Frauen mit schlaffer Haut und schlaffen Muskeln.

Verschlechterung: Essen, Bewegung, kalte Luft, geistige Arbeit, Geschlechtsverkehr und vor einem Gewitter (Phos.). Die Herz- und Brustsymptome sowie die Wirbelsäulensymptome sind < während der Menses.

Die Nervensymptome sind < im Wachzustand und > im Schlaf.

AGNUS CASTUS

Menses sind unterdrückt oder verspätet mit ziehenden Schmerzen im Bauch; schwermütig, traurig, schätzt sich selbst gering; allgemeiner Lebensüberdruß, vollständiges Versiegen des geschlechtlichen Verlangens oder sexuelles Verlangen stark erhöht. Sterilität bei unterdrückten Menses und Verlust der Sexualkraft. Vollständige Impotenz. Gemüt sehr deprimiert während der Menses. Man sagt, daß die jüdischen Frauen dieses Mittel benutzten, um das Geschlechtsverlangen während der Begehung des Passafestes abzutöten. Sterilität bei unterdrückten Menses. Fürchtet, daß sie sterben muß und wiederholt dies ständig. Abwesend, kann sich auf nichts besinnen, häufig infolge von geschlechtlichen Ausschweifungen. Geschlechtliches Verlangen vermindert oder vollständig verloren.

ALETRIS FARINOSA

Menses zu lange und von wehenartigen Schmerzen begleitet. Amenorrhoe aufgrund von Erschlaffung der Gebärmutter oder der Eierstöcke oder aufgrund von Blutandrang in der Gebärmutter oder den Eierstöcken. Fluß reichlich, schwarz und klumpig mit Völle in der Gebärmutterregion. Falsche Wehen während der Schwangerschaft. Allgemeine Schwäche mit Gebärmuttervorfall.

Hartnäckiges Schwangerschaftserbrechen mit ständigem Ausspucken von watteartigem, schaumigem Schleim.

Passend für bleichsüchtige Mädchen und schwangere Frauen.

Ähnlich wie Bell., Sabin., Hydras., Senega und Puls.

ALOE SOCOTRINA

Dieses Mittel paßt für phlegmatische Frauen. Die Menses sind zu früh, zu reichlich, zu lange dauernd und erschöpfend. Gebärmutterblutungen nervöser Frauen. Der Fluß ist dunkelrot, klumpig und es besteht Völle und Schwere in der Gebärmutter oder dem Mastdarm mit dem Gefühl, Stuhl machen zu müssen. Choleraartige Dysmenorrhoe; schleimige Stühle, die mit großer Anstrengung entleert werden. Oft unwillkürlicher Stuhl mit Abgang vieler Blähungen; Rumpeln und Gurgeln im Leib vor dem Stuhl. Ruhrartiger Durchfall während der Menses mit Völle, Schwere und Zerren im Becken, $<$ beim Stehen.

Kreuzschmerzen und Herabdrücken im Mastdarm mit Hämorrhoiden, die während der Menses hervortreten.

Verschlechterung: morgens; heißes Wetter oder kalte Nächte und heiße Tage; Essen, Trinken, Stehen, Gehen und im Herbst.

Besserung: kaltes Baden der erkrankten Teile; durch Abgang von Stuhl oder Blähungen.

ALUMINA

Dieses Mittel ist ein Antipsorikum, hat aber auch einen großen Anteil an der pseudo-psorischen Natur.

Mit ihm haben wir eines der seltenen Mittel, bei denen die Menses verspätet, spärlich und von zu kurzer Dauer sind. Gelegentlich kommen sie zu früh, sind aber immer zu kurz. Die Farbe ist blaß und wäßrig. Vor den Menses Kopfschmerz und gestörter Schlaf mit einem reichlichen Schleimausfluß aus der Scheide. Vor den Menses starke Erschöpfung und sowohl psychische als auch körperliche Schwäche zwischen den Perioden. Der Ausfluß zwischen den Menstruationen besteht aus durchsichtigem Schleim, ist sehr reichlich und wird von kaltem Baden gebessert.

Unnatürlicher Appetit bei jungen Mädchen, sie möchten Kreide, Stärke, Schieferstifte, Holzkohle, Gips, Kaffee- oder Teesatz zu sich nehmen. Sie haben ein schwaches Gefühl im Magen, besser von Essen (Sulfur). Gefühl von Einengung oder Zusammenschnüren im Hals, kann nur ein kleines Stück auf einmal schlucken. Der Mastdarm fühlt sich wie gelähmt an, kein Stuhldrang. Nächtlicher trockener, kurzer Reizhusten mit Beklemmung in der Brust.

Das Mittel paßt für trockene, dünne, dunkle Frauen, die von Natur aus sanft und fröhlich sind und unter Verstopfung und trockenen, juckenden Ausschlägen leiden. Das Jucken ist schlimmer beim Warmwerden und im Winter.

Verschlechterung: Kalte Luft, Winter, Kartoffelessen, Suppen; einen Tag um den anderen.

AMBRA GRISEA

Antipsorisch.

Menstruation zu früh und zu reichlich; sie erscheint eine Woche vor der Zeit. Absonderung kleiner Mengen von Blut zwischen den Perioden. Die Menses erzeugen Wundheit, Jucken und Schwellung der äußeren Geschlechtsteile. Das Jucken der weiblichen Schamteile wird heftig während der Menses.

Nasenbluten anstelle der Menstruation (vikariierend). GROSSE SCHWÄCHE MORGENS BEIM ERWACHEN. Häufiges Urinieren eines sauer riechenden Urins. Der Harn brennt, schmerzt und verursacht Jucken und Kitzeln der äußeren Geschlechtsteile.

Gemütslage: Große Unruhe mit höchster Nervosität, spricht hastig, springt von einem Thema zum anderen: Gedächtnis schwach, vergeßlich. Anfälle psychischer Erregung werden von tiefer Depression gefolgt. Die Gegenwart von Fremden verschlimmert alle ihre Symptome.

Paßt für dünne Leute oder Leute, die frühzeitig gealtert sind und ein nervöses, galliges Temperament haben.

Verschlechterung: Musik, Berühren des Haares oder der Kopfhaut, Liegen an einem warmen Ort.

Besserung: viele ihrer Symptome sind besser im Freien oder durch Gehen (Puls.).

AMMONIUM CARBONICUM

Dies ist ein echtes pseudo-psorisches Mittel, es hat die Blutungen (Hämorrhagien) dieses Mittels und ist bei dicken Frauen mit sitzender Lebensweise angezeigt.

Um die Menstruationszeit besteht eine Neigung zum Weinen wie bei Pulsatilla. Die Frauen fallen leicht in Ohnmacht und haben häufig ein Ohnmachtsgefühl. Die Ohnmachtsneigung wird von einer Herzschwäche veranlaßt. Schwäche der Brust wie bei Stannum. – Alle Absonderungen sind scharf: Der Speichel, die Tränen, der Urin, der Fluor, die Menses usw.

Die Menses sind zu früh, überreichlich, dunkel, klumpig, mit schwärzlichen Klumpen (Magnesium carb., Crocus sativus, Sabina), scharf und wundmachend. Der Fluß < nachts, beim Stehen oder nach Reiten oder Fahren in kalter Luft. Vor den Menses ist das Gesicht blaß und es besteht Ohnmachtsneigung; kneifende oder kolikartige Schmerzen, heftige Schmerzen im Rücken zwischen den Schulterblättern; choleraähnliche Symptome zu Beginn der Menses (Veratrum alb., Arsenicum alb., Capsicum, Viburnum, Bovista). Starke Schwellung der äußeren Geschlechtsteile aufgrund von scharfen Absonderungen. Im ganzen Becken ein Gefühl wie wund oder roh, < um 3 Uhr morgens.

Große Müdigkeit im ganzen Körper, besonders in den Oberschenkeln mit Gähnen und Frösteln und Schmerzen im Kreuz. Heftige schneidende Schmerzen im Bauch. Der Schlaf ist voller Träume, Träume von Toten, von Sterbenden, von Gefahr, Geistern und allen möglichen unangenehmen Dingen (Lachesis).

Verschlechterung: kalte Luft, feuchtes Wetter und Waschen.

Besserung: trockenes Wetter und auf dem Bauch Liegen (Pulsatilla).

Das Mittel ist feindlich gegenüber Lachesis.

AMMONIUM MURIATICUM

Dies ist ein pseudo-psorisches Mittel und paßt für fette und schwerfällige oder große, dicke und faule Frauen.

Die Menses sind vorzeitig, reichlich, dunkel, schwarz, klumpig (Ammonium carb.). Die Patientin hat zusammenziehende und zusammendrückende Schmerzen im Kreuz; Fluß < nachts und beim Hinlegen. Während der Menses cholerisch wie bei Ammonium carb. Starke Erschöpfung während der Menses mit wehenartigen Schmerzen im Leib und im Kreuz, dabei häufiger Harndrang. Menses verbunden mit Diarrhoe, Übelkeit, Erbrechen, Druck und Zusammenziehen im Bauch; danach Schmerzen in den Füßen und große Mattigkeit und Schwäche in den Beinen. Die Menses fließen stark während des Stuhlganges.

Das Gemüt ist furchtsam, niedergeschlagen oder düster und sie möchte nicht sprechen. Die Stühle sind hart und krümelig.

Verschlechterung: nachts, um 2 Uhr nachmittags und während der Menses (Puls., Phos.).

AMYLIUM NITROSUM

Dieses Mittel erweitert die Arterien schnell und beschleunigt den Puls.

Heftige Blutwallungen zum Gesicht während der Menses oder nach dem Klimakterium (Bell., Glon). Begierig nach frischer Luft, öffnet die Kleidung, wirft die Kleider ab und öffnet die Fenster im kältesten Wetter (Arg. nitr., Lach., Sulf.). Hitzewallungen beginnen im Magen und werden von reichlichem, heißem Schweiß gefolgt; die Körperteile unterhalb des Magens sind kalt. Hitzewellen von der geringsten Aufregung, häufiges Gähnen und Strecken. Angina pectoris mit ungestümer Herztätigkeit; muß die Kleidung und den Kragen lösen, wenn die Hitzen kommen (Lach.).

Angezeigt für nervöse, empfindliche, vollblütige Frauen während und nach dem Klimakterium (Lach.). Es soll im Wochenbett nach der Entbindung auftretende Krämpfe geheilt haben. Ähnlich wie Lach., Bell., Glon. Es wirkt besser in der CM-Potenz.

ANACARDIUM

Dieses Mittel hat sowohl psorische als auch sykotische Anteile. Seine Schmerzen und psychischen Symptome sind typisch sykotisch, ganz besonders die psychischen.

Menses spärlich, aber zu häufig. Dysmenorrhoe mit drückenden Schmerzen im Bauch und der Gebärmutter. Die Menses sind häufig begleitet von starken Kopfschmerzen, Druck wie von einem Pflock in der linken Hälfte des Scheitels.

Psychische Symptome: Starke Reizbarkeit. Verlangen, zu fluchen und zu schwören. Starker Widerspruch zwischen Verstand und Wollen. Die Patientin hat zwei Willen: der eine hindert sie daran, zu tun, wozu der andere sie antreibt. Fürchterlich reizbar, ständig im Widerspruch mit sich selbst, lebt wie im Traum, nichts ist wirklich. Man vergleiche die psychische Sphäre mit Hyos., Stram., Bell. Die Patientin ist verdrießlich, mürrisch, eigensinnig und reizbar, sie wird leicht zornig; sie ist boshaft, gehässig, häufig grausam und doch schwach.

Besserung: Der Kopfschmerz wird > vom Essen und Schlafen.

Dieses Mittel folgt gut auf Lyc. und Puls.; Platinum kann ihm folgen.

ANANTHERUM

Menstruation zu früh, reichlich, Eierstock schmerzhaft; im allgemeinen ist der Fluß hellfarben, hellrot, aber wenn die Menses verspätet kommen, ist er dunkel und dick. Stiche in der Gebärmutter während der Menses. Druck in der Gebärmutter während des Flusses. Zusammenziehende Stiche im Schoß. Gebärmuttervorfall.

Verschlechterung: Morgens, im Freien, in kaltem, feuchtem Wetter.

Fall: Menses beginnen mit Schmerzen wie zerschlagen in den Oberschenkeln und der Nierengegend. Drückender Schmerz im Schoß. Häufiges Jucken und Brennen an den äußeren Geschlechtsteilen. Äußere Geschlechtsteile entzündet, rot und wund. Menses gefolgt von einem dicken, gelblichgrünen Fluor. Brüste geschwollen, empfindlich und schmerzhaft während der Menses.

ANGUSTURA

Menstruation zu spät, erschien mit Druck im rechten Eierstock und einem Schwellungsgefühl in der Gebärmutter; beklagt sich über ein lahmes Gefühl im Kreuzbein; kann sich schlecht bücken. Alle Symptome sind > sobald der Fluß erscheint. Gelblicher oder milchigweißer Fluor, bevor die Menses erscheinen (Kali carb.). Große Pusteln auf den Schamlippen (Labien), juckendes Gefühl auf den Labien vor den Menses; Jucken und Anschwellen der Genitalien zwingt sie zum Kratzen, > von kaltem Baden.

Dieses Mittel wurde von Hahnemann geprüft, wird aber selten in der Praxis gebraucht.

Verschlechterung: vor den Menses, um 3 Uhr nachmittags.

Besserung: der Fluor wird von kaltem Baden gebessert (Alum.).

Es wird manchmal nach Pulsatilla gegeben.

Fall: Müdigkeit in den Beinen vor Erscheinen des Flusses. Lahmes Gefühl im Kreuzbein. Steifheit nach Sitzen wie Rhus tox. Milchiger Fluor vor den Menses, besser durch kaltes Baden. Die Gebärmutter fühlt sich geschwollen an.

ANTIMONIUM CRUDUM

Dies ist ein sykotisches Mittel und ist bei gichtischen Zuständen und gichtischer Stoffwechsellage nützlich. Gichtische Dysmenorrhoe, gichtische Gastritis. Von Warzen und Gichtschmerzen geplagt.

Seine Symptome sammeln sich um den Magen und den Verdauungstrakt. Zunge dick weiß belegt. Nach dem Essen Aufstoßen, das nach Essen schmeckt. Verlangen nach Kaffee, Essiggemüse, sauren Sachen.

Menstruation zu früh und sehr reichlich mit einem eigenartigen Druck in der Gebärmutter; Menses zu früh und vor der Zeit der Pubertät bei jungen Mädchen. Fluß dunkel, flüssig mit Geronnenem. Große Empfindlichkeit in der Region der Eierstöcke nach den Menses oder nach deren Unterdrückung durch Kälte, kaltes Baden oder von Überhitzung. Dysmenorrhoe von Liebeskummer bei jungen Mädchen.

Psyche: Dies ist eines der Mittel für schlechte Folgen unerfüllter Liebe. Verdrießlich und schlecht gelaunt, sentimental, Ekstase durch exaltierte Liebe. Selbstmordneigung mit großer Ängstlichkeit um sich selbst.

ANTIMONIUM TARTARICUM

Syko-psorisch.

Menses zu früh und reichlich oder spärlich und kurz. Menses beginnen mit starker Übelkeit, Schmerzen in den Leisten, kriechender Kälte über den ganzen Körper. Dysmenorrhoe mit Übelkeit und Erbrechen und kaltem Schweiß auf der Stirn.

Das Gesicht ist blaß, eingesunken, mit dunklen Rändern um die Augen. Die Lippen sind aufgesprungen. Großes Verlangen nach Saurem mit großem Durst, Übelkeit und Erbrechen von Schleim oder Schleimrasseln in der Brust (Ipec.).

Paßt für blasse, kränkliche, stumpfe, empfindungslose (torpide) und phlegmatische Menschen.

Verschlechterung: Feuchtigkeit, kaltes Wetter, auch < im Frühjahr (Kali sulf., Natr. mur., Sulf.).

Besserung: in kühler Luft im Freien.

APIS MELLIFICA (Honigbiene)

Menses verringert oder unterdrückt mit Blutandrang zum Kopf oder in den Eierstöcken; fließt mit Unterbrechungen (intermittierend); sie ist spärlich, dunkel und mit Schleim vermischt. Vor den Menses Blutandrang zum Kopf und schmerzende Stiche im rechten Eierstock. Ausschlag wie Bienenstiche (Urtikaria). Scharfe, schneidende Schmerzen in der Gebärmutter und im rechten Eierstock. Häufig ist Ödem mit der Nesselsucht (Urtikaria) verbunden oder Ödem der Beine und Füße, gelegentlich Hautwassersucht (Anasarka). Starke Empfindlichkeit über der Gebärmutterregion. Abnorm starke Monatsblutung (Menorrhagie) mit herabdrängenden Schmerzen, Schwere im Bauch, Gähnen und Schwäche oder Ohnmacht, rote Flecken wie Bienenstiche. Schmerzende Stiche im Gebiet der Eierstöcke.

Psyche: Ist unruhig und reizbar, wechselt ständig die Lage (Rhus tox., Arsenicum, Aconitum). Reizbar, eifersüchtig, ständig die Lage wechselnd. Ungeschickt, zerbricht Gegenstände, läßt Gegenstände aus der Hand fallen und lacht dann darüber.

Fall 1: Schwellung der Beine. Sackartige Schwellungen unter den Augen. Tief stechende, schneidende Schmerzen im rechten Eierstock. Augenlider stark geschwollen, ödematös, Haut bleich, hell, durchsichtig, kein Durst, besser in kühler Luft oder von Baden der Ausschläge in kaltem Wasser. Der Ausschlag juckt und sticht wie Insektenstiche. Urin dunkel, rauchfarben und spärlich.

Fall 2: Heftige, tief stechende Schmerzen im rechten Eierstock, der sehr berührungsempfindlich ist. Ödem im Gesicht und um die Augen; rote Flecken auf der Haut erscheinen während jeder Menstruation. (Dulcamara). Sie ist sehr ungeschickt und läßt Gegenstände fallen oder zerbricht sie häufig. Höchste Punkte der Ohrmuschel rot und geschwollen. Haut eine kurze Zeitlang trocken und heiß, dann reichlicher Schweiß. Urin spärlich, dunkel, bierbraun. Schleimige Menses. Starke Empfindlichkeit des linken Eierstocks. Schamlippen geschwollen und empfindlich.

APOCYNUM CANNABINUM

Dysmenorrhoe mit allgemeiner Wassersucht. Der Fluß beginnt mit Schläfrigkeit und Kopfschmerzen; starke Reizbarkeit des Magens mit Erbrechen. Mit dem Fluß werden große Klumpen ausgestoßen, der Leib ist dabei aufgetrieben und es besteht allgemeine Hautwassersucht (Anasarka). Allgemeine oder örtliche Wassersucht mit reichlichem Harnabgang. Ödem der Füße.

ARALIA RACEMOSA

Menstruation plötzlich von Kälte unterdrückt. Schwacher Zustand des Nervensystems und große Schwäche. Chronischer Katarrh der Gebärmutter, Fluor übel oder faulig riechend mit nach unten drückenden Schmerzen in der Gebärmutter.„ (Minton)

ARGENTUM NITRICUM

Die psychischen Symptome sind vorherrschend. Die Patientin klagt über Herzklopfen, Pulsieren im ganzen Körper (Actea). Verlangen im Freien zu sein (Pulsatilla). Zittern am ganzen Körper. Große Angst beim Alleinsein mit nervösem Zittern und Herzklopfen. Die Patientin ist sehr ängstlich. Gefühl von innerem Zittern. Will Essen, Trinken oder alles in Eile tun. Sie ist immer in Eile, weil die Zeit ihr zu langsam vergeht. Zittrige Schwäche mit allgemeiner großer Kraftlosigkeit. Große Angst, wenn sie nachts erwacht.

Menses viel zu reichlich und im allgemeinen zu lange andauernd. Wehenartige Schmerzen im Bauch zu Beginn des Flusses. Viele Blähungen (Flatulenz) mit Rumoren von Gasen im Bauch. Zwischenblutungen in den Wechseljahren oder bei jungen Witwen und Frauen, die keine Kinder haben.

Großes Verlangen nach Süßem (Sulfur). Das aufgeblähte Gefühl im Magen ist so stark, als ob der Magen platzen würde. Große Schwäche und Müdigkeit der Beine.

Verschlechterung: alle psychischen Symptome verschlechtern sich während der Menses.

Fall: Sehr reichlicher Menstruationsfluß mit schneidenden Schmerzen im Kreuz und in den Leisten. Starke nervliche Erregung und Zittern am ganzen Körper; die Patientin fürchtet, ihren Verstand zu verlieren. Hat Angst allein. Die Zeit vergeht zu langsam. Ist bei allem, was sie tut, in Eile; hat keine Geduld, auf die Pflegerin zu warten, die ihr etwas bringen soll. Rückwärtsneigung der Gebärmutter (Retroversion). Schwindelig und verwirrt. Gefühl, als sei ihr Kopf vergrößert. Häufiges nervöses Niesen und Aufstoßen von Luft. Die Luft kommt schneller hoch als sie aufstoßen kann (Asa foetida).

ARNICA MONTANA

Zu frühe, sehr reichliche Menses, nach Fall, Verletzungen, Erschütterungen, Eisenbahn- oder Wagenunfällen. Fluß hellrot und mit Geronnenem vermischt. Menses sehr beschwerlich und schmerzhaft. Nach einem Fall oder auch nach Verletzungen findet man Übelkeit, Erbrechen und Fieber zu Beginn des Flusses. Wundes, zerschlagenes Gefühl im ganzen Körper nach Verletzungen; Gesicht rot, Glieder kalt, das Blut fließt heiß aus der Scheide (Bell.).

Fall 1: Wundes und allgemein zerschlagenes Gefühl in der Gegend der Gebärmutter, Blut hellrot mit Klumpen.

Fall 2: Allgemein zerschlagenes Gefühl im ganzen Körper, erträgt keine Bewegung im Bett oder die Berührung der Kleidung am Körper. Der Kopf ist heiß, die Hände und Füße sind kalt. Eine sanguinische, vollblütige Frau, die an den Folgen eines Falles litt.

ARSENICUM ALBUM

Sehr reichliche Menses bei anämischen, schwachen Personen, die nur geringe Lebenskraft haben. Der Fluß ist blaßrot, sehr reichlich oder spärlich und erzeugt große Erschöpfung; äußerste Unruhe mit großem Durst, schlechter nachmittags oder nach Mitternacht; alle ihre Symptome werden von Wärme gebessert. Fluß häufig dünn, blaß, wäßrig und scharf; er macht die benetzten Teile wund.

Große Angst und Furcht, Unruhe und Gefühl von Unbehaglichkeit mit Durst auf kleine Schlucke kalten Wassers.

Besserung: alle Symptome werden von Wärme > .

Arsenicum paßt für schlecht ernährte, schwache, kachektische Personen, die keine Kraftreserve haben. Die geringste Anstrengung oder psychische Belastung erschöpft sie. Sie verkörpern die Pseudo-Psora, wenn sie eine Anämie erzeugt hat und die roten Blutkörperchen zu gering sind.

Fall 1: Frau B., 32 Jahre, dünn, groß, mit blassem Gesicht. Deutliche tuberkulöse Diathese, schwache Lebenskraft, dürftige Reaktion, Herztätigkeit schwach, Puls klein und schwach. Erwacht sehr müde und unausgeruht. Fluß wie dünnes schmutziges Wasser, das kaum gefärbt ist.

Fall 2: Frau L., Alter 21 Jahre, ziemlich gut genährt, hat aber weder Lebenskraft noch Kraftreserven, weil die Menses sie so erschöpfen. Nach dem Fluß ist kein Leben in ihr; die Lippen sind trocken, dünn, sie muß sie öfters anfeuchten. Kaltes Wasser bekommt ihrem Magen nicht. Fühlt sich besser, wenn sie warm ist.

Fall 3: Frau B., 40 Jahre, Haut blaß und weiß, dunkles Haar und Augenbrauen, Gesichtsfarbe bleich während der Menses. Die Menses beginnen mit einem scharfen Fluor, der die Haut, mit der er in Berührung kommt, wund macht. Ist sehr schwach und erschöpft während der

Menses. Furcht vor dem Tod und vor dem Alleinsein. Schnell ermüdet, immer frierend. Wärme bessert ihre Schmerzen. Leidet sehr an Kopf- und Gesichtsneuralgie während jeder Menstruation. Geringste Schmerzen oder Beschwerden erschöpfen sie.

Fall 4: Fräulein A., 20 Jahre; Übelkeit und Erbrechen mit choleraartigen Symptomen während der Menses. Dünne, wäßrige, ruhrartige Stühle, Erbrechen und Stuhlabgänge mit großem Durst; ein Schlückchen Wasser genügt, wird aber bald erbrochen. Starke, schießende Schmerzen in der Gebärmutter und den Eierstöcken. Verlangen nach sauren Sachen und Eisstücken oder Eiswasser. Macht sich nichts aus Wasser, wenn es nicht sehr kalt ist. Ist sehr ängstlich und unruhig, schlechter um 1 Uhr nachts und von 1 bis 3 Uhr.

ARSENICUM JODATUM

Pseudo-psorisch.

Fluor blutig, gelb, mit harter Schwellung der Schamlippe, gefolgt von Verhärtung in Achseln und Brustdrüsen und eingezogenen Brustwarzen. Nachtschweiße, tuberkulöse Kachexie und schnelle Entwicklung bösartigen Geschehens.

ARUNDO MAURITANICA

Dies ist ein weiteres Mittel, welches zu reichliche und zu langdauernde Menses hat. Sie sind auch schwarz und klumpig. Sie werden begleitet von Schmerzen in der Gebärmutter und dem Abgehen von Gasen aus der Gebärmutterhöhle. Nymphomanie begleitet häufig die monatliche Regel, die Patientin hat viele wollüstige Vorstellungen, ist hysterisch, lacht schnell; heftiges Verlangen nach Geschlechtsverkehr.

ASA FOETIDA

Menses zu früh, zu kurz und zu spärlich, häufig zehn Tage zu früh. Wehenartige Schmerzen in der Gebärmutter mit starkem Herabdrängen während der Menses; Gefühl von Leere oder Hinsein im Oberbauch (Epigastrium) mit stechender Blähungskolik wie von Nadelstichen; ständiges Rülpsen großer Luftmengen. Syphilitische oder krebsartige Geschwüre des Gebärmutterhalses mit aashaftem Geruch der Absonderungen. Während der Menses werden die Brüste groß und mit

Milch gefüllt. Auf die Menses folgt ein reichlicher grünlicher, dünner und übelriechender Fluor, der Schwellung und Entzündung der betroffenen Teile verursacht.

Nervöse Blähungen., GLOBUS HYSTERICUS. Die aufstoßende Luft benimmt der Patientin den Atem, weil sie so schnell aus dem Magen kommt. Gefühl von Zusammenschnüren im Hals oder Gefühl einer Kugel im Hals. Die Gase bilden sich so schnell, daß sie nicht schnell genug aufstoßen oder rülpsen kann. Nervöse Blähungen ohne Beeinträchtigung der Verdauung.

Vergleiche Ignatia, Lachesis, Argentum nitr.

Fall 1: Nervöse, hysterische, vollblütige Frau von ungefähr vierzig Jahren. Ihr Mann sagte etwas zu ihr, daß sie ärgerte, worauf schnell starke Nervosität und ein Speiseröhrenkrampf folgte; sie stieß so schnell Luft auf, daß sie einen Augenblick atemlos wurde. Sie hatte große Angst und Furcht, daß sie sterben würde, ständiges Schlucken einer Kugel im Hals (Ignatia, Lachesis) und die Menstruation kam mit einer Kolik stechend wie Nadelstiche. Asa foetida C 30 behob alle ihre Symptome innerhalb einer Stunde.

Fall 2: Frau L., 27 Jahre, war seit drei Monaten mit nervöser Erschöpfung bettlägerig; leidet an dem Globus (hystericus). Die geringste Aufregung, wie zum Beispiel ein wenige Minuten dauerndes Gespräch mit einer Freundin oder wenn sie einen Brief bekommt, verursacht nervöses Aufstoßen. Sie muß sich vollkommen ruhig verhalten, kann nicht einmal zum Essen gehen, weil die leichteste Anstrengung dieses schreckliche Aufstoßen hervorbringt. Sie hat viel Angst und zittert und ihre Muskeln zucken, hat Schlundkrämpfe und ständiges Aufstoßen. Keinerlei Geruch und keine Verdauungsstörung. Sie wurde mit wenigen Gaben dieses Mittels geheilt.

ASARUM EUROPEUM

Menses zu früh, zu lange dauernd und begleitet von heftigem Rükkenschmerz. Schmerz in der Lendengegend einige Tage vor und während der Menses. Die Rückenschmerzen sind stärker als die von Puls., Kali carb. oder Rhus tox. Der Fluß wird von einer starken Empfindlichkeit der Nerven begleitet:

Die Patientin kann nicht das geringste Geräusch vertragen, der ganze Körper scheint zu leicht zu sein, als ob sie in der Luft schwebe. Starke nervliche Reizbarkeit und Überschwänglichkeit.

Das Mittel wird gut von Bismuth gefolgt.

Fall: Frau B., eine kleine, aber dicke Frau von ungefähr 34 Jahren kam in meine Behandlung wegen Rückenschmerzen. Ständige Rükkenschmerzen, sehr stark während der Menstruationszeit. Sie hielt ihren Rücken mit beiden Händen, als ich sie in ihrem Hause besuchte. Sie klagte über schreckliche Schmerzen, die sie keinen Augenblick länger ertragen könne. Sie war tatsächlich in einem schrecklichen Schmerzzustand und konnte kaum richtig atmen. Der Fluß war dunkel, klumpig und mit kolikartigen Schmerzen verbunden. Sie war so nervös, daß bereits das Rascheln von Papier oder das geringste Geräusch sie außer Fassung brachte. Sie sagte, daß die Rückenschmerzen besser würden, wenn die Menses einsetzen. Nach Untersuchung ihrer Gebärmutter wurde eine erhebliche Rückwärtslagerung (Retroversion) derselben festgestellt. Asarum heilte diesen Fall. Die Rückenschmerzen kehrten bei der nächsten Menstruation nicht zurück.

AURUM METALLICUM

Syphilo-psorisch.

Bei diesem Mittel haben wir eine ziemlich reichliche Menstruation mit wehenartigen Schmerzen im Abdomen. Der Fluß ist scharf und erzeugt starke Wundheit der Teile.

Menstruation mit großer Melancholie, psychischer Depression, Selbstmordneigung und Niedergeschlagenheit. Die Patientin bildet sich ein, sie sei untauglich für das Leben, der Geist neigt zur Selbstzerstörung, sehnt sich nach dem Tode, < am Abend, nachts und während der Menses. Der leiseste Widerspruch erregt ihren Zorn und geistige Arbeit ermüdet sie.

Die Achseldrüsen sind geschwollen und die Patienten haben häufig Knochenhaut- oder Knochenschmerzen.

Es paßt für sanguinische, rotwangige Leute mit schwarzem Haar und schwarzen Augen. Anwendbar bei chronischer Syphilis und gegen die schlechten Nachwirkungen des übermäßigen Gebrauches von Quecksilber. Angezeigt mehr in der Pubertät.

Fall: Frau A. B., 27 J., litt nach der Geburt des zweiten Kindes an Entzündung des rechten Eierstocks. Eierstock stark vergrößert, empfindlich gegen Berührung. Schmerz dumpf, intensiv, immer < nachts.

Fühlt sich am Tage wohl, ist eigensinnig und reizbar während der Menses; man kann nicht mit ihr auskommen, wie ihr Mann sagt. Möchte sterben; sagt, daß sie in den Fluß springen will, wenn diese schreckliche Depression bleibt. Sie beginnt genau vor den Menses. Sie wurde geheilt mit der IM Potenz. Kein Rückfall in vierzehn Jahren.

BARIUM CARBONICUM

Die Menses sind zu spärlich, zu kurz, sie dauern nur einen Tag Häufig geht ihnen Zahnschmerz und eine kneifende Kolik voraus. Der Fluß sieht oft wie blutiger Schleim aus. Als hauptsächlicher Schmerz wird ein Schmerz wie zerschlagen im Rücken angegeben. Gefühl von Schwere über dem Schambeinbogen. Schwere in Füßen und Beinen.

Es paßt für untersetzte, zwergenhafte Frauen.

Fall: Ella W., 17 J., dick, untersetzt, skrofulös. Halsdrüsen vergrößert und hart. Immer frierend, es ist ihr nie warm genug. Körperlich schwach, obwohl sie sehr kräftig aussieht. Sehr übelriechender Fußschweiß, der von Psorinum nur gelindert wurde. Sehr reichlicher Fluor vor den Menses, blutiger Schleim. Während des Flusses körperlich und geistig sehr abgeschlagen mit ständigem Verlangen, sich hinzulegen. Zahnschmerzen vor und während der Menses.

BELLADONNA

Die meisten Belladonna-Patienten sind pseudo-psorisch oder haben eine tuberkulöse Anlage.

Die Menses sind zu früh und reichlich oder zu spät und spärlich. Es ist häufig angezeigt bei kongestiver Dysmenorrhoe bei anscheinend typischen Calcium-carbonicum-Patienten. Der Fluß ist hellrot und heiß, mit Blutandrang zum Kopf. Die Menses sind verbunden mit akuten Fieberanfällen und Blutandrang; Blutandrang zum Gesicht und Kopf. Die Menses beginnen häufig mit Fieber, kongestiven Kopfschmerzen, herabdrängenden Schmerzen, nach unten Pressen im Bauch. Die Schmerzen sind schneidend, kolikartig, Herabdrängen und -pressen im Becken. Schmerzen anfallweise, krampfartig und sehr scharf. Drücken in den Geschlechtsorganen, als ob alles herausgepreßt würde (Sepia), < beim Sitzen, besser beim Stehen oder Gehen. Die Schmerzen kommen und verschwinden schnell. Der Rücken schmerzt, als würde er brechen, die Schmerzen gehen gerade hindurch von vorn nach hinten (umgekehrt wie Sabina, Sepia, Platinum; Berb.: Schmerzen gehen herum).

Begleiterscheinungen: Nervös, ängstlich, versucht zu fliehen, lacht, weint, singt, zerreißt Kleidung, beißt, schlägt. Übererregbarkeit aller Sinne. Fährt wie erschreckt auf. Gesicht rot, gerötet, heiß, glühend. Gerade, wenn sie im Begriff ist einzuschlafen, fährt sie mit einem Ruck auf (Ign.). Erschrickt, phantasiert (Delirium), singt, schreit herum, spricht pausenlos im Fieberdelirium; ist benommen, schläfrig, betäubt im Fieber mit Muskelzucken und Auffahren im Schlaf. Pupillen erweitert, Augen glasig, glänzend und funkelnd. Gesicht rot, heiß, Mund sehr trocken. Im Fieber häufiges Verlangen nach einem Schlückchen Wasser. Häufig trockener, krampfhafter Husten.

Es paßt sehr gut für junge, vollblütige Menschen.

Fall 1: Jessie L., 15 Jahre, neigt zum Dickwerden, hat heftigen Schüttelfrost gefolgt von hohem Fieber und starken, kongestiven Kopfschmerzen. Gesicht gerötet, glühend, Halsschlagadern pochend, Puls sehr schnell, Haut trocken und heiß.

Fall 2: Mary B., 20 Jahre, hat sich beim Sitzen in einem kalten Schulraum während ihrer Menstruation erkältet. Sie hatte heftigen Schüttelfrost mit starken Rückenschmerzen und Unterdrückung der Mensis gefolgt von hohem Fieber mit akutem Delirium.

BERBERIS VULGARIS

Syko-psorisch.

Menses spärlich, zeitweise aussetzend (intermittierend), von zu kurzer Dauer. Begleitet von wehenartigen Schmerzen, die in der unteren Gebärmuttergegend beginnen; häufiges Frösteln; Gliederschmerzen und Schmerzen in der Nierengegend; starke Schmerzen im Kreuzbein und in den Lenden. Der Menstruationsfluß hat oft eine gräuliche Farbe, Schleim oder blutiger Schleim. Nach dem Fluß starke Müdigkeit. Scheide heiß, empfindlich, trocken. Wundheit der Labien, Scheide häufig wund und schmerzend. Eiweißhaltiger Fluor.

Begleiterscheinungen: Schläfrig, müde, möchte sich am Tage hinlegen. Stühle hart wie Schafskot. Brennen im After. Scharfe Schmerzen in der Nierengegend. Schießende Schmerzen in der Nierengegend. Die Schmerzen wandern herum zur Blase. Urin dunkel mit mehligem Sediment. Gefühl von Steifheit im Rücken, so daß sie schwer vom Sitzen aufstehen kann. Rückenschmerzen schlechter beim Liegen im Bett. Die Schmerzen sind hartnäckig und ununterbrochen.

Die Gesichtsfarbe ist blaß mit dunklen Ringen um die Augen. Rheumatische und gichtische Beschwerden. Tertiäre Sykose. Gichtischer Zustand der Blase (Acid. benz.).

Paßt für Frauen mit Nierenbeschwerden.

Verschlechterung: allgemein von Bewegung < oder von Durchgeschütteltwerden in einem Wagen. Rückenschmerzen < beim Liegen im Bett.

Wirkt meiner Ansicht nach gut nach Bryonia. Es steht zwischen Kali carb. und Bryonia.

BORAX

Dies ist ein pseudo-psorisches und antipsorisches Mittel.

Die Menstruation ist zu früh und sehr reichlich. Unterdrückung der Menstruation mit starker Nervosität. Das Mittel hat membranöse Dysmenorrhoe geheilt. Manchmal hat es heftige, wehenartige Schmerzen während des Flusses. Die Schmerzen erstrecken sich manchmal vom Magen bis zum Rücken oder es hat stechende Schmerzen in den Oberschenkeln. Die Schmerzen halten an, bis die Membran ausgeschieden ist, was oft erst lange nach Beginn des Flusses erfolgt.

Begleiterscheinungen: Mattigkeit während der Menses; Klopfen im Kopf und Rauschen in den Ohren; sehr nervös, erschrickt von kleinstem Geräusch. Fürchtet sich vor Abwärtsbewegungen. Nach den Menses folgt ein Fluor wie Hühnereiweiß oder ein eiweißhaltiger, stärkeartiger Weißfluß. Fluor häufig mitten zwischen den Menstruationsperioden oder zur Zeit des Eisprungs. Sterilität aufgrund von Fluor.

Die Patientin ist sehr ängstlich und über Kleinigkeiten erregt. Unbeschreibliches Gefühl im Innern, das von einer Abwärtsbewegung, wie z. B. Heruntergehen von einer Anhöhe, einer Treppe oder Hinunterfahren in einem Aufzug sehr verschlimmert wird. Läuft lieber viele Treppen hinunter, als einen Aufzug zu benutzen. Selbst Schaukeln verursacht einen nervösen und erregbaren Zustand (Natr. carb.).

Borax hat eine ebenso tiefe Wirkung auf die weiblichen Geschlechtsorgane wie Pulsatilla. Es ist jedoch ein sehr vernachlässigtes Mittel. Es ist angezeigt bei schlaffen Konstitutionen und empfindlichen und nervösen Frauen.

Verschlechterung: Abwärtsbewegung, Schaukeln, plötzliche Geräusche, kaltes, feuchtes Wetter, während der Menstruation.

Besserung: Druck, Festhalten des schmerzenden Körperteiles.

Fall: Mary L., 30 Jahre, hatte immer während der ganzen Dauer der Menstruation an Schmerzen gelitten. Bei jeder zweiten Menstruation gehen Membranfetzen ab. Leidet unter großen Schmerzen. Vor und während des Flusses ist sie immer wund im Munde. Sie ist außerordentlich nervös während dieser Zeit. Ich hatte dieser Patientin eine Anzahl von Mitteln mit nur geringer Besserung gegeben. Während einer ihrer Besuche in meiner Praxis erzählte sie schließlich, daß sie fürchtete, im Aufzug hinunterzufahren, wenn sie nicht von jemandem festgehalten würde. Ein unbeschreibliches Gefühl käme über sie, so daß sie den Aufzug nicht allein betreten könne. Borax IM heilte in wenigen Monaten.

BOVISTA

Sowohl syko-psorisch als auch pseudo-psorisch.

Menstruation zu häufig, in manchen Fällen alle zwei Wochen; zu spärlich, der Fluß ist im allgemeinen klumpig und dunkel (kleine Klumpen) wie Crocus. In ein paar Fällen kam der Fluß zu spät und reichlich, aber er ist meistens zu häufig, dunkel und klumpig und von vielen Schmerzen begleitet. Es ist eines der Mittel, welche eine choleraartige Dysmenorrhoe haben (Verat. alb., Cupr. ars.). Der Fluß beginnt häufig mit Durchfall; Herabdrängen zu den Geschlechtsorganen. Blutungen oder Menstruationsfluß < nachts oder am frühen Morgen.

Begleiterscheinungen: Mattigkeit während des Flusses; Schmerzhaftigkeit des Schamberges; Durchfall, Kopfschmerzen, ist traurig und mutlos, trübsinnig, empfindlich, launisch und leicht ärgerlich. ÜBELKEIT, ERBRECHEN MIT DRÄNGEN ZU DEN GESCHLECHTSORGANEN, STARKES DRÄNGEN UND TENESMUS BEIM BEWEGEN. DURCHFALL WENN DER FLUSS BEGINNT, HÖRT AUF, WENN DIE MENSTRUATION RICHTIG FLIESST. “Das Herz fühlt sich enorm vergrößert an mit Beengung der Brust und Herzklopfen nach dem Essen oder während der Menses„ (Farrington). (Croc., Verat., Trill., Secale, Ustil.: Sie alle haben Kongestion der Gebärmutter).

Fall: Lila B., 19 Jahre, brünett, lebhaft, munter und aktiv, von angenehmem und liebenswürdigem Wesen. Unverheiratet. Fühlt sich sonst vollkommen wohl, aber leidet sehr während des monatlichen Flusses. Der Fluß ist dunkel, klumpig, stärker am frühen Morgen. Durchfall vor dem Fluß oder so lange wie die Gebärmutterschmerzen anhalten. Einige Gaben Bovista CM, die vier oder fünf Monate lang während des Flusses gegeben wurden, brachten eine vollständige Heilung.

BROMIUM

Pseudo-psorisch.

Fluß hellrot, zu früh und reichlich. Blutung mit starker Erschöpfung. Membranöse Dysmenorrhoe; krampfartiges Zusammenziehen oder Zusammenschnüren im Bauch; starke Empfindlichkeit des Bauches nach den Anfällen. Die Kontraktionen kommen zu Beginn des Flusses. Schmerzen im Bauch und im Kreuz mit Absonderung von reinem, rotem Blut und Hautfetzen (Membranfetzen). Während des Flusses entweichen Gase aus der Scheide; sie entweichen mit lautem Geräusch wie bei Lycopodium. Eierstock hart und geschwollen.

Schwindel beim Sehen auf fließendes Wasser wie bei Ferrum. Gefühl von Spinnweben auf dem Gesicht (Magn. carb.). Häufige Heiserkeit und Wundheit im Rachen.

Paßt für hellhäutige, blonde Frauen mit blauen Augen.

BRYONIA

Menses dunkelrot, zu früh und zu reichlich. Nasenbluten während der Menses oder anstatt der Menses bei pseudo-psorischen Personen. Heftige Kopfschmerzen mit Nasenbluten während der Menses. Blutandrang zum Kopf und zur Brust (wie Bell.) während des Flusses. Übelkeit beim Aufsetzen oder beim Bewegen; > beim Stilliegen. Die Blutung wird bei Bewegung erheblich stärker. Nasenbluten oder Blutspucken anstelle der Menses. Starker Blutandrang in den Eierstöcken während der Menstruationszeit. Fluß unterdrückt von Trinken kalten Wassers, von Überhitzung oder Überanstrengung. Drohende Bauchfellentzündung nach Unterdrückung der Menses oder Verlagerung auf innere Organe wie Kongestion der Eierstöcke, Kopfschmerzen, Magenentzündung, akuter Rheumatismus oder Arthritis.

Äußerst reizbar, wird aus dem geringsten Grund ärgerlich. Zunge trocken und dick weiß belegt mit bittrem Geschmack. Lippen und Mund trocken mit großem Durst. Großer Durst auf große Mengen kalten Wassers. Verstopfung; Stühle trocken und hart wie verbrannt. Rheumatische Dysmenorrhoe mit allgemeinen Bryonia-Symptomen. Schmerzen scharf, schießend und stechend.

Verschlechterungen: warmes Zimmer, Bewegung und morgens.

BUFO

Gemischte Miasmen: Pseudo-Psora und Sykose.

Dysmenorrhoe mit Brennen in den Eierstöcken oder in Gebärmutter und Eierstöcken, was sich gelegentlich bis zu den äußeren Geschlechtsteilen erstreckt. Krämpfe oder epileptische Anfälle während der Menses. Alle diese Symptome sind < kurz vor oder während der Menses.

Die bösartigen Zustände und Krebssschmerzen brennen wie Feuer (wie Arsen). Alle Absonderungen sind ganz entsetzlich übelriechend. In Bufo haben wir ein wunderbares Mittel für die Bösartigkeiten, die aus den gemischten Miasmen Pseudo-Psora und Sykose entstehen. Alle Krankheiten des Mittels sind von niederer Art.

Verschlechterung: warmes Zimmer, warmes Fußbad.

Besserung: in kühler Luft.

BURSA PASTORIS (Hirtentäschelkraut)

Prüfung durch Fincke.

Menses zu lange und reichlich mit heftigen Krämpfen; Gebärmutterkolik und Schmerzen in den Brüsten. Dies ist eines der wenigen Mittel, bei denen der Fluß langsam beginnt. Am zweiten Tage haben wir meistens eine schwere Blutung. Fluß dunkel, klumpig und begleitet von Kolik und manchmal von Erbrechen. Die Klumpen sind groß und dunkel (Sabina). Gelegentlich waren die Menses bei der Prüfung im Anfang auch hellrot und erst an ihrem Ende dunkel und klumpig. Schmerz tief unten in der Gebärmutter, schlimmer morgens vor dem Aufstehen und beim Aufstehen. Schwäche in der Gebärmutter; Schmerzen im unteren Rücken; fühlt ständig ihre Gebärmutter. Manchmal sind die Gebärmutterschmerzen nach unten drängend, wodurch es Sepia ähnelt.

Bittrer Geschmack im Mund und Hunger nach dem Essen. Verstopfung, Stühle hart und trocken. Ziehende, quälende Schmerzen im Kreuz, schlechter beim Hinsetzen. Müdes, ohnmächtiges Gefühl den ganzen Tag lang.

Besserung: von kaltem Baden und im Freien.

Es scheint mir ein Mittel in der Mitte zwischen Sepia und Pulsatilla zu sein, hat aber auch Züge von anderen Mitteln.

CALCIUM PHOSPHORICUM

Calcium phosphoricum ist ein echt pseudo-psorisches Mittel. Es hat die ganze Schwäche seines Schwestermittels Calc. carb. und dazu die Nervosität und Blutungsneigung von Phosphor. Es ist besonders bei Jugendlichen angezeigt, während Calc. carb. für jedes Lebensalter paßt.

Wie man erwarten konnte, sind die Menses bei jungen Mädchen zu häufig, alle zwei Wochen. Der Fluß ist hellrot. Bei Erwachsenen ist der Fluß eher dunkel und kommt zu spät. Vor den Menses wird die Patientin häufig von rheumatischen Schmerzen geplagt oder von einem stechenden Schmerz in der linken Seite des Herzens. Ziehende Schmerzen und ein wundes Gefühl in der Schamgegend. Während der Menses starkes sexuelles Verlangen. Die Organe fühlen sich wie mit Blut vollgefüllt an. Pulsieren in den Geschlechtsorganen (Nymphomanie). Alle Geschlechtsteile stark durchblutet mit unersättlichem Verlangen

Begleiterscheinungen: Ängstlichkeit, hat immer an den anderen etwas auszusetzen. Möchte von Ort zu Ort umherziehen. Liebeskranke Mädchen oder junge Frauen, die enttäuscht von der Liebe sind. Kopfschmerzen der Schulmädchen in Stirn oder Scheitel, begleitet von rheumatischen Schmerzen. Gebärmutterverlagerung mit rheumatischen Schmerzen. Ein Gefühl großer Schwäche in den Geschlechtsorganen während der Menses. Starke Müdigkeit und Abgeschlagenheit während aller Beschwerden, besonders beim Gehen oder Treppensteigen oder beim Ersteigen einer Anhöhe (Calc. carb.).

Fall 1: Fräulein B., 18 Jahre, groß, schlank, schwächlich und ohne Muskelkraft; Gesicht blaß, errötet jedoch leicht; Wangen werden heiß und gerötet bei der kleinsten Aufregung, Handflächen schweißig. Menses alle zwei Wochen; sie sind reichlich und hellrot. Nach Gabe von Calc. phos. CM wurden die Menses innerhalb von zwei Monaten normal und die allgemeine Gesundheit meiner Patientin besserte sich sehr.

Fall 2: Alice M., 20 Jahre, wurde während des ganzen Winters gesundheitlich immer schlechter; sie meint, ihre Schularbeiten seien zuviel für sie. Sie leidet an rheumatischen Schmerzen in den Schultern und Armen, die < während der Menstruation sind. Ihre Muskeln sind weich und schlaff, was seit kurzem schlimmer geworden ist. Die Füße sind feucht, kalt und klamm. Wetterwechsel greift sie leicht an, < beim Nahen eines Sturmes oder Gewitters. Sie wird leicht müde, möchte immer sitzen oder liegen. Eiweißhaltiger Fluor nach den Menses. Calc. phos 45M heilte sie.

Fall 3: 16 Jahre, dunkles Haar und Augen, leidet an unregelmäßigen Menses, Blut hellrot, begleitet von ziehenden Schmerzen in der Schamgegend. Ist während der Menses immer müde und erschöpft. 45M heilte sie.

CANTHARIS

Dies ist ein antisykotisches Mittel und sein ganzer Wirkungsbereich ist ein Abbild dieses Miasmas.

Die Menses sind dunkel, sogar schwarz, zu spät und häufig reichlich. Die Schmerzen sind brennend und sind fast immer begleitet von Blasenhalsreizung und Blasentenesmus. Blutungen der Gebärmutter mit Überdehnung und Tenesmus der Blase oder anders ausgedrückt: membranöse Dysmenorrhoe mit schweren Miktionsbeschwerden (Dysurie), Brennen an den äußeren weiblichen Geschlechtsteilen und in der Scheide sowie Schmerzen in der Nierengegend mit schmerzhaftem Urinieren.

Begleiterscheinungen: Ängstlich, ruhelos, heißer Kopf, viele psychische Beschwerden (Ars.), die häufig zu Wut oder Raserei führen. Liebeswahnsinn mit schamlosen Gebärden. Gesichtsfarbe bleich oder blaß, kränklich aussehend. Ständiges Verlangen, zu urinieren, es gehen aber nur wenige Tropfen auf einmal ab. Urin blutig, trübe und spärlich mit Brennen und durchdringenden Schmerzen im Blasenhals nach dem Urinieren.

Angezeigt bei Krankheiten der Därme, der Blase, der Lungen, des Gehirnes, bei Kindbetterkrankungen und bei Gonorrhoe.

Verschlechterung: Berührung des Kehlkopfes (Lach.), helles Licht (Stram., Bell.), Wassertrinken.

Fall 1: Heftiges Jucken und Brennen in der Scheide. Äußerst schmerzhaftes Urinieren, schreit, wenn der Urin läuft; sie sagt, er sei so heiß wie Feuer. Menses dunkel und klumpig. Die Patientin hatte vor kurzem geheiratet und sich bei ihrem Mann mit Gonorrhoe angesteckt. Cantharis IM heilte.

Fall 2: Frau A. B., 30 Jahre, dunkle Gesichtsfarbe, starkes Brennen im Blasenhals. Herabdrängen der Gebärmutter mit brennendem Schmerz im linken Eierstock. Jucken der äußeren Geschlechtsteile (Pruritus vulvae). Heftiges sexuelles Verlangen. Quälende Schmerzen in der Nierengegend mit häufigem Verlangen, zu urinieren. Der Drang kommt zugleich mit den Rückenschmerzen. In diesem Fall wurde der Urin nicht untersucht. Besserung nach ein paar Stunden nach Einnahme der CM-Potenz in Wasser. Diese Potenz hatte ich selbst mit einem Schwerkraft-Potenziergerät hergestellt.

CARBO ANIMALIS

Dieses Mittel ist eines der am tiefsten wirkenden der Carbon-Gruppe. Es ist öfter angezeigt als wir meinen und man sollte es sorgfältig studieren. Bei erschöpfenden Krankheiten leiht es seine Kraft hauptsächlich dem venösen System und bei fast allen Krankheiten, die es benötigen, sind die Venen blutüberfüllt. Alle Krankheiten reagieren langsam und die meisten Entzündungen des Mittels haben eine dunkle, purpurfarbige venöse Beteiligung.

Die Menses sind zu reichlich und dauern zu lange oder sie kommen zu früh. Manchmal ist der Fluß blaß, aber im allgemeinen ist er dünn, dunkel, flüssig, scharf, wie Blutwasser und wundmachend. Übermäßig lange dauernde Menstruation. Bei jeder monatlichen Blutung scheint die Patientin dem Tode nahe. Der Fluß ist sehr übelriechend, häufig von aashaftem Geruch.

Begleiterscheinungen: Während des Flusses erscheinen häufig Aphten auf den äußeren Geschlechtsorganen; Jucken, Wundheit, Brennen und durchdringende Schmerzen in den äußeren Geschlechtsteilen und im After. Brennen der Hände und Füße (Sulfur, Phos.). Während der Blutungen Verlangen, Luft zugefächelt zu bekommen (Carbo veg., China). Knie und Glieder häufig kalt, dabei Hitze oder Blutandrang zum Kopf und Gesicht. Das Gesicht ist oft graugelb oder grünlich oder sehr blaß. Häufiges und heftiges Aufstoßen (Lyc., Arg. nitr.). Morgens und abends Stimmverlust.

Angezeigt bei schlechtem Körperzustand im Klimakterium, bei krebsartigen und bösartigen Erkrankungen, im Alter, bei fortschreitender Senilität, geschwächter Blutzirkulation und Mangel an Lebenswärme.

CARBO VEGETABILIS

Dieses Mittel kann entweder sehr reichliche oder spärliche Menses haben. Sie sind von blasser oder dunkler Farbe; sie können auch dick und ätzend und von stechendem Geruch sein. Während der Menses besteht ein ziehender Schmerz vom Bauch zum Kreuz, Anschwellung der Schamgegend mit starkem Jucken und Brennen an den äußeren Geschlechtsteilen. Ebenso wie bei Carbo animalis werden die Menses von einem wundmachenden, dicken, milchigen oder gelblichgrünen Fluor begleitet. Aashafter Geruch der Menstruationsabsonderung.

Die ganze Zeit über kalte Knie. Wenn die Schmerzen stark sind, möchte sie Luft zugefächelt bekommen (China).

Das Mittel ist häufig bei vorzeitig gealterten Frauen während oder um die Zeit des Klimakteriums angezeigt oder wenn die Menstruation länger als den gewöhnlichen Zeitabschnitt andauert.

CAUSTICUM

Der Menstruationsfluß ist hellrot, heiß und kommt mit Verzögerung. Er fließt schwach und nur am Tage. Der Fluß hört beim Hinlegen auf. Vor der Menstruation besteht große Schwäche; krampfartige Schmerzen in den Seiten und im Rücken. Schwere, krampfartige Schmerzen im Rücken kurz vor Beginn des Flusses. Häufig besteht Stimmlosigkeit während der Menses. Große Schwermut und Traurigkeit während der Menses (Natr. mur.).

Gesichtsfarbe sehr bleich. Die Patientin hat das Gefühl, als wäre die Kopfhaut zu eng. Die Augen sind schwach, sie kann kaum die Lider offenhalten. Starke Abneigung gegen Süßes sowie gegen frisches oder geräuchertes Fleisch. Der Urin geht unwillkürlich ab beim Husten oder Lachen. Die Patientin ist außerordentlich geräusch- und berührungsempfindlich und erschrickt leicht. Starke geistige und körperliche Müdigkeit; muß sich während der Menses hinlegen.

Verschlechterung: trockenes Wetter.

Besserung: im allgemeinen geht es ihr besser bei Hitze.

CHAMOMILLA

Dies ist ein echtes antisykotisches Mittel. Es zeigt alle Äußerungen und Wirkungen dieses Miasmas, sowohl körperliche als auch geistige. Vom Säugling bis zum alten Menschen sehen wir die Gegenwart des sykotischen Elementes. Ein typisch sykotischer Patient wird immer Symptome haben, die denen dieses Mittels sehr ähnlich sind, besonders wenn es sich um Frauen oder Kinder handelt.

Sie sind eigensinnig, reizbar, überempfindlich gegenüber Schmerzen, Eindrücken und Menschen sowie allgemein gegenüber ihrer Umgebung. Diese Gemütszustände treten deutlich zutage während ihrer kolikartigen Stühle, bei der Zahnung und bei Leiden jeder Art.

Menstruation früh, sehr reichlich, dunkel, klumpig und häufig übelriechend. Packende, krampfartige Schmerzen in der Gebärmutter. Manchmal sind diese Schmerzen sehr heftig oder es scheint der Patientin so, weil sie keine Schmerzen ertragen kann (Coffea). Sie ist reizbar und streitsüchtig. Nach den Schmerzen gehen große Klumpen ab. Vor Schmerzen wird sie heiß und durstig, verdrießlich, ärgerlich und zornig. Zahnschmerzen während der Menses ist ein häufiges Symptom.

Aufstoßen und Durchfall mit grünen, wäßrigen Stühlen und vielen Koliken.

Dieses Mittel ist angezeigt bei nervösen, reizbaren Frauen mit braunem oder blondem Haar. Die Schmerzen sind < nachts oder vor Mitternacht.

CHIMAPHILA UMBELLATA

Nach einem sorgfältigen Studium der Pathogenese dieses Mittels finden wir, daß es gut für sykotische Beschwerden paßt. Seine vielfältigen Schmerzen lenken unsere Aufmerksamkeit tatsächlich sogleich auf die sykotische Durchseuchung. Die Symptome an den Brüsten zeigen, daß es sich sogar dann noch als das heilende Mittel erweisen würde, wenn alle chronischen Miasmen vorhanden wären.

Menstruation reichlich, übelriechend und begleitet von großen Knoten in der Brust; vergrößerte Drüsen. Unterdrückte Menses, gefolgt von Brust- oder Gebärmutterkrebs. Unterdrückte Menses mit Schwinden (Atrophie) der Brüste. Geschwüre im Mund während der Menses. Starke Harnbeschwerden während der Menses. Zahnschmerzen während der Menses gebessert von kaltem Wasser (Coffea, Sepia).

Urin blutig, dicke Fäden ziehend, dunkel und klumpig. Beim Hinsetzen Gefühl als ob ein Ball gegen den Damm gedrückt würde.

Dieses Mittel paßt für lymphatische Frauen mit tuberkulöser oder Kropfanlage, die mit erworbener Sykose im dritten Stadium behaftet sind. Es folgt manchmal auf Cistus canadensis.

CHINA

Antipsorisch. „Angezeigt bei gedrungenen, plethorischen und robusten Menschen, die einen Blutverlust erlitten haben oder von Ausflüssen oder Absonderungen erschöpft sind." (H. C. Allen).

Menstruation zu früh, sehr reichlich, dunkel und geronnen oder blaß und wäßrig mit geronnenen Klumpen. Unterdrückung der Menses durch Kummer (Anacard.). Große Völle in der Gebärmutter während der Menses mit Druck zu den Geschlechtsorganen.

Starke, schmerzlose Blutungen mit langanhaltendem Schwindel. Häufig Ohnmacht während der Blutungen mit dem Verlangen, kräftig Luft zugefächelt zu bekommen; (Verlangen nach leichtem Fächeln = Carbo veg.). Während schwerer Blutungen kann sie plötzlich nichts mehr sehen und alles wird dunkel um sie herum.

Manchmal werden die Glieder kalt und der ganze Körper ist von kaltem, klammem Schweiß bedeckt. Klingeln in den Ohren in Verbindung mit dem Sehverlust ist eine sehr deutliche Symptomenkombination für China. Alles schmeckt bitter oder sauer. Die Venen sind erweitert und sehr blau. Die Patientin ist blau unter den Nägeln (Carbo veg.). Blaue Ringe um die Augen, Gesicht blaß oder kränklich aussehend, häufig eingesunken mit spitzer Nase. Rote Lippen, großer Durst auf kaltes Wasser.

Verschlechterung: Ihr Zustand wird verschlechtert vom geringsten Luftzug oder der leisesten Berührung. Schlechter jeden zweiten Tag.

Besserung: von hartem Druck.

CICUTA VIROSA

Syko-psorisch. Die Menses neigen zur Verspätung, und wenn sie anfangen, werden sie von kataleptischen[1] Anfällen oder von krampfartigen Nervenzuständen begleitet. Während der Menses ständiger Schmerz unter der inneren Kante des rechten Schulterblattes (Chel.); Gefühl von Kälte im Hinterkopf, die vom Nacken aufsteigt. Epileptische oder choreatische Zuckungen (Konvulsionen) während der Menses, heftig und mit schrecklichen Verdrehungen der Glieder, Bewußtlosigkeit und Opisthotonus. Die Krämpfe kommen bei der geringsten Berührung oder Erschütterung wieder.

Gesichtsfarbe bleich oder ikterisch, Geschmack bitter, Zunge gelb belegt. Würgen im Hals wie von zu hastigem Schlucken. Trockener, hohler, krampfhafter Husten. Gefühl als ob irgendetwas um den Hals wäre oder als stecke eine Fischgräte im Hals (Hepar).

Die krampfhaften Symptome, welche dieses Mittel erfordern, kommen häufig von Kopfverletzungen oder von unterdrückten Ausschlägen.

Verschlechterung: von Berührung. (Siehe Gemütssymptome und Verlangen in Dr. Kents Materia Medica).

CIMICIFUGA (Actea racemosa)

Wie die ganze Cocosh-Familie[2] ist dieses Mittel in seiner heilenden Wirkung antisykotisch. Es zeigt die starke rheumatische Komponente dieses Miasmas, während die hysterische Komponente von der Psora stammt. Viele seiner Zustände sind hystero-rheumatisch, das heißt eine Kombination der beiden Grundbestandteile; oder sie wechseln einander ab, wenn der eine > ist, ist der andere < .

Die Menses sind zu früh, reichlich und in der Regel klumpig und dunkel. Während der Menses ist die Stimmung trübe, von großer Traurigkeit und Schwermut. Die Patientin fürchtet, daß schlechte Nachrichten kommen, oder daß etwas Schreckliches passieren könnte, daß sie verrückt wird. Sie ist voller Einbildungen, Ängste, böser Vorahnungen und fühlt sich in jeder Weise unbehaglich. Wie Lachesis ist sie gegenüber allem mißtrauisch. Das Erscheinen des Flusses bringt ihr Erleichterung vieler Symptome, besonders der psychischen.

Scheitelkopfschmerzen während der Menses; ein schmerzhaftes Gefühl über den ganzen Kopf und Schmerz im Rücken, der bis zu den

[1] Katalepsie = Starrkrampf
[2] Indianischer Name einer Reihe von amerikanischen Kräutern der Krähenfuß-Familie, von denen einige in der Medizin verwandt werden.

Oberschenkeln zieht. Große Schwere und Herabdrängen der Gebärmutter. Ein Gefühl wie von Gewichten in den Gliedern. Der Schmerz steigt an, bis der Fluß seine größte Stärke erreicht und hört dann plötzlich auf.

„Rheumatismus folgt dem Verschwinden der psychischen Zustände." (Kent). Rheumatische Dysmenorrhoe bei Brünetten. Großes Gewicht und Schwere liegt auf dem Scheitel (Sepia). Ein Gefühl als würde der Kopf wegfliegen. Außerdem starker Schmerz rheumatischer Art im Nacken. Schmerzen in der Gebärmutter, die schnell von einer Seite zur anderen springen. Häufig nimmt die Heftigkeit des Schmerzes mit dem Fluß zu oder ab.

Sie ist reizbar, schnell aufgebracht, schnippisch oder bissig und sehr erregbar. Es kann zu hysterischen Krämpfen und selbst zu Konvulsionen kommen. Während der Menses hat sie Gebärmutterkrämpfe mit quer über den Leib schießenden Schmerzen oder vom linken Eierstock zum Herzen.

Vergleiche: Schmerzhaftigkeit der Gebärmutter oder in der ganzen Region und ein zerschlagenes Gefühl am ganzen Leibe wie bei Arnika. In seiner Lahmheit hat es ferner eine gewisse Ähnlichkeit mit Rhus tox. Die Symptome sind wechselhaft wie Pulsatilla, die Patientin ist jedoch von gegensätzlichem Temperament wie Pulsatilla:

Das Mittel wirkt auf das zerebrospinale System und ist hilfreich bei zarten, rheumatischen, hysterischen Frauen mit Gebärmutterreizung.

CINNABARIS

Dies ist ein syko-syphilitisches Mittel und ist bei gemischter Syphilis angezeigt oder wo beide Geschlechtskrankheiten vorhanden sind (Thuja, Acid. nitr., Medorrhinum), besonders bei Anwesenheit von Feigwarzen (Kondylomen).

Während der Menstruation leidet die Patientin an heftigem Stirnkopfschmerz. Während und vor den Menses vermehrter Speichelfluß oder vermehrte Urinausscheidung; Schmerzen im Kreuz und Zerschlagenheitsgefühl in der Wirbelsäule; Darmkrämpfe, Durchfall und große Erschöpfung; Völle im Hals mit Verlangen, zu Schlucken; starke Mattigkeit und Erschöpfung mit Lahmheitsgefühl im ganzen Körper.

Angezeigt für syko-syphilitische oder syko-tuberkulöse Patienten, bei denen blutende Warzen oder absondernde Kondylome vorhanden sind. Die Patientin ist von sanguinischem Temperament.

Verschlechterung: nachts und durch Berührung.

Besserung: Kopfschmerzen > durch Druck.

CINNAMOMUM (Zimt)

Menses regelmäßig oder zu früh und sehr reichlich. Der Fluß ist hellrot, von arteriellem Blut. Dr. Minton sagt von diesem Mittel: „Es ist eines der besten Allgemeinmittel, die ich für Blutungen nach der Entbindung kenne, besonders, wenn die Blutung plötzlich, sehr reichlich und von heller Farbe ist." (Ipec., Bell., Millef. und Sabina).

Es ist ein hochwertiges Mittel, wenn die Blutung von Überheben kommt oder wenn eine Fehlgeburt von einer Überanstrengung im Lendenbereich, von einer plötzlichen Erschütterung des Körpers oder einem Fehltritt droht.

Das Mittel hat Übelkeit beim Wagenfahren (Cocc.). Es ist eines der besten Mittel für das Schwangerschaftserbrechen nach Heben oder Überanstrengung. Die Patientin erbricht Schleim (Hydras.), ist sehr nervös und hysterisch und wird von Luftaufstoßen gebessert (Asaf.).

COCA

Pseudo-psorisch.

Die Menstruation fließt in Strömen < nachts. Die Patientin erwacht nachts davon. Sie hört lautes Klingeln und Brummen in den Ohren während der Menses (China). Starke Müdigkeit oder Abgeschlagenheit und Mattigkeit während der Menses. Sexuelle Ausschweifungen.

Nervöse Erschöpfung, schwache Stimme, Herzklopfen von Blähungen. Zittert vor Schwäche nach nervöser Depression durch Überarbeitung. Psychische Ängstlichkeit. Starke nervöse Erregbarkeit; sie ist furchtsam, zaghaft und schwermütig und nervlich erschöpft. „Es erzeugt Spannkraft und Heiterkeit, erfreut das Herz, hellt den Geist auf und erneuert die Körperkraft für die kraftvollen Aufgaben des Lebens." (Hering: Leitsymptome).

Angezeigt bei sehr nervösen, plethorischen Frauen.

COCCULUS INDICUS

Man findet viele Symptome dieses Mittels bei pseudo-psorischen Patienten

Die Menstruation ist zu früh und zu reichlich. Blutung beim Aufstehen, das Blut kommt in Strömen. Bei diesem Mittel sind die Menses auch sehr spärlich, häufig gibt es nur ein paar Tropfen sehr dunkles Blut und meistens geronnen. Häufig kommt ein Fluor anstelle der Menses.

Große Schwäche im Rücken mit krampfartiger Kolik. Brustkrämpfe und deutliche hysterische Symptome (Minton). Menses mit starker Übelkeit, sehr großem Schwindel und Rückenmarksreizung. Ein schmerzhafter Druck mit krampfartigem Schmerz in der Brust und starker Übelkeit. Heftige Krämpfe tief im Leib während der Menses. Die Patientin ist so schwach, daß sie kaum gehen kann. HINTERKOPFSCHMERZ WÄHREND DER MENSES MIT ÜBELKEIT UND SCHWINDEL BEIM AUFSTEHEN VOM LIEGEN ODER BEIM FAHREN IM ZUG ODER IN EINEM WAGEN. Erbricht eine saure Substanz.

Sie hat einen trockenen, erschöpfenden Kehlkopfhusten während der Menses und große Trockenheit des Kehlkopfes. Ein weiteres Symptom ist Gebärmutterkolik mit dem Gefühl, als würden sich scharfe Steine im Bauch aneinander reiben (Coloc.). Auftreibung des Bauches mit scharfen, schneidenden, zusammenziehenden, kolikartigen Schmerzen und spärlichem Fluß; starke Schmerzen im Gebärmutterhals mit krampfartigen Schmerzen in der Brust; Ohnmacht und Übelkeit.

Es paßt für hellhaarige Frauen von lebendigem Wesen, die Gebärmutterleiden und nervöse Beschwerden haben. Immer in Sorge und voller eingebildeter Furcht.

COCCUS CACTI

Syko-psorisch.

Menses zu früh und viel zu reichlich. Dies ist wieder ein Blutungsmittel. Bei dieser Patientin gehen große Klumpen ab; ungefähr am zweiten Tag ist ihre Regel plötzlich unterdrückt und es findet eine Art von stellvertretender (vikariierender) Menstruation statt: wenn die Menstruation aufhört, spuckt sie dunkles Blut in großer Menge. Harndrang während der Menses mit Abgang von großen, schwarzen Klumpen. Der Urin enthält ein Ziegelmehlsediment (wie Sepia, Phos., Lithium carb.). Brennende, pochende oder schießende Schmerzen in der

Schamgegend während der Menses. Die Schamgegend ist überempfindlich. Sie kann den Druck einer Binde an den äußeren Geschlechtsteilen nicht ertragen (Lach., Plat.).

Großer Hunger mit Luftaufstoßen. Starke Mattigkeit mit Schweißneigung bei der geringsten Anstrengung. Es wirkt allgemein auf die Schleimhäute, den Kehlkopf, den Harntrakt und das Nervensystem.

COFFEA CRUDA

Coffea ist ein antipsorisches Mittel.

Menses viel zu reichlich, zu lange dauernd, von dunkler Farbe und begleitet von starker nervlicher Erregbarkeit und übergroßer Empfindlichkeit der Geschlechtsorgane mit wollüstigem Jucken. Während der Menses weint und jammert sie, fürchtet zu sterben. Sie hat schwere Kolikanfälle, starke Schlaflosigkeit während der Menses, liegt die ganze Nacht wach, ohne einen Grund dafür zu haben, einfach weil sie nicht die Augen schließen und schlafen kann.

Die Sinne sind übermäßig geschärft; bei nervlicher Erregung sind nur psychische Symptome vorhanden. Starke Überempfindlichkeit aller Sinne: des Gehörs, des Sehens, des Geruchs und Überempfindlichkeit gegen Berührung; alle diese Sinne sind außerordentlich geschärft. Die Patientin ist voller phantastischer Ideen und hat eine angeregte und überschwengliche Einbildung. Ihre Schmerzen und alle ihre Symptome werden psychisch noch verstärkt, ein Maulwurfshaufen wird zu einem großen Berg. Ihre Beschwerden kommen von übergroßer Freude, übermäßigem Lachen, Ärger, Liebesenttäuschungen, Schreck oder vom Kaffeetrinken. Sie weint bei ihren Klagen (Puls. Ign.). Ihre Schmerzen sind unerträglich, zusammen mit großer psychischer Erregbarkeit.

Dieses Mittel paßt für nervöse, sanguinische Frauen.

Verschlechterung: von Berührung, Bewegung und frischer Luft.

COLCHICUM AUTUMNALE (Herbstzeitlose)

Antisykotisch. Angezeigt bei den gichtischen und rheumatischen Äußerungen der Sykose, besonders wenn der Verdauungsvorgang so gestört ist, daß sich eine harnsaure Diathese entwickelt hat.

Das Mittel wirkt auf die Knochenhaut und auf die Gelenkhäute. Der

Urin ist dunkel, spärlich, sieht aus wie Bier und hat ein weißes Sediment.

Menses zu früh und spärlich. Während Rheuma- oder Gichtanfällen können sie auch unterdrückt sein oder in die inneren Organe verschoben werden. Häufig Unterdrückung der Menses. Starke Auftreibung des Bauches während der Menses; Kolik mit Empfindlichkeit und Schmerzhaftigkeit, schlechter von Kälte, von Essen und von Bewegung.

Die Patientin ist überempfindlich gegen Gerüche, besonders gegen den Geruch kochender Speisen. Dieser Geruch bringt Übelkeit hervor, auch ohne Schwangerschaft. Durchfall und Ruhr im Herbst, beginnt wenn die Nächte kühl werden. Die Stühle sind blutig, geleeartiger oder weißer Schleim mit starkem schmerzhaftem Drang (Tenesmus). Wenn der Stuhl abgekühlt ist, wird seine Beschaffenheit oft geleeartig. Brennen im Magen oder eisige Kälte im Magen mit viel Aufblähung. Große Schwere des Körpers, besonders der Füße. Müdes Gefühl in den Beinen und Füßen.

Verschlechterung: Alle Symptome sind schlechter in kaltem, feuchtem Wetter und sind oft an solchen Tagen im Sommer < (Dulc.).

COLOCYNTHIS

Syko-psorisch.

Unterdrückung der Menstruation von Kummer, Ärger oder Zorn. Alle Schmerzen sind krampfartig oder kolikartig. Starke krampfartige Schmerzen während der Menses, die sie zwingen, die Beine an den Bauch heranzuziehen. Schmerzen im linken Eierstock, als ob er in einem Schraubstock gequetscht würde. Anfallartige Kolikschmerzen im Bauch, immer stärker werdend, die sie zwingen, sich zusammenzukrümmen. Starke, schneidende Schmerzen im Bauch, > von festem Druck mit der Hand und < von leichtem Druck; > von Hitze z. B. heißen Anwendungen, heißen Platten oder heißen Umschlägen. Wenn die Gebärmutterschmerzen ihren Höhepunkt erreicht haben, kommt Übelkeit und Erbrechen hinzu. Die Schmerzen sind greifend, als ob die Körperteile von einer Hand gepackt würden (Cactus).

Fall 1: Fräulein B., 20 Jahre, Gewicht ungefähr 77,5 kg. Ich fand sie im Bett mit angezogenen Beinen liegend und mit einer heißen Platte auf dem Leib vor, wobei sie die Platte mit all ihrer Kraft auf den Leib drückte. Sie klagte und jammerte vor Schmerz. Hin und wieder richtete sie sich auf, lehnte sich vornüber und drückte mit ihren Händen auf den Leib. Die Menses waren gerade gekommen. Colocynthis in der 30sten Potenz besserte sie in ein paar Minuten und sie nahm einige Stunden später ihre Hausarbeit wieder auf.

Fall 2: Alice H., 40 Jahre, Witwe. Ich fand sie während ihrer Menstruation an schweren Kolikschmerzen im Unterbauch leidend vor. Diese Schmerzen waren kolikartig schneidend, kamen in immer stärker werdenden Anfällen. Als die Schmerzen ihren Höhepunkt erreicht hatten, wurde ihr übel. Sie wurde von Hitze und Druck auf die leidenden Teile gebessert. Sie hatte Durchfall mit gelblichen, wäßrigen Stühlen. Der Stuhl kam, wenn die Schmerzen stark wurden.

CONIUM MACULATUM

Conium ist ein tiefwirkendes Mittel. Es heilt sogar, wenn alle Miasmen vorhanden sind, aber es paßt besonders für Fälle, bei denen das erworbene sykotische Element Bösartigkeit veranlaßt. Zum Beispiel steckt sich eine Frau bei ihrem Mann mit Sykose an: Die Gebärmutter wird betroffen und sie wird örtlich mit arzneilichen Spülungen behandelt oder – was wahrscheinlicher ist – sie wird wegen einer auf der Sykose beruhenden mangelhaften Rückbildung der Gebärmutter (Subinvolution) ausgeschabt, und hieraus entwickelt sich Krebs. Conium hat hier seinen Platz, wenn die Blutungen anfangen oder wenn eine dauernde Blutung einsetzt, die außerordentlich übelriechend ist.

Menstruation zu früh und zu schwach oder zu spät und zu spärlich. Die Absonderung ist schmutzig, übelriechend, bräunlich gefärbt. Während der Menses schwellen die Brüste an und werden empfindlich und wund, hart und oft schmerzhaft. Der Fluß macht die äußeren Geschlechtsteile wund und erzeugt einen starken Juckreiz. Die Menses und die meisten Beschwerden dieses Mittels sind schmerzlos.

Die Drüsen sind bei dem meisten Krankheiten früh beteiligt. Allgemeine Symptome: Zittern, Schwäche mit Schwindel; Schwindel schlechter beim Umdrehen im Bett. Das Gesicht ist erdfarben, bleich, blaß oder sieht kränklich aus.

Psychische Symptome: Die Patientin ist traurig, schwermütig, niedergedrückt, unglücklich und hat wenig Interesse an ihrer Umgebung. Sie ist langsam in ihren Bewegungen, passiv; häufig ist es fast wie eine

Lähmung. Die Patientin hat Angst, allein zu sein, vermeidet aber Gesellschaft, ist sehr leicht aufgeregt und leidet in einem frühen Stadium der Krankheit unter Gedächtnisverlust (Natr. mur.).

Dieses Mittel paßt für Frauen mit straffem Tonus, die nervös und leicht erregt sind, für die Beschwerden alter Jungfern während des Klimakteriums, bei Verhärtungen und bei bösartigen Erkrankungen.

CROCUS SATIVUS

Dies ist ein syko-psorisches Mittel. Seine Menstruationssymptome sind aber sehr deutlich sykotisch.

Die Menses sind zu früh, viel zu reichlich, schwarz, klumpig. Die Klumpen sind klein (große: China und Sabina). Der Fluß geht in faserigen Klumpen ab oder bildet lange, dünne Fäden. Der Fluß ist dunkel, klumpig oder zäh. Gefühl als ob die Menses in ein paar Stunden kommen würden. Die Patientin hat Kolik und ein Zerren nach unten im Genitalgebiet. Druck im Schamgebiet mit starker sexueller Erregung. Viel Rumoren im Bauch während der Menses, nicht selten ein Gefühl als ob etwas Lebendiges im Bauch sei (Thuja, Lyc.). Fehlgeburt im dritten Monat.

Blutungen aus allen Körperöffnungen mit oder ohne Schmerzen. Beim Bewegen des Kopfes Gefühl als wäre das Gehirn locker.

Gemütssymptome: Schlechte Laune. Sie singt, lacht, tanzt, pfeift, will alle küssen (Hyos.). Boshaft, traurig und ängstlich oder sehr heiter. Große Kraftlosigkeit und Schwäche mit Herzklopfen.

CROTALUS HORRIDUS

Dies ist ein sykotisches Mittel. Es ist in bösartigen oder spezifischen Fällen angezeigt, bei Anämie mit gelbem Gesicht, gelbsüchtig, blaß, wachsartig.

Seit langer Zeit unterdrückte Menses aufgrund von Anämie (Ferrum, Mang.,). Vikariierende Menstruation in schwerer Form: Bluten oder Heraussickern von dunklem flüssigem Blut aus Ohren, Augen, Nase, Mundschleimhaut und Zähnen. Fortwährender Menstruationsfluß entweder dunkel und klumpig oder dünn und flüssig ohne Klumpen (Naja, Lach., Elaps, Carbo veg.). Bösartigkeit (Conium, Ars.) und Kindbetterkrankungen (Secale). Die Patientin blutet aus jeder Körperöffnung wie auch aus der Gebärmutter.

Gesichtsausdruck töricht oder wie betrunken, leichenhaft. Ängstliche Träume von Mord, Toten, Friedhöfen usw. (Lach., Lac. can.). Begierig nach berauschenden Getränken oder Rauschmitteln. – Alle Absonderungen übelriechend, flüssig, schwarz, ununterbrochen. Art der Krankheit: Schnell und bösartig.

Angezeigt bei sykotischen Erkrankungen, bei Menstruationsbeschwerden, bei Auftreten typhoiden oder niedrigen septischen Fiebers, bei Fehlgeburten, septischer Vergiftung und bei Kindbetterkrankungen.

Verschlechterung: Nach Schlaf. Sie schläft sich in die Verschlechterung hinein.

CROTON TIGLIUM

Antisykotisch.

Menstruation spärlich, kommt häufig zusammen mit einem erschöpfenden Durchfall. Choleraartige Form der Menstruation mit Übelkeit und Erbrechen (Verat. alb., Cuprum). Stühle wäßrig, gelb, herausspritzend; schlechter von Essen und Trinken. Ziehender Schmerz in der Brustwarze, als ob etwas daran ziehen würde (Kent). Schmerz von der Brustwarze hindurch bis zum Schulterblatt, wenn das Kind saugt. Ziehender Schmerz im Nabel oder in der Gebärmutter während der Menses.

Intensives Jucken der Geschlechtsorgane während der Menses. Jukken der Geschlechtsorgane besser von leichtem Reiben und Kratzen. Bläschenartiger Ausschlag auf den äußeren Geschlechtsteilen während der Menses (Rhus.). Brennende und juckende Ausschläge. Ausschlag und Durchfall wechseln sich häufig ab; wenn der eine besser ist, wird der andere schlimmer.

CUBEBA

Menses spärlich und zu spät oder unterdrückt. Menses zu früh; Fluor vor den Menses oder die Menses bestehen zum größten Teil aus Fluor, der gelblich, grünlich, sehr scharf und übelriechend ist und eine sehr starke Hautrötung (Erythem) an den Innenseiten der Oberschenkel verursacht. Scheidenjucken oder eine schwere Harnröhren- und Scheidenentzündung während des Flusses; Unterleib schmerzhaft; intensives Verlangen nach Geschlechtsverkehr während der Menses.

Urin oft eiweißhaltig und blutig. Verlangen nach Apfelsinen, sauren Früchten, Zwiebeln, Nüssen, Branntwein und anregenden Sachen. Zerrender Schmerz in den Eierstöcken während des Flusses, schlimmer im rechten Eierstock.

Dieses Mittel wirkt besser beim galligen Temperament bei Gonorrhoe im ersten und zweiten Stadium. Es ist manchmal angezeigt bei Dysmenorrhoe aufgrund von gonorrhoischer Vergiftung. Es wirkt auf den ganzen Urogenitaltrakt.

Verschlechterung: nachts.

Besserung: von Bewegung.

CUPRUM METALLICUM

Antipsorisch und pseudo-psorisch.

Menses zu spät und zu lange. Vor den Menses heftiges Herzklopfen; Atemnot, Blutandrang zum Kopf, Übelkeit, Erbrechen, Stuhlgang und krampfhafte Bewegungen der Glieder, Muskelkrämpfe, Krämpfe in den Gliedern und im Bauch. Menses mit Übelkeit und Erbrechen. Das Erbrechen wird gebessert von einem Schluck kalten Wassers, im Gegensatz zu Arsen. Choleraartige Dysmenorrhoe; Krämpfe, Kontraktionen und krampfartige Zuckungen (Konvulsionen) der Muskeln. Dysenterie (Ruhr) mit Reiswasserstühlen.

Tonische Kontraktionen der Hände und Füße. Glieder gewaltsam nach oben gezogen, schreit auf, wenn die Krämpfe kommen. Die Krämpfe beginnen häufig in Fingern und Zehen. Hysterische und nervöse Symptome sind häufig auffallend. Gesicht voller Angst. Todesangst (Ars.).- Metallischer Geschmack im Mund. Gesicht blaß oder bläulich. Lippen blau oder erdfarben. Anämische oder chlorotische Zustände.

Angezeigt bei jungen Mädchen, die gerade anfangen, zu menstruieren (Aconit, Bell., Puls., Nux vom., Verat. alb., Gels., Bovista) oder wenn die Menses durch Naßwerden im Regen oder nach zu langem Baden unterdrückt wurden. Unterdrückung von Fußschweiß oder Schweiß im allgemeinen.

CYCLAMEN

Menstruation zu häufig und zu reichlich. Sie kann auch unterdrückt oder spärlich und schmerzhaft sein. Die Absonderung ist schwarz, klumpig und gelegentlich membranös. Die Schmerzen sind wehenartig und begleitet von aufgetriebenem Leib. Es geht ihr besser während des Flusses. Sie weint während der Menses, aber es bringt ihr keine Erleichterung (im Gegensatz zu Puls.). Menses unterdrückt mit Schwindel, Kopfschmerzen und Schwermut, Herzklopfen, Appetitsverlust und dem Wunsch, allein zu sein. Nach den Menses schwellen die Brüste an und sondern Milch ab. Membranöse Dysmenorrhoe bei Blonden.

Blasse, phlegmatische Patientinnen, die leicht in Ohnmacht fallen und während der Menses stark frösteln. Dumpfer Scheitel- oder Hinterkopfschmerz, der durch Baden in kaltem Wasser gebessert wird. Die Zunge ist weiß belegt. Der Geschmack eitrig oder schal. Gefühl als ob Luft aus den Brustwarzen strömen würde.

Verschlechterung: in kalter Luft, am Abend und von Ruhe, Kälte, Hinsetzen, im Freien, durch Körperübungen und von Wärme.

Besserung: während des Flusses (Puls., Cimic., Lach., Sulfur).

ERIGERON CANADENSIS

Menses vorzeitig und sehr reichlich, begleitet von heftiger Reizung der Blase und des Mastdarmes. Häufig Durchfall und Harnbeschwerden zu Beginn des Flusses; Schmerzen krampfhaft, kolikartig; Fluß sehr reichlich, hellrot und < bei jeder Bewegung des Körpers. Nachgeburtsblutungen oder schwere Blutungen nach Fehlgeburt. Ständiger, schmerzloser Fluß während der Schwangerschaft. Blässe und Schwäche, wenn der Fluß stark ist. Hellrote Blutungen aus Nase, Zahnfleisch und Mund. Starke Schmerzen im unteren Dorsalgebiet während der Menses; niedergeschlagen und sehr matt.

Verschlechterung: durch Bewegung und Regenwetter.

EUPIONUM

Menses zu früh, reichlich, dünn und flüssig. Während der Menses große Reizbarkeit und Abneigung zu sprechen (Nux, Cham.); Völle und Druckgefühl im Kopf; Stiche in der Brust; Schwindel, plötzlich wird alles schwarz vor Augen (China). Sehr starke Rückenschmerzen, besser durch Drücken gegen etwas Hartes. Der Schmerz erstreckt sich vom Rücken zum Becken, < von Bücken (Rhus). Rückenschmerzen immer < bei Beginn des Fluors, der scharf und überaus reichlich ist.

FERRUM METALLICUM

Es ist ein typisch tuberkulöses oder pseudo-psorisches Mittel, alle seine Äußerungen sind tuberkulös.

Menses unterdrückt oder verspätet bei jungen Mädchen von ungefähr siebzehn oder achzehn Jahren mit tuberkulöser Durchseuchung. Auszehrung und schnelle Entwicklung von Lungentuberkulose.

Die Menses sind bei diesem Mittel entweder spärlich und spät oder sehr reichlich und zu früh, aber für gewöhnlich erwarten wir bei Ferrum eine reichliche und zu lange dauernde, blasse und wäßrige Menstruation. Sie ist häufig unterbrochen, blaß und wäßrig oder kann unterdrückt oder verspätet sein. Sie kann wie eine Flut einsetzen mit kolikartigen Schmerzen und angeregter Blutzirkulation, Erröten des Gesichtes im Wechsel mit Blässe. Häufig sieht das Gesicht der Patientin blutüberfüllt aus, als habe sie Anregungsmittel genommen. Blutungen, denen langes Nachsickern folgt, Herzklopfen, mehr oder weniger Atemnot, allgemeine Kraftlosigkeit und Schwäche.

Es dauert oft lange, bis die Menstruation richtig fließt. Blutandrang zum Kopf mit kongestiven Kopfschmerzen während der Menses. Der Fluß hört auf und kehrt zurück. Müdigkeit und Abgeschlagenheit mit Verlangen, sich hinzusetzen oder hinzulegen. Nach den Blutungen wird ihr dunkel oder schwarz vor Augen, wenn sie sich vom Liegen erhebt (China). Schwindel beim Hinuntergehen oder beim Überschreiten eines Flusses. Hände, Füße und Gesicht ödematös.

Es paßt für zarte, bleichsüchtige Frauen, die Neigung zu anämischen Zuständen haben und häufig im Gesicht erröten.

Verschlechterung: Es geht der Patientin < beim Stehen (Sulfur); < bei nassem, kaltem Wetter.

Besserung: von Wärme, Sitzen oder Hinlegen, von leichter Bewegung.

GELSEMIUM

Antisykotisch.

Dieses Mittel ist das Aconit der Steppe. In und um Chicago finden wir selten Aconit bei Fieber angezeigt. Rhus tox., Ferrum phos. oder Gelsemium und Belladonna sind viel öfter bei Fieberzuständen angezeigt. Fast alle seine Krankheiten haben eine sykotische Durchseuchung und einen Fieberzustand.

Bei diesem Mittel sind die Menses häufig stark verzögert oder unterdrückt. Menses mit Konvulsionen oder unterdrückt mit starken quälenden Schmerzen im ganzen Körper. Schmerzen in der Hirnbasis. Fieber. Erschöpfung, Schmerzhaftigkeit und Lahmheit der Muskeln. Menses mit Blutandrang zum Kopf; Gesicht rot, Fieber hoch, Puls weich und langsam mit scharfen, wehenartigen Schmerzen in der Gebärmuttergegend. Menses unterdrückt durch Schwierigkeiten, Schock, Angst oder plötzliche Überraschung. Große Erwartung oder übermäßige Freude lassen die Menses zu früh kommen. Die Menstruation kommt während einer Grippe zu früh.

Menses mit Fieber, Durchfall, rotem Gesicht, Schmerzen und Weh im ganzen Körper und großer Gliederschwere; Delirium mit schläfrigem, schlaftrunkenem Zustand der Sinne (Bell., Opium). Die Patientin ist oft sehr reizbar. Menses begleitet von einem tobenden Gefühl wie von einem heftigen Aufruhr im Kopf abwechselnd mit Schmerzen der Gebärmutter; der Schmerz verweilt im Hinterkopf oder breitet sich über den Kopf aus. Er wird gebessert vom Abgang großer Harnmengen (Ign.). Die Schmerzen in der Gebärmutter sind wie von einer Hand gequetscht. Vollkommene Erschöpfung des gesamten Muskelapperates mit Zittern des Körpers.

Es paßt für nervöse, rheumatische und erregbare Frauen. Häufig ist es angezeigt bei Leuten, bei denen die tuberkulöse Verseuchung mit dem sykotischen Element vermischt ist, gleichgültig ob die Sykose ererbt oder erworben ist.

GLONOINUM

Statt der Menses starker Blutandrang zum Kopf mit Pochen und wogendem Gefühl. Reißende Schmerzen im Kopf. Wogendes Blut zum Herzen. Starke Zirkulationsstörungen während der Menses. Völle im Kopf. Gefühl als wäre er zu groß. Gesicht rot, dunkel. Puls voll und schnell. Arterien wie Stränge hervorgehoben, Pochen in den Arterien. Erbrechen mit kalten Gliedern. Gesicht und Kopf heiß, gerötet, häufig purpurrot.

Paßt zu blühenden, plethorischen, sanguinischen und nervösen Temperamenten, um die Zeit des Klimakteriums und bei Störungen und Kongestionen des Gehirns mit den obigen Symptomen.

Verschlechterung: von Hitze und nach berauschenden Getränken.

Besserung: von kalten Anwendungen, Ruhe, Druck.

GOSSYPIUM HERBACEUM

Menses verspätet, spärlich, wäßrig, begleitet von tief stechenden Schmerzen in den Eierstöcken und ziehenden Schmerzen in der Gebärmutter. Der Fluß dauert nur einen Tag und ist wäßrig, blaß und spärlich. Schmerzhaftigkeit oder Wundheit der äußeren Geschlechtsteile und der Oberschenkel, wenn der Fluß dünn und wäßrig ist. Die Schmerzen springen von Ort zu Ort (Calc. phos.). Starke Unpäßlichkeit mit vielem Stöhnen während der Menses; manchmal Übelkeit und Erbrechen.

Ein Mittel, an das man bei der Schwangerschaftsübelkeit am frühen Morgen denken sollte.

GRAPHITES

Ausgesprochen pseudo-psorisch in allen seinen Wirkungen. Wie alle pseudo-psorischen Mittel hat es eine starke Neigung zu Blutungen. Diese sind häufig vikariierend und besonders venös.

Die Menses sind verzögert, zu spät, spärlich, dick, schwarz und gelegentlich wäßrig. Menstruation unterdrückt mit Blutfluß aus dem After. Vikariierende Blutungen aus der Nase oder Blutspucken anstelle der Menses oder zeitweise sehr stark blutende Hämorrhoiden. Starke Abgeschlagenheit und Mattigkeit mit Schwere der Glieder während der Menses; heftige kolikartige Schmerzen im Oberbauch (Epigastrium), wie in Stücke gerissen; Schwere und Gefühl eines Gewichtes im After. Manchmal besteht ein brennendes Gefühl auf dem Scheitel oder an den Fußsohlen während der Menses (Sulfur).

Juckende Hautflecken hier und da an verschiedenen Stellen des Körpers. Haut zwischen den Oberschenkeln schmerzhaft oder wund, Hautflecken und Pickel an diesen Stellen. Die Nägel werden dick und krumm und die aufgesprungenen und rissigen Finger bluten oder sondern ein dickes, honigartiges und klebriges Sekret ab. Die Haut der

Hände ist sehr hart und dick, trocken, rauh und rissig. Die Haut hat Risse hinter den Ohren, an den Lippen, Mundwinkeln, an Nase, Fingern, Zehen usw. Stühle massig, hart, knotig und bedeckt mit weißem Schleim (Alum.).

Psychisch ist die Graphites-Patientin traurig, mutlos und verzagt; sie denkt an den Tod oder daß etwas Schreckliches passieren wird (Actea). Angst um ihr Seelenheil.

Es paßt für tuberkulöse Frauen, wenn eine Neigung zur Fettleibigkeit sowie zu Hautausschlägen und venöser Stauung vorhanden ist.

GRATIOLA OFFICINALIS

Die Menses sind für gewöhnlich zu früh und viel zu reichlich. Sie werden begleitet von schießenden Schmerzen in der Brust, ganz besonders in der rechten Brust (Conium). Es besteht Druck in der Stirn oder ein Gefühl von Völle im Kopf. Brennende Hitze im Gesicht, jedoch die Hände und Füße sind kalt. Hunger, aber kein Appetit. Kältegefühl im Bauch. Durchfall von gelblichgrüner Farbe.

HAMAMELIS VIRGINICA

Pseudo-psorische Wirkung. Dies ist ein wichtiges venöses Mittel. Venöse Blutüberfüllung (Plethora). Venöse Stase. Stauung der Pfortader und der großen venösen Zentren im Körper.

Sehr reichliche Menstruation, dunkles, venöses Blut; fließt während des Tages, während die Patientin sich bewegt und die Zirkulation anregt und antreibt, hört dagegen nachts auf, wenn die Patientin ruhig ist. Passive, nicht gerinnungsfähige Gebärmutterblutung oder ein starker, gleichmäßiger Fluß schwarzen Blutes. Während der Menses Kreuzschmerzen als würde der Rücken brechen.

Vikariierende Menstruation. Aktive Blutung, hellrotes Blut; selten irgendwelche Schmerzen während der Blutungen. Geschwollene und sehr auffallende Krampfadern an den Beinen. Müdes, erschöpftes Gefühl in den Beinen aufgrund venöser Stase. Große Mattigkeit und Gefühl starker Ermüdung. Wundes, zerschlagenes Gefühl im Bauch. Bei Nasenbluten besteht ein beengtes Gefühl im Nasenrücken. Metall- oder Messinggeschmack im Mund.

HELONIAS DIOICA

Pseudo-psorisch und syko-psorisch.

Menses für gewöhnlich dunkel, passiv, übelriechend, geronnen, sehr reichlich und erschöpfend. Die Schmerzen sind scharf, schneidend und erstrecken sich von der Gebärmutter nach hinten. Schwere Blutungen zur Zeit der Wechseljahre verbunden mit starken Schmerzen der Gebärmutter und der Eierstöcke. Starke Schmerzhaftigkeit oder Wundheit der Gebärmutter mit Gefühl wie von einem schweren Gewicht (Sepia). Die Patientin spürt ihre Gebärmutter, spürt ein zerrendes Gewicht in ihr; sie fühlt es sich bewegen, wenn sie ihren Körper bewegt. Bei der Prüfung dieses Mittels trat eine starke Gebärmutterblutung mit sehr quälenden Rückenschmerzen auf.

Das Gesicht ist bleich und erdfarben. Starke Abgeschlagenheit, Mattigkeit und Schwäche während der Menses sowie Schwere, Kraftlosigkeit und Schläfrigkeit. Dysmenorrhoe zarter oder anämischer Frauen mit schlaffem Gewebe.

Angezeigt nach zu vielen Geburten und bei atonischer Gebärmutter (Subinvolution) sowie Verlagerung oder Rückwärtslagerung der Gebärmutter, u. a. bei Frauen, die durch harte Arbeit verbraucht sind, aber auch bei Frauen, die durch Trägheit und Luxus geschwächt sind und an Vorfall oder Erschlaffung der Gebärmutter leiden.

Verschlechterung: durch Bewegung, Stehen, während der Wechseljahre und durch Kleiderdruck.

Besserung: wenn der Geist beschäftigt ist.

HYOSCYAMUS NIGER

Antipsorisch, tuberkulös.

Menses sehr reichlich, hellrot, zu spät; häufig unterdrückt, dabei Muskelerregung; Geistesstörungen und krampfartige Symptome, Konvulsionen und Muskelkontraktionen. Die Menses beginnen mit Konvulsionen, ruckartigem Zusammenzucken und krampfartigen Zuckungen der Muskeln. Manchmal ist Fieber, Delirium und starke psychische Erregung zugegen: die Patientin spricht andauernd. Sie hat viele Einbildungen und Halluzinationen. Sie bildet sich alle möglichen Dinge ein. Sie ist mißtrauisch, eifersüchtig, spricht mit eingebildeten Personen oder ruft dieselben, betet, schimpft in einem Augenblick und lacht im nächsten schallend. Sie zupft an den Bettüchern, murmelt vor sich in, reißt sich ihre Kleider vom Leibe, möchte nackt herumlaufen, entblößt ihre Geschlechtsteile.

Bei Hyoscyamus finden wir eine schwere manische Form von Dysmenorrhoe oder Amenorrhoe. Die Patientin ist heftig und gewalttätig, stößt, schlägt und beißt und spricht ununterbrochen. Sie ist wollüstig oder erotisch. Es tritt Manie während der Menses auf oder wenn dieselben unterdrückt sind, wie bei exanthematösen Erkrankungen. Es besteht ungestümes und heftiges geschlechtliches Verlangen während des Flusses oder bei drohenden Hirnerkrankungen. Bei jeder Menstruation besteht eine starke psychische oder nervöse Erregung. Sie fällt plötzlich mit einem Schrei um; sie hat Angst, alleingelassen oder vergiftet zu werden. Ihre Augen funkeln und zucken und sind ständig in Bewegung. Sie starrt vor sich in als ob sie sich fürchte. Ihr Hals schnürt sich zusammen, so daß sie nicht schlucken kann (Lach.).

Die Patientin hat einen kurzen, trockenen, kitzelnden Husten (Rhus). Sie hustet bis zur Erschöpfung und läßt während eines Anfalles große Mengen blassen Urins.

Dieses Mittel paßt für nervöse, reizbare und aufgeregte Personen von sanguinischem Temperament, für hysterische Menschen, für junge Mädchen kurz nach der Pubertät, die leicht ihr seelisches Gleichgewicht verlieren. Es ist hauptsächlich bei tuberkulösen und psorischen Personen angezeigt.

IGNATIA

Antipsorisch.

Menses zu früh, der Fluß ist übelriechend, dunkel, geronnen. Dies trifft besonders zu nach großen Sorgen, Kummer oder Schreck. Unterdrückungen von Kummer, großer Freude oder unerwarteten schlechten oder guten Nachrichten. Gebärmutterkrämpfe während der Menses oder ein krampfartigen Schmerz, der durch Druck besser wird.

Die Patientin seufztzt ständig und weint häufig; der geringste Widerspruch reizt sie. Sie hat Schluckbeschwerden, als wäre ein Kloß im Halse. Sie hat nervöse Halsschmerzen. Sie ist schlecht gelaunt, verdrießlich, reizbar und weint trotzdem schnell. Ihre Symptome wechseln ständig von psychischen zu körperlichen und von körperlichen zu psychischen Symptomen. Sie hat alle möglichen lebhaften Einbildungen. Häufig hat sie eine hysterische Psychose (Hyos.: echte Geisteskrankheit). Sie zittert, hat Muskelzucken, klagt über Leeregefühl im Magen, seufzt und klagt andauernd. Sie ist voller Angst, Furcht und Besorgnis und hat alle möglichen eingebildeten Beschwerden.

Dies ist eines der Mittel für Herzeleid. Es paßt oft für den nervlichen Zustand, der als Reaktion auf übergroße Freude oder Kummer eintritt. Es ist angezeigt für hochempfindliche Frauen, die leicht hysterische Erscheinungen bekommen: sie scheinen gesund zu sein, bis sie psychisch erregt werden oder ungewöhnliche seelische Belastungen auf sie einwirken, worauf sie dann völlig zerschmettert sind. In anderen Worten, sie sind hysterisch veranlagt. Geistige Überanstrengungen erzeugen in ihnen einen Ignatia-Zustand.

Verschlechterung: es geht ihr < wenn ihr widersprochen wird oder wenn man ihre Pläne durchkreuzt. Häufig < während der Menstruation, nachdem sie Besuch hatte oder von der kleinsten Aufregung.

Besserung: wenn in Ruhe gelassen, durch Ausruhen und Wärme.

Wenn dieses Mittel aufhört zu wirken, denken wir an Natrium muriaticum.

IPECACUANHA

Antipsorisch und pseudo-psorisch.

Menses sehr reichlich, vorzeitig. Sie kommen wie eine Flut hellroten Blutes mit Übelkeit. Übelkeit vor den Menses, häufig Erbrechen mit Schmerzen und Hitze im Kopf. Fluß sehr reichlich, hellrot, verbunden mit einigen schneidenden Schmerzen am Nabel mit Übelkeit. Schmerz und Druck in Richtung auf die Gebärmutter und den Enddarm mit starker Übelkeit und Erbrechen. Blutung nach Entbindung hellrot, sehr reichlich, andauernd, mit Übelkeit und Erbrechen.

Blasses Gesicht, Kopf heiß, ständige Übelkeit, Unruhe und allgemeines Frieren. Sehr schwach, muß sich hinlegen, wenn sich die Übelkeit verstärkt. Schmerzen in der Nabelgegend mit großer Übelkeit und Erbrechen.

Häufig angezeigt bei Magenreizung und bei Blutungen tuberkulöser Patienten.

JODUM

Jodum trifft alle Miasmen und besonders das tuberkulöse und das syphilitische.

Die Menses kommen zu früh und sind reichlich, die Patientin leidet viel während des Flusses. Die Menses können aber auch zu spät oder verzögert kommen. Wenn sie aufgeschoben sind, hat die Patientin sehr starken Schwindel und Herzklopfen. Der Fluß ist für gewöhnlich scharf und macht die Oberschenkel wund; es folgt ihm ein scharfer, schleimiger Fluor. Die Patientin ist sehr hungrig während der Menses. Es besteht eine starke Müdigkeit, die beim Treppensteigen oder dem Ansteigen auf eine Anhöhe verschlimmert wird (Calc. c.). Die Patientin hat Blutungen mit schneidenden Schmerzen im Bauch und Schmerzen im Rücken und den Lenden; die Schmerzen erstrecken sich vom rechten Eierstock zur Gebärmutter: der Eierstock ist sehr schmerzhaft und empfindlich während der Menses. Während der Menses sind die Brüste viel kleiner als sonst (das Gegenteil von Conium). Der Fluor ist immer < während der Menstruationszeit.

Psychisch ist die Patientin traurig und schwermütig. Sie meint, sie habe etwas vergessen, ist sehr reizbar und ständig in Bewegung. Das Gesicht ist dunkel, bräunlich und gefleckt wie bei Sepia. Es ist besonders bei der tuberkulösen Diathese angezeigt. Es besteht eine starke Reizbarkeit des ganzen Nervensystems, schneller Kräfteverlust oder eine chronische, langsame Form von Abmagerung und ein niedriger, kachektischer Kräftezustand des ganzen Körpers.

Verschlechterung: in Ruhe oder in heißem Wetter.

Besserung: nach dem Essen oder wenn die Patientin in Bewegung ist.

KALIUM BICHROMICUM

Sehr ängstlich, zaghaft und schüchtern vor den Menses. Leicht erschreckt und furchtsam. Der Fluß zieht dicke Fäden aus zähem Schleim. Schwellung und Jucken der äußeren Geschlechtsteile. Manchmal wird der Fluß begleitet von Übelkeit und saurem Erbrechen, Schwindel und Blutandrang zum Kopf. Gelegentlich kommen die Menses zusammen mit schweren Kopfschmerzen, die mit Blindheit anfangen.

Es paßt für fettleibige, blonde und blauäugige Frauen.

KALIUM CARBONICUM

Antipsorisch und stark pseudo-psorisch.

Die Menses sind entweder zu früh, reichlich und lange andauernd oder sie sind zu spät oder unterdrückt mit Hautwassersucht (Anasarka) oder Bauchwassersucht (Aszites). Der Fluß ist für gewöhnlich blaß, kann aber auch hell- oder dunkelrot sein. Er hat einen stechenden Geruch und neigt zur Schärfe und zum Wundmachen der Geschlechtsteile, wobei er Papeln oder Blasen erzeugt.

DIE PATIENTIN FÜHLT SICH EINE WOCHE VOR DER MENSTRUATION SCHLECHT. BEIM ERWACHEN IST SIE MÜDE (Calc. c.), abgespannt, fühlt sich gänzlich erschöpft und hat ständige Rückenschmerzen. Die Schmerzen sind im Rücken und im Bauch. Der Rücken schmerzt als würde er brechen, zusammen mit einem müden Gefühl gänzlicher Erschöpfung. Im Bauch sind die Schmerzen kolikartig oder schießend.

Während der Menses erwacht die Patientin ungefähr um 3 Uhr morgens und kann nicht wieder einschlafen. Häufig erwacht sie mit quälenden Kopfschmerzen und Rückenschmerzen, als würde der Rücken brechen; sie fühlt sich, als habe sie gar nicht geschlafen. Sie ist verdrießlich, schlechter Laune und reizbar; sie hat sackartige Schwellungen über den Augen, einen faulen Geschmack im Mund und hat bitteres Aufstoßen. Häufig ist ihr übel, es rumort in ihren Därmen und sie hat eine kneifende Kolik.

Die Patientin ist traurig und voller Befürchtungen, zaghaft und schüchtern und hat eine starke Abneigung, allein zu sein. Verstopfung während der Menses; trockener, massiger und schwieriger Stuhl (Graph.). Sie kann Nachtschweiße haben, kurzen trockenen Reizhusten oder würgenden Husten und nur spärlichen, klebrig-zähen Auswurf; Stiche in der Lunge mit Herzklopfen. Die blasse Menstruation zeigt den anämischen Zustand des Blutes. Die Haut ist blaß. Es sind zu wenige rote Blutkörperchen im Blut. Es besteht eine Neigung zu subkutanen Ödemen (Anasarka). Die Patientin möchte immer liegen oder sitzen. Der Rücken und die Beine geben vor Erschöpfung nach, es scheint keine Kraft mehr in ihrem Körper zu sein.

Angezeigt bei pseudo-psorischen jungen Leuten, denen eine beginnende Lungenschwindsucht droht oder bei erschöpften Frauen in vorgerücktem Alter.

KALIUM JODATUM

Syphilo-psorisch.

Menses zu spät, beginnen mit Frieren; Hände und Gesicht eiskalt. Heftiges Schaudern und Beben, Kolik, Diarrhoe, Krämpfe und sehr starke kneifende Schmerzen die Oberschenkel hinunter. Quälende Schmerzen wie zerschlagen in der Leistengegend und im Kreuz. Ständiger Harndrang, welcher aufhört, sobald der Menstruationsfluß beginnt.

Reichlicher Speichel, häufig blutig, zäh und mit einem Geruch nach Zwiebeln. Starke Schmerzen in den Knochen < nachts und > von Hitze;

Verschlechterung: von Ruhe.

Besserung : von Bewegung.

KREOSOTUM

Menses zu früh, zu langandauernd und reichlich. Vor Beginn des Flusses tritt eine sauer riechende, blutige Absonderung auf, die Jucken und Brennen an den benetzten Teilen erzeugt. Der Fluß ist für gewöhnlich dunkel, geronnen, scharf und übelriechend; intermittierender Fluß, er hört auf und beginnt wieder (Sulfur). Ständiges Frösteln. Die Schamlippen sind geschwollen, heiß und hart. Tief in der Scheide und an den äußeren Geschlechtsteilen hat die Patientin ein wollüstiges Jucken.

Angezeigt für alte Damen oder blonde und zarte junge Mädchen, die schnell wachsen und sehr dünn und von Natur mutlos und reizbar sind.

LAC CANINUM (Hundemilch)

Antisykotisch.

Menses zu häufig; Fluß sehr reichlich, hellrot, bildet im Wasser lange Fäden, riecht nach Ammoniak. Auf der Binde getrocknet wird das Blut dunkel oder olivgrün, läßt sich jedoch leicht auswaschen. Eine hellrote Blutung behebt einen heftigen Schmerz im rechten Eierstock (Lach., Zinc.). Menses zu früh, hellrot; das Blut kommt gußweise und ist von klebriger Beschaffenheit.

Die Menstruation scheint alle ihre Beschwerden zu erleichtern, zu anderen Zeiten ist sie sehr hysterisch. Herabdrängendes oder zerrendes Gefühl im Bauch und Gefühl, als würden alle Unterleibsorgane aus der Scham hervorbrechen. Die Patientin kann keinerlei Druck am Bauch ertragen (Lach., Bell.); sie ist äußerst entmutigt, verzagt und hoffnungslos während der Menses, meint, sie wäre unheilbar. Sie hat Angstträume von dunklem Wasser, toten Menschen, von Schlangen, die sie umringen oder die über ihren Körper laufen.

Der Bauch ist geschwollen, hart und empfindlich, die Brüste schmerzhaft und empfindlich; häufig sind harte Knoten in den Brüsten. Die Brüste sind vergrößert und berührungsempfindlich. Milchfluß aus den Brüsten während der Menses (Verat. vir.). Starke Hitze in der Eierstocksgegend während der Menses, < im rechten Eierstock. Äußerste Schmerzhaftigkeit und Empfindlichkeit der Gebärmutter während der Menses, Schmerzen als ob Messer oder Nadeln von der Gebärmutter aus nach oben stechen.

Die Schmerzen wandern umher und die Symptome wechseln sehr leicht von einer Seite des Körpers zur anderen.

Angezeigt bei tertiärer Sykose und bei Personen mit einem hochempfindlichen Körper, die äußerst nervös sind. Die Patientin ist sehr vergeßlich und abwesend.

Verschlechterung: von Erschütterung oder Bewegung.

LAC DEFLORATUM

Tuberkulös.

Menses verspätet, dunkel, spärlich oder unterdrückt vom Halten der Hände in kaltes Wasser. Das Trinken eines Glases Milch hat den Fluß bis zur nächsten Periode unterdrückt. Ein ziehender Schmerz mitten durch die Eierstöcke mit Herabdrängen der Gebärmutter soll häufig bei der Prüfung dieses Mittels aufgetreten sein. Verspätete Menses mit Gefühl eines zerrenden Gewichtes in der Eierstocksgegend. Große Mattigkeit, sogar äußerste Erschöpfung während der Menses. Migräne jeden Monat während oder nach der Menstruation bei blassen, dünnen, anämischen und tuberkulösen Frauen zwischen 36 und 40 Jahren. Ich habe eine Reihe solcher Fälle mit diesem Mittel geheilt.

Es gehört zu den Mitteln, welche die stärksten Kopfschmerzen der Materia Medica aufweisen, die bei einem Anfall oft bis zu einer Woche dauern. Der Kopfschmerz beginnt in der Stirn und dehnt sich bis zum

Hinterkopf aus. Es ist ein berstender Schmerz oder ein harter, quälender Schmerz, manchmal auch klopfend. Er beginnt früh am Morgen und wird meistens begleitet von Übelkeit, Blindheit und manchmal von Erbrechen. Das Gesicht wird blaß, die Lippen weiß und die Atemzüge sind verlängert und langsamer. Die Patientin möchte weder essen noch trinken noch in irgendeiner Weise gestört oder belästigt werden.

Dieses Mittel paßt für dünne, schlanke, tuberkulöse Frauen, die sehr anämisch und in hohem Maße empfindlich und nervös sind.

Verschlechterung: Der Kopfschmerz wird stark verschlimmert von Licht, von Aufsitzen und von Bewegung.

Besserung: Der Kopfschmerz wird > von Ruhe, Stille, im Dunkeln Liegen, Druck oder festes Einbinden und Fasten; ferner wird er durch reichliches Urinieren gebessert (Gels.) sowie manchmal durch Hitze.

LACHESIS

Menses verspätet, spärlich, dunkel, sogar schwarz, klumpig und scharf. Starkes Verlangen nach frischer Luft während der Menses (Puls.). Muß Halsketten weiterstellen und ihre Kleidung lose um den Körper tragen. Hitzewallungen. Anfallweise Hitzen vor den Menses und manchmal auch während derselben.

Die Patientin neigt zu Mißtrauen und Eifersucht. Sie meint, die Leute sprechen über sie. Das Gesicht ist oft gerötet und heiß oder es ist scheckig, fleckig oder purpurfarben und sieht geschwollen oder aufgetrieben aus. Die Patientin ist in der Gebärmuttergegend oder allgemein am Bauch sehr druckempfindlich.

Verschlechterung: Schmerzen und alle Beschwerden sind < auf der linken Seite und nach Schlaf.

Besserung: Schmerzen und allgemeine Beschwerden > während der Menses. Auch die psychischen Symptome sind > während des Flusses.

LILIUM TIGRINUM

Antipsorisch und pseudo-psorisch.

Menses zeitlich normal. Fluß für gewöhnlich dick, dunkel und übelriechend; er ist stärker, wenn sich die Patientin bewegt und hört auf, wenn sie sich hinlegt (Kreos., Magn. carb.). Starkes Herabdrängen in der Gebärmuttergegend während der Menses; wenn die Patientin steht, hat sie dabei das Gefühl als würden alle Unterleibsorgane aus dem Becken herausgedrängt (ähnlich wie Murex, Bell., Sepia); dies wird gebessert durch Druck mit der Hand gegen die äußeren Geschlechtsteile oder durch Hinsetzen. Während der Menses Gefühl von Herabdrängen oder Hinabstoßen der Gebärmutter mit einem scharfen Schmerz im linken Eierstock, der sich über die Vorderseite des Oberschenkels erstreckt. Das Herabdrängen der Gebärmutter erstreckt sich oft auf den Enddarm und die Blase (Nux vom., Aloe, Sepia, Bovista).

Schwere in der Herzgegend oder Gefühl, als würde das Herz in einem Schraubstock gequetscht. Sie erwacht von Herzflattern; starkes Herzklopfen, wenn sie auf der linken Seite liegt.

Psychische Symptome: Sie hat ein tobendes Gefühl auf dem Scheitel wie von einem heftigen Aufruhr im Kopf (Cimic.), sie weint leicht wie Pulsatilla, ist müde und furchtsam. Auf der anderen Seite neigt sie zum Schlagen oder Fluchen oder hastig und ziellos etwas zu tun. Sie fürchtet sich vor dem Alleinsein, daß ihre Krankheit organisch ist und daß sie unheilbar sei. Häufig kommt das erwähnte tobende Gefühl vom Rücken hoch zum Kopf und setzt sich schließlich auf dem Scheitel fest.

Es paßt für nervöse, hysterische blonde Frauen, die an Gebärmuttererschlaffung (Atonie) leiden sowie an Verlagerungen der Gebärmutter, besonders an Rückwärtsneigung (Retroflexion). Herzbeschwerden aufgrund von Gebärmutterverlagerung oder -reizung.

Verschlechterung: nach dem Essen, beim Stehen, beim Liegen auf der linken Seite. Nach Trost (Ign., Natr. mur.).

Wie Pulsatilla wünscht sie ein kühles Zimmer und geht gern im Freien spazieren.

Vergleichsmittel sind Sepia, Belladonna, Podophyllum, Platinum, Helonias, Murex., Natrium phos., Cactus und Cimicifuga (Actea racemosa).

LOBELIA INFLATA

Antipsorisch.

Menses zu früh und viel zu reichlich. Manchmal ist das Mittel angezeigt, wenn die Menses von langdauerndem Fieber wie beim Typhus unterdrückt sind. Starke Schmerzen im Kreuzbein mit Fieber während der Menses. Schwere wie von einem schweren Gewicht in den Geschlechtsorganen. Quälende Schmerzen in der rechten Gesichtshälfte und den Schläfen bei einer verzögerten Menstruation; schwindsüchtige Patienten mit Gesichtsneuralgie.

Übermäßiger Speichelfluß mit beißendscharfem Geschmack. Hals trocken und häufiger Auswurf von schaumigem Schleim. Bei ununterbrochener Übelkeit rülpst die Patientin eine saure Flüssigkeit aus dem Magen hoch. Übelkeit mit starkem Wasserfluß aus dem Munde. Übelkeit mit großer Schwäche in der Magengrube, einem Kloßgefühl im Hals oder in der Magengrube mit nervöser Atemnot. Hysterisches Asthma mit schwacher Atmung oder dem Verlangen, einen tiefen Atemzug zu tun. Starke Schmerzhaftigkeit oder Wundheit, Schmerz und Empfindlichkeit im Kreuzbein mit Schwere und Druck auf die Geschlechtsorgane.

Besserung: alle Symptome > abends.

LYCOPODIUM

Dies ist ein mächtiges Antisykotikum, dessen Wirkung so tief geht, daß es – wenn angezeigt – fast in jedem miasmatischen Zustand des Systems heilt, selbst bei gemischten Miasmen oder bösartigen Erkrankungen.

Menses sehr reichlich, für gewöhnlich spät und lange andauernd; der Fluß kann einen Teil der Zeit dunkel und klumpig sein und während der übrigen Zeit aus hellrotem Blut mit Serum gemischt bestehen. Große Traurigkeit und Schwermut begleiten häufig den Menstruationszyklus. Vor Erscheinen der Menses tritt ein herabdrängender Schmerz auf, als würden die Menses kommen. Dieser gleiche Schmerz kommt öfter auch nach Aufhören der Menses, wenn der Fluor erscheint. Sowohl der Menstruationsfluß als auch der Fluor erzeugt Schwellung, Jucken und Brennen der Schamgegend. Der Fluß ist < nach 4 Uhr nachmittags. Starke Trockenheit der Scheide; häufige Anfälle von Frösteln während der Menses.

Bei Lycopodium ist der Leib immer stark aufgetrieben, starke Blähungen (Flatulenz) und Ansammlung von Gasen im Bauch. Dieses Mittel repräsentiert einen reinen Harnsäurestatus des Organismus, dem meistens eine Sykose als Miasma zugrunde liegt. Große Völle im Bauch durch den Genuß jeglicher Nahrung; starke Gärung und viel Rumoren im Bauch; < linke Seite; häufiges Aufstoßen mit Rumoren von Gasen im Bauch. Luftabgang aus der Scheide. Es besteht ein ständiges Sättigungsgefühl; die geringste Nahrungsaufnahme verursacht Unwohlsein, Völle, Gase, Rumoren, Aufgetriebensein und Rülpsen. Die Schmerzen rühren für gewöhnlich von den Gasen und der Auftreibung des Dickdarmes oder Grimmdarmes (Colon) her, man findet aber auch Schmerzen in beiden Eierstöcken.

Die Patientin ist niedergeschlagen, traurig und möchte alleingelassen werden. Sie zweifelt stark an ihrem Seelenheil. Sie hat eine bleiche, erdhafte Gesichtsfarbe, dunkle Augenringe, häufige Hitzewallungen zum Gesicht. Sie ist immer hungrig, aber das geringste Essen verursacht Unbehagen im Magen und den Därmen. Kurzatmigkeit und Herzklopfen aufgrund der Gasansammlung im Magen und Bauch. Verlangen nach frischer Luft (Puls.). Roter Satz im Urin.

Verschlechterung: 4 Uhr nachmittags, von Austernessen, enger Kleidung, starken Gerüchen, kaltem Essen.

Besserung: von warmem Essen und Trinken, Gehen, Entblößen und von lockerer Kleidung.

MAGNESIUM CARBONICUM

Syko-psorisch.

Menses zu spät, dick und dunkel. Fluß < nachts oder beim Gehen oder Stehen. Andererseits kann der Fluß spärlich, sogar unterdrückt sein. Fließt stärker am Nachmittag, verspätete Menses. Fließt in dikken Klumpen. Dies ist eines der wenigen Mittel mit Fluß < nachts ohne Schmerz. Bei einer typischen Magnesium carbonicum Dysmenorrhoe ist der Fluß dunkel, dick, scharf, häufig teerartig, klebrig und läßt sich schwer auswaschen.

Begleitsymptome: Es besteht ein schneidender Schmerz in der Gebärmuttergegend oder ein kolikartiger herabdrängender Schmerz mit Druck auf das Becken oder Schneiden im Bauch. Der Menstruation geht häufig Halsschmerz voraus (Lach., Bell.). Zahnschmerzen während der Menses (Sepia.). Stuhl weich, ton- oder gipsartig und krümelig. Wenn die Menses von Diarrhoe begleitet werden, ist der Stuhl typisch sykotisch: grünlich, sauerriechend, schaumig und begleitet von schneidenden, kolikartigen Schmerzen. Starke Unruhe, Müdigkeit oder Abgespanntheit während der Menses. Sie fühlt sich so müde (Calc. carb., Kali carb.). Viele ihrer Symptome verschwinden, wenn der Fluß eingetreten ist (Lach.).

Gesicht blaß, kränklich. Gefühl von Eiweiß auf der Gesichtshaut. Bitterer, saurer Geschmack. Durst auf saure Getränke wie z. B. Limonade.

Verschlechterung: alle drei Wochen, durch Ruhe, während der Menses und von kalter Luft.

MAGNESIUM PHOSPHORICUM

Menses acht Tage zu früh. Menstruationskolik geht dem Fluß voran. Schmerzen schneidend, ziehend, drückend, krampfig und aussetzend (intermittierend). Bei der membranösen Dysmenorrhoe tritt noch eine andere Art von Schmerzen auf: sie sind schießend, blitzartig, sie kommen und gehen plötzlich (Bell.), verschwinden aber nicht vollständig. Schmerzen deutlich intermittierend und < auf der rechten Seite und vom Hinlegen. Die Schmerzen sind < im unteren Teil des Bauches und kommen häufig stoßweise, schießend und in Anfällen bis der Fluß einsetzt. Rheumatische, membranöse Dysmenorrhoe. Die Schmerzen sind häufig so stark, daß sie Ohnmacht verursachen. Ein Trunk kalten Wassers löst die Kolik häufig aus. Kolik wird > durch Zusammenkrümmen (Coloc.), von Hitze, äußerer Wärme oder Reiben.

Dumpfes Wehtun im Hinterkopf, zieht sich bis ins Gehirn, > von Essen oder Luftaufstoßen. Dumpfe, ziehende Schmerzen in der Lendengegend; die Schmerzen werden > von leichter und fortwährender Bewegung (Puls.). Viel Rheumatismus oder Neuralgien und Schmerzen in den Gliedern. Prickeln wie von elektrischen Stromschlägen in verschiedenen Körperteilen.

Verschlechterung: Schmerzen < rechte Seite

Besserung: Kolik > von Zusammenkrümmen, von Hitze, äußerer Wärme und Reiben.

MERCURIUS

Antisyphilitisch und pseudo-psorisch.

Die Menses sind immer zu reichlich und ziemlich oft dunkel und klumpig. Häufig menstrueller Fluß zwischen den Perioden. Der Fluß erscheint zwei oder drei Tage bevor er richtig einsetzt. Während der Menses starke Gliederschwere mit Angst. Die Brüste sind während der Menses vergrößert und empfindlich, schmerzhaft und geschwollen, sie enthalten Milch. Starke Wundheit und Schmerzhaftigkeit in der Scheide und um die Schamlippen.

Sehr übelriechender Atem. Die Zähne schmerzen, ein Gefühl als wären sie länger und locker. Das Zahnfleisch blutet leicht. Die Zunge ist dick belegt und schlaff. Geschmack blutig oder metallisch.

Gesicht häufig blaß, erdfarben und kränklich aussehend. Allgemeine Ängstlichkeit und Furcht < abends. Fürchtet, den Verstand zu verlieren; ist verdrießlich, schlecht gelaunt und mißtrauisch. Starker Schwindel beim Liegen auf dem Rücken. Gefühl als wäre der Kopf in einem Schraubstock, die ganze Kopfhaut ist wie wund und schmerzt bei Berührung. Zerren in den Lenden und im Unterbauch. Gelegentlich finden wir Zittern des ganzen Körpers mit allgemeiner Schwäche und reichlichem Schweiß, der nachts < ist.

Verschlechterung: nachts, durch Hitze, Bettwärme, beim Schwitzen und bei feuchtem oder stürmischem Wetter.

MERCURIUS CORROSIVUS

Menses zu früh, viel zu reichlich, mit Brennen und Hitze der Geschlechtsteile. Schreckliche schneidende, kolikartige Schmerzen während der Menses.

Es ist allgemein brauchbar bei syphilitischen Erkrankungen. Der Geschmack ist bitter, salzig oder metallisch. Starker Tenesmus der Blase mit Brennen in der Harnröhre. Heftiger Tenesmus des Enddarmes und der Blase, läßt nur wenige Tropfen Urin auf einmal. Blutiger Schleim mit heftigem Tenesmus. Schreit vor Schmerz, wenn ein paar blutige Tropfen abgehen.

MEZEREUM

Mezereum ist antisyphilitisch und pseudo-psorisch.

Menses zu früh, sehr reichlich, lange andauernd, begleitet von schwerer Gesichtsneuralgie. Fluor wie Hühnereiweiß nach den Menses.

Psychisch niedergeschlagen, weint viel. Fürchtet sich, allein zu sein. Weiteres siehe allgemeine Symptome dieses Mittels.

MILLEFOLIUM

Millefolium ist pseudo-psorisch.

Menstruation sehr reichlich und lange dauernd, von hellroter Farbe und ohne Schmerzen. Obgleich in der Literatur über kolikartige Schmerzen geschrieben wird, habe ich diese Patientinnen niemals über Schmerzen klagen hören. Ich habe es häufig deutlich tuberkulösen Frauen gegeben. Einige von ihnen hatten Husten, aber während jeder Menstruation bluteten sie fast zu Tode aus. Vollständige Erschlaffung der Gebärmutter, kein Schmerz, keine Kontraktion. Fluß verstärkt durch Bewegung und Anstrengung. Der Fluß ist immer < nach Anstrengung.

Da es aber eines der Blutungsmittel ist, hat es ebenfalls Blutungen der Lungen, der Nase und der Därme, die alle hellrot sind. Bei diesem Mittel gibt es keine Angst oder Besorgnis wie bei vielen anderen während einer schweren Blutung. Etwas Brustenge ist vorhanden und häufig starkes Herzklopfen. Häufig ist ein verwirrtes, dumpfes Gefühl im Kopf vorhanden und Husten mit Blutspucken. Meiner Ansicht nach ähnelt es Trillium in seinen Gebärmutterblutungen mehr als irgendein anderes Mittel. In anderer Hinsicht ähnelt es China. Das Blut ist hellrot und wenn überhaupt, dann gibt es nur sehr wenig Klumpen.

Dieses Mittel folgt auf Arnika nach Sturz, mechanischen Verletzungen und Überanstrengung. Die Patientin ist tuberkulös und natürlich neigt sie zu Blutungen.

MOSCHUS

Antipsorisch.

Menstruation sehr unregelmäßig, stark, zu früh, mit heftigen ziehenden und abwärts drückenden Schmerzen in den Geschlechtsteilen. Drücken und Zerren wie Wehen in den Genitalien zu Beginn der Menses. „Unerträgliches Kitzeln in den Geschlechtsteilen" (Minton). Große Angst mit Herzklopfen und STARKER TROCKENHEIT DES MUNDES. Sexuelles Verlangen stark erhöht während der Menses.

Sehr hysterisch. Hysterische Brustkrämpfe, Erstickungsgefühl und starkes Zusammenschnürungsgefühl (Konstriktion) in der Brust, Herzklopfen, Erschöpfung und Ohnmacht. Die Patientin fürchtet, im Nervenanfall zu sterben. Hysterie bei jeder Menstruation. Die Patientin verrichtet alles in großer Eile, so daß ihr die Gegenstände aus der Hand fallen. Große Neigung zur Schreckhaftigkeit. Die Patientin ist gedankenlos, albern in ihren Gesten, verdrießlich und schlecht gelaunt, neigt zum Weinen und ist streitsüchtig. Sie hat Wutausbrüche oder Lachanfälle, sie zittert, wenn sie erschrickt. Während der Menses hat sie Todesangst bei starker sexueller Erregung und Kitzeln der Geschlechtsorgane. Ihre Nächte sind unruhig, voller Träume von Streit und Hader, sie wirft sich im Bett herum und möchte sich abdecken.

Dieses Mittel paßt für verwöhnte, launische, empfindliche, nervöse und hysterische Frauen. Beschwerden, welche ihren Ursprung im weiblichen Sexualgebiet haben, erfordern oft Moschus.

Besserung: im Freien.

Verschlechterung: im Zimmer, bei Bewegung.

MUREX PURPUREA

Syko-psorisch.

Menstruation zu früh und sehr reichlich mit Schmerzhaftigkeit der Gebärmutter. Während der Menses erstrecken sich die Gebärmutterschmerzen bis zur Brust (Cimic.), besonders in Richtung auf die rechte Brust. Scharfe schneidende Schmerzen in der Gebärmutter. Zusammenschnürungsgefühl in der Gebärmutter. Gefühl großer Schwere in der Scheide. Schwaches, hinfälliges, leeres Gefühl im Magen während der Menses (wie Sepia); ungestümes geschlechtliches Verlangen während der Menses. Klopfen in der Gebärmutter. Schwere der großen Schamlippe. Starke sexuelle Erregung, die durch Berühren der äußeren Genitalien stark erhöht wird (Plat.). Ihre Schmerzen sind < wenn sie sich hinlegt, ebenfalls die Müdigkeit der Beine. Rückenschmerzen mit großer Schwäche und einem Druck nach unten in der Gebärmutter (Sepia, Lilium, Belladonna). Dieser Druck erstreckt sich bis zum Enddarm (Aloe).

Die Patientin ist nicht hysterisch, aber sehr reizbar während der Menses. Wie bei Platinum ist starkes sexuelles Verlangen vorhanden, es bildet einen Gegensatz zu Sepia in diesem Punkt.

Bei Gebärmutterkrebs erscheinen die Menses alle zwei Wochen oder die Patientin hat sehr starke Blutungen und scharfe, schneidende Schmerzen in der Gebärmutter. Nach Aufhören des Flusses erscheint ein starker wäßriger oder blutiger, grünlicher oder gelblichgrüner Fluor (Kreosotum); < am Tage.

Sanguinisches, lymphatisches Temperament. Angezeigt für Frauen in jedem Lebensalter, die ihre Periode haben oder in den Wechseljahren sind.

NATRIUM CARBONICUM

Pseudo-psorisch.

Menses zu spät und spärlich oder zu früh und sehr reichlich, die Patientin wird beinahe überschwemmt. Während der Menses starker Druck im Unterbauch, als ob alles herausfallen würde. Dieser Druck geht in Richtung auf die Genitalien; es ist ein Gefühl von Bewegung in der Gebärmutter vorhanden, wie von einem Fötus. Vor den Menses manchmal ziehende Schmerzen im Nacken mit Kopfschmerzen. Gefühl als wäre der Kopf zu groß, als würde er nach hinten gezogen (Gels.). Traurig, mutlos und verzagt während der Menses, was von Musik, besonders von Klavierspiel < wird (im Gegensatz zu Tarantula); ferner < bei einem Gewitter.

Starke Abneigung gegen Männer (Puls.). Nach der geringsten geistigen Anstrengung spürt sie große Schwäche; < von Sommerhitze. Ist unfähig, zu denken; sie ist gänzlich von traurigen Gedanken eingenommen; es gibt keine Freude mehr in ihrem Leben. Lichtblitze beim Erwachen vor den Augen. Überempfindlich gegen Geräusche. Dicker, gelblichgrüner Nasenausfluß, besonders aus den hinteren Nasengängen. Blasse Haut; dunkle Ringe um die Augen.

Dieses Mittel paßt für leukophlegmatische Frauen mit schwachen Knöcheln, die unfähig für geistige Arbeit sind.

Verschlechterung: Musik. Während Gewitter; Sonnenwärme; während des Vollmondes. Geistige oder körperliche Anstrengung. Kopfschmerz von geistiger Anstrengung.

Besserung: durch leichten Druck und Reiben der betroffenen Körperteile.

Es folgt gut auf Sepia bei herabdrängenden Schmerzen. Vergleiche auch mit Lilium, Murex, Natr. sulf., Phos., Sil. und Natr. mur.

NATRIUM MURIATICUM

Pseudo-psorisch.

Die Menses sind entweder zu früh und sehr reichlich oder zu spät und spärlich. Unterdrückte Menses bei jungen Frauen. Die erste Menstruation kommt langsam und schwierig. Jahr sagt: „Die Erstwirkung von Salz ist Verkürzung der Menses und die sekundäre Wirkung ist Verlängerung des Flusses." Der Fluß ist für gewöhnlich dunkel und hält Tag und Nacht an. Menses eine Woche zu früh; dünn, wäßrig, spärlich, stärker nachts; Frieren und Gänsehaut während des Flusses oder zu Beginn der Menses. Dysmenorrhoe mit herabdrängenden und in Richtung auf die Geschlechtsorgane drückenden Schmerzen, die nur beim Hinsetzen nachlassen.

Die Menstruation wird begleitet von großer Traurigkeit; niedergeschlagen, mutlos und verzagt, < am Morgen. Weint leicht (Puls., Ign., Tub., Cycl.). Trübsinnig, ängstlich und sehr traurig; heftige, quälende Kopfschmerzen morgens beim Erwachen oder um 10 Uhr morgens beginnend und bis zum Sonnenuntergang anhaltend. Stirnkopfschmerz mit Gefühl als ob kleine Hämmer im Gehirn klopfen oder Kopfschmerz, der mit Blindheit anfängt, in Verbindung mit hellen Zickzack-Blitzen vor den Augen. Zu Beginn der Periode plötzlich auftretende Reizbläschen (Herpes simplex) für gewöhnlich um den Mund oder am Kinn.

Die Patientin ist geistig sehr abwesend und vergeßlich. Herzflattern mit Schwächegefühl in der Herzgegend. Herzflattern und Herzklopfen mit Weinen. Bittrer oder salziger Geschmack mit großem Verlangen nach Salz; wünscht die Speisen sehr salzig oder ißt pures Salz. Der Speichel schmeckt salzig. Stuhlverstopfung mit Depression. Die Patientin hat taube Finger, Zehen, Lippen oder eine taube Zunge. Schwere der Hände, Beine oder Füße. Füße oder Hände schlafen ein. Nimmt ab trotz guter Kost (Jod.).

Angezeigt für blasse, anämische, tuberkulöse Personen, die durch ihre tuberkulöse Verseuchung mutlos und verzagt sind. Außerdem bei hysterischen Zuständen der tuberkulösen Diathese. Es ist komplementär zu Ignatia und ist das chronische Mittel von Ignatia. Wir müssen es oft von Calc. carb. oder Silicea unterscheiden.

Verschlechterung: um 10 Uhr morgens, Seeluft, Stillsitzen, Hinlegen, auf der linken Seite liegen.

Besserung: auf harter Unterlage Liegen, abends, auf dem Rücken Liegen und Gehen.

NICCOLUM

Die Menses sind spät, spärlich und kurz. Sie sind verbunden mit großen Schmerzen im Kreuz, großer Schwäche und starker Auftreibung des Bauches mit heftiger Kolik. Tag und Nacht besteht großer Durst mit brennenden Blähungen. Übelkeit. Starke Auftreibung des Bauches und saures Aufstoßen.

Psychisch ist die Patientin sehr furchtsam und niedergeschlagen, sie ist mutlos und verzagt. Sie ärgert sich leicht und wird zornig. Nachts geht es ihr viel < . Sie wird dann sehr unruhig (wie Rhus tox.), dreht sich oft im Bett herum. Wenn die Menstruation unterdrückt ist, hat sie neben ihrer Unruhe noch Kolik und Erbrechen, Schwindel und Druck auf dem Scheitel am Morgen.

Verschlechterung: nachts (Unruhe).

NUX VOMICA

Antipsorisch.

Das Eigenartige an Nux vomica ist seine Kraft als Antidote, seine Kraft, nicht allein die giftigen Wirkungen von Medikamenten zu antidotieren, sondern seine Fähigkeit, Krankheitszustände des Körpers zu heilen, die durch Medikamente[3] verursacht wurden. Es wirkt ferner als Gegenmittel gegen die schlimmen Folgen von Überessen und von Überreizung oder übermäßiger Anregung des Körpers.

Die zu lange dauernde, reichliche und schmerzhafte Menstruation dieses Mittels ist häufig verursacht durch unregelmäßiges Essen, zuviel Essen, durch schwere Speisen wie z. B. Fette, Fleischspeisen, Pasteten, Weine und Anregungsmittel.

Menses zu früh, sehr reichlich und zu lange andauernd. Die monatliche Absonderung ist dunkel, dick und geronnen; sie ist verbunden mit kneifenden Schmerzen in der Gebärmutter und krampfhaften Schmerzen im Bauch, die Verdauungsstörungen ähnlich sind. Kneifende, zerrende Schmerzen in der Gebärmutter mit Übelkeit und Abgang von dunklen Klumpen; die Kreuzgegend schmerzt wie zerbrochen. Starke Schmerzen in der Gebärmutter, die zum Enddarm ausstrahlen und Stuhldrang verursachen, mit Übelkeit und bittrem, galligem Erbrechen. Die Menstruation hört auf und erscheint wieder, ist sehr unregelmäßig, in der Tat ist sie niemals pünktlich.

Vor der Menstruation ist die Patientin sehr empfindlich auf äußere Eindrücke. Geräusche, lautes Sprechen und starke Gerüche sind unerträglich. Sie ist eigensinnig und reizbar. Morgentliche Übelkeit mit

[3] engl. drugs: Hiermit sind die unverdünnten (allopathischen) Medikamente gemeint

Frieren. Verlangen nach Anregungsmitteln wie Bier und gewürzten Speisen. Verstopfung mit Stuhldrang begleitet von Gebärmutterschmerzen. Stuhl- und Harndrang mit Menstruationsschmerzen.

Während der Menses möchte sie allein sein und sich an einem ruhigen und warmen Ort hinlegen. Sie ist eigenwillig, halsstarrig und reizbar und zugleich sehr schwach und matt, möchte alleingelassen werden und in einem dunklen Raum in Ruhe bleiben. Der Kopf tut ihr weh als habe sie nicht gut geschlafen, < morgens beim Aufstehen.

Es paßt für dünne, reizbare, cholerische Frauen mit dunklem Haar und galligem Temperament, die zu Anregungsmitteln und Gewürzen neigen.

Verschlechterung: Essen schwerer Speisen und Genuß von Anregungsmitteln, Kälte im allgemeinen, morgens, von Berührung, Geräusch und geistiger Anstrengung.

Besserung: von Ruhe, Stille, Hitze, Hinlegen, Alleinsein und am Abend.

OLEUM ANIMALE

Menstruation zu früh und spärlich mit großer Kraftlosigkeit in Händen und Füßen. Absonderung meist dunkel und sehr spärlich (Sepia). Vor dem Fluß schneidende, kolikartige Schmerzen im Bauch, desgleichen durchstechende Schmerzen im Kreuz, die < beim Sitzen sind.

Begleiterscheinungen: Traurig, verdrießlich, schlecht gelaunt und kummervoll. Ihre Gedanken schwinden plötzlich. Gefühl von Schwindel im Freien. In einem warmen Zimmer schießt das Blut zur Hirnbasis (bei Pulsatilla umgekehrt). Morgenschwindel mit Druck über den Augen und Zittern der Augenlider. Gesicht erdfarben. Trockene, prikkelnde Hitze in verschiedenen Körperteilen. Brennen, Beißen und Jucken der Haut wie von Flohstichen.

OLEUM CAJEPUTUM

Menstruation unterdrückt oder stark vermindert. Sie kann durch eine plötzliche Unterdrückung von Schweiß ausbleiben, dabei besteht ein ständiges würgendes Gefühl im Hals. Die Zunge fühlt sich geschwollen an und die Patientin lispelt beim Sprechen. Krampfhusten; nervöser Schluckauf, nervöses Erbrechen, nervöse Atemnot und nervöse Dysmenorrhoe. Nervöse Auftreibung der Därme aufgrund eines nervlichen Gebärmutterreflexes.

OLEUM JECORIS ASELLI (Lebertran)

Pseudo-psorisch und syko-psorisch.

Menses zu früh und sehr reichlich. Rheumatische Dysmenorrhoe. Schmerzen im Kreuzbein und Rücken. Starke Schmerzhaftigkeit der Eierstöcke. Durch Erkältung hören die Menses auf. Dysmenorrhoe in fortgeschrittenen Stadien der Tuberkulose.

Chronische Halsschmerzen oder Diarrhoe aufgrund von Tuberkulose. Auswurf gelblichgrün. Große Schwäche in Brust und Rücken. Brennende Hitze in der Brust mit Husten. Rheumatische Schmerzen in allen großen Gelenken und im Rücken. Ständiger Kraftverlust mit Abmagerung. Fast immer ist großer Hunger zugegen wie bei Psorinum, Jodum, Sulfur und Tuberculinum.

Paßt für blasse kachektische tuberkulöse Frauen, denen auf diese Diathese noch eine tertiäre sykotische Durchseuchung eingeprägt wurde. Oft wurde die Tuberkulose durch eine neue sykotische Infektion aufgerührt; nach ein paar Jahren zeigt sich dann das gemischte Miasma in einer bösartigen Form. Das Mittel ist häufiger angezeigt bei dünnen, nervösen Blondinen mit einer weißen, durchsichtigen Haut, durch welche die Blutgefäße bläulich hindurchschimmern.

Verschlechterung: im Winter

Besserung: im Sommer. Husten und rheumatische Beschwerden ebenfalls > von Hitze.

OPIUM

Menses sehr reichlich oder unterdrückt mit Blutandrang zum Kopf. Während der Menses heftige Kolik, die sie zum Zusammenkrümmen zwingt. Wehenartige Schmerzen mit Schläfrigkeit und dem Verlangen nach Schlaf. Ist die ganze Nacht unruhig wegen der Bettwärme; wirft sich im Bett herum, um nach einem kühlen Platz zu suchen. Nach unterdrückter Menstruation eingetretenes Delirium: starrt vor sich hin, Augen weit geöffnet, redet ununterbrochen, Gesicht gerötet oder blaß, heiß oder gedunsen, Haut bedeckt mit kaltem Schweiß; drohender Kollaps.

Bewußtlos, häufig in komatösem Zustand. Rotes Gesicht, Blutandrang zum Kopf. Klimakterische Zustände mit starken Einbildungen, die Patientin ist voller Illusionen und fantastischer Vorstellungen. Sie ist sehr empfindlich gegen Töne, Gerüche und Geräusche. Ihr Schlaf ist dumpf und verbunden mit Schnarchen. Die Patientin hat Krämpfe oder Konvulsionen von Schreck, Zorn oder Scham sowie von übergroßer Freude oder jeglicher starker Erregung. Manchmal treten nächtliche epileptische Anfälle auf, worauf röchelnder Atem und ein halbkomatöser Zustand mit rotem Gesicht folgt. Sehr häufig sind keinerlei andere Symptome vorhanden außer dem betäubten Zustand (Stupor) dieses Mittels.

Angezeigt bei korpulenten und gutmütigen Frauen, die an hartnäkkiger Verstopfung und an Gebärmuttervorfall oder kraftloser und erschlaffter Gebärmutter leiden. Es paßt für ältere Frauen, die gerne Anregungs- oder Betäubungsmittel zu sich nehmen (Bell.), aber auch für Schulkinder bei bestimmten psychischen Zuständen.

Verschlechterung: während und nach Schlaf, Schwitzen, Bettwärme.

Besserung: von Kälte oder Gehen.

ORIGANUM

Das psorische Miasma ist sehr deutlich.

Während der Menses und noch lange danach starke sexuelle Erregung. Übersteigerter Geschlechtstrieb. Mannstollheit (Nymphomanie) mit Selbstmordneigung. Starke sexuelle Erregung als würde sie den Verstand verlieren, treibt sie zur Onanie, die sie oft ausübt, wodurch das Gedächtnis schnell abnimmt und sie den Verstand verliert. Wollüstige Impulse, Träume von Geschlechtsverkehr, denkt ständig während des Tages an sexuelle Dinge; wollüstiges Kitzeln in den Geschlechtsorganen. Sexueller Drang so stark, daß sie ihn nicht überwinden kann. Sie ist stumpf, lustlos und mürrisch.

Dieses Mittel bedeutet für Frauen das, was Staphisagria für Männer ist. Es hat die sexuelle Reizung von Cantharis, aber nicht dessen körperliche Symptome. Im Gegensatz zu Lachesis sind die Symptome weitgehend auf die Geschlechtsorgane beschränkt. Es ist ein sehr vernachlässigtes und wenig bekanntes Mittel.

Tuberculinum ist ein anderes Mittel, das häufig bei sexueller Reizung der Frauen angezeigt ist. Wenn die tuberkulösen und sykotischen oder psorischen Elemente sich vereinigen und ihre Kräfte auf die Geschlechtsorgane richten, können wir schwere sexuelle Reizungen bei empfindlichen, nervösen Frauen erwarten.

PALLADIUM

Soll ein gutes Mittel für Dysmenorrhoe während der Stillzeit sein. Gallertartige Absonderung vor und nach den Menses. Schwere und Gefühl eines Gewichtes im Becken, als ob es nach unten sinkt. Während der Menses Schmerzen im linken Unterbauch, schießend vom Nabel zum Becken. Herabdrängen und Ziehen in der Gegend des rechten Eierstocks mit Völlegefühl in der Blase. Scharfe Schmerzen wie von Messern in der Gebärmutter > nach Stuhl (Minton). Abneigung gegen Arbeit oder Körperübungen, muß sich während des Flusses hinlegen.

Häufiges Urinieren. Die Blase fühlt sich zum Bersten voll an. Spärlicher Urin, obwohl die Patientin das Gefühl hat, sie könne jederzeit eine große Menge Harn lassen; > beim Liegen auf der linken Seite (Puls.). < beim Stehen oder Bewegen.

Verschlechterung: Stehen, Bewegung, verletzter Stolz, psychische Erregung. Während der Menses auf der rechten Seite Liegen.

Besserung: beim Liegen auf der linken Seite, von Ruhe, nach Schlaf.

PHOSPHORUS

Fluß zu lange andauernd und meistens sehr reichlich. Hellrotes Blut. Blutungen aus Nase oder Lungen während der Menses.

Die Patientin ist sehr empfindlich gegen Licht, Geräusch, Gerüche und Berührung. Die geringste Anstrengung bewirkt Erschöpfung (Tuberculinum). Sie ist ängstlich und furchtsam abends in der Zeit des Zwielichts oder wenn sie während eines Gewitters allein ist. Das Nervensystem von Phosphorus erregt Hunger ähnlich wie Sulfur). Manchmal finden wir Husten mit Blutspucken und Stimmlosigkeit vor, verbunden mit Schwäche und Schwere in der Brust, oder ein Gefühl von Enge und Schwere in der Brust. Kleine Wunden bluten stark.

Angezeigt für große, dünne und schmalbrüstige Frauen, die stark tuberkulös sind. Gesicht häufig blaß, kränklich mit dunklen Ringen um die Augen. Bleichsüchtige Mädchen, die zu schnell wachsen.

PLATINUM

Platinum hat viele antipsorische und pseudo-psorische Symptome. Ich habe es nicht genügend studiert, um es miasmatisch richtig einordnen zu können.

Der Fluß ist zu früh und viel zu reichlich und dauert nur eine kurze Zeit. Der Fluß ist dunkel, sogar schwarz, dick, klumpig und kann auch klebrig sein oder dicke Fäden ziehen. Dem Menstruationsfluß geht eine starke psychische Depression voran sowie Rückenschmerz, wehenartigee oder abwärtsdrängende Schmerzen und Druck gegen die Genitalien mit Stuhldrang. Es ist eines jener Blutungsmittel, bei denen die Blutungen für gewöhnlich dunkel und flüssig[4] sind. Am dritten Tag des Flusses entwickelt sich für gewöhnlich eine Dysmenorrhoe: Schmerzen ziehend, nach unten drückend und krampfartig. Große Traurigkeit und Neigung zum Weinen während der Menses. Nymphomanie während der Menses mit wollüstigem Kitzeln an den inneren und äußeren Geschlechtsteilen.

Sexuelle Erregung läßt häufig alle ihre Symptome zutage treten. Starke, sehr gesteigerte sexuelle Erregbarkeit bei jungen Frauen. Die sexuelle Erregung ist unerträglich. Starke Empfindlichkeit der Scheide, eine Untersuchung ist unmöglich. Sie kann den Druck der Binde nicht ertragen, weil sie so empfindlich ist. Die Eierstöcke sind sehr empfindlich, besonders der linke. Die Schmerzen in den Eierstöcken sind krampfhaft und brennend. Gebärmutterblutung mit Vorfall und herabdrängenden oder nach unten drückenden Schmerzen.

Die Schmerzen nehmen allmählich zu und ab (Zincum). Stuhlverstopfung; Stühle weich, tonartig, anhaftend. Schwäche im Bauch und Frösteln nach Bewegung. Krampfhaftes Gähnen wie Ignatia. Liegt beim Schlafen auf dem Rücken mit den Händen über dem Kopf (Puls.).

Die Patientin ist mißtrauisch und eifersüchtig (Lach.); sie regt sich selbst auf. Fürchtet zu sterben oder verrückt zu werden; sie ist erfüllt

---

[4] flüssig und klumpig nach Kents Arzneimittellehre. Hering erwähnt flüssige Menses nur einmal: „Guiding Symptoms“ (Leitsymptome) Bd. VIII, 463 (Nach Fehlgeburt:) „...Fluß zuerst geronnen und dunkel, später flüssig und heller...“

von qualvoller Angst. Ihre Glieder zittern, ihr Herz klopft; ihre Gemütsstimmung ist sehr wechselhaft, sie lacht und weint abwechselnd. Sie hat ein Gefühl, als würde ihr Körper größer; als ob andere Leute sehr klein wären oder als ob sie geringer wären als sie.

Platinum paßt für neurotische Frauen mit dunklem Haar und straffem Gewebe. Häufig wechseln körperliche und psychische Symptome.

Verschlechterung: in Ruhe.

Besserung: bei Bewegung.

PODOPHYLLUM

Antipsorisch und pseudo-psorisch.

Menses bei jungen Frauen oft unterdrückt mit Herabdrängen im Unterbauch und der Kreuzbeingegend, > beim Hinlegen. Schmerzhafter Druck nach unten im Bauch und Rücken mit einem tauben Gefühl, das sich die Oberschenkel hinunter erstreckt. Gebärmuttervorfall mit heftigen quälenden Schmerzen im Lendenbereich und im Eierstock.

Blutüberfüllung und Empfindungslosigkeit (Torpor) des Pfortadersystems mit Diarrhoe. Starke Kolik und Rumoren im Querdarm. Dunkelgelbe Stühle. Sehr übelriechende, gußartige Stühle mit starken Blähungen und herausspritzenden Winden. Würgen, als müßte sie erbrechen, während des Stuhles. Hämorrhoiden mit Aftervorfall.

Podophyllum paßt für blonde Frauen mit bleichem und kränklichem Gesicht, die Gallenanfälle, stinkenden Atem und eine dick belegte Zunge haben (Merc.).

Verschlechterung: am Morgen, von heißem Wetter oder von heißen Tagen mit kalten Nächten.

PRUNUS SPINOSA

Menses zu früh und viel zu reichlich mit quälenden Schmerzen im Kreuz und den Seiten. Fluß von heller Farbe; steifes Gefühl im Kreuz wie von Überanstrengung (Rhus). Starke Krämpfe im Bauch während der Menses, die von Herumgehen gebessert werden (Puls.). Starkes Jucken in den Eierstöcken > von Reiben.

Völle und Auftreibung des Magens, die Patientin ist satt von wenig Essen (Lyc.). Harter, trockener und spärlicher Stuhl mit Brennen im

Enddarm (Nux). Blasenkrampf mit starkem Tenesmus und Brennen im Schließmuskel und anhaltendem Drang; der Schmerz wird durch Urinieren > . Ängstliche, kurze Atmung, < beim Ersteigen einer Anhöhe oder auch nur vom Gehen.

PULSATILLA

Häufiger bei pseudo-psorischen Personen angezeigt. Da es das akute Mittel für Silicea ist, können Sie leicht die dahinterstehende Dyskrasie sehen. Manchmal kann das Mittel, welches einen pseudo-psorischen Zustand voll deckt, fast jede Krankheit heilen.

Menses verzögert, aufgeschoben, besonders bei jungen Mädchen in der Pubertätszeit. Schmerzen krampfartig, kolikartig verbunden mit Frieren. Menses spärlich, dick, dunkel, selbst schwarz, geronnen. Sie können aber auch von normaler Farbe sein oder blaß und wäßrig. Menses unterdrückt von Kälte, von Frieren. Menses begleitet von Frieren. Die Patientin weint vor Schmerz.

Vor den Menses WEINEN, TRAURIGKEIT, sie ist LAUNISCH, SCHWERMÜTIG. Während der Menses GÄNSEHAUT (Natr. mur.). ÜBELKEIT, HÄUFIG ERBRECHEN MIT SCHWERE UND SCHMERZEN IM BAUCH. Kolik mit Erbrechen. Die Patientin ist BLASS, FÜHLT SICH SCHWACH BIS ZUR OHNMACHT; ZITTERT ALS OB SIE FRIERE; WEINT HÄUFIG UND LEICHT. ZUNGE WEISS BELEGT, DURSTLOS. Atmung schwer, KANN NICHT VOLL DURCHATMEN, WENN SIE IM ZIMMER IST, MUSS SIE DIE FENSTER UND TÜREN WEIT AUFREISSEN, WAS IHR SOFORT ERLEICHTERUNG BRINGT.

Im Gesicht und um die Augen geschwollen während der Menses. Milch in der Brust während der Menstruation (Merc. sol.). Brust empfindlich und schmerzhaft während des Flusses (Merc. sol., Con.). Milchiger Fluor während der Menses. Menses mit Schmerzen in Rücken, Seiten und im Bauch mit Druck im Bauch und Kreuz wie von einem Stein und vergeblichem Stuhldrang (Nux).

Die Patientin hat großes Verlangen nach Eis, Butter und fetten Speisen, was ihren Zustand sehr verschlechtert. Sie fröstelt, ist durstlos, ihre Venen sind erweitert. Die Patientin schläft mit den Händen über dem Kopf (Plat.) und kann nicht auf der linken Seite schlafen, weil sich davon ihre Herzsymptome verschlechtern. Sowohl die Schmerzen als auch die psychischen Symptome sind wechselhaft.

Paßt für SANFTE, FRÖHLICHE UND FREUNDLICHE BLONDINEN VON NACHGIEBIGEM WESEN, DEREN SYMPTOME STÄNDIG WECHSELN. Ferner für LYMPHATISCHE KONSTITUTIONEN, FÜR BLASSE, BLONDE, BLAUÄUGIGE FRAUEN, DIE EINE STARKE NEIGUNG ZU KATARRHALISCHEN BESCHWERDEN UND ZU FLUOR HABEN.

Verschlechterung: in Wärme, am Abend; wenn sie anfängt, sich zu bewegen, beim Liegen auf der linken Seite, von Fett, schwerem Backwerk und warmen Anwendungen.

Besserung: von leichtem Herumgehen, kühler Luft, vom Essen kalter Speisen und von kalten Anwendungen.

RHUS TOXICODENDRON

Menses zu früh, viel zu reichlich und zu lange dauernd bei rheumatischen Personen. Der Fluß ist hell oder wie schmutziges Wasser oder Fleischwasser; außerdem ist er scharf und verursacht Beißen und Jukken der äußeren Genitalien. Menses unterdrückt von Durchnässung, besonders von nassen Füßen. Rheumatische Dysmenorrhoe mit wehenartigen Schmerzen; Rücken und Glieder sind sehr lahm und steif. Sehr unruhig, besonders nachts während der Menses. Gelegentlich ist der Fluß sehr klumpig mit wehenartigen Schmerzen. Gebärmuttervorfall von Überheben oder Überanstrengung.

Quälende Schmerzen (Wehtun) im Rücken und Gliedern mit einem Zerschlagenheitsgefühl im ganzen Körper, $>$ von Gehen und von Bewegung.

Verschlechterung: nachts, in Ruhe.

Besserung: am Tage und bei Hitze und Bewegung. Die Rückenschmerzen werden von Liegen auf etwas Hartem $>$.

SILICEA

Silicea ist ein pseudo-psorisches Mittel im wahrsten Sinne des Wortes. Es wetteifert mit Natrium mur., Sulfur, Arsenicum und Psorinum in der Tiefe seiner Wirkung. Es sucht jede Zelle heim und verändert jede Faser des Organismus.

Die Menses können zu früh und sehr reichlich oder zu spät und sehr reichlich sein. Wenn die Menstruation unterdrückt wird, folgt ein scharfer, wundmachender, milchiger oder wäßriger Fluor (Puls.). Absonderung von Wasser aus der Gebärmutter anstelle der Menses. Milchiger, wäßriger oder bräunlicher Fluor anstelle der Menses. Die Menses riechen stark und sind scharf.

STANNUM

Pseudo-psorisch.

Menstruation zu früh und sehr reichlich, häufig verbunden mit Schmerzen in den Backenknochen oder irgendeiner Art von Gesichtsneuralgie. Die menstruellen Schmerzen kommen anfallweise und nehmen allmählich zu bis sie sehr stark sind, dann nehmen sie allmählich wieder ab und verschwinden.

Psychische Symptome: Diese sind sehr wichtig. Psychisch sehr elend, unglücklich und ängstlich, was aufhört, sobald der Menstruationsfluß beginnt. Angst, Unruhe, Reizbarkeit, qualvolle Angst[5], Traurigkeit und Mutlosigkeit, Abneigung gegen Männer, ist sehr hysterisch, weint, singt, betet.

Starkes Schweregefühl mit Zittern. Ihre Müdigkeit oder Abgeschlagenheit kommt plötzlich und ist < am Morgen; sie muß sich mehrmals hinsetzen, um auszuruhen, bevor sie ihre Morgentoilette beenden kann (tuberkulöse Menschen). After und Beine fühlen sich schwer an. Große Schwäche in der Brust, die sich bis zum Hals erstreckt. Trockener Husten < am Abend (Phos.) Der Auswurf besteht aus grünlichgelbem Schleim und hat einen süßen oder salzigen Geschmack. Schweiß und Auswurf dumpf riechend, Geruch wie altes Heu.

Verschlechterung: von Sprechen, Lesen und Singen (Phos.).

Besserung: Die kolikartigen Schmerzen im Bauch werden > von festem Druck oder vom Liegen auf dem Magen (Puls., Coloc.).

STAPHISAGRIA

Dieses Mittel ist antisykotisch, aber paßt auch für Fälle, die mit Syphilis gemischt sind oder für syko-syphilitische Zustände, die oft ebenso verwirrend sind. Dies wird durch ein sorgfältiges Studium des Mittels deutlich. Eine syko-syphilitische Durchseuchung bei einem pseu-

[5] engl. anguish

do-psorischen Patienten ist das richtige Feld für den Gebrauch dieses eigenartigen Mittels.

Menstruation zu früh oder ausbleibend. Absonderung zuerst blaß, wird aber dunkler. Der Fluß ist häufig unregelmäßig, verspätet, sehr reichlich und wird von Ärger oder Kummer beeinflußt, wodurch er häufig verzögert oder unterdrückt wird. Nymphomanie während der Menses; kann den Geist nicht von sexuellen Themen lösen. Während und vor den Menses kommt leicht Ärger auf. Die Menstruationsschmerzen sind kneifend und kolikartig (Coloc.). Scharfe, schießende Schmerzen in den Eierstöcken mit äußerster Druckempfindlichkeit. Kondylome oder Warzen um die Geschlechtsorgane (Thuja). Jucken der äußeren weiblichen Geschlechtsteile mit starker Berührungs- oder Druckempfindlichkeit. Die Berührung der Geschlechtsorgane während einer Untersuchung löst beim Staphisagria-Patienten häufig Krämpfe aus (Plat.).

Die Halsdrüsen vergrößern sich und werden hart. Die Patientin leidet unter Gichtknoten, besonders an den Fingern. Gerstenkörner an den Unterlidern oder Zahnschmerzen während der Menses.

Psychische Symptome: Wenn der Zorn von Staphisagria angestaut wird, erzeugt er den körperlichen Zustand, der diesem Mittel eigen ist. „Der Geist und das gesamte Nervensystem sind vollkommen durchtränkt von Zorn und Ärger" (Kent). Höchste Nervosität und psychische Symptome als Folge von sexuellen Ausschweifungen.

Es ist häufig angezeigt bei der ersten Menstruation nach der Heirat oder nach Bauchoperationen. Eine Menstruation, die auf psychischen Schock oder auf einen Schock nach Operation folgt oder aber auf einen sehr großen, angestauten Ärger.

Verschlechterung: „Von psychischen Einwirkungen, Kummer, Entrüstung, Beleidigung, sexuellen Ausschweifungen, Tabak und Berührung betroffener Körperteile" (H. C. Allen).

SYPHILINUM

Antisyphilitisch.

Menses zu früh und sehr reichlich, häufig zwei Wochen vor der normalen Zeit. Fluß hellrot, gelegentlich bis rosafarben. Schläfrig zu Beginn der Periode (Bufo). Während des Flusses ist die Gebärmutter sehr empfindlich; schießende Schmerzen in der Gebärmutter und in den Eierstöcken, stärker im linken. Die Menstruationsschmerzen nehmen allmählich zu und ab und sind stärker vom Einbrechen der Dunkelheit bis nahe zum Morgen. Brüste während der Menses und auch zwischen denselben empfindlich und schmerzhaft wie wund. Sehr reichlicher gelber Fluor, weicht die Binde durch und läuft die Beine hinunter (Alumina).

Die Patientin fürchtet die Nacht wegen der Knochen- und Knochenhautschmerzen. Starke quälende Rückenschmerzen oder neuralgische Schmerzen im Rücken, beginnend um 4 Uhr nachmittags und die ganze Nacht andauernd. Quälende Schmerzen im Becken und in den Gliedern, besonders im Schienbein, das berührungsempfindlich ist. Asthma oder Husten nur im Sommer. Syphilitische Ausschläge, die im Sommer oder während der Menses ausbrechen.

Ererbte oder erworbene Syphilis. Runde oder unregelmäßig geformte Geschwüre im Mund bei jeder Periode; < nachts (Acid. nitr., Merc. sol.). Geschwüre mit Speichelfluß, speckigem Grund, feuerrotem Saum, glattgeschnittenen Rändern. Die Zunge weist Zahneindrücke auf. Geschmack eitrig oder metallisch. Herpesartige Ausschläge um den Mund. Verlangen nach Alkohol und Abneigung gegen Fleisch. (Verlangen nach Fleisch bei Tuberculinum, Calc. c.).

Die Patientin leidet unter starkem Gedächtnisverlust (Medorrh., Natr. mur.). Epileptische Anfälle nach jeder Menstruation, < nachts, fürchtet sich allein zu sein.

Verschlechterung: nachts, Wetterwechsel, Bettwärme. Alle Schmerzen und Beschwerden sind < nachts (Merc. sol., Kali jod., Aurum, Asa foetida; entgegengesetzt wie Medorrhinum). Es geht ihr < von 4 Uhr nachmittags an (Lyc., Bell., Kali jod.). Sie fühlt sich erheblich schlechter nach Schlaf.

TABACUM

Dieses wunderbare Mittel ist bei Dysmenorrhoe häufiger angezeigt, als wir glauben, besonders im Klimakterium.

Die Menses beginnen mit Schwindel, Schwere im Kopf bei Bewegung, Übelkeit im Magen. Ein Gefühl des Versinkens in der Magengrube, Herzklopfen, Kälte der Beine von den Knien abwärts. Tödliche Blässe des Gesichtes mit einer unbeschreiblichen Übelkeit in der Magengrube. Schreckliche Übelkeit mit Erbrechen, kaltem Schweiß im

Gesicht und auf der Stirn (Ipec., Lobel., Verat. alb.). Früh am Morgen beginnende Menstruationskopfschmerzen (Natr. mur., Nux, Bry., Lac defl.), die gegen Mittag viel stärker werden. Sie dauern häufig zwei oder drei Tage und werden durch Müdigkeit oder Aufregung ausgelöst; Schmerzen als ob der Kopf platzt oder als ob sich etwas in den Kopf bohrt; erbricht Schleim und Galle mit starker Übelkeit; ohnmächtiges Gefühl und Schwäche in der Magengrube. Schmerzhaftes Würgen, Brechreiz mit mühsamem Würgen. Gesicht blaß, ängstlich, eingesunken. Haut blaß, bedeckt mit kaltem feuchtklebrigem Schweiß (Verat. alb.).

Fall 1: Übelkeit im Magen, heftige Bemühungen, zu erbrechen, tödliche Übelkeit, Blässe, Kälte; erbricht sauren Schleim (Nux); < von der geringsten Bewegung (Bry.). Schreckliches Ohnmachtsgefühl in der Magengrube. Lymphatisches Temperament. Wird seekrank, wenn auf See.

TEREBINTHINA

Ähnelt Berberis in seinen Rücken-, Nieren und Blasensymptomen, obwohl diese für gewöhnlich heftiger sind. Hierzu kommen noch starke Blutungen und seine ausgesprochene Fähigkeit, Krankheiten zu unterdrücken. Es wetteifert in dieser Hinsicht mit Camphora. Kampfer und Terpentin sind zwei häufig mißbrauchte Mittel, die beim Hausgebrauch großen Schaden anrichten. Beide wirken stark unterdrückend auf Absonderungen und Sekretionen.

Menses zu spät, spärlich, verbunden mit vielen Blähungen. Starke Blähsucht (Meteorismus), Brennen in der Gebärmutter und herabdrängende Schmerzen.

Begleiterscheinungen: Brennen in der Gebärmutter, auch beim Urinieren. Harn riecht nach Veilchen, eiweißhaltig, dunkel, spärlich, rauchfarben, blutig oder wie Kaffee oder Kaffeesatz. Ziehende Schmerzen an den Nieren; wie Berberis < von Bewegung. Fieber mit roter, trockener Zunge. Trockenes Gefühl an den Schleimhäuten, großer Durst. Puls hart und beschleunigt. Profuser Schweiß. Große Erschöpfung. Passive Blutungen mit allgemeiner Hautwassersucht (Anasarka).

USTILAGO MAYDIS (Maisseide)

Menses zu häufig, viel zu reichlich und zu lange andauernd. Fluß dunkel, flüssig. Blut gemischt mit kleinen schwarzen Klumpen. Während des Flusses gußartiges Hervorströmen hellroten Blutes (Ipec.) oder beharrlich langandauerndes Hervorsickern mahagonifarbenen Blutes in Klecksen oder dünnen Fäden (Crocus). Menses alle drei Wochen, entweder dunkles oder hellrotes Blut. Aktive oder passive Gebärmutterblutungen. Klimakterische flutartige Blutung. Starke zerrende Rückenschmerzen während der Menses und eine Zeitlang danach.

Angezeigt für große tuberkulöse Frauen von heller Gesichtsfarbe. Es ähnelt Secale.

XANTHOXYLUM

Wir haben nur eine sehr ungenaue Prüfung dieses Mittels. Die Symptome des Urogenitaltraktes sind im Grunde genommen sehr mager. Bei den Harnorganen ist nichts von Bedeutung angegeben, aber auf dem Gebiet der Geschlechtsorgane, besonders der Frauen, ist eine ausgedehntere Prüfung gemacht worden.

Weibliche Geschlechtsorgane: Menses zu früh, spärlich. Die Schmerzen erstrecken sich hinab bis zu den Unterschenkelnerven. Je eher die Menses erscheinen, umso stärker pflegen die Schmerzen zu sein. Neuralgische Dysmenorrhoe mit sehr reichlichem Fluß bei großen, mageren Frauen mit sitzender Lebensweise; marternde Schmerzen in den Lenden und tief unten in der Gebärmutterregion. Diese Schmerzen sind sehr stark und unerträglich bei nervösen Patientinnen, die zur tuberkulösen Diathese neigen. Sie beginnen etwa vierundzwanzig Stunden bevor die Menstruation erscheint. Die Patientin fürchtet, zu sterben, sie ist äußerst nervös und geräuschempfindlich. Blasses Gesicht mit dunklen Ringen um die Augen. Sie hat schreckliche Kopfschmerzen mit einem Gefühl, als würde die Schädeldecke wegfliegen. In diesem Punkte ähnelt das Mittel der Cimicifuga. Membranöse Dysmenorrhoe mit starken Gebärmutterschmerzen tief unten im Bauch; die Schmerzen sind marternd, gehen bis zu den Knien, sie schreit vor Schmerz. Der Fluß ist tiefschwarz, klumpig, zieht sich über zehn Tage bis zu zwei Wochen hin. Manchmal wird das Gesicht oder werden andere Körperteile ödematös.

Begleiterscheinungen: Starke Mutlosigkeit und Verzweiflung mit qualvoller Angst in der Brust, einem entsetzlichen nervösen Gefühl von Furcht oder Schrecken. Schwere, Völle im Kopf mit Druck und Klopfen an der Nasenwurzel und einem Gefühl, als würde die Schädeldecke wegfliegen. Die Brustbeklemmung ist hier ein nervöses Symptom.

Fluor (Weißfluß)

Wie viele alte pathologische Bezeichnungen drückt das Wort Fluor albus nicht die volle Bedeutung dieses Zustandes aus. Das Wort bedeutet eigentlich einen weißen Fluß aus der Scheide, jedoch ist derselbe nur gelegentlich weiß[6]. Dieser Krankheitsprozeß – wenn man es so nennen darf – zeigt sich beinahe in jeder Farbe oder Schattierung. Die alten Ärzte haben ihn nicht verstanden und bis zur heutigen Zeit großer Gelehrsamkeit und eifriger Forschung wurde diesen mageren Kenntnissen nicht viel hinzugefügt. Jede Absonderung, die nicht aus Blut besteht, wird Weißfluß (Fluor albus) genannt. Jedoch gibt es viele Absonderungen aus dem Genitalkanal, die sich von einem Fluor albus weitgehendst unterscheiden.

Der Fluor ist keine Krankheit, sondern das Ergebnis eines Krankheitszustandes oder erkrankten Zustandes des Systems. Der Genitalkanal ist eine der Abfallschleusen des Körpers. Durch diese Ausflüsse wird er zu einem Austrittspunkt von Ausscheidungen und wenn diese Absonderungen unterdrückt d. h. örtlich ausgetrocknet werden, wird der Organismus ungünstig beeinflußt. Die Patientin, die sich mit einem leukorrhoischen Ausfluß verhältnismäßig wohl fühlt, wird in irgendeiner Weise krank gemacht, wenn der Fluß durch örtliche Behandlung zum Aufhören gebracht wird. Alle möglichen Arten von Krankheitserscheinungen traten so infolge schlechter Behandlung durch Ärzte auf, die nicht die Natur und die Ursache der dahinterliegenden Krankheit erkannten.

Klinisch gibt es vier Arten von Fluor oder Leukorrhoe: Der Fluor der äußeren weiblichen Geschlechtsteile (vulvarer Fluor), der Fluor der Scheide (vaginaler Fluor), der Fluor des Gebärmutterhalses (zervikaler Fluor) und der Fluor der Gebärmutter (uteriner Fluor).

Die erste Art finden wir häufiger bei Kindern und bei alten Frauen, aber die anderen Arten treten alle während der Zeit der Fruchtbarkeit auf. Der vulvare Ausfluß ist serös-eitrig, klebrig, ölig und riecht nach altem Käse oder wenigstens unangenehm. Er rührt weitgehend von

[6] engl. leucorrhoea = Fluor albus, Weißfluß. Das Wort wird aufgrund obiger Erklärung nur mit „Fluor" (ohne albus) übersetzt oder als „Leukorrhoe" unübersetzt belassen.

einer sich schnell entwickelnden Talgabsonderung her. Der vaginale Fluor kommt bei jungen Frauen vor und ist rahmartig oder weiß und eitrig. Er kann entweder mild oder wundmachend sein. Die zervikalen Absonderungen sind dick, zäh und klebrig, sie lassen sich in dicke oder dünne Fäden ausziehen und enthalten Eiweißbestandteile. Der uterine Fluor ähnelt dem zervikalen, aber er ist wäßriger; er kann mit Blut durchzogen sein oder mit Eiter vermischt. Nach den Wechseljahren ist er dünn, wäßrig und häufig wundmachend. Histologisch zeigen die Zellstrukturen des Kanals häufig den Ursprung des Flusses, wenn sie so weit bei der Untersuchung gehen wollen.

Manche Frauen leiden ihr ganzes Leben unter solchen Ausflüssen, während andere nur gelegentlich als Folge von vorübergehendem Blutandrang aufgrund von Müdigkeit, Kälte, Erschöpfung, Fieberzuständen oder akuten Krankheitsprozessen unter Ausfluß leiden, der nach wenigen Tagen vorübergeht, wonach sie wieder in normalem Zustand sind. Wir haben mit den andauernden Zuständen zu tun, und diese Leidenden sind es, welche nach unserer Behandlung verlangen.

Wenn wir nun nicht etwas von der Natur der Miasmen wissen, verlieren wir uns schnell im Labyrinth der pathologischen Bezeichnungen und Zustände, denen der Fluor zugeschrieben wird. Ich möchte einige von ihnen nennen, um Ihnen eine Vorstellung der Verworrenheit zu geben, die den Medizinern, die an diese Lehren glauben, Kopfzerbrechen macht: Menstruation, Tumoren oder Gewächse, Risse oder Verletzungen, Blutüberfüllung, Entbindung, Fehlgeburt, übermäßige sexuelle Befriedigung, Gebärmutterverlagerungen, Abtreibungsversuche, Infektionen aller Art, spezifische Krankheiten wie Syphilis und Gonorrhoe, gichtische Zustände des Blutes (Harnsäure im Blut), Tuberkulose, Struma und tausend andere Ursachen.

Für den Liebhaber von Ätiologie und Pathologie ergeben sich aus denselben interessante Studien, aber die Homöopathie forscht tiefer als das, obwohl pathologische Zustände nicht verachtet oder übersehen werden dürfen, da sie immer irgendeinen Einfluß auf den Fall haben. Dank des Vermächtnisses von Samuel Hahnemann haben wir Augen und Brillen, um hindurchzusehen, was der Rest der medizinischen Welt nicht kann. Alle Menschen können sich dieser Sehhilfen bedienen, wenn sie wollen, was gleichbedeutend ist mit dem Tragen des Kleides der Wahrheit und dem Gebrauch des Teleskops des Gesetzes, womit das Labyrinth von Krankheiten bis zu seiner Quelle erforscht und sein verborgenes Geheimnis enthüllt wird. Dann erkennen wir, daß Fluor oder Leukorrhoe nur ein Symptom ist, ein Reinigungs- und Gesundheitsprozeß, um das auszuscheiden, was den Lebensstrom verseucht. Wenige von Ihnen haben diese Wahrheiten erkannt und viele sind durch dieses Leben gegangen, ohne sie zu kennen; viele jedoch leben, um die Wahrheit zu beweisen und ihr das Siegel der Anerkennung zu geben, damit alle Menschen erfahren, daß die Homöopathie, das Gesetz der Heilung, Wahrheit ist.

Die Symptome des Fluors sind wechselhaft und zahllos, ebenso wie die aller anderen chronischen Krankheitsprozesse, was unsere Materia Medica voll bestätigt. Einige der auffallendsten und beständigsten Symptome sind Rückenschmerzen, Kopf- und Lendenschmerzen, Mattigkeit, häufig Kräfteverlust und allgemeine Schwäche, die von Stehen oder Arbeiten sowie um die Menstruationszeit verschlechtert wird.

Bei der Behandlung des Fluors studiere ich meinen Fall immer vom Standpunkt der Chronischen Miasmen her und aus der Erkenntnis über Krankheit, die in den Lehren Hahnemanns, in seinem Organon und seinen Chronischen Krankheiten, niedergelegt ist. Auf diese Weise bin ich nie enttäuscht: Hahnemanns Ätiologie der Krankheiten wird die meine und aus dem, was ich aus Erfahrung über Krankheiten gelernt habe und dem, was er mich gelehrt hat, erhalte ich die bestmöglichen Ergebnisse. Seine Enthüllungen aus dem Organon haben ein helles Licht auf die Dinge geworfen, so daß ich nicht mehr im Dunkeln tappe. Dieses Licht ist mir aufgegangen und mit jedem Fall studiere ich die Erscheinungen eines der chronischen Miasmen, das aktiv oder latent im Organismus weilt, entweder schlummernd dank des Vorhandenseins eines leukorrhoischen Ausflusses oder aufgrund seiner Unterdrückung erwacht.

„Die konstitutionelle oder symptomatische Behandlung des Fluors ist von größter Bedeutung“ sagt Dr. A. C. Cowperthwaite und fügt weiter hinzu: „Man muß sich immerwährend vergegenwärtigen, daß ein Fluor selbst nur ein Symptom ist, das entweder von irgendeiner konstitutionellen Dyskrasie oder irgendeiner örtlich vorhandenen Ursache herrührt.“ Es erhebt sich nun die Frage: Was ist eine Dyskrasie? Hier einige der vielen Erklärungen, die es darüber gibt: „Ein Sündenvorgang oder etwas, das den Körper gesünder macht" (Jeremias Taylor); eine unbekannte Krankheit; ein allgemeiner Gesundheitsschaden; eine Degeneration, ein fehlerhafter Zustand des Körpers; eine krankhafte Diathese oder eine Veranlagung des Organismus. In allen diesen Bezeichnungen finden wir nichts Festgelegtes oder Endgültiges. Wenn wir jedoch sagen, es ist eine syphilitische, gonorrhoische oder psorische Veranlagung, fangen wir an, eine Ursache, ja die endgültige Ursache zu sehen.

Wenn wir von einer tuberkulösen Diathese sprechen, so wissen wir genau, wovon wir sprechen. Dasselbe können wir von einem leukorrhoischen Ausfluß sagen. Als erstes wollen wir prüfen, ob er tuberkulös ist. Ist dies der Fall, dann hat er als Merkmal den Eiter, die Anämie und die psychischen und körperlichen Symptome dieser Diathese. Dasselbe gilt für jede Art von Krankheit (siehe Band I der Chronischen Miasmen unter Geschlechtsorgane). Der Fluor des tuberkulösen Patienten ist dick, gelblich, rahmartig oder grünlichgelb. – Der Fluor der Psora ist weißlich, eiweißhaltig, geruchlos und für gewöhnlich mild. Die Leukorrhoe der Sykose ist dünn, wäßrig, grünlichgelb oder dunkel oder wie schmutziges Wasser; für gewöhnlich ist sie scharf und wundmachend und erzeugt Jucken der benetzten Teile. Der Geruch ist stechend, muffig, wie Fischlake oder abgestandener Fisch.

Häufig entspricht jedes sich im Körper zeigende Symptom dem leukorrhoischen Ausfluß in seiner Gesamtheit. Sorgfältiges Studium und gute Kenntnis der Miasmen wird diese Wahrheit schnell aufzeigen. Wenn Sie nur gut beobachten, brauchen Sie nicht viel Mühe, um von einer miasmatischen Grundlage her zu verschreiben. Es gibt keine Krankheit, die eine gründlichere Prüfung und Analyse der konstitutionellen Symptome erfordert, als diese Krankheit. Die tuberkulösen Formen müssen so behandelt werden, wie Sie einen tuberkulösen Patienten mit irgendeinem anderen Prozeß behandeln würden. Er muß eine nahrhafte Diät, viel frische Luft und Sonne, körperliche Übung und angemessene Bäder bekommen sowie alles, was die Stärke und Spannkraft im System wiederherstellt. Ein tuberkulöser Fluor bewirkt eine starke Ableitung und Schwächung des Systems; dies rührt natürlich von den Blutveränderungen und dem Absterben der roten Blutkörperchen her. – Beim echten Sykotiker ist der Körper im allgemeinen wohlgenährt. Wenn wir jedoch ein gemischtes Miasma finden, wie die Syko-Psora oder die Pseudo-Psora verbunden mit dem sykotischen Element, dann kann sich eine Kachexie entwickeln und eine Diathese, die sich der Bösartigkeit nähert, mit noch stärkeren Blutveränderungen als bei der einfachen tuberkulösen Anlage.

Jeder Fall muß sorgfältig durchgearbeitet werden und ein Mittel gegeben, das für gewöhnlich auf der Gesamtheit der Symptome des aktiven Miasmas beruht. Nur bei der sykotischen Art verschreibe ich Spülungen und Einspritzungen, aber nicht öfter als einmal täglich mit sterilem Wasser von ungefährer Körpertemperatur. Zuviel Spülen ist schlecht, da es den Scheidenkanal ausweitet und eine Reaktion des örtlichen Gewebes und schließlich eine örtliche Reizung erzeugt. Außerdem verlangt der Organismus schnell nach der stimulierenden Wirkung des heißen Wassers und es dauert nicht lange, bis die Patientin nicht mehr ohne dasselbe sein kann. Ich habe bessere Ergebnisse ohne die Anwendung heißer Spülungen gesehen; im günstigsten Falle reinigt man damit nur die Scheide, während die eigentliche Beschwerde auf die Gebärmutter beschränkt bleibt.

Ich verschreibe oft rohe Eier, Milch, Sahne, Olivenöl, Getreideerzeugnisse und Gemüse sowie frische Luft, Schlaf mit weitoffenen Fenstern usw., um die besten Ergebnisse von der Umgebung her zu erreichen. Die rohen Eier ersetzen den Eiweißverlust, der mehr oder weniger immer eintritt. Rohkost und frische Luft sind ebenfalls ausgezeichnet für die Erneuerung des Körpers. Das Olivenöl erhöht den Fettanteil im Körper, was so notwendig ist, um die Wirkung des tuberkulösen Elementes zu überwinden. Der Verlust von Fettgewebe in Verbindung mit Blutzellveränderungen ist so ziemlich die erste Veränderung, die wir an diesen Patienten bemerken. Dieselben Veränderungen sehen wir bei Kindern, die unter Wurmbefall leiden. Der Urin bekommt rasch einen Belag von Fettkügelchen. Nehmen Sie die Kartoffeln und das Fleisch für kurze Zeit aus dem Speiseplan oder geben Sie nur sparsam davon und erhöhen Sie die Fette. Das beste Fett ist Olivenöl, zwei Dessertlöffel täglich sind ausreichend, da dies etwa die Menge ist, die der Körper aufnehmen kann. Eier, reine Butter und Sahne folgen in dieser Reihenfolge als Fetterzeuger. Frische Luft und viel Spazierengehen in Verbindung mit dem angezeigten Mittel wird die Gesundheit dieser Patientinnen schnell wiederherstellen.

Die Behandlung des Fluors

ACIDUM CARBOLICUM

Reichlicher Fluor, eine stinkende, grüne und scharfe Masse, die aus der Scheide quillt. Gebärmutterhalsgeschwüre nach Ätzung oder nach schweren Verbrennungen. Zerrendes Gefühl in Lenden und Becken. Wundmachender Ausfluß, stärker nach sehr reichlicher Menses.

Häufiges Urinieren mit brennenden Schmerzen der Harnröhre.

ACIDUM MURIATICUM

Fluor mit vielen Rückenschmerzen; starke Wundheit im After, entweder von Hämorrhoiden oder von Fissuren. Gebärmuttergeschwüre mit eitrigen Absonderungen begleitet von einem Gefühl großer Schwäche. Äußere Genitalien sehr berührungsempfindlich. Druckgefühl in den Genitalien, als würden die Menses erscheinen. Fluor mit Rückenschmerzen, Druck in den Genitalien, Wundheit im After.

Skorbutische Mundschleimhäute. Uriniert langsam aufgrund großer Blasenschwäche. Schwere im After; Müdigkeit der Beine. Heraustretende Hämorrhoiden, dunkelpurpurrot mit Brennen im After, > von heißem Baden.

Die Patientin ist traurig, schlecht gelaunt, ängstlich, furchtsam und wird leicht zornig. Häufig angezeigt bei niedrigem Fieber und erschöpfenden Krankheiten. Paßt für dunkelhaarige, dunkeläugige Frauen.

Verschlechterung: von 9 Uhr morgens bis 1 Uhr mittags.

ACIDUM NITRICUM

Fluor nach den Menses: grünlicher Schleim oder der Fluß ist wäßrig (Lilium), fleischfarben oder kirschfarben. Scharfer Fluor, übelriechend, bräunliches Wasser (Sykose); gelegentlich ist er klebrig und dünne Fäden ziehend (Kali bi., Hydrastis). Stiche in der Scheide. Schmerzhaftigkeit oder Wundheit der äußeren Geschlechtsteile mit Jucken. Wenn sie sich erkältet, verschlechtert sich der Fluor und der Juckreiz erheblich. Herabdrängen im Unterbauch ist ein ziemlich beständiges Symptom.

Kopfschmerzen als wäre der Kopf fest eingebunden. Gesicht blaß, bleich oder bräunlich (Sepia, Lyc.). Geschwüre in den Mundwinkeln. Abneigung gegen Fleisch und Brot. Ißt gern salzigen Fisch, Hering, Kreide und Kalk (Kali carb.). Urin bräunlich, starkriechend, stinkend (Acid. benz.).

Anwendbar bei Krankheiten, die von sekundärer oder tertiärer Syphilis oder Syko-Syphilis herrühren. Die Geschwüre, Warzen und abnormen Gewächse bluten leicht oder lassen ein dünnes, gelbgrünes oder schmutzigem Wasser ähnliches Sekret heraussickern. Es paßt auch für Blutungen als Folge einer syphilitischen Durchseuchung. Was Phosphorus für die tuberkulösen ist dieses Mittel für die syko-syphilitischen Patienten.

Häufig angezeigt bei großen, dunklen, schlanken Frauen mit schwarzen Augen und Haaren.

Verschlechterung: nachts.

Besserung: durch Wagenfahren.

ACIDUM PHOSPHORICUM

Scharfer Fluor, sehr reichlich, blutig oder gelblich mit viel Jucken; er beginnt einige Tage nach den Menses. Fluor nach erschöpfendem Fieber oder nach Krankheiten wie Lungenentzündung. Fluor nach Onanie. Fluor mit starken Rückenschmerzen bei jungen Studentinnen (Calc. carb., Calc. phos. und Natr. mur.).

Blasse, kränkliche Gesichtsfarbe und große Gleichgültigkeit und Apathie. Will nicht sprechen und ist niedergeschlagen. Verlangt nach saftigem, saurem Obst. Große körperliche Schwäche, Abmagerung, ist stumpf, teilnahmslos und apathisch, besonders am Morgen. Stühle dünn und weißlich oder dünn und gelb. Urin klar, wäßrig. Nervöser oder milchiger Urin.

ACONITUM

Akute einfache Scheidenentzündung. Scheide heiß, trocken und empfindlich. Der Urin ist spärlich und brühendheiß. Die Absonderung ist weiß oder gelblich, selbst blutig. Beginn nach Erkältung oder Durchnässung.

Neigung zu Blutandrang zum Kopf und zur Brust mit Todesangst. Fieber mit Unruhe.

Sanguinische, plethorische Frauen von sitzender Lebensweise, nach akuten Fieberzuständen. Aconit ist eines der besten Mittel für verspätete oder unterdrückte Menses.

AESCULUS HIPPOCASTANUM

Dunkelgelber, klebriger Ausfluß, der stärker nach den Menses und nach Gehen ist. Fluor, der die Schamlippen und umliegenden Teile wundmacht.

Ständige Rückenschmerzen quer durch die Hüften und das Kreuzbein, < von Gehen oder Bücken. Steifheit in der Lendengegend (Rhus) oder wundes, lahmes Gefühl im Kreuz, als ob der Rücken beim Gehen nachgeben würde. Sehr unbehagliches Gefühl im Enddarm (Rektum). Gefühl von Vorfall im Rektum mit trockenem, hartem Stuhl. Purpurfarbene, traubenförmige Hämorrhoiden, brennend und mit einem schmerzenden Gefühl von Völle.

AGARICUS MUSCARIUS

Sehr reichlicher, dunkel gefärbter Fluor verbunden mit quälendem Schmerz und Empfindlichkeit entlang der ganzen Wirbelsäule. Kitzeln der Geschlechtsorgane mit starkem sexuellem Verlangen. Fluor von unmäßigem Geschlechtsverkehr. Herabdrängendes Gefühl in der Gebärmutter (Acidum fluoricum).

Starke Empfindlichkeit der Wirbelsäule. Rückenmarksreizung. Händezittern. Jucken, Brennen und Röte der Finger und der Zehen. Harntröpfeln. Hellhaarige Frauen mit schlaffer Haut und schlaffen Muskeln.

AGNUS CASTUS

Durchsichtiger Fluor, der trotzdem die Wäsche gelb färbt. Sexuelles Verlangen vollkommen ausgelöscht. Geschlechtsorgane kalt und erschlafft.

Häufig angezeigt bei Frauen, die sich der Prostitution hingeben, bei vorzeitiger Alterung, psychischer Gleichgültigkeit (Apathie), bei Impotenz nach Anfällen von Gonorrhoe.

ALETRIS FARINOSA

Fluor mit nachfolgender allgemeiner Schwäche aufgrund des Säfteverlustes. Sehr reichlicher Fluß zwischen den Menstruationen. Vorfall aufgrund von Muskelatrophie. Sterilität aufgrund von Erschlaffung der Gebärmutter. Allgemeine Kraftlosigkeit mit Schwere in der Gebärmuttergegend.

Fehlerhafte Ernährung. Schwäche von Körper und Geist.

Paßt für chlorotische Mädchen (Helon., Senega).

ALLIUM SATIVUM

Wundmachender Fluor, erzeugt Wundsein und Pusteln an den Oberschenkeln und hellrote Flecken auf der großen Schamlippe und den äußeren Geschlechtsteilen mit schmerzhaftem Stechen und Beißen. Herpes mit Jucken und Brennen.

ALOE SOCOTRINA

Blutiger, schleimiger Fluor mit vorangehender Kolik. Herabdrängen beim Stehen. Schwere und Völle in den Leistenbeugen. Gefühl als wäre ein Pflock zwischen Schamfuge und Steißbein eingetrieben.

Traubenförmig heraustretende Hämorrhoiden, > von kaltem Baden. Angst, mit den Blähungen würde Stuhl entweichen; Hitze und Brennen im Enddarm.

ALUMINA

Starke geistige und körperliche Erschöpfung nach den Menses und reichliche Absonderung von Schleim aus der Scheide während der Menses. Sehr reichlicher gelber Fluor, ätzend oder scharf, rahmartig oder durchsichtig und stärker nach den Menses. Fluor wie Sahne, verursacht Jucken der Schamgegend; er ist nur am Tage reichlich. Gefühl als würde alles aus der Scheide fallen mit großer Schwäche. Chronischer, schmerzloser Fluor aus dem Gebärmutterhals, reichlich, läuft die Beine hinunter (Medorrh.). Fluor, der durch kalte Spülungen gebessert wird und schlechter beim Gehen ist. Es dauert eine ganze Woche bis die Patientin die Wirkung der Menstruation, die noch durch Fluor verlängert wird, überwindet; seit sehr langer Zeit bestehende Gonorrhoe und Leukorrhoe (Fluor).

Rückenschmerzen als ob Eisen durch die untere Wirbelsäule getrieben würde. Brennen in der Wirbelsäule. Gefühl als wäre ein enges Seil um den Körper gewunden. Taubheit des Kopfes, Zittern der Glieder und starke Erschöpfung.

AMBRA GRISEA

Ausfluß dick oder bläulich mit Schleim oder in Klumpen. Vor dem Ausfluß Stiche in der Scheide. Heftiges Jucken; Wundheit und Anschwellen der Labien; blutiger Ausfluß zwischen den Menstruationen.

Paßt für dünne, alte Leute und Personen mit gallig-nervösem Temperament.

Verschlechterung: abends und im warmen Zimmer.

AMMONIUM CARBONICUM

Wäßriger Fluor, sehr reichlich, scharf, verursacht viel Brennen und Schmerzen; riecht nach Ammoniak. Fluor mit Schwellung, Jucken und Brennen des Dammes. Choleraähnliche Menses mit Erschöpfung.

Schläft am Tage und nicht in der Nacht. Große Müdigkeit des ganzen Körpers, besonders der Oberschenkel. Gefühl als wären die inneren Teile roh, als wäre tief innen etwas wund. Abneigung gegen Gehen an der frischen Luft.

Paßt für kränkliche, schwache und zarte Frauen. Hysterische Frauen, die leicht in Ohnmacht fallen und ständig ein Riechfläschchen bei sich tragen.

AMMONIUM MURIATICUM

Fluor wie Eiweiß; Fluor andauernd, schmerzlos, bräunlich, schleimig, eiweißhaltig. vorher kneifende Schmerzen um den Nabel. Starke Auftreibung des Bauches und heftige Rückenschmerzen in der Nacht.

ANACARDIUM

Fluor mit Jucken und Wundheit des Dammes, stark verschlechtert von Kratzen oder Reiben (Rhus tox.). Die Haut brennt und juckt überall wo der Ausfluß sie berührt.

Sehr reizbar und voller seltsamer Gedanken, Ideen und Impulse. Wechselhafte Stimmungen.

ANANTHERUM

Stinkender Fluor, dick, hellfarben oder klar und wäßrig, oder milchiger Fluor mit schlechtem Geruch. Bei Gonorrhoe ist er dick, eitrig und grünlich.

ANTIMONIUM CRUDUM

Fluor, der ein durchdringend schmerzendes und beißendes Gefühl die Oberschenkel hinunter erzeugt. Sehr reichlicher Ausfluß von scharfem Wasser gemischt mit Eiterklumpen. Fluor aufgrund chronischer Sykose oder aufgrund von Magenstörungen und gichtischen Zuständen.

Dicker, milchiger Zungenbelag. Verlangen nach sauer eingelegten Sachen. Nach Essen schmeckendes Aufstoßen. Neigung zum Dickwerden.

APIS MELLIFICA

Fluor sehr reichlich, gelb oder grün und scharf, begleitet von stechendem Gefühl im Damm, häufig schmerzhaft. Schneidender und tief stechender Schmerz im rechten Eierstock.

Heftiger Harndrang. Durstlos. Spärlicher, dunkler Urin. Bauchwassersucht (Ascites). Knöchel aufgedunsen und geschwollen. Ausschlag wie Bienenstiche auf dem Körper.

Paßt für oberflächliche und eifersüchtige Mädchen, die Gegenstände aus der Hand fallen lassen, obwohl sie im ganzen vorsichtig und sorgsam sind.

ARALIA RACEMOSA

Der Fluor ist scharf und riecht übel oder faulig. Herabdrückende Schmerzen in der Gebärmutter.

Große Kraftlosigkeit und Schwächezustände des Nervensystems in Verbindung mit chronischem Katarrh.

ARGENTUM NITRICUM

Eiterartiger Fluor, serös-jauchig, blutig, übelriechend, man kann es im ganzen Zimmer riechen. Schleimiger Fluor mit starken Rückenschmerzen und großer Schwäche der Beine. Gebärmutterschmerzen wie von einem Holzsplitter oder einem Pfahl. Verhärtung des Muttermundes. Gebärmutterhals blutet leicht. Gebärmuttervorfall.

Die Patientin ist immer in Eile, die Zeit vergeht zu langsam. Verlangen nach Zucker. Viele Blähungen nervöser Art im Bauch. Die Schwäche der Beine ist charakteristisch.

Häufig angezeigt bei sterilen Frauen und jungen Witwen.

Verschlechterung: von Fahren in einem Wagen.

ARNIKA MONTANA

Fluor nach schwerer Arbeit, nach Verletzungen, Stürzen usw. Zerschlagenheitsgefühl in der Gebärmutterregion und dem Kreuzbein.

Wundes, zerschlagenes Gefühl im ganzen Körper. Heißer Kopf und kalte Glieder. Schwere der Glieder. Neigung zu Furunkeln, die äußerst schmerzhaft und empfindlich sind.

Schlechte Folgen von Stürzen, Quetschungen und anderen mechanischen Verletzungen.

ARSENICUM ALBUM

Scharfer, wundmachender Fluor, dünn oder dick, erzeugt Hautrötung auf den benetzten Körperteilen. Fluor < beim Stehen. Bei Arsenicum finden wir häufig Fluor anstelle der Menses bei sehr blutarmen Frauen. Übelriechender, blutiger, wäßriger Ausfluß. Häufig hört die Menstruation auf und der Fluor beginnt. Sehr reichlicher Fluß. Fluor bei Szirrhus der Gebärmutter mit brennenden Schmerzen, die < nach Mitternacht sind.

Ödematöse Schwellungen der Augenlider oder aufgedunsenes Gesicht. Die Patientin ist schnell erschöpft und möchte ständig liegen. Trockener Mund und Lippen, ist immer durstig auf wenige Schlucke, die für gewöhnlich ihrem Magen nicht bekommen. Sie ist nervös, traurig, ängstlich, reizbar, hat Todesangst.

Angezeigt bei Frauen von blasser, wachsartiger Gesichtsfarbe, die eine sehr deutliche tuberkulöse Kachexie aufweisen; sie frieren immer und sind leicht ermüdet. Die geringste Anstrengung bringt sie zur Erschöpfung.

Verschlechterung: etwa um 1 Uhr morgens oder 1 Uhr nachmittags.

ASA FOETIDA

Sehr reichlicher Fluor, dünn und grünlichgelb. Geschwüre am Gebärmutterhals; die Geschwüre haben einen harten Rand und sind schmerzhaft und sehr empfindlich. Bei Bösartigkeit und Syphilis bluten sie leicht. Herabdrängen in den Genitalien beim Wagenfahren. Der Fluor verursacht Schwellung und Entzündung der Geschlechtsorgane.

Nervöse Erkrankungen nach unterdrückten Absonderungen. Globus hystericus. Speiseröhrenkrampf, als ob eine Kugel aus dem Magen aufsteigen würde. Die Gase bilden sich so schnell, daß sie sie nicht schnell genug hochrülpsen kann (Arg. nitr.). Anschwellung der Brüste während der Menses mit Milch in denselben. Urin übelriechend.

Angezeigt für syko-syphilitische Personen (Acid. nitr., Thuja, Merc. sol., Cinnabaris).

ASARUM EUROPEUM

Fluor mit langen und dünnen, gelben Schleimfäden und mit entsetzlichen Rückenschmerzen. Zäher, gelber Fluor.

Rückenschmerzen tief unten als ob der Rücken brechen würde. Kein anderes Mittel hat schlimmere Rückenschmerzen als Asarum. Lumbaler Rückenschmerz, kann kaum atmen dadurch. Äußerst nervös, kann das Rascheln von Papier nicht ertragen. Starke nervöse Reizbarkeit, das geringste unangenehme Geräusch läßt jeden Nerv erzittern. Das Essen schmeckt bitter. Starke Mattigkeit der Beine.

Es ist häufig bei Frauen angezeigt, die reizmittelabhängig sind.

AURUM MURIATICUM

Sehr reichlicher Fluor, gelb oder weiß, dick, wundmachend, mit Brennen und durchdringenden Schmerzen der äußeren Geschlechtsteile. Macht häufig den ganzen Damm und die Innenseiten der Oberschenkel wund; ständig läuft es aus der Scheide. Skrofulöser und syphilitischer Fluor bei mutlosen, verzagten und schwermütigen Personen, deren Gedanken sich ständig um Selbstzerstörung drehen. Fluor bei Gebärmuttervorfall. Fluor mit Röte und Schwellung der großen Schamlippe. Brennen und Stechen wie Nadelstiche in der Scheide. Große, rote Pickel auf der Schamlippe.

Paßt für mutlose und niedergeschlagene, zum Selbstmord neigende Personen von sanguinischem Temperament. Schmutzige Gesichtsfarbe. Hellhaarige Frauen und Mädchen in der Pubertät.

Verschlechterung: nachts und von Kaltwerden.

BARIUM CARBONICUM

Dicker, weißer Fluor, reichlich, passiv. Schlimmer vor der Menstruation. Leicht blutig mit ständigem lästigem Druck auf der Schamgegend.

Die Drüsen sind hart, knotig und im ganzen Körper verhärtet. Schrumpfung der Drüsen mit Sterilität oder Verhärtung der Drüsen. Bauch und Kopf groß und die Glieder für gewöhnlich abgemagert.

Angezeigt für skrofulöse Mädchen, die wegen übermäßiger tuberkulöser Veranlagung in ihrer Entwicklung stark zurückgeblieben sind. Junge Mädchen mit langsamer Entwicklung. Körper und Geist zwergenhaft aufgrund der tuberkulösen Anlage. Für gewöhnlich beschleunigt das tuberkulöse Element die Entwicklung zu sehr wie bei Calcium carb., aber unter Barium carb. verlangsamt es dieselbe. In diesen Fällen verhindert der Fluor oft eine Lungenerkrankung.- Kinder oder junge Frauen, die vorzeitig alt aussehen; sie sind zaghaft, schüchtern und scheu, was schlimmer wird, wenn sie über ihren Zustand nachdenken.

BELLADONNA

Eitrig-jauchiger, schleimiger Fluor, immer vor den Menses, gefolgt von mehr oder weniger starker Kongestion. Fluor mit kolikartigen Schmerzen und Herabdrängen der Gebärmutter. Er kommt und verschwindet plötzlich und ist stärker am Morgen. Fluor nach akuten Fieberzuständen (Aconit). Starke Trockenheit der Schleimhäute und Gefühl von Zusammenschnürung. Der Ausfluß fühlt sich beim Abfließen heiß an. Fluor nach akuter Entzündung der Gebärmutter oder der Geschlechtsorgane. Gefühl von Blutüberfüllung in der Gebärmutter. > beim Sitzen oder Hinlegen; erheblich < beim Stehen. Die betroffenen Körperteile sind sehr berührungsempfindlich. Fluor aus weißem Schleim mit Kolik.

Verschlechterung: beim Stehen, am Morgen.

Besserung: beim Sitzen oder Hinlegen.

BERBERIS VULGARIS

Eiweißhaltiger Fluor, stärker vor den Menses. Scheidenregion sehr empfindlich und heiß. Gräulicher, schleimiger und sehr scharfer Fluor. Während des Fluors besteht starke Erschöpfung.

Der Fluor wird begleitet von intensivem Brennen beim Urinieren und starker Wundheit im Harnkanal. Gelbliches, mehliges Sediment im Harn. Stechende und schießende Schmerzen in den Nieren.

BORAX

Fluor weiß, eiweißhaltig. Fühlt sich heiß an, wenn er über die Haut fließt. Erscheint in der Mitte zwischen zwei Menstruationen. Sieht aus wie Stärke oder Eiweiß, ist mild und schmerzlos, kann aber zwischen den Menstruationen wundmachend sein.

Während des Fluors ist die Patientin sehr nervös, leicht erschreckt, kann keine Bewegung nach unten ertragen, wie Treppen hinuntergehen oder mit einem Aufzug hinunterfahren. Selbst Schaukeln greift sie an. Während der Menstruation hat sie Aphten im Mund oder neigt zu herpesartigen Ausschlägen um den Mund (Natr. mur.). - Urin heiß, brennt wie Feuer.

Paßt für schlaffe, empfindliche, nervöse Frauen. Dieses Mittel hat einige Fälle von Fluor besonders bei Kindern geheilt, die Aphten im Mund und an den äußeren Geschlechtsteilen hatten.

BOVISTA

Fluor nach den Menses, dick, schleimig, zäh, scharf und wundmachend. Wie bei Borax hat dieses Mittel einen Fluor wie Hühnereiweiß. Er kommt geronnen beim Gehen hervor oder ist von gelblichgrüner Farbe und hinterläßt einen grünen Fleck auf der Wäsche. Er macht die Schamlippe, den Damm, die Leisten und Oberschenkel durch seine Schärfe wund. Die Menstruation fließt nur nachts.

BUFO RANA

Eitriger, stinkender Fluor. Er kann aber auch klar und ohne jeden Geruch sein. Manchmal ist er dick, gelb und rahmartig oder wie Fleischwasser. Fluor aufgrund von Gebärmutterhalspolypen. Das Mittel erzeugt Jucken der äußeren Geschlechtsteile, brennende Hitze und Stiche in den Eierstöcken (Cactus grand.). Der Fluor dieses Mittels ist nicht charakteristisch, wir müssen uns deshalb beschränken, die allgemeinen Symptome zu erforschen. – Die Menstruationsschmerzen lassen die Patientin aufschreien.

Ein Zusammenschnürungsgefühl scheint das Leitsymptom dieses Mittels zu sein. Einengung des Halses, der Brust, des Herzens; Gefühl als würde die Gebärmutter oder das Herz von einer Hand gepackt oder wäre in einem Schraubstock. Blutandrang zum Kopf und Herzen. Es ist ganz entschieden ein sykotisches Mittel, wie man an seinen rheumatischen, gichtischen und Herzsymptomen sieht.

Dieses Mittel paßt für junge, vollblütige Frauen, die unter plötzlichem Blutandrang leiden. Die Herzsymptome lenken unsere Aufmerksamkeit für gewöhnlich zuerst auf dieses Mittel.

Verschlechterung: um 11 Uhr morgens (Sulfur, Natr. mur.).

CALADIUM SEGUINUM

Es heilt einen weißen, schleimigen Ausfluß aus der Scheide, der von Onanie herrührt. Heftiges sexuelles Verlangen mit vollständigem Verlust der sexuellen Kraft sowie gonorrhoischer Fluor alter Sünderinnen. Der Ausfluß erzeugt intensives Jucken, die Patientin muß an den Stellen kratzen oder reiben. Der Ausfluß erzeugt picklige Ausschläge.

Sehr vergeßlich, zerstreut. Vergeßlichkeit als Folge von Onanie oder geschlechtlichen Exzessen.

CALCIUM CARBONICUM

Fluor nach den Menses wie Schleim oder Milch. < nach dem Urinieren. Eiweißartiger Fluor aus dem Gebärmutterhals mit Mattigkeit und Schwäche. Fluor kleiner Mädchen. Die geringste Erregung löst Fluor oder die Menstruation aus. Der Fluor ist dick, gelb, scharf oder mild. Der Fluor ist dick, gelb, scharf und dauert von einer Menstruation zur anderen. Fluor nach reichlicher, lange dauernder Menstruation.

Schwitzen im Gesicht und am Kopf. Hände und Füße immer kalt und feucht. Die Patientin glaubt, sie würde ihren Verstand verlieren. Viel Furcht und Todesangst.

Dieses Mittel ist angezeigt bei blassen, blonden, hellhaarigen und anämischen Frauen. Tuberkulöse Leukorrhoe (Fluor) bei blassen, dicken Blonden mit weichen Muskeln.

CALCIUM PHOSPHORICUM

Der Fluor sieht wie Hühnereiweiß aus, hat einen süßlichen Geruch und ist stärker am Morgen beim Aufstehen, ebenso stärker nach Stuhl oder Urinieren (Calc. carb.). Der eiweißartige Fluor kommt gußweise und wird stärker vom Gehen oder Treten einer Nähmaschine.

Gefühl von großer Schwäche in den Geschlechtsorganen. Die Patientin erkältet sich bei jedem Wetterwechsel.

Dieses Mittel ist für Schulmädchen angezeigt, die sich zu schnell entwickeln und unter rheumatischen Schmerzen der Glieder leiden.

CALENDULA OFFICINALIS

Ständiges Gefühl von Schwere und Völle im Becken. Sehr reichlicher Fluor, übelriechend und wäßrig. Gebärmutterkrebs. Der Ausfluß verursacht große Erschöpfung.

CAPSICUM

Fluor dick, gelb, rahmartig. Tenesmus der Blase mit Harnzwang oder schmerzhaftem Harndrang (Strangurie).

Paßt für plumpe, dicke, schlaffe Leute mit sandfarbenen Haaren und rotem Gesicht, die kälteempfindlich sind und keine körperliche Ausdauer besitzen.

CARBO ANIMALIS

Wäßriger Fluor, der Brennen und Beißen verursacht. Gelblicher Fluor; der Ausfluß macht Flecken in der Wäsche; er ist stärker beim Gehen oder Stehen. Bei Krebs ist er übelriechend und blutig. Häufig ist er dünn, wäßrig und dunkel. Verhärtung des Gebärmutterhalses, bösartige Geschwüre mit übel oder faulig riechenden Absonderungen.
Venöse Blutüberfüllung älterer Frauen.

CARBO VEGETABILIS

Fluor begleitet häufig die Menses und hält an, nachdem diese aufhört.

Er erzeugt Aphten, Jucken, Brennen, Schwellung, Wundheit und durchdringende Schmerzen der äußeren Geschlechtsteile (Vulva). Wunde Stellen wie kleine Geschwüre an der Vulva. Der Fluor besteht aus milchigem Schleim oder ist dick, gelb oder gelblichgrün, < am Morgen, vor den Menses und nach dem Urinieren.

Auftreibung des Bauches durch Blähungen. Große Schwäche nach der geringsten Anstrengung. Schwache Lebenskraft. Knie und vom Zentrum entfernte Gelenke sind kalt. Alle Absonderungen sind übelriechend. Verlangen nach kühler Luft und danach, Luft zugefächelt zu bekommen.

CASTOREUM

Fluor dick oder wäßrig mit Brennen. Starke Müdigkeit oder Abgeschlagenheit der Oberschenkel.

CAULOPHYLLUM THALICTROIDES

Sehr reichlicher Fluor, schleimig, scharf oder mild, mit Kongestion der Gebärmutter und herabdrängenden Schmerzen: häufig angezeigt bei kleinen Mädchen. Fluor mit Schmerzen und Zerren im Kreuz und Rheumatismus in den kleinen Gelenken. Krampfhafte Dysmenorrhoe bei jungen Mädchen. Fluor mit Gebärmutteranschoppung oder Gefühl von Blutüberfüllung.

Gelenkrheumatismus der kleinen Gelenke. Oberlider schwer. Weiße Flecken auf der Stirn. Sehr ähnlich wie Pulsatilla.

Häufig angezeigt bei kleinen Mädchen.

CAUSTICUM

Der Fluor fließt nur nachts, sieht wie die Menses aus und hat einen ähnlichen Geruch. Vor dem Fluor Kolik oder Bauchkrämpfe mit Ausstoßen von Winden; Abgeschlagenheit in den Oberschenkeln und Schmerzhaftigkeit im Kreuz.

Gefühl als wäre die Kopfhaut zu eng. Sehr schwermütig und traurig und drohende Lähmung. Der Appetit vergeht, sobald sie anfängt, zu essen. Starke Abneigung gegen Süßes (im Gegensatz zu Sulfur und Arg. nitr.).

Angezeigt für Frauen mit gelber, kränklicher Gesichtsfarbe.

Verschlechterung: bei schönem, klarem Wetter.

Besserung: bei feuchtem, warmem Wetter.

CHAMOMILLA

Fluor gelblich, ätzend, schmerzt durchdringend, brennt in der Scheide wie wund. Fluor scharf, wäßrig. Gonorrhoischer Fluor mit krampfartigen Schmerzen in Rücken und Bauch.

Die Patientin ist grillenhaft, schnippisch, reizbar und verdrießlich. Sie wird von einem Augenblick zum anderen wütend. Sie ist überempfindlich gegenüber Schmerzen und allen anderen Eindrücken. Ständig kritisiert und tadelt sie.

Paßt für eigensinnige, reizbare, schwarzhaarige Frauen.

Verschlechterung: von Hitze, am Abend, im Freien und durch Ärger.

CHINA

Der Fluor ist häufig blutig und verbunden mit krampfhaften Kontraktionen der Gebärmutter, die länger als die Menses anhalten. Fluor eitrig oder blutig. Blutiges Serum im Wechsel mit Absonderung von Eiter. Kongestion der Gebärmutter mit einem Gefühl von Völle.

Aussehen blaß, gelb, kränklich und spitz nach Fehlgeburt oder Entbindung oder nach Blutungen. Ohrenklingen nach schweren Blutungen. Schwarze Flecken vor den Augen. Bittrer oder saurer Geschmack im Munde. Schwächende Nachtschweiße. Abneigung gegen körperliche Bewegung oder Körperübungen. Möchte Luft zugefächelt bekommen.

Verschlechterung: um Mitternacht, im geringsten Luftzug und ein um den anderen Tag.

CIMICIFUGA (Actea racemosa)

Fluor aus Scheide oder Gebärmutterhals (vaginal oder zervikal) bei rheumatischen Frauen. Gefühl von Schwere und Hinabdrängen im Becken. Fluor wäßrig, verbunden mit Schwere und Empfindungslosigkeit in der Gebärmutter und den Beinen. Gebärmuttervorfall bei nervösen, sterilen Frauen.

Gefühl als würde die Schädeldecke wegfliegen. Ständig erfüllt von

Vorahnungen und Furcht vor zukünftigen Ereignissen.

CINA

Häufig angezeigt für Fluor kleiner Mädchen, die unter Madenwürmern (Oxyuren) leiden.

Starkes Jucken um die Geschlechtsorgane. Gebärmutterblutung vor dem Alter der Menstruation. Onanie kleiner Mädchen häufig aufgrund der Reizung durch Spulwürmer (Ascariden). Der Fluor besteht aus blutigem Serum im Wechsel mit Eiter.

Urin trüb und milchig. Fetttröpfchen auf dem Urin. Heißhunger oder wechselnder Appetit. Der Atem riecht süßlich oder wie frisches Korn oder junger Mais. Krampfhafter, trockener Husten < am Abend. Die Temperatur steigt ungefähr um drei Uhr nachmittags und hält die ganze Nacht an. Das Kind ist verdrießlich und schlecht gelaunt, reizbar und impulsiv; es kann keine Berührung ertragen. Es puhlt und bohrt mit seinen Fingern in den Nasenlöchern.

COCCULUS INDICUS

Fluor zwischen den Menstruationen oder anstelle derselben. Fleischfarbener Fluor, der beim Hinunterbeugen gußartig herausschießt. Fluor blutig oder wie Fleischwasser. Blutiges Serum.

Häufiger Schwindel mit Rückenmarksreizung. Große nervöse Erschöpfung, die von Fahren in einem Wagen verschlimmert wird. Fahren in einem Wagen verursacht Übelkeit, Erbrechen und starken Schwindel oder Übelkeit mit Kopfschmerzen. Hinterkopfschmerz oder Schmerzen an der Hirnbasis und im Bereich der Halswirbel, als ob sie dort mit einem Strick fest zusammengeschnürt würde. Die Zeit vergeht zu langsam (Arg. nitr.). Auftreibung des Bauches mit schneidender Kolik.

Verschlechterung: durch Fahren in einem Wagen.

COCCUS CACTI

Schleimiger Fluor begleitet von Zusammenschnüren oder ziehenden Schmerzen in der Leistengegend. Große Mengen dicke Fäden ziehenden Schleimes gehen während des Tages aus der Scheide ab. Katarrhalischer Fluor < im Winter. Geleeartiger Schleim (Kali bichrom.). Entzündung oder Blutüberfüllung der Scheide oder der Gebärmutter mit reichlichem Ausfluß eines dicken, weißen Schleimes, der geleeartig ist und dicke Fäden zieht.

Depression, Angst und Traurigkeit. Süßer, metallischer Geschmack im Mund.

Verschlechterung: von Aufregung.

COFFEA

Schleimiger Fluor, milchig, stärker beim Urinieren. Gelegentlich ist er blutig mit starker Hyperästhesie und Empfindlichkeit der äußeren Genitalien. Starke Erregung der Geschlechtsorgane und übermäßiges Jucken der äußeren Geschlechtsteile. Kann die Hände nicht von den Genitalien lassen (beide Geschlechter).

Überempfindlichkeit aller Sinne: des Hörens, des Geschmackes, des Geruches, des Sehens und Fühlens. Voller fantastischer Einbildungen und Ideen. Alle körperlichen und geistigen Fähigkeiten scheinen erhöht und weit über das Normale gehoben zu sein. Händezittern, weiß nicht, was sie mit ihnen anfangen soll. Schlechte Folgen von Kaffeegenuß im ganzen Nervensystem. Hat keinen Appetit, bevor sie nicht eine Tasse Kaffee getrunken hat; ißt kaum.

Krankheiten als Folge von übermäßiger Freude oder Aufregung. „Das Nervensystem ist verbraucht und aufgerieben." (Kent).

COLCHICUM AUTUMNALE

Der Fluor besteht aus geleeartigem Schleim, der blutig ist und sich in dünne Fäden ausziehen läßt (Crocus, Kali bi., Coccus cacti.). Fluor während der Schwangerschaft mit Übelkeit und Widerwillen gegen Essen. Plötzliche Unterdrückung der Menses gefolgt von Wassersucht.

Fürchtet den Geruch kochender Speisen oder Küchengerüche im allgemeinen. Schmerzhaftigkeit und Aufblähung des ganzen Bauches. Taubheit, Ödeme und Schwellung der Glieder. Gichtische Gelenke, Fingergelenke vergrößert. Urin wie Bier, sehr stark riechend und sauer.

COLLINSONIA CANADENSIS

Fluor mit hartnäckiger Stuhlverstopfung und Jucken. Scheidenjukken. Heftiges Jucken der Genitalien. Starke Schwellung der Geschlechtsteile. Dysmenorrhoe. Jucken und Gebärmutterverlagerungen.

Die Stühle bestehen aus harten und trockenen, hellfarbenen Kugeln. Hartnäckige Verstopfung. Appetitverlust. Hämorrhoiden.

CONIUM MACULATUM

Weißer, scharfer Fluor, der ein brennendes Gefühl verursacht. Schleimiger Fluor mit großer Schwäche und einem lahmen Gefühl im Kreuz. Der Fluor sezt einige Tage nach der Menstruation ein, hört dann auf und wechselt danach mit einem erneuten Menstruationsfluß ab: dies pflegt bei Bösartigkeit einzutreten. Fluor bei alten Jungfern. Schmutzige, blutige oder bräunliche Absonderungen aus der Gebärmutter bei fibroiden oder krebsartigen Gewächsen der Gebärmutter. Leichenartiger Geruch bei Krebs in frühen Stadien ohne Schmerz, wobei tatsächlich sämtliche Allgemeinsymptome fehlen und nur die schmutzigbraunen, übelriechenden Ausflüsse aus der Scheide vorhanden sind.

Schwindel beim Hinlegen oder beim Umdrehen im Bett. Das Gesicht ist bleich, erdfarben. Die Brüste sind schmerzhaft, hart und empfindlich mit schießenden Schmerzen in denselben. Die Brustwarzen sind schmerzhaft und empfindlich und neigen zur Einziehung.

Ich habe viele Heilungen von Gebärmutterkrebs und bösartigen Erkrankungen der Brüste bei Frauen mit einer tuberkulösen Veranlagung erzielt, die eine Sykose erworben und unterdrückt hatten, die dann zu Beginn der Wechseljahre als bösartige Erkrankung auftauchte.

COPAIBA

Sykotischer Fluor im ersten und zweiten Stadium, von hellgelber Farbe, eitrig, brennend und juckend in der Harnröhre und Scheide. Absonderung dicken, blutigen Schleimes aus der Gebärmutter. Sehr reichlicher, grünlicher, gonorrhoischer Ausfluß mit vielen Schmerzen und Brennen beim Urinieren. Scheidenjucken. Gefühl von Wärme oder Hitze in der Scheide.

CROCUS SATIVUS

Dunkler Fluor, sogar schwarz oder blutig, zäh; läßt sich in dünne Fäden ausziehen. Er hat einen schlechten Geruch. Zuweilen besteht er aus zähen Schleimfäden; er wird durch die geringste Bewegung verstärkt. Gefühl als kämen die Menses wieder oder als ob sich im Bauch etwas bewegt oder lebendig ist (Cocculus).

CROTALUS HORRIDUS

Fluor mit Eierstocksentzündung oder -neuralgie. Blutiger und übelriechender Fluor. Absonderung aus bösartigen Gewächsen in Gegend des Gebärmutterhalses oder der Gebärmutter im Wochenbett. Diese Absonderung ist dunkel, sogar schwarz und sehr übelriechend. Scheidenjucken. Große, dunkle und heftig brennende Blasen an den äußeren Geschlechtsteilen; sehr empfindlich, kann die Stellen weder reiben noch kratzen. Vikariierende Menstruation aus einer beliebigen Körperöffnung (Lach.).

CROTON TIGLIUM

Fluor mit Herpes an den Genitalien. Der Ausschlag ist bläschenförmig wie Rhus tox. Intensives Jucken der Genitalien, < durch Kratzen oder Reiben.

CUBEBA

Sehr reichlicher Fluor, scharf, gelblich oder grünlich und sehr übelriechend. Er erzeugt an der Innenseite der Oberschenkel und den äußeren Geschlechtsteilen eine Hautrötung (Erythem), die an den äußeren Geschlechtsteilen stark juckt. Spärliche Menstruation, der ein starker Fluor vorangeht. Gebärmutter geschwollen und schmerzhaft. Große Schwäche und Müdigkeit in den Lenden.

CURARE

Fluor spärlich, aber dick, klumpig, eitrig und übelriechend mit Hitze, Jucken und Brennen an den äußeren Geschlechtsteilen und starkem Brennen und Zusammenziehen der Gebärmutter.

CYCLAMEN

Membranhaltiger Fluor mit ständigem Frieren.

Anschwellung der Brüste mit Milchbildung in den Brüsten. Der Speichel hat einen salzigen Geschmack. Schweinefleisch bekommt nicht. Starke Auftreibung des Bauches. Schmerzen in den Fersen.

Die psychischen Symptome sind > während der Menstruation: sie ist fröhlicher, ihre Füße fühlen sich nicht so schwer an. Ist leicht zum Weinen geneigt und trotzdem schlechter Laune. Abneigung gegen frische Luft (Gegenteil von Pulsatilla).

Angezeigt bei Blonden oder bei an Leukophlegmasie (Phlegmasia alba) leidenden Personen, die eine spärliche und verspätete Menstruation haben.

Besserung: beim Gehen (Calc. carb., Cocc.); psychische Symptome > während der Menstruation.

DAPHNE MEZEREUM

Fluor wie Eiweiß. Chronischer Fluor in bösartigen Fällen. Starker Ausfluß von Schleim aus der Scheide.

DICTAMNUS

Fluor aus zähem Schleim, zuerst braun, dann weiß, zuletzt blutstreifig. Fluor verbunden mit häufigem Urinieren. Fluor aus der Gebärmutter (Minton). Jucken des Afters und des Dammes mit Wundwerden.

DULCAMARA

Fluor während Unterdrückung der Menses durch Erkältung oder aufgrund eines akuten Katarrhes der Geschlechtsorgane nach Durchnässung oder von plötzlichem Wechsel zu feuchtem Wetter, von Waten im Wasser oder von zu langem Baden in einem See (in einem Fluß: China; in der See: Natr. mur.). Nesselsucht vor Erscheinen der Menses.

Verschlechterung: von Kälte, Naßwerden, von unterdrückten Menses und unterdrückten Ausschlägen.

ERIGERON

Chronischer Fluor, sehr reichlich, aus der Gebärmutter oder Scheide, verbunden mit krampfartigen Schmerzen und starker Reizung von

Enddarm und Blase. Menstruation mit vielen Beschwerden in der unteren Dorsalregion.

Nasenbluten, hellrotes Blut. Blutung aus Kiefer oder aus der Zahnhöhle. Jucken und Schmerz in der Blase.
Verschlechterung: alle Symptome < bei feuchtem Wetter.

EUPION

Fluor nach den Menses: gelbe, schmerzlose, milde Absonderung; färbt die Wäsche gelb und ist verbunden mit Abmagerung, starker Mattigkeit und Zittern des ganzen Körpers. Fluor mit schrecklichen Rückenschmerzen; wenn der Rückenschmerz aufhört, kommt der Ausfluß gußweise, er läuft in Strömen. Druck gegen etwas Hartes lindert den Rückenschmerz bei der Menstruation. Das Kreuzbein fühlt sich wie zerbrochen an. Während des Urinierens Brennen, Jucken und Anschwellen der Schamlippe.

Schwindel mit Verwirrung im Kopf. Gegenstände werden schwarz vor ihren Augen (China).

FERRUMMETALLICUM

Fluor wie Wasser oder milchig; schmerzt durchdringend und macht die Haut wund; zerrende Schmerzen, Druck und Schwere im Kreuzbein und den Lenden. Fluor wie gekochte Stärke bei bleichsüchtigen Patientinnen, meistens während des Stuhlganges. Gelegentlich eine Absonderung von Schleim oder Fetzen. Fluor von Selbstbefriedigung oder aus einer tuberkulösen Kachexie entstehend. Bei diesen bleichsüchtigen Mädchen bleiben die Menses oft monatelang aus und stattdessen tritt ein schwerer Fluor auf und je länger dieser anhält, umso blasser und bleichsüchtiger werden sie.

Bleiches, erdfarbenes Gesicht, Herzklopfen. Wangenröte. Blutandrang zum Gesicht und zur Brust. Junge Mädchen, die an beginnender Tuberkulose leiden. Ständig großer Hunger. Das Essen schmeckt bitter. Große Schwäche und Erschlaffung der Genitalien und der Blase.

Besserung: durch langsames Umhergehen (Puls.).

GELSEMIUM

Fluor nach Onanie mit großer Schwäche und Zittern; fehlende Koordination der Muskeln. Schwere in der Gebärmuttergegend mit leukorrhoischem Ausfluß. Fluor nach Fieberzuständen, nach Grippe, nach einem rheumatischen Anfall. Weißer Fluor mit Schmerzen mitten durch den unteren Rücken oder starken Schmerzen durch das Kreuzbein. Gefühl von Völle über dem Kreuzbein.

Hinterkopfschmerzen. Heftige Kopfschmerzen im Hinterkopf mit Klopfen wie Pulsschlag. Starke psychische Depression und äußerste Kraftlosigkeit.

GRAPHITES

Sehr reichlicher Fluor, weiß, dünn, schleimig mit großer Schwäche im Kreuz beim Sitzen oder Gehen. Ausfluß stärker am Morgen, häufig gußweise während des Tages. Schmerzhafter Druck auf die Scham. Schmerzhaftigkeit und Hautausschlag auf der Schamlippe. Fluor klebrig, leimartig und reichlich. Er fließt an den Oberschenkeln hinunter und erzeugt dort Hautrötung, sogar Geschwüre. Er riecht nach eingelegtem Hering oder sehr übel.

Die Nägel sind hart, dick, verkrüppelt und brechen oder reißen leicht ein. Ungesunde Haut, alles eitert. Risse und Schrunden an Füßen, Zehen, Fingern, Lippen und im Gesicht. – Die Stühle sind hart, massig, knotig und sind oft mit einem zähen weißen Schleim bedeckt: ähnlich wie Pulsatilla.

Folgt gut auf Sepia bei Fluor. Ist in vielen Symptomen ähnlich wie Pulsatilla, aber das Mittel ist mehr kurz vor oder während der Wechseljahre angezeigt.

HAMAMELIS VIRGINICA

Fluor überreichlich, mit Erschlaffung der Scheidenwand. Ausfluß meist blutig, reichlich und andauernd mit Schwäche und Mattigkeit.

Allgemeine venöse Kongestion. Zerschlagenheitsgefühl im Bauch. Krampfadern. Hämorrhoiden. Allgemeine Mattigkeit und ein Gefühl von Müdigkeit und Abgeschlagenheit besonders in den Gliedern nach Blutungen oder wenn die Patientin an Krampfadern leidet.

Paßt für passive Blutungen, venöse Blutungen (komplementär zu Ferrum).

HELONIAS DIOICA

Fluor mit Erschlaffung der Gebärmutter oder aufgrund von Atonie derselben. Gebärmuttervorfall mit Gebärmutterhalsgeschwüren. Starker andauernder Ausfluß in großer Menge, übelriechend, serös und verbunden mit Rückenschmerzen, Empfindlichkeit der Brüste und einem wunden, schweren Gefühl in der Gebärmutter. Bei diesem Mittel ist sich die Patientin ständig ihrer Gebärmutter bewußt; sie ist sehr reizbar, kann keinen Widerspruch ertragen, tadelt ständig. Sie hat kein sexuelles Verlangen mehr und ist unfruchtbar. Die Gebärmutter ist entweder zurückgebogen oder liegt tief unten im Becken. Sie fühlt ihre Gebärmutter ständig. Dunkler, stinkender Ausfluß aus der Gebärmutter. Schamlippen und Schamteile heiß, rot, geschwollen und bedeckt mit Aphten. Schmerzhaftigkeit und Schwere in der Gebärmutter.

Brennschmerz im Rücken beim Sitzen.

Angezeigt für Frauen, die von harter Arbeit verbraucht oder durch Verweichlichung und Luxus entkräftet sind.

HEPAR SULFURIS

Fluor dick, rahmartig, gelb, mit einem süßlichen Geruch. Riecht wie Schwefelwasserstoff. Skrofulöser Fluor, gelblich oder blutig, riecht nach altem Käse.

Kleine Wunden und wunde Stellen werden geschwürig und erzeugen viel gelben Eiter. Wunden und Geschwüre sehr berührungsempfindlich und der Patient sehr reizbar. Drüsenvergrößerungen im ganzen Körper, desgleichen eine Neigung zur Bildung von Abszessen. Der Körper riecht sauer. Nesselsucht nach jedem Wetterwechsel, < durch Entblößen und > von Wärme und bei feuchtem, nassem Wetter. Die Symptome und die Patienten ähneln Calc. carb. sehr; sie sind sehr kälteempfindlich und > von Wärme.

Angezeigt für pseudo-psorische Patienten, für Blonde, die sehr reizbar sind.

HYDRASTIS

Zäher Fluor, hängt vom Muttermund in zähen Fäden herab, ist dickfädig, gelb und klebrig. Käsige Absonderungen aus der Scheide oder von der Gebärmutter her. Mit Leberbeschwerden und Stuhlverstopfung verbundener Fluor. Oberflächliche Geschwüre des Gebärmutterhalses mit klebrig-zähem Fluor, Schwäche und allgemeiner Erschöpfung. Sehr übelriechender, leukorrhoischer Ausfluß in den frühen Stadien von Gebärmutterkrebs.

Die Patientin sieht kachektisch und bleich aus. Risse an den Schleimhautöffnungen des Körpers. Geschwächte, entkräftete, skrofulöse Personen mit dicke Fäden ziehenden, katarrhalischen Absonderungen. Gastrische und hepatische Beschwerden.

HYPERICUM

Milchiger Fluor bei Kindern. Fluor mit heftigen, reißenden Schmerzen in den Genitalien; häufiger Harndrang mit verzögerten Menses und Schwere und Schmerzen im Kreuz.

Erkrankungen infolge von Verletzungen der Nervenstränge oder Nervenendigungen. Verletzungen des Steißbeines. Stechende, reißende Schmerzen nach Nervenverletzungen, chirurgischen Operationen am Schließmuskel, mechanischen Verletzungen oder Erschütterungen des Rückenmarks. Nervenschocks und Depressionen infolge von Nervenverletzungen.

IGNATIA

Eitriger und ätzender Fluor, dem herabdrängende, wehenartige Schmerzen vorangehen. Fluor niedergeschlagener, hysterischer, nervöser Personen, die ständig seufzen oder klagen. Fluor bei sehr hysterischen Frauen, die unter nervöser Erschöpfung leiden oder als Folge von Kummer, Freude oder enttäuschter Liebe.

JODUM

Dickflüssiger oder dünner Fluor, gelb und ätzend, < während der Menses und verbunden mit großer Schwäche. Schwellung und Verhärtung des Gebärmutterhalses. Der Fluor macht die Oberschenkel wund. Fluor mit großer Schwäche; Einschrumpfen der Brüste. Wenn der Fluor ätzend wird, ist er für gewöhnlich spärlich. Dumpfer Druck wie von einem Keil zwischen dem rechten Eierstock und der Gebärmutter.

Hunger mit Abmagerung. Sehr nervös, reizbar, schwermütig.

KALIUM BICHROMICUM

Gelber Fluor, zäh, kann in Fäden ausgezogen werden (Hydrastis), macht die Wäsche steif und gelb. Sykotischer oder syphilitischer Fluor, gelblich oder grünlich, läßt sich in dicke oder dünne Fäden ausziehen, zähflüssig; fließt in dünnen Fäden hervor wie Nachtripper (postgonorrhoischer Katarrh). Fluor nach vorhergehender membranöser Dysmenorrhoe. Fluor grünlich, blutig, dicke oder dünne Fäden ziehend. Gonorrhoischer Fluor, weiß oder gelb, klebrig und zäh.

Große Schwäche im Rücken. Dumpfer, schwerer Schmerz im Unterbauch (Hypogastrium). Die Stimme ist häufig rauh, metallisch.

Paßt für dicke, hellhaarige Frauen. Syko-psorische oder pseudo-psorische Erkrankungen.

KALIUM CARBONICUM

Pseudo-psorischer Fluor mit schweren, ständigen Rückenschmerzen. Ausfluß gelben Schleimes mit Jucken und durchdringenden Schmerzen der äußeren Geschlechtsteile. Sehr scharfer und wundmachender Fluor. SCHLEIMIGER FLUOR MIT RÜCKENSCHMERZ ALS WÜRDE ER BRECHEN.

Fühlt sich auffallend müde. Ist sehr müde am Morgen und unerfrischt beim Erwachen. Sackartige Schwellungen über den Augen. Häufiges, saures Aufstoßen. Stuhlverstopfung, Stühle trocken, massig, hart und schwer zu entleeren. Trockener, harter, quälender Husten tuberkulöser Patienten, $<$ am Morgen. Rückenschmerzen mit Nachtschweißen und trockenem Husten. Rückenschmerz als würde der Rükken brechen.

Personen mit dunklem Haar, schlaffem Gewebe und mit Neigung zu Fettsucht, sehr berührungsempfindlich besonders an den Füßen. Wandernde, stechende Schmerzen. Angezeigt bei gichtischen Zuständen der Sykose.

KALIUM FERROCYANATUM

Fluor nach der Menstruation, wie Eiter oder gelblich, rahmartig, in großer Menge und nicht reizend. „Gebärmutter zart und berührungsempfindlich“ (Minton).

KALIUM HYDROJODICUM[1]

Antipsorisch und antisyphilitisch.

Syphilitischer Fluor; der Ausfluß ist grünlich, dick, reichlich und übelriechend. Weißer Fluor mit Lahmheit und Steifheit im Kreuz oder nächtlichen Knochenschmerzen nach übermäßiger Quecksilberbehandlung.

KALIUM MURIATICUM

Milchweißer Fluor, dick, schleimig und mild mit chronischer Hypertrophie und Kongestion der Gebärmutter.

KALIUM PHOSPHORICUM

Fluor oft blutig, scharf, verbrüht die benetzten Hautpartien. Starke psychische Depression. Mattigkeit und Nervenschwäche.

KALMIA LATIFOLIA

Gelblicher Fluor, der > am Morgen ist. Schmerzen im Rücken und der Lendengegend. Abgeschlagenheit oder Müdigkeit der Glieder.

KREOSOTUM

Fluor aus dickem Schleim mit schlechtem Geruch, macht den Damm wund. Menstruation und leukorrhoischer Fluß zeitweise aussetzend (intermittierend). Der Ausfluß hört fast auf und beginnt dann wieder. Scharfer Fluor mit wollüstigem Jucken der Schamteile sowie Schwellung, Hitze und Rötung derselben. Weißlicher Fluor, mild, riecht nach grünem Mais. Er kann anfangs blutig sein, danach gelblichweiß und scharf und starke Reizung und Jucken der äußeren Geschlechtsteile verursachen. Er macht die Wäsche steif und färbt sie gelb. Fluor wie Fleischwasser, scharf, dunkel und blutig mit Stichen in der Scheide und großer Schwäche der Beine. Der Fluor fließt wie Milch ab mit Reizung beim Urinieren und Brennen im Kreuz. Fluor mit Brennen im Bauch wie ein Feuerball.

Mundschleimhaut häufig schwammig und leicht blutend. Häufiger Harndrang nachts, Brennen zwischen den Oberschenkeln beim Urinieren.

[1] Kalium hydrojodicum und Kalium jodatum sind nach C. Hering und Clarke ein und dasselbe. Im Repertorium haben wir die Symptome deshalb unter Kali-j zusammengefaßt.

Angezeigt bei zarten Blonden, die für ihr Alter groß sind; reizbar mutlos und verzagt. Gesicht gelb und blaß, sieht sogar krebskrank aus.

LAC CANINUM (Hundemilch)

Gelblicher Fluor, mild, nur am Tage fließend. Membranöse Dysmenorrhoe gefolgt von Halsschmerzen oder Halsschmerzen während der Menses (Lach.). Abgang von Winden aus der Scheide. Starke Hitze und große Empfindlichkeit und Schmerzhaftigkeit in der Eierstocksgegend während der Menses. Scharfe Schmerzen im linken Eierstock. Gonorrhoischer Fluor, scharf, wundmachend, verursacht Anschwellung der Schamlippen. Rauher, herpetischer Ausschlag, starke Schwellung der Schamlippen und der Oberschenkel. Brüste wund und druckempfindlich.

Symptome allgemein umherwandernd. Nasenabsonderung scharf. Gefühl als wäre eine Kugel im Hals. Unerträglich starke Rückenschmerzen > von Ruhe und zu Beginn einer Bewegung. Schlafstörungen; schreckliche Träume.

LAC DEFLORATUM

Fluor hellgelb mit großer Mattigkeit und Arbeitsscheu.

Ich fand es angezeigt bei schlanken, großen, anämischen Blondinen von ruhigem Gemüt, die unter Kopfschmerzen leiden, die nach jeder Menstruation mehrere Tage lang andauern. Kopfschmerz über den Augenhöhlen (supraorbital). Urin während der Kopfschmerzen spärlich, aber wenn die Kopfschmerzen besser werden, kommt reichlich blasser Urin, der gußweise herausspritzt und sich heiß anfühlt. Gesicht und Lippen blaß, Puls langsam und fadenförmig.- Gefühl als würde sie von kalter Luft angeblasen, selbst wenn sie warm eingehüllt ist. Chronische Verstopfung, Stühle massig, hart, mit großer Mühe entleert.

Angezeigt bei anämischen Patientinnen mit einer sehr ausgesprochenen tuberkulösen Anlage; sie fühlt sich vollkommen übermüdet und erschöpft.

Verschlechterung: beim Sitzen.

Besserung: wenn die Patientin sich hinlegt und beim Ausruhen Stille herrscht. Im Dunkeln.

LAC FELINUM (Katzenmilch)

Fluor dunkelgelb mit rasendem Jucken der äußeren Geschlechtsteile und der Scheide. Zerrende Schmerzen im linken Eierstock.

Nervöses Zittern wie betrunken im ganzen Körper.

LACHESIS

Der Fluor ist grünlich und dick oder kurz vor den Menses gelb. Wenn die Menses spärlich werden, nimmt der Fluor zu. Fluor drei Tage vor den Menses beginnend, reichlich, scharf, dick und gelblich, macht die Wäsche steif. Fluor anstelle der Menses im Klimakterium mit Hitzewallungen, Schmerzen und Leiden, was jedoch alles aufhört, sobald der menstruelle Fluß beginnt.

Sehr empfindlich über der Gebärmutterregion, um die Taille und um den Hals. Sie kann nirgendwo enge Kleidung vertragen.

LAPIS ALBUS

Reichlicher und schleimiger Fluor, schmerzlos mit etwas Brennen am Damm.

Weinerliche Stimmung. Häufiger Drang zum Urinieren mit spärlichem Harnabgang. „Schmerz wie zerschlagen im Kreuz“ (Minton).

LAUROCERASUS

Fluor um die Zeit der Wechseljahre: reichlicher, geleeartiger Schleim, Schmerz in der Kreuzbeingegend, der sich zur Scham hinzieht. Kolikartige Schmerzen während der Menses, Gefühl von Müdigkeit oder Abgeschlagenheit im Kreuz; Urin blaßgelb.

LEDUM PALUSTRE

Sehr starker Fluor mit reichlichem Harnabgang.

Füße sehr schwer und müde. Gichtknoten an den Zehen. Rheumatische Schmerzen in den Gelenken, besonders den Hüftgelenken. Die Schmerzen steigen von unten nach oben. Venöse Stauungen; aufgedunsenes, scheckiges Aussehen während der Menses.

Angezeigt bei gichtischen Formen der Sykose. Für blasse, gichtische, zarte Frauen, die immer frieren.

Verschlechterung: Die Schmerzen werden von Bettwärme < .
Besserung: Gicht der Füße > durch kaltes Baden.

LEPTANDRA

Fluor in Form von Schleimfetzen bei Geschwüren des Muttermundes.

Allgemeine Kraftlosigkeit und Erschöpfung. Wundes, lahmes Gefühl im Kreuz. Chronische Leberstörungen und Kongestion der Leber. Urin rot oder orangefarben. Stuhl oft schwarz, teerartig oder lehmfarben. „Dumpfer Schmerz in der Leber mit einem Gefühl von Schwäche und des Versinkens in der Magengrube“ (Herings „Leitsymptome der Materia Medica“)[1]

LILIUM TIGRINUM

Syko-psorisch.

Sehr reichlicher, dünner und bräunlicher Fluor mit herabdrängendem Gefühl in den Unterleibsorganen; ein Gefühl als würden die Organe aus der Scheide herausgedrängt, > durch Stützen der äußeren Geschlechtsteile mit der Hand. Der Fluor färbt die Wäsche braun (Acid. nitr.) oder ist hellgelb und wundmachend nach einer spärlichen Menses. Sobald die sehr reichliche, scharfe Leukorrhoe beginnt, hört die Menstruation auf. Das Herabdrängen ist < beim Stehen (Sulfur), > beim Sitzen oder Hinlegen. Gebärmutterbeschwerden von Geburten. Häufig angezeigt bei Verlagerung oder Erschlaffung der Gebärmutter.

Gefühl als würde das Herz gepackt oder in einem Schraubstock gepreßt (Cactus). Herzklopfen mit Flattern des Herzens. Niedergeschlagen, furchtsam. Brennen und Druck und Gefühl von Herabzerren in allen Unterleibsorganen, sogar im Enddarm mit Stuhldrang (Nux vom., Aloe, Sepia). Rötliches Sediment.

Angezeigt für hellhaarige, blau- oder grauäugige Menschen mit blühender Gesichtsfarbe, die lebhaft sind, zum Dickwerden neigen und schlaffe Muskeln haben. Nervlich sehr reizbar, immer in Eile.

LYCOPODIUM

Rosafarbener Fluor < vor Vollmond. Er kann auch milchig oder

[1] C. Hering: "Guiding Symptoms" 10 Bd., Jain Publishers, New Delhi, India, 1971.

blutig sein. Infolge der Sykose im dritten Stadium ist der Fluor häufig ätzend und wundmachend. Trockenheit der Scheide. Winde gehen aus der Scheide ab. Nach der Menstruation nagender Schmerz, Jucken und Brennen an den äußeren Geschlechtsteilen (Kreosotum).

Schmerzen und Rumoren im linken Hypochondrium. Starke Auftreibung und Blähungen im Bauch. Saurer Stuhl. Fühlt sich sehr unwohl und aufgetrieben nach dem Essen. Das Gesicht ist gelblichbleich, blaß oder kränklich. Fürchtet das Alleinsein.

Häufig angezeigt bei harnsaurer Diathese. Lycopodium ist häufiger wegen der Magen-Darmsymptome[2] als wegen irgendwelcher anderen Symptome angezeigt. Es ist ein tiefwirkendes Mittel, es wirkt auf alle Gewebe und auf alle Miasmen.

LYSSINUM

Weißlicher Fluor, manchmal schleimig mit Rückenschmerzen; die Patientin wird sehr schwach davon, sie hat einen übelriechenden, weißlichen Ausfluß aus der Gebärmutter, der mehrere Monate lang andauert (Prüfung); Scheide und Leib sehr empfindlich, schmerzhaft.

Harndrang. Angst vor Hunden. Speichel dicke Fäden ziehend, schaumig. Nachts schwellen die Brüste an. Lahmheit und Wundheit im Rücken und Unterbauch. Kältegefühl in der Wirbelsäule.

Paßt für blonde Frauen mit weißer Haut und blauen Augen, die schnell reizbar und sehr empfindlich gegen Arznei und äußere Eindrücke sind.

Verschlechterung: Beschwerden stark < durch das Geräusch laufenden Wassers; Berührung, helles Licht, Wagenfahren.

MAGNESIUM CARBONICUM

Fluor aus weißem Schleim, nach den Menses oft scharf, danach wäßrig, spärlich mit kneifenden Schmerzen um den Nabel. Der Fluor riecht sauer. Menses dunkel, scharf und ätzend, pechartig mit schneidender Kolik, saurem Aufstoßen und Verlangen nach Fleisch.

Zunge weiß belegt. Mund voll mit weißem Schleim. Stuhl wie Ton, hart, trocken und krümelig. Gesicht blaß, wachsartig, bleich. Die Patientin fühlt sich morgens immer müde und schlaff.

---

[2] engl. = gastric symptoms: Allen schreibt jedoch bei der „Behandlung der Dysmenorrhoe" ebenso wie andere Autoren, daß die Magen-Darmsymptome für Lycopodium typisch sind, besonders die Flatulenz.

MAGNESIUM MURIATICUM

Fluor mit starker nervöser Erregung, häufig mit Gebärmutterkrämpfen. Fluor < nach Körperübungen und nach Stuhl. Leukorrhoe abwechselnd mit Gebärmutterkrämpfen oder mit dem menstruellen Fluß. Gebärmuttererkrankungen nervöser, hysterischer Frauen.

Stuhl hart und knotig wie Schafskot (Sepia). Kreuzschmerzen wie verbrannt. Die Blase hat ihre Kraft verloren: nur wenig Kraft, den Urin auszutreiben. Aufstoßen mit Geschmack nach faulen Eiern. Erkältet sich leicht, ist empfindlich gegen Kälte und friert leicht, fühlt sich aber trotzdem > beim Gehen im Freien.

Angezeigt bei Szirrhus der Gebärmutter.

Verschlechterung: von Salz, von Baden in der See, im warmen Zimmer.

Besserung: im Freien (wie Pulsatilla). Die Rückenschmerzen werden > durch harten Druck (Kali carb.).

MAGNESIUM PHOSPHORICUM

Ein weiteres Mittel mit krampfartigen Schmerzen der Gebärmutter während der Menses oder krampfartiger Kolik, ebenfalls < von feuchtem, kaltem Wetter, kaltem Baden. Menses dunkel, klebrig, dünne Fäden ziehend. Fluor klebrig, läßt sich in dünne Fäden ausziehen, membranös, desgleichen die Menses. Eierstocksschmerzen blitzartig.

Häufig angezeigt bei Schulmädchen (Calc. phos.), die unter psychischen Erregungen und dem Lernen leiden. Hinterkopfschmerzen mit gerötetem Gesicht oder supraorbitale Neuralgie. Die Patientin neigt zu Chorea und krampfartigen Symptomen. Neuralgische Schmerzen blitzartig.

Verschlechterung: Die Schmerzen sind < auf der rechten Seite, vom geringsten kühlen Luftzug und von kaltem Baden.

MAGNESIUM SULFURICUM

Blutiger Fluor zwischen den Menstruationen. Kreuz- und Leistenschmerzen wie zerschlagen. Ausfluß dick, weiß und sehr reichlich wie die Menses. Der Fluor bewirkt Brennen beim Gehen. Große Schwere im Kopf während der Menses.

Grünlicher Urin. Trockener Husten mit Brennen in der Magengrube. Sodbrennen, Wasser steigt in den Mund auf. Bittrer Geschmack. Gemütsstimmung traurig und weinerlich.

MANGANUM

Fluor bei Anämie (Chlorose) oder bei perniziöser Anämie (Ferrum, Arsenicum). Menses sehr spärlich, dauern nur ungefähr einen Tag. Ausfluß grünlichgelber, tuberkulöser Eiter.

Angezeigt für wachsbleiche, bleichsüchtige tuberkulöse Frauen, blaß und kränklich, die große Angst und Furcht haben, als könnte irgendetwas geschehen. Traurig, niedergeschlagen und still.

MEDORRHINUM

Antisykotisch.

Gonorrhoischer Fluor, meist sehr reichlich, weißlich oder gelb, ätzend; verursacht Beißen und Jucken der äußeren Geschlechtsteile und der Scheide; färbt die Binde schmutzigbraun. Fluor undurchsichtiger, weißer Schleim, färbt die Wäsche gelb. Fluor wie schmutziges Wasser, dünn, übelriechend, ätzt und verursacht Jucken. Kann den Harn nicht lange anhalten während des Fluors. Geruch nach abgestandenem Fisch, muffig und beißend. Scheide und Gebärmutterhals scheckig, abwechselnd bläuliche und rötliche Flecken. Im linken Eierstock Gefühl als ob etwas nach unten zöge. Eierstock empfindlich. Durch arzneiliche Spülungen unterdrückter Fluor. Scheidenjucken < durch Denken daran.

Wundheit und Brennen beim Urinieren. Kann den Harn nicht lange anhalten. Gonorrhoe des Enddarmes oder der Nase mit Wegsickern einer spärlichen, dünnen, wäßrigen Absonderung. Brüste sehr empfindlich und schmerzhaft oder wund.

Es fällt der Patientin sehr schwer, ihre Symptome zu erzählen, sie hört auf und fängt noch einmal an. Schwaches Gedächtnis, vergeßlich. Kann keine Namen behalten.

MERCURIUS CORROSIVUS

Blasser Fluor, gelb, von süßem Geruch, mit Blut durchzogen oder aus Schleim und Wasser bestehend. Der Fluor ist sehr ätzend und verursacht starke Hitze und heftiges Brennen der Genitalien, Pickel, Knoten und sogar Geschwüre. Grünlicher gonorrhoischer Fluor mit Blasentenesmus, mit Brennen in der Harnröhrenöffnung. Blutiger Urin geht tropfenweise mit starken Schmerzen und Tenesmus ab.

MERCURIUS DULCIS

Fluor grünlichgelb. Feuchte, brennende Feigwarzen (Kondylome) um die äußeren Genitalien.

Damm und After sondern ein grünliches, wäßriges und übelriechendes Sekret ab. Übler Geruch aus dem Mund mit Speichelfluß und allgemeinen Mercurius-Symptomen.

Syphilitische Symptome oder syko-syphilitische Symptome (Thuja, Acid. nitr., Cinnabaris).

MERCURIUS JODATUS FLAVUS

Reichlicher Fluor, schleimig-eitrig, kommt aus dem Muttermund. Fluor bei jungen Mädchen oder Kindern mit einer syphilitischen Familiengeschichte.

Große Müdigkeit und Schwere in den Beinen, häufig krampfartige Schmerzen.

Verschlechterung: nachts, von Wärme, während des Sommers oder im Frühjahr.

MERCURIUS SOLUBILIS

Fluor entweder scharf oder mild. Er kann weißlich, grünlich oder blutig sein und einen süßen Geruch haben. Wenn er eitrig ist, verursacht er Brennen, Wundheit, Pickel und Pusteln auf den Schamlippen. Das Jucken und Brennen wird durch Waschen in kaltem Wasser > , aber < am Abend und in der Nacht. Nicht selten ist der Ausfluß schleimig-eitrig, dünn, scharf und klumpig. Die Brüste enthalten Milch während der Menses. Brennen und Klopfen in der Scheide. Aphten oder Flecken (Plaques) auf den Schamlippen.

Im Munde ist viel zäher, baumwollartiger Speichel. Die Zunge ist für gewöhnlich dick und schlaff und nimmt die Zahneindrücke an. Geschmack metallisch oder bitter, eitrig. Die Mundschleimhaut ist weich, schwammig, weicht von den Zähnen zurück und blutet leicht. Die Haut sieht bleich und gelbsüchtig aus. Schwäche und Müdigkeit der Beine.

MUREX PURPUREA

Wäßriger, grünlicher Fluor nur am Tage. Fluor blutig und wundmachend, Gefühl großer Schwere in der Scheide oder ein zusammenziehendes Gefühl in der Gebärmutter.

Studieren Sie die Ausschläge dieses Mittels. Es ist ein Mittel wie Sulfur mit starker Verschlechterung von Waschen und von Bettwärme.

NATRIUM CARBONICUM

Der Ausfluß dieses Mittels ist dick und schwer, ein weißer oder gelblicher, eiterähnlicher Schleim, der in größerer Menge während des Urinierens abgeht. Der Fluor wird – ebenso wie die Menses – häufig von Druck im Unterbauch begleitet, der sich bis zu den Geschlechtsorganen erstreckt, so als würde alles aus dem Bauch herausfallen (Lilium, Bell., Sepia). Der dicke gelbe oder grünliche Ausfluß zeigt die Eignung des Mittels für die Heilung der Sykose. Die Leukorrhoen sind oft wie die Nasenkatarrhe: dick, grünlich und in großer Menge; sie kommen gußweise aus der Scheide.

Wie bei allen Natriumverbindungen ist die Patientin traurig, mutlos und zittert nach Anstrengung. Sie ist geistig schwach und hat eine eigenartige Abneigung gegen Männer und gegen die Gesellschaft im allgemeinen. Während des Tages ist sie sehr schläfrig und erwacht morgens unerfrischt.

Diese Patientinnen können keine Stärke verdauen; sie leiden unter Blähungen, weil sie stärkehaltige Nahrung nicht verdauen können. Sie leiden an nervösem Hunger (wie Psor., Ign., Sepia und Sulfur). Sie sind immer müde und haben kalte Knie und kalte Glieder. Sie sind nervös, magenschwach und neigen zu Katarrhen. Als katarrhalisches Mittel ist Natr. carb. wert, sorgfältig studiert zu werden.

Verschlechterung: während des Vollmondes, während eines Gewitters und von 5 bis 11 Uhr morgens.

NATRIUM MURIATICUM

Dicker Fluor, weiß oder durchsichtig, sehr reichlich, scharf, mit durchdringenden Schmerzen in den äußeren Geschlechtsteilen. Wir finden häufig ein Herabdrängen oder ein Druckgefühl, als ob die Menses kommen würden, oder einen schneidenden Schmerz in der Harnröhre nach dem Urinieren. Fluor grünlich, besonders beim Gehen.

Jeden Morgen hat die Patientin Kopfschmerzen als ob der Kopf platzen würde. Gefühl als wäre Sand in den Augen oder feurige Zickzackblitze vor den Augen. Häufig hat sie eine Landkartenzunge. Die Haut ist blaß, wachsartig, fettig und häufig ödematös geschwollen. Die Patientin bekommt Gänsehaut, wenn sie friert. Während der Menstruation leidet sie an Herpes oder Urtikaria am Kinn und um den Mund. Aus nervöser Schwäche fallen ihr Gegenstände aus der Hand.

Abneigung gegen Geschlechtsverkehr, sehr reizbar danach. Wegen Kleinigkeiten gerät sie in heftige Erregung. Schwermütig, traurig, mutlos und niedergeschlagen, < von Trost. Große Traurigkeit während der Menses.

Verschlechterung: von 10 bis 11 Uhr morgens.

NUX MOSCHATA

Menses spärlich, dunkel und unterdrückt, gefolgt von sehr reichlichem Fluor. Schleimiger leukorrhoischer Ausfluß, wenn die Menses erscheinen müßten. Fluor anstelle der Menses.

Mund und Zunge werden unerträglich trocken, die Zunge klebt fast am Gaumen. Augen sehr trocken. Starke Auftreibung des Bauches mit nervösen Blähungen. Rückenschmerz als läge ein Stück Holz quer im Rücken. Herzklopfen mit Ohnmachtsanfällen.

Angezeigt bei sehr hysterischen Frauen, die zu Ohnmachtsanfällen neigen und eine Art von vikariierendem Fluor anstelle der Menses haben. Im Freien starke Neigung zu lachen.

PETROLEUM

Pseudo-psorisch.

Fluor wie Eiweiß, reichlich und mit Brennen der Genitalien. Die Geschlechtsorgane sind wund und nässen. Juckender Herpes am Damm. Hautkrankheiten und Ausschläge im Genitalbereich bei beiden Geschlechtern.

Jucken und Brennen an verschiedenen Körperstellen. Risse und Fissuren hinter den Ohren, an Händen und Füßen. Brennen und Jucken mit Röte der Haut. Stinkender Achselschweiß. Frostbeulen. Verlangt nach Bier, Abneigung gegen Fleisch und Fett.

PHOSPHORUS

Pseudo-psorisch.

Fluor aufgrund von Bleichsucht (Chlorose) bei tuberkulösen Personen in fortgeschrittenen Stadien der Krankheit. Der Fluor kommt manchmal anstelle der Menses und kann entweder mild oder scharf sein. Ein scharfer, wundmachender Fluor, der durchdringend schmerzt und auf der benetzten Haut Blasen verursacht, ist jedoch typisch. Fluor milchig oder wäßrig mit einem Gefühl großer Schwäche im Bauch, mit Hitze und Brennen im Rücken. Gelegentlich ist der Fluor rosa oder rötlich mit einem schwachen, leeren Gefühl im Bauch und starkem Brennen der Hände und Füße, das < nachts ist. Fluor mit Bluthusten anstelle der Menses oder Blutspucken anstelle der Menses.

Gefühl großer Schwäche im Bauch mit Hitze und Brennen im Rükken. Husten nachts oder abends, < vom Hinlegen. Weinen vor den Menses (wie Puls.) mit Bluten der Mundschleimhaut und der Nase. Petechien, Flecken auf der Haut.

Für große, dünne Leute mit enger, zusammengezogener Hühnerbrust.

Verschlechterung: abends, bei Gewitter und beim Liegen auf der linken Seite. Husten < vom Hinlegen.

PHYTOLACCA DECANDRA

Antisykotisch.

Fluor aus der Gebärmutter. Geschwüre des Gebärmutterhalses. Szirrhus (Faserkrebs) oder Krebs des Gebärmutterhalses (Conium). Ausfluß sehr reichlich, gelb, dick und häufig zäh und reizend.

Speichel zäh, gelb, dicke Fäden ziehend, mit Metallgeschmack. Schmerz an der Zungenwurzel beim Schlucken. Entzündung, Schwellung und Verhärtung der Brüste.

PLATINUM

Fluor mit Stuhlverstopfung und großer Empfindlichkeit der äußeren Geschlechtsteile. Eiweißhaltiger Fluor nur am Tage, mit kneifenden Schmerzen im Bauch und einem Drücken nach unten in den Leisten. Wollüstiges Kribbeln in der Schamgegend.

PSORINUM

Fluor in großen Klumpen mit unerträglichem Geruch. Er hinterläßt einen gelben Fleck auf der Wäsche. Fluor mit ständig zunehmender Schwäche und Kräfteverlust. Fluor dünn, ätzend und äußerst übelriechend.

Ekzem hinter den Ohren und wunde Mundwinkel. Der Körper hat einen üblen Geruch, selbst nach einem Bade. Schweiß sauer und übelriechend. Haut bleich, schmutzigbraun, picklig, ungewaschen aussehend, schuppig, rauh und feucht. Müde, abgeschlagen, möchte sich hinlegen. Große Empfindlichkeit gegen Kälte oder plötzlichen Wetterwechsel.

RANUNCULUS BULBOSUS

Wirkung psorisch und pseudo-psorisch.

Fluor zuerst mild, nach ein oder zwei Tagen jedoch wird er sehr scharf und ätzend.

Die Patientin leidet unter Druck und Enge in der Brust oder an stechenden Schmerzen durch die Brust. Interkostalneuralgie.

RHODODENDRON

Fluor blutig. Gonorrhoe der Eierstöcke und Eileiter. Eierstockszysten. Der Fluor bewirkt Jucken und Wundheit an Genitalien und Oberschenkeln. Viel Brennen in der Gebärmuttergegend.

Choleraartige Symptome, die von gonorrhoischem Rheumatismus herrühren, der entweder ererbt oder erworben ist. Akute Gelenkentzündung und allgemeiner Rheumatismus, der von feuchtem Wetter oder von Durchnässung herbeigeführt wird; $<$ vor einem Sturm, besonders einem Gewitter.

Arbeiterfrauen, starke Konstitutionen, die unter sykotischem Rheumatismus leiden.

Verschlechterung: Rheumatismus und alle Beschwerden $<$ durch Gewitter. $<$ von nassem, windigem oder stürmischem Wetter (Rhus tox.).

RHUS TOXICODENDRON

Rheumatische Dysmenorrhoe, sekundäre oder tertiäre Sykose.

Fluor wie schmutziges Wasser, verursacht durch Heben, Überanstrengung oder Naßwerden. Er ist häufig scharf und wundmachend und nicht selten verursacht er Herpes oder Blasen an den äußeren Geschlechtsteilen mit intensivem Jucken, durchdringenden Schmerzen und Brennen. Eine außergewöhnliche Anstrengung bringt die Menstruation zurück. Unterdrückung der Menses von Naßwerden, wonach ein sehr scharfer Fluor folgt.

Rheumatische Schmerzen in Muskeln und Sehnen. Steifheit, Lahmheit, Schmerzhaftigkeit im ganzen Körper, alles ist < wenn sie anfängt, sich zu bewegen, aber > wenn sie in Bewegung ist, bis die Muskeln müde werden.

Das Mittel zeigt die Sykose in ihrer Manifestation auf das Muskelsystem, die Sehnen und die Haut. Es ist ein echtes Antisykotikum.

Verschlechterung: durch Ruhe, Stille, nachmittags und durch Kälte.

Besserung: von Bewegung, Wärme, warmem und trockenem Wetter, von Reiben der betroffenen Körperteile.

ROBINIA

Fluor weißlich oder grünlich mit einem Zerschlagenheitsgefühl im Leib. Fluor dick, gelb und scharf mit einem sehr stinkenden Geruch. Zwischen den Menstruationen Ausfluß von Blut gefolgt von einem scharfen, dicken, eitrigen Fluor.

Starke Übersäuerung des Magens. Leib hart, fest und geschwollen.

Mehr bei dunkeläugigen Menschen mit dunkler Gesichtsfarbe angezeigt.

SABINA

Antisykotisch.

Fluor dünn, milchig, stinkend. Unterdrückung der Menses mit milchigem Ausfluß ODER MIT EINEM REICHLICHEN UND STÄRKEHALTIGEN AUSFLUSS UND ZIEHENDEN SCHMERZEN VOM KREUZ BIS HIN ZUR SCHAM. Sykotischer und gichtischer Fluor, gelblich, serös-jauchig, starkes Jucken verursachend. Blutiger Fluor, der alle zwei Wochen eintritt, übelriechend oder stark riechend. FLUOR NACH ABORTUS ODER NACH FEHLGEBURT IM

DRITTEN MONAT DER SCHWANGERSCHAFT. Feigwarzen mit Jucken und Brennen.

Paßt für plethorische Frauen. Müdigkeit oder Abgeschlagenheit und krankes Gefühl in der Lendengegend, von hinten nach vorn zerrend.

Verschlechterung: Musik ist unerträglich.

Besserung: in kühler, frischer Luft.

SANGUINARIA

Dieses Mittel soll besonders gut sein für Fluor nach Aufhören der Menses in den Wechseljahren.

Der Ausfluß ist stinkend und ätzend. Klimakterische Beschwerden mit scharfem Fluor, verbunden mit starkem Brennen der Hände und Füße (wie Phos., Sulf.). Wirft die Bettdecken ab (wie Lach., Sulf.). Es hat Flatulenz aus der Scheide (Lyc.). Schmerzen in den Lenden, die durch den Unterbauch und die Gebärmutter bis zu den Oberschenkeln ausstrahlen.

Für tuberkulöse Patienten mit Husten, Gebärmutterpolypen, Krebs oder Geschwüren des Muttermundes.

SARRACENIA PURPUREA

Antisykotisch und pseudo-psorisch.

Milchiger, dicker Fluor von üblem oder fauligem Geruch, mit krampfartigen Schmerzen in der Gebärmutter. Der Fluor verursacht einen reizenden Ausschlag auf den äußeren Genitalien.

Harndrang mit einem Gefühl als wäre die Blase sehr voll (Caladium). Starkes Rumoren im Bauchgebiet beim Liegen (Lyc.). Geschmack ölig und bitter. Stühle dunkel, hart und mit Schleim bedeckt (Alum.).

SARSAPARILLA

Antisykotisch.

Menses verspätet, spärlich, scharf und an der Innenseite der Oberschenkel brennend. Fluor schleimig, spärlich; < beim Gehen oder Reiten.

Starker Schmerz bei Beendigung des Urinierens. Harnsediment wie grauer Sand. Urin rötlich, trüb, enthält Schleimflocken. Der Harn tröpfelt oft beim Sitzen. Nierenkolik mit Abgang von Sand oder Grieß aus den Nieren.

Angezeigt nach unterdrückter Gonorrhoe, wenn sich die Unterdrükkung im Harntrakt und der Blase manifestiert. Die Patientin sieht alt aus. Häufig angezeigt bei sykotischen Kindern für Blasen- oder Harnwegsbeschwerden (Acid. benz., Acid. nitr.).

SECALE CORNUTUM

Ein antipsorisches Mittel, wirkt aber bei allen Miasmen, sogar bei der Syphilis.

Der Fluor ist bräunlich und übelriechend oder er ist geleeartig und wechselt mit abnorm starken Regelblutungen (Menorrhagie) ab. Nicht selten ist er dunkel, jauchig oder eitrig, was man bei bösartigen Erkrankungen antrifft. Bei Gebärmuttergeschwüren oder -krebs ist der Ausfluß dunkel, eitrig und blutig mit brennenden Schmerzen in der Gebärmutter; Fluor sieht aus wie Kaffeesatz oder zersetztes Blut (Ars., Con., Pyrog.).

Allgemeine Kälte, obgleich Hitze sie < . Die Haut fühlt sich kalt an.

Angezeigt bei schwachen, kachektischen, dünnen und knochigen Frauen, die furchtsam, ohne jeden Lebensmut und schwermütig sind.

Verschlechterung: von warmem Zudecken.

Besserung: in kalter Luft.

SEPIA

Syko-psorisch.

Der Fluor dieses wundervollen Mittels ist vielfältig und wechselhaft; ich traf ihn jedoch entweder milchig und weiß an oder er war dick und gelb und hinterließ Flecken in der Wäsche. Bei Gonorrhoe ist die Leukorrhoe gelegentlich gelblichgrün, manchmal ist sie auch klumpig und hat einen stinkenden Geruch. In letzterem Falle sind häufig Stiche im Gebärmutterhals zugegen und der Fluor ist ziemlich scharf und verursacht Wundheit der Schamteile.

Meistens ist ein Gefühl von Druck nach unten vorhanden, was bei Verlagerungen oder anormaler Lage sehr deutlich ist. Kreuzen der Beine erleichtert den Druck nach unten. Allgemeine Schwäche der Geschlechtsorgane. Gefühl einer Kugel in inneren Organen, wodurch sich die Geschlechtsorgane wie ausgeweitet anfühlen, als ob alles aus der Scheide fallen würde. Dies gibt uns ein gutes Bild von Sepia bei Unterleibsbeschwerden.

Sepia paßt für körperlich schwache Frauen mit dunklen Augen. Für gewöhnlich hat die Patientin schmutziggelbe oder weiße Flecken im Gesicht. Die Haut ist fein mit fester Faser, ihr Charakter ist aber mild und freundlich.

Verschlechterung: vormittags und abends.

Besserung: von anstrengenden Körperübungen.

SILICEA

Pseudo-psorisch, wirkt aber in den tertiären Stadien aller Miasmen.

Milchiger Fluor, wäßrig und manchmal bräunlich, oder die Patientin hat blutige Ausflüsse zwischen den Menstruationen. Ausflüsse von weißlichem Wasser aus der Scheide zwischen den Perioden, < nach Essen saurer Speisen. Fluor mit starkem Jucken und durchdringenden Schmerzen der äußeren Geschlechtsteile. Es gibt bei Silicea auch einen milchigen oder einen reichlichen, gelben, ätzenden und wundmachenden Fluor.

Paßt für hellhaarige, muskelschwache, blaßgesichtige Leute mit dünnem Blut. Außerdem für Frauen mit trockener Haut und tuberkulöser Anlage, die reizbar und nervös sind.

Verschlechterung: im Freien, von Kälte und bei Neumond.

Besserung: durch Wärme und durch Tragen warmer Kleidung.

STANNUM

Pseudo-psorisch.

Fluor mit Gebärmuttervorfall, großer Schwäche und einem Gefühl in der Gebärmutter, als würden die Menses kommen. Weißlicher Fluor, eiweißartig, durchsichtig, schleimig oder dünn und wäßrig mit großer Schwäche.

Schwäche in der Brust und im Hals. Stimme belegt oder heiser, tief, hohl und schwach. Trockener Husten am Abend bis Mitternacht, Auswurf grünlich oder grünlichgelb; er schmeckt süß und riecht muffig.

Die Glieder versagen leicht. Möchte immer sitzen oder liegen.

SULFUR

Antipsorisch.

Fluor mit schneidenden und kneifenden Schmerzen um den Nabel herum. FLUOR SPÄRLICH, SCHARF, WUNDMACHEND, JUCKEND MIT DURCHDRINGENDEN SCHMERZEN UND BRENNEN DER ÄUSSEREN GESCHLECHTSTEILE. Fluor dick, gelb, brennt wie Salz und juckt, < nachts, wenn die Patientin im Bett warm wird.

Brennen in den Fußsohlen und große Hitze und Unruhe mit Verlangen nach kühler Luft, wirft die Kleidung ab.

Alte, chronische Fälle von Fluor mit einer deutlichen psorischen oder Sulfur-Diathese.

VERATRUM ALBUM

Menses zu früh und viel zu reichlich mit Hirnkongestion und choleraähnlichen Symptomen.

Starke Geistesstörungen. Erschöpfung mit kaltem Schweiß besonders auf der Stirn. Kaltes Gefühl auf dem Scheitel mit Herzkonstriktion. Erbrechen, Reiswasserstühle. Allgemeiner Kollaps. Großer Durst auf kaltes Wasser, Limonade oder Saures, will aber alles kalt haben. Abneigung gegen warme Speisen. Plötzliches Abnehmen der Kräfte wie bei Arsenicum.

Paßt für magere, cholerische und schwermütige junge Frauen mit hellbraunem Haar und schlaffen Muskeln.

ZINCUM METALLICUM

Pseudo-psorisch.

Fluor dick, < vor den Menses und nach Stuhl, mit Stechen und Beißen in den Schamteilen, < beim Gehen, als Folge von Onanie bei jungen Mädchen. Dem Fluor gehen schneidende Schmerzen in den Därmen und Auftreibung des Bauches voraus. Sexuelle Manie von Scheidenjucken bei jungen Mädchen.

Starke nervliche Erschöpfung und Unruhe der Füße und Beine. Stechen wie von Nadeln, Zucken und Schmerzhaftigkeit in der Wirbelsäule. Hysterische Symptome. Der Geist ist langsam. Die Patientin ist abgespannt, müde und vergeßlich.

Angezeigt für Rückenmarksreizung bei schwachsinnigen Mädchen.

Vergleichstabellen der Miasmen

aus J. H. Allen
„Die chronischen Krankheiten“
Band 1 und 2 mit Ergänzungen aus
C. Hering „Leitsymptome Bd. 1 – 10“ u. a.

zusammengestellt von
Renée von Schlick

Erklärung der Zeichen:

Normalschrift:	J. H. Allen „Die chronischen Krankheiten“
Kursivschrift:	C. Hering „Guiding Symptoms“ Bd. 1 – 10
(AN):	H. C. **A**llen „Materia Medica der **N**osoden“
(R):	H. A. Roberts „The Principles and Art of Cure by Homoeopathie“ Health Science Press, Rustington, Sussex, England 1942
(B):	P. N. Banerjee „Chronic Disease – its Cause and Cure“ Gidni/Bengal, India 1931

GEMÜT

Psora	Pseudo-Psora	Syphilis	Sykose
Temperament und Charakter: Geistige Aktivität: – geistig überaktiv, sehr scharfsinnig; – heiter und geistreich, – aktiv, schnell in seinen Bewegungen.	– Eigensinnige, – rechthaberische, – widerspenstige Kinder.	Stumpf, dumm, schwerfällig, schnell ermüdet von geistiger Arbeit. – Langsam im Begreifen. (B) – Eigensinnig, mürrisch. – Starrsinnig. (R)	Geistige Hartnäckigkeit; – *Furcht vor jedem Wechsel;* – eigensinnig; – mürrisch, mißtrauisch. Sehr – ängstlich wegen seiner Erkrankung. Neigt dazu, aus allem – ein Geheimnis zu machen; fürchtet, seine Geheimnisse zu verraten. (R) – Boshaft. (B)
Gehobener Stimmung. – Intelligent. (B)		Niedergeschlagen. – Schwachsinnig. (B)	
Schnell verwirrt – leicht gereizt, – widerspenstig.	*Reizbar, besonders* *– beim Erwachen.* *Abneigung gegen Personen.*	*Reizbar, heftig.* – Grausamkeit bei Kindern (Vannier)[1]. – Künstlerische Begabung mit morbider Tendenz (Vannier).	– Widerspenstig und reizbar, neigen zu – Wutanfällen, – Unehrlichkeit, – moralischem Fehlverhalten, – Kriminalität. – *egoistisch.*
Nervenschwäche: Die Patienten – vertragen nicht viele Störungen. Bei Krankheit bleiben sie lieber ruhig, außer, wenn der Geist betroffen ist. Sie sind – empfindlich gegen	*Nervös,* *– vertragen nicht viele Störungen.*	*Nervös,* *– weint ohne Grund.*	Kinder wollen nicht alleingelassen werden, wollen ständig gewiegt, getragen oder bewegt werden.

atmosphärische Einflüsse. *Überempfindlich gegen* – *Geräusch und Lärm.*	*Empfindlich gegen Musik.*		
– Leicht erschöpft von geistiger Anstrengung und psychischen Eindrücken. – Verzagtheit mit Müdigkeit. – Kopfschmerzen bei geistiger Anstrengung oder Lesen. – Arbeitsscheu.	Abneigung gegen geistige und körperliche Arbeit. (AN)	Geistige Arbeit ermüdet.	
– Schwinden der Gedanken beim Lesen und Schreiben; – kann seine Gedanken nicht beherrschen; – zeitweilige völlige Gedankenleere.	– Vergeßlichkeit; eine Art von – geistiger Lähmung wie bei der Syphilis ist oft sehr ausgeprägt bei Schulkindern. – Apathisch. – Konzentration und Verstehen fast unmöglich; – kann nicht denken. (AN)	Vergeßlichkeit; eine Art von – geistiger Lähmung bei der Syphilis. *Kann kürzlich* – *GESCHEHENES nicht behalten; desgl. keine Namen, Buchtitel, Ortsnamen.* – *Konzentrationsschwäche. Kann* – *schlecht rechnen.*	– Gedanken und Vorstellungen entschwinden. Er liest einen Vers oder ein paar Zeilen wieder und wieder, kann das – GELESENE nicht behalten. Es ist wie eine Art von – geistiger Lähmung. Er vergißt sogar was er gerade – SAGEN wollte. – Zeitweilige Gedankenleere, verliert den Faden beim Gespräch, – wiederholt sich deshalb oft, – kann das richtige Wort nicht finden. – Erinnerung an kürzlich vergangene Dinge fällt schwer. An lange vergangene Dinge können sie sich gut erinnern.
Geistesabwesend.			– Geistesabwesend nur bei bestimmten Dingen. Er – vergißt Wörter, Sätze oder die vorigen Zeilen, die er gerade gelesen

[1] Nach Vannier folgt hier auf Syphilinum häufig Phytolacca. Im allgemeinen ist die französische Schule der Meinung, daß Syphilinum erst voll wirken kann, wenn früher oder später eines der antisyphilitischen Mittel gegeben wird, vor allem Phytolacca.

Psora	Pseudo-Psora	Syphilis	Sykose
Im Delirium oder Wahnsinn – redet der Patient ohne Pause: eine übersprudelnde Zahl von Wörtern fällt ihm ein, – seine Gedanken laufen zu schnell. Er tut abstoßende Dinge im Delirium.			hat; er fragt sich, wie das einfachste Wort geschrieben wird. – Wenn er die Worte gefunden hat, ist er nicht sicher, ob sie richtig sind. Er – zweifelt an seiner Rechtschreibung, – läßt Worte oder Buchstaben aus oder benutzt die falschen. Er hat – Schwierigkeiten beim Angeben seiner Symptome. Fürchtet, sie nicht richtig anzugeben oder etwas vergessen zu können.
Psychische Einbildungen: Psychische Einbildungen aller Art. Sie sind jedoch nicht so echt wie bei der Sykose oder Syphilis, sondern vorübergehend und flüchtig. Ihre Einbildungen sind oft verrückter, als in einem echten Delirium. Die Zeit vergeht zu schnell oder zu langsam.		*Meint, er werde verrückt oder gelähmt.* *Gefühl weit weg zu sein.*	– Psychische Einbildungen beständiger Art. *Meint,* – *jemand sei hinter ihr her;* – *eine Sünde begangen zu haben und in die Hölle zu müssen.* *Die Zeit vergeht zu langsam; meint, gestern sei eine Woche her.*
Stimmung: – Gehobene Stimmung, aber sie sind leicht aus der Fassung zu bringen; sie sind empfindlich gegen – schlechte Nachrichten oder – Freude; sie werden – plötzlich zornig, sie – zittern vor Wut; gleich danach	– Reizbar; schon durch Kleinigkeiten. Nichts gefällt ihm; schnippisch. – Streitsüchtig, grob, – wirft mit Gegenständen, sogar grundlos. Weinerlich, – weint ohne Grund; – weint unwillkürlich. Mutlos und verzagt. (AN)	Fixierte Gemütslage; – *niedergeschlagen;* – *apathisch, gleichgültig gegen die Zukunft.* – *Empfindlich und schlecht gelaunt.* – *weint ohne Grund;* – *reizbar, heftig.* – Widerspruch macht zornig.	*Kann nicht sprechen, ohne zu weinen.*

– weinen sie und fühlen sich übel und unwohl. – Plötzlicher Wechsel von Fröhlichkeit zu Traurigkeit oder zu schlechter Laune.	Verdrießlich. (AN) Schlecht gelaunt, mürrisch. (AN)		
Ständig klagend, murrend, oft kritisierend, niemals zufrieden. Es sind die Ausgenutzten, die Vernachlässigten, obgleich in Wirklichkeit jeder für sie tut, was er kann.	Liegt im Bett und klagt. (AN)		
Wenn sie krank sind, sind sie ängstlich, – mutlos, verzweifelt, – schwermütig und – wechselhaft in ihren Launen. Im schweren Fällen und besonders bei einer Unterdrückung sind sie – traurig, freudlos, – verzweifelt, launisch.		*Mutlos, verzagt, zweifeln an Besserung.*	Sehr ängstlich wegen der Erkrankung. Selbst bei geringen Anfangssymptomen auffallende Angst, schwer krank zu sein.
Betrübt und – voller übler Vorahnungen. Sie – zweifeln an ihrer Gesundung, sind hoffnungslos.			*Vorahnungen, meistens sogar richtig. Ahnt den Tod voraus.*
Hysterie: In einer Menschenmenge werden sie – schwindelig oder ohnmächtig. Vor einer Prüfung oder wenn sie Fremde treffen, haben sie – Kopfschmerzen, – Ohnmachtsanfälle, – Übelkeit, Erbrechen oder haben – plötzlich Durchfall.	Schwere Hysterie; häufigere Anfälle vor Ausbruch einer tuberkulösen Erkrankung. Hypochondrie. – Weint und klagt bei jeder Beschwerde. (AN)		Überängstlich bei Erkrankung.

Psora	Pseudo-Psora	Syphilis	Sykose
Angst: – Ängstlich, erfüllt von – Vorahnungen, – Furchtanfälle tagsüber, – zur Zeit des Neumondes; – vor den Menses, Furcht – vor dem Alleinsein; – im Dunkeln; – Weinen beruhigt.	Angst; große Angst – vor der Zukunft. Periodisch in Angst und Schrecken. (AN)		*Angst im Dunkeln.*
– Beklemmung und Angst morgens beim Erwachen.		Beklemmung nachts.	Beklemmung bei Wetterwechsel.
– Furcht vor dem Tode oder vor Krankheit. – Furcht, unheilbar zu sein.	Fürchtet sich leicht, bes. – vor Hunden. (AN)	Furcht vor der Nacht.	
– Leichtes Erschrecken, – Zittern, Schütteln vor Angst.			
Begleitsymptome der Angst: Nach den Angstanfällen: – Kälteschauer oder Frösteln, – große Schwäche und Muskelerschöpfung mit – starkem Schweiß. – Ohnmachtsanfälle, – Kopfschmerzen, – Übelkeit, Erbrechen, bis zu Zuckungen, Epilepsie und Krämpfen.		Große körperliche und geistige – Erschöpfung morgens beim Erwachen, leidet schrecklich dabei.	
Menschen, die an Magen– oder Leberbeschwerden leiden, haben plötzliche Angst mit starkem Herzklopfen. Die			

Leber wird untätig - häufig durch Überessen - dadurch wird der Patient – sehr niedergeschlagen, – reizbar und mürrisch, er wird – plötzlich kraftlos und hat keine Lust, irgendwelche geistige oder körperliche Arbeit zu tun, ist – arbeitsscheu, faul und matt. Er hat sogar eine – Abneigung gegen das Denken sowie eine – allgemeine Apathie.			
Unruhe: Anfälle von Ruhelosigkeit. – Unruhe, läuft herum.		Unruhe treibt aus dem Bett. – Unruhe treibt fast in den Selbstmord.	*Immer in Eile.*
Schwermut: Bei Schwermut zeigen sie dies ihrer Umgebung. – Selbstmord ohne Ängste.	Trübsinnig, melancholisch, weint und klagt. – Niedergeschlagen, traurig; – lebensmüde. (AN)	Verschlossen; behält seine Schwermut für sich, man merkt es erst, wenn er – Selbstmord durch Ertränken begangen hat.	Der Wunsch, sich selbst zu entfliehen, – treibt sie oft zum Selbstmord.
		Suicidpatienten sind syphilitisch oder sykotisch. Verstandeskräfte langsam. Die Patienten verdammen sich ständig selbst.	
Begleitsymptome der Schwermut: Schwermut nach dem Erwachen mit – Herzklopfen, – Ängstlichkeit, – Unruhe, – erregten Vorstellungen, – Furcht. – Gefühl des Zusammenschnürens bes. an bestimmten Nervenzentren oder Reflexpunkten.			

Psora	Pseudo-Psora	Syphilis	Sykose
– Blutandrang, – Pulsieren in verschiedenen Körperteilen. – Hitzewallungen, – Blutwallungen (arteriell).			
Krankheiten des Gehirns:	Epilepsie und echte Geistesstörung ist pseudo-psorisch.	Geistige Abweichungen durch zusätzliche Basilarmeningitis infolge Unterdrükkung einer Syphilis oder Sykose (subakut oder chronisch). Degeneration meist sykotisch, syphilitisch oder syko-psorisch.	

Bei allen Miasmen werden geistige oder seelische Störungen durch ein äußeres Auftreten der Krankheit sogleich erleichtert. (s. ALLGEMEINES).

SENSORIUM

Schwindel:

Psora	Pseudo-Psora	Syphilis	Sykose
Das Gehirn wird leicht anämisch, deshalb bekommen sie Schwindel verschiedener Art: – beim Gehen oder Laufen, bei Bewegung, – beim Umdrehen im Bett oder – beim Aufstehen vom Sitzen oder Liegen, – beim Bücken.	Schwindel, der an der Hirnbasis beginnt ist eher sykotischer oder syphilitischer Natur oder kann eine tuberkulöse Ursache haben.		
Schwindel – beim schnellen nach oben Sehen, – beim Schließen der Augen;		Schwindel beim nach oben Sehen.	*Schwindel* *– wie betrunken,* *– beim Erwachen,*

– beim Lesen oder Schreiben,
– mit Verwirrung des Geistes oder
– mit Flecken oder Sternen vor den Augen, oder dem Gefühl eines Schleiers vor den Augen.
Schwindel mit dem
– Gefühl des Fallens;
Schwindel wie auf einem Schiff.
Schwindel
– auf einem Schiff oder auf See mit Übelkeit und Erbrechen oder
– beim Fahren in der Straßenbahn oder in einem Wagen.

Schwindel
– mit kurzem Bewußtseinsverlust;
– mit Täuschungen: die Dinge erscheinen zu groß oder zu klein;
Empfindungen, als ob
– der Kopf größer als der Körper sei, als ob
– man sich im Kreise drehen würde;
– mit Leichtigkeit des Kopfes als ob man schwimmt.
– als ob man in der Luft schwebt.

Begleitsymptome:
Schwindel
– mit Blutandrang zum Kopf oder Gesicht,
– mit Kopfschmerzen; oder
– Gesichtsschmerzen, gefolgt von
– vorübergehender Blindheit;
– wie betrunken, bes. morgens;
mit
– Verwirrtheit, Übelkeit und Erbrechen von Schleim.

– beim Bücken,
mit Angst, zu fallen,
geht in Zickzacklinien.
Schwindel
– in der Scheitelgegend,
– im Hinterkopf.

Leichtigkeit im Kopf.
Zusammenziehendes Gefühl im Kopf erzeugt starken Schwindel.

Psora	Pseudo-Psora	Syphilis	Sykose
Schwindel – mit Aufstoßen, – mit Verdauungsbeschwerden, – mit Übelkeit, Erbrechen, Störungen des Pfortadersystems und Verstopfung. – Drehschwindel mit Übelkeit bei galligen Personen.			
Schwindel – mit Hitzewallungen oder Schweißen, die oft erleichtern, – im warmen Zimmer oder in schlechter Luft, – mit Brausen in den Ohren und Verwirrung der Sinne, Schwere des Kopfes und Schwäche der Beine und Herzklopfen.			

KOPF

KOPFSCHMERZEN

Zeit und Modalitäten:	Morgenkopfschmerz, ständig wiederkehrend, andauernd, meist in der Stirn. Kopfschmerz meist – < wenn der Morgen naht, bei Aufsteigen der Sonne. – > bei Sinken der Sonne; – > von Ruhe, Stille, Ausruhen oder Schlaf; – > von heißen Anwendungen.	Kopfschmerzen jeden – Sonntag oder an Ruhetagen. Kopfschmerzen zu bestimmten Tagesstunden, im allgemeinen – morgens, – < beim Fahren in einem Wagen, – < vor Prüfungen oder durch Begegnung und Unterhaltung – mit Fremden. – > durch Ruhen, Stille, Schlaf und Essen. Kopfschmerzen – > durch Nasenbluten. Kopfschmerzen aufgrund unterdrückter Ausschläge.	Kopfschmerzen – < abends oder bei Anbrechen der Nacht, verschlimmern sich mit dem Fortschreiten der Nacht. – < Ruhe, Hinlegen, Schlaf (R), – < *Hitze; Sonnenhitze;* – > gegen Morgen und während des ganzen Tages. – > vor dem Schlaf; – > *kalten Anwendungen* – > *Bewegung,* Gehen im Freien (R); – > *ztw. von Wärme.*	Kopfschmerzen der Kinder – < nachts, – mit Fieber und Unruhe. Die Kinder – schreien, sind verdrießlich, ärgerlich und ängstlich. – *beim Wagenfahren mit Diarrhoe;* – < *Sonnenlicht.* – > Bewegung.
Ort:	– meistens in der Stirn, – in den Schläfen, manchmal – auf dem Scheitel (Scheitelschmerz häufig sykotisch).	– *Hirn (Meningitis).* – *Hirn, dann Wirbelsäule hinunter.*	– *in gerader Linie von einem Auge nach hinten,* – *von Schläfe zu Schläfe,* – *vom Scheitel bis tief ins Hirn; im Hinterkopf.*	häufig – Scheitelkopfschmerz. – *Stirn oder Schläfe;* – *über den Augen;* – *im Hirn;* – *im Kleinhirn und Medulla;* – *im Hinterkopf;* – *abwechselnde Seiten.*
Art:	– anfallweise. – heftig, qualvoll.		– andauernd, hartnäckig. – dumpf, schwer oder wie – durchbohrend.	– brennend im Kleinhirn; Brennen geht Wirbelsäule hinunter.
		Kopfschmerzen dauern häufig tagelang, sind oft unerträglich stark.		

Psora	Pseudo-Psora	Syphilis	Sykose
	Kopfschmerzen häufig mit einem Gefühl von – Bändern um den Kopf; *wie ein Eisenband.* Viele dieser Kopfschmerzen rühren von einem Erguß her.		*Kopfschmerzen wie ein* – *Band um die Stirn, als ob das Gehirn zur Stirn herauskäme.*
Begleitsymptome: Kopfschmerzen, die ein oder zweimal im Monat auftreten, mit – Gallenkolik, Übelkeit, Erbrechen.	Kopfschmerzen mit – rotem Gesicht und Blutandrang zum Kopf; – Eiseskälte der Hände und Füße; *vor den Kopfschmerzen* – *Kälteschauer die Wirbelsäule hinunter.* – Erschöpfung, – Traurigkeit, Mutlosigkeit. – Hunger vor oder während derselben.	*Kopfschmerzen mit* – *großer Schwäche;* – *großer Unruhe, Schlaflosigkeit und starker nervöser Reizbarkeit;* – *nervösem Frieren danach.*	Kopfschmerzen mit – Fließschnupfen.
	Der Patient hat häufig – ein schwaches Gefühl im Nacken, kann den Kopf nicht aufrecht halten, mancmal ist dies so stark ausgeprägt, daß er – bewußtlos wird. – Rollen oder Bohren des Kopfes ins Kissen. Kinder – schlagen oder stoßen den Kopf gegen irgendetwas oder hämmern ihn mit ihren Fäusten. Kopfschmerzen mit – Augenlähmung, Stöhnen, Fieber und Ruhelosigkeit. Oder der Patient ist – dumpf, wirr oder teilnahmslos, sogar halb bewußtlos. Ferner mit – Blutandrang zum Kopf oder Gesicht mit – Brausen in den Ohren und Blutstauung in der Brust, – heißen Händen und Füßen, so daß er sie mit kaltem Wasser baden muß, wie wir es bei PHOSPHORUS oder OPIUM finden. VERSCHLECHTERUNG: gelegentlich < durch Hitze.		

ÄUSSERER KOPF - HAARE

Form und Aussehen: Kopf normal in Größe und Form. Abneigung, den Kopf zu entblößen.	Großer pyramidenförmiger Kopf, vorstehende Stirn. Kopf groß, vorgewölbt, häufig mit offenen Nähten und weichen, knorpeligen Knochen.		
Haare: – trocken, glanzlos, schnell zerzaust, – brechen und spalten leicht. Kann das Haar nicht kämmen, wenn es nicht naßgemacht wird, weil es so trocken ist; muß sich häufig kämmen, weil das Haar nicht hält. Haare – trocken, leblos; voll von – trockenen, kleieartigen Schuppen, die wie ein Regen von Kleie ausgeschüttelt werden können; – stellenweise weiß.	Haare – feucht, kleben zusammen; – übelriechender Kopfgeruch. Haare – trocken, tot wie der Hanf eines alten Seiles oder – ölig und fettig: tuberkulös oder latente Syphilis.		*Haare* – *glanzlos, trocken, spröde.* – *trocken und elektrisch; Frisur hält nicht.*
Haare – fallen allgemein aus – < nach akutem Fieber oder akuten Krankheiten; – werden zu früh grau, bes. wenn es am ganzen Kopfe eintritt. – Kopfhaut sieht immer unsauber aus, wie auch die übrige Haut.		Haare – fallen in Büscheln oder stellenweise aus, im allgemeinen auf dem Scheitel beginnend: latente Syphilis. Ausfallen der – Wimpern und Augenbrauen; der – Haare an den Seiten des Kopfes und auf dem Scheitel: latente Syphilis.	Haare – fallen in kleinen runden Flecken aus. Struppiges, totes, brechendes Barthaar.

Psora	Pseudo-Psora	Syphilis	Sykose
Haare fallen aus nach Bauch- oder Brusterkrankungen oder nach Entbindung: tuberkulös oder psorisch.		Barthaare fallen aus infolge von Hautausschlägen.	
	Haar riecht muffig wie altes Heu.	Haare stinkend, ölig, sauer riechend.	Haar riecht fischartig.
	Das ganze Kind riecht – stinkend sauer, ölig: tuberkulös oder latente Syphilis.		Saurer Geruch des ganzen Kindes.
	Krumme, gebogene oder geknickte und gebrochene Wimpern: tuberkulös oder latente Syphilis. Rote Augenlider, struppige, gebrochene oder unvollständige Augenwimpern, oft auch körnige Lider: Syphilis oder tuberkulös.		

DIE KOPFHAUT

Psora	Pseudo-Psora	Syphilis	Sykose
Kopfhaut trocken, – stark juckend; – trockene Schuppen mit starkem Jucken.	Kopfhaut feucht, stark schwitzend; – stark juckend mit feuchtem, übelriechendem, mattem Haar.	Kopfhaut stark schwitzend; – Schweiß stinkend. (B)	Kopfhaut schwitzend. (R)
Hitze des Kopfes. Meist – < in der Nacht.			
Hitze des Kopfes ist psorisch oder tuberkulös.			
Ausschläge: – Trockene Ausschläge; – trockene, krustige Ausschläge. Wenn die Ausschläge feucht sind, ist die Absonderung gering und besteht aus reinem oder aus blutigem Serum.	– Feuchte Ausschläge auf der Kopfhaut.	Feuchte, dicke Krusten.	
	Der ganze Kopf voller dicker Krusten von getrocknetem Eiter und Ausscheidungen oder		

	– dicke, schwere, gelbe Krusten: tuberkulös oder syphilitisch.		
Kleine, papulöse Eruptionen auf der Kopfhaut.	Pustelartige Ausschläge. – Dicker, gelber, milder Eiter.		
Trockene ekzematöse Ausschläge auf dem Kopf.	Feuchte ekzematöse Ausschläge auf dem Kopf.		
Schmerzhafte, stark juckende Pickel auf der Kopfhaut. Die Pickel entzünden sich, sind sehr empfindlich, aber eitern nicht oder nur mit geringer Absonderung.			
Pilze:	Tinea-Arten (s. HAUT)		Tinea-Arten (s. HAUT)
Modalitäten: Das Jucken wird – > durch Kratzen, es folgt aber Brennen und Schmerz. – < abends durch Bettwärme.	Hautausschläge werden – < durch Baden, im Wasser arbeiten oder Waschen; – < von kalter Luft im Freien.	Hautausschläge – > von kalter Luft im Freien.	

AUGEN UND SEHEN

AUGEN

Typische Beschwerden der Miasmen: Nur einfache Störungen der Lichtbrechung.	Allgemeine Entwicklung der Augenkrankheiten aus den syphilitischen und tuberkulösen Prozessen.	Arthritische und rheumatische Beschwerden am Auge.

Psora	Pseudo-Psora	Syphilis	Sykose
	Astigmatismus und andere starke – Brechungsabweichungen, aufgrund von – Fehlbildungen oder erblichen Schäden des Augapfels. – Veränderungen der Linse, der Sklera, der Aderhaut, des Ziliarkörpers und der Iris. Störungen der Drüsenstrukturen oder des Tränenapparates.		
		– *Ophtalmia neonatorum;* – *Iritis syphilitica < nachts (Entzündung d. Regenbogenhaut)* – *Strabismus paralytica: Auge nach innen gedreht.* – *Augenschmerzen < nachts.*	
Funktionelle Störungen:	Chron. Pupillenerweiterung bei Kindern und Frauen.		
Lichtempfindlichkeit, Lichtscheu.	Fürchten künstliches Licht mehr als Sonnenlicht, auch wenn sie von beiden < werden.		
Starke Trockenheit, Jucken und Brennen der Augen. Intoleranz gegenüber Tageslicht oder Sonnenlicht bei Augenerkrankungen. Reflektorische Augenbeschwerden oder Nervenstörungen.		*Rötung der Augen;* *starker Tränenfluß,* – *brennende Tränen.*	*Hitze und Sandgefühl unter den Lidern;* – *starker Tränenfluß;* *Rötung und Trockenheit der Lider.*
Beschwerden der Konjunktiven, bes. wenn heftiges Verlangen zum Reiben der Augen besteht. Starkes, anhaltendes Jucken in den Augenwinkeln, nicht > durch Reiben.			
Chronische Hyperämie kann psorisch sein.	Bei Fieber starke Tendenz zu entzündlicher Stauung des Auges, danach meistens ernsthafte Augenerkrankungen.	*Hyperämie der Conjunctiva und Sklera.*	*Hyperämie.*

<table>
<tr><td>Entzündungen des Auges
– mit starkem Jucken und Brennen der Lider und Bedürfnis, die Lider zu reiben.</td><td></td><td></td><td></td></tr>
<tr><td>Erkrankungen der Augen und der Lider:</td><td>– Pustulöse Erkrankungen wie in vielen Fällen von Lidgranulomen.
– Granulierte Lider sind häufig tuberkulös. Alle
– Gerstenkörner, weil sie körnig sind.</td><td>– Ptose;
– Schwellung der Oberlider;
– Verklebung der Lider im Schlaf.</td><td>Ptose vollständige; oder
– äußerer Teil der Lider, kann Auge nur schwer öffnen.
– Schwellung der Oberlider,
– Verhärtung des Lidrandes.

Ausfallen der Augenbrauen und Wimpern.</td></tr>
<tr><td></td><td colspan="2">Lidrandentzündung, akut oder chronisch sowie
– schuppige, rote, entzündet aussehende Lider, ferner
– krustige Lider sind entweder syphilitisch oder tuberkulös.</td><td></td></tr>
<tr><td></td><td colspan="3">Geschwüre und spezifische Entzündungen sind sykotisch, tuberkulös oder syphilitisch.</td></tr>
<tr><td></td><td>Chron. Hornhautgeschwüre bei Kindern sind - wenn keine Spur von Syphilis gefunden werden kann - sykotischen Ursprungs auf Basis ererbter tuberkulöser Diathese (Sykose bildet niemals ein echtes Geschwür).</td><td>Chron. Hornhautgeschwüre bei Kindern, nur wenn Syphilis gefunden werden kann.</td><td>Hornhautgeschwüre bei jungen Leuten sind oft sykotisch (auf Basis ererbter tuberkulöser Diathese.)</td></tr>
<tr><td></td><td>Große Mengen dicken Eiters oder dicker Absonderungen, bes. wenn die Farbe gelblichgrün ist.</td><td>Eitrige Absonderung.</td><td>Große Mengen dicken Eiters oder dicker Absonderungen, bes. wenn die Farbe gelblichgrün ist.</td></tr>
<tr><td></td><td colspan="2">Ziliare Neuralgien sind wahrscheinlich tuberkulös oder syphilitisch.</td><td></td></tr>
</table>

SEHEN

Psora	Pseudo-Psora	Syphilis	Sykose
Feurige Zickzackerscheinungen um die Objekte herum oder – dunkle Flecken gefolgt von Lichtstreifen. – Flackerndes oder verwischtes Gesichtsfeld; – die Buchstaben fließen beim Lesen zusammen.		*Diplopie;* *– ein Bild tiefer als das andere.*	*Diplopie.*
Neuralgien und Schmerzen um das Auge herum:			
Schmerzen – < bei Herannahen des Morgens und – < wenn die Sonne zur Mittagshöhe steigt; – > von Hitze.	Schmerzen (wie bei syphilitischen S.) häufig – < nachts oder nach Sonnenuntergang und – < durch Hitze; jedoch – > von heißen Anwendungen (niemals durch Kälte).	Schmerzen – < nachts oder nach Sonnenuntergang. – < durch Hitze.	Schmerzen können zu jeder Zeit kommen. Sie sind – < bei Wetterwechsel oder bei Feuchtigkeit, regnerischem oder stürmischem Wetter.

OHREN UND GEHÖR

Form und Aussehen: Ohren normal in Größe und Form, von schmutziger Färbung und werden auch durch Waschen nicht sauber, was für die Epidermis des gesamten Körpers gilt.	Ohren sehen blaß, weiß und häufig alt aus, manchmal fast durchsichtig mit bläulichen oder hellroten, erweiterten Blutgefäßen, deren Verlauf im Gewebe sichtbar wird. Bei stark ausgeprägter tuberkulöser Anlage sind die Gefäße häufig unverhältnismäßig dick und erweitert.		
Typische Beschwerden: Keine organischen Ohrenbeschwerden.	Organische Ohrenbeschwerden sind tuberkulös oder syphilitisch.		
Schwerhörigkeit meist reflektorisch oder nervös.		*Taubheit* – *langsam fortschreitend;* – *vollständige.* *Kalkablagerungen im Mittelohr.*	*Taubheit.*
	Eitrige Prozesse und Zerstörung der Gehörknöchelchen sind meistens tuberkulös. Ohr ist häufig Sicherheitsventil bei tuberkulösen Kindern: – erleichtert Zahnungsbeschwerden. Abszesse im Ohr – bessern Hirnhautstörungen, die häufig bei Masern, Scharlach und derartigen Krankheiten auftreten. Abszesse mit – aashaftem Geruch, – Absonderungen häufig käsig oder geronnen. Mittel wie HEPAR SULF, TEUCRIUM und PSORINUM haben diesen Eiter.	*Eiterung.* *Absonderung eitrig oder* – *eitrig-wäßrig;* – *spärlich scharf und wäßrig.*	

Psora	Pseudo-Psora	Syphilis	Sykose
	Mittelohreiterung.		
	Ohrbeschwerden – < nachts; – < geringste Kälte oder Zug; – > allgemein durch Aufbrechen von Ohrabszessen und Absonderung von reichlichem, stinkendem Eiter.	Ohrenschmerzen.	Ohrenschmerzen.
Gehörgang – trocken, schorfig; Im Gehörgang – trockene, kleieartige Schuppen. – Ohrenschmalz häufig stark vermehrt oder vermindert.	– Ekzemartige Ausschläge im Bereich der Ohren, besonders – feuchte Ausschläge – Pusteln, Risse und Verkrustungen hinter den Ohren. – Übelriechende Absonderungen hinter den Ohren und um die Ohren herum.		
Ohrlöcher – schmutzig, trocken und schuppig.	– Risse um die Ohren herum wie bei HEPAR SULF., PETROLEUM, TUBERKULINUM usw.		
Überempfindlich gegen – Geräusch und Lärm wie bei COFFEA und OPIUM u. a.			

NASE UND GERUCH

Funktionelle Störungen:

Sehr geruchsempfindlich. Erwachen aus dem Schlafe von Gerüchen.

Empfindlich gegen
- Geruch kochender Speisen,
- Blumenduft, Parfüms,
- Farben, Pflanzen usw.

Dadurch:
- Übelkeit, Erbrechen, Widerwillen gegen Essen,
- Unwohlsein, im Magen, Appetitsverlust,
- Kopfschmerzen,
  Ohnmacht, Schwindel u. a.

Selten Geruchsverlust.

Nasenbluten bei jungen Mädchen. Ursache: Blutandrang zum Gesicht und Kopf, Nacken, Händen oder Füßen. Nasenbluten beim geringsten Anlaß wie
- Naseputzen, leichtem Stoß, selbst vom Gesichtwaschen oder von
- Überanstrengung oder
- Überhitzung.

Blutung stark,
- hellrot, schwierig zu stillen,
- > kalte Anwendungen.

Das Nasenbluten BESSERT oft Kopfschmerzen, Schwindelanfälle und Kongestionen zum Kopf und Gehirn.

Geruchsverlust meist bei Syphilis oder Sykose; ebenso Geschmacksverlust, Gehörverlust.

Psora	Pseudo-Psora	Syphilis	Sykose
Ausschläge, Geschwüre:			
Papulöse Ausschläge und Pickel im Bereich der Nase wie bei der einfachen Akne vulgaris.	Akne rosacea. Akne indurata.	Geschwüre, große dicke Krusten, Backsteine genannt, die das ganze Nasenloch füllen, sie müssen oft entfernt werden, bilden sich aber immer wieder. – Krusten dunkel, grünlich, schwarz oder braun, dick und nicht immer übelriechend.	Rote Nase mit erweiterten Kapillaren ist sykotisch oder kommt von Überreizung des Organismus. Keine Geschwüre oder Krusten.
Schmerzhafte Furunkel, Pickel und Blasen an der Nasenscheidewand häufig. Sie sind außerordentlich – schmerzhaft und empfindlich; sie brechen nur selten auf und sondern nur selten viel Eiter ab.			
Das Septum sieht schmutzig oder schwärzlich aus; bei Schnupfen ist es – trocken, heiß und brennend.		Zerstörung der Nasenknochen. – *Ozaena.*	
Schnupfen und Absonderung:			
Erkältungen im Nasenraum beginnen mit – Niesen, Rötung und Hitze und – Empfindlichkeit gegen Berührung eine Zeitlang nach dem Naseputzen.	Bei Erkältungen: Absonderung – schnell dickwerdend, – eitrig, manchmal blutig.	*Nase verstopft, brennend.* *Anfälle von Fließschnupfen.*	Bei frischen Erkältungen Absonderung – reichlich dünner Schleim; sonst bei Erkältungen: – spärlich, meist – schleimig.
Die Absonderung ist – dünn, wäßrig und scharf.	Katarrhalische Absonderung – dick, meist gelb, hat – Geruch von altem Käse oder von Schwefelwasserstoff, sie – tropft ständig hinunter in den Hals.	*Katarrhalische Absonderung* *– dick, gelbgrün.*	Sie können für gewöhnlich nicht durch die Nase atmen oder den Schleim ausschneuzen, aber – die geringste Absonderung BESSERT den Blutandrang und das verstopfte Gefühl.
			Nasenverstopfung durch örtlichen Blutandrang, der eine Verdickung der Schleimhaut oder der Nasenmuscheln herbeiführt. Absonderung – gelblichgrün und spärlich.

			Grippe ist meistens sykotisch: – Fieber, Schnupfen und rheumatischer Befall zeigen die Sykose an.
Grippe kann auch psorisch sein.	Grippe kann auch pseudo-psorische Mittel erfordern. Bei tuberkulösen Pat. verlagert sich die Krankheit noch in andere Organe wie z. B. Bronchien, Lungen, Hirnhäute o. a.		Grippe kann auch pseudo-psorische Mittel erfordern. Bei tuberkulösen Pat. verlagert sich die Krankheit noch in andere Organe wie z. B. Bronchien, Lungen, Hirnhäute o. a.
		Chron. Schnupfen der Kinder: Syphilis oder Sykose.	
			Schnupfen wenige Tage nach der Geburt auftretend (Schniefen).
			Fließschnupfen. Absonderung meistens – schleimig oder – nur geringer Eiter, derselbe riecht häufig – nach Fischlake oder abgestandenem Fisch.
Heuschnupfen: Psora auch hier stark beteiligt, aber rein psorische Fälle werden leicht mit hom. Mittel geheilt, bei gemischten Miasmen ist dies schwer.			Psora auch hier stark beteiligt, aber rein psorische Fälle werden leicht mit hom. Mittel geheilt, bei gemischten Miasmen ist dies schwer.
	Die schlimmsten Formen von – Heuschnupfen mit viel Niesen und starken örtlichen Beschwerden sind häufig tuberkulöser Natur, der eine erworbene LATENTE SYKOSE aufgepfropft wurde.		Die schlimmsten Formen von – Heuschnupfen mit viel Niesen und starken örtlichen Beschwerden sind häufig tuberkulöser Natur, der eine erworbene LATENTE SYKOSE aufgepfropft wurde.
	Bei Lupus der Nase sind für gewöhnlich alle drei Miasmen vorhanden.		

GESICHT

Aussehen:

Psora	Pseudo-Psora	Syphilis	Sykose
Nicht immer im Gesicht zu erkennen, meist nur in fortgeschrittenen Fällen: Gesicht – bleich, gelblichfahl oder erdgrau.	Gesicht entweder – rund, mit heller, weicher und reiner Haut, die – wachsartig glatt ist, mit – klaren, strahlenden Augen, – weichen, langen und seidigen Augenwimpern und – dünnen Lippen. ODER: Gesicht oder Kopf – in Form einer Pyramide mit dem Kinn als Spitze. ODER: – kräftige Backenknochen, – dicke Lippen fast wie bei einem Neger. (tuberkulös oder latente Syphilis) – Die Augen ungewöhnlich leuchtend, häufig funkelnd, die – Nase kann wohlgeformt sein, die Nasenflügel schmal, die Öffnungen eng, die geringste Verstopfung zwingt ihn, durch den Mund zu atmen. Gesicht selbst in den letzten Stadien der Krankheit noch ziemlich wohl aus-	Gesicht sieht grau und fettig aus. Beim Säugling: – Gesicht grau, aschfahl; sie sehen – alt und runzelig aus, – eingeschrumpft und vertrocknet und voller Falten, wie ein alter Mann. Kräftige Backenknochen, – dicke Lippen fast wie bei einem Neger (tuberkulös oder latente Syphilis). *Gesicht zu einer Seite verzogen.*	*Gesicht blaß und* *– gelblich oder grünlich;* *– grünlich-glänzend;* *– fleckig.* *Gelbes Band quer über die Stirn.*

<table>
<tr><td>Zuweilen wie bei der tuberkulösen Diathese:
– Augen tief eingesunken mit tiefen, blauen Ringen.</td><td>sehend.
Augen tief eingesunken mit tiefen, blauen Ringen.
– Umschriebene, rote Wangen, diese Flecken erscheinen meist
– am Nachmittag oder Abend:
– bei Kindern beim Zahnen, bei Würmern, Fieber, Erkältungen usw.;
– bei Erwachsenen, wenn die tuberkulösen Beschwerden gerade anfangen, sich zu entwickeln oder wenn sie in voller Stärke sind.</td><td></td><td>Gelbe Gesichtsfarbe bes. um die Augen.</td></tr>
<tr><td>Haut und Gewebe:
Gesichtshaut
– trocken, rauh und picklig; sie sieht häufig
– unrein und ungewaschen aus.</td><td>Rötliche, hirsekorngroße
– Papeln auf der Nase, den Wangen und dem Kinn.</td><td>Wunde Stellen auf Lippen und Kinn.</td><td></td></tr>
<tr><td>Kleine, weiße, durchsichtige
– Bläschen um den Mund herum (Wasser- und Kältewundheit).</td><td colspan="2">LATENTE Syphilis oder LATENTE tuberkulöse Diathese:
– Gesichtshaut rauh oder derb, (Stimme rauh, tief und häufig hohlklingend),
Lider:
– rot und entzündet, schuppig und verkrustet mit
– gebrochenen, struppigen, unregelmäßig gewölbten und unvollkommenen Wimpern.</td><td></td></tr>
<tr><td></td><td colspan="2">Tiefe Risse der Lippen sind für gewöhnlich syphilitisch, können aber auch tuberkulös sein.</td><td>Alle warzenartigen Eruptionen sind sykotisch.</td></tr>
<tr><td>Geschwollene, brennende Lippen.</td><td>Schwellungen oder Aufgedunsenheit des Gesichtes, der Lippen, Augen und Lider, bes. morgens oder nach dem Schlafen.</td><td></td><td>Fieberblasen auf Lippen und am Mundwinkel.</td></tr>
<tr><td></td><td></td><td colspan="2">Muttermale und Papillome können entweder sykotisch oder syphilitisch sein.</td></tr>
<tr><td>Bei Gesichtserysipel ist Psora und Sykose gemeinsam beteiligt.</td><td></td><td></td><td>Bei Gesichtserysipel ist Psora und Sykose gemeinsam beteiligt.</td></tr>
</table>

Psora	Pseudo-Psora	Syphilis	Sykose
THERAPIE: vielleicht beginnen mit antisykotischem Mittel wie RHUS TOX , danach ein antipsorisches Mittel wie z. B. SULFUR, um die Heilung zu vollenden oder umgekehrt.			THERAPIE: vielleicht beginnen mit antisykotischem Mittel wie RHUS TOX , danach ein antipsorisches Mittel wie z. B. SULFUR, um die Heilung zu vollenden oder umgekehrt.
Akne vulgaris.	Akne rosacea ist häufig tuberkulös.		*Akne.*
Hitze, Schweiß und Fieber:			
Hitzewallungen zur Zeit des Klimakteriums.	Hitzewallungen zum Kopf oder Gesicht.		
Rote Lippen bei stark psorischen Patienten. Lippen häufig ausgedörrt und trocken mit rußartigem Belag.	Rote Lippen nur bei sehr ausgeprägter Diathese, wenn das Blut fast aus den Lippen zu sickern scheint.		*Hitze im Gesicht und Nacken.*
	Starkes Schwitzen im Gesicht: für gewöhnlich Gesichtshaut blaß, kalt und schwitzend, häufig große Tropfen wie Perlen im Gesicht, an Nase oder Lippen.		*Schwitzen im Gesicht, bes.* *– auf der Oberlippe.*
Im Fieber ist das Gesicht sehr rot, heiß und glänzend.	Im Fieber ist das Gesicht im allgemeinen blaß oder sie haben eine umschriebene Wangenröte. Allgemein bei latenten und auch akuten Stadien häufig morgens beim Aufstehen oder nach Schlaf oder nach dem Essen: – Blässe des Gesichtes oder auch – eine Wange rot, die andere blaß, – eine Wange heiß, die andere kalt.		
Klinische Diagnosen:			
		Facialislähmung.	Steifheit von – Kiefer und Zunge; – der Gesichtsmuskeln.

MUNDHÖHLE, ZÄHNE UND ZAHNFLEISCH

	Blutungen im Mund (außer bei akuter Syphilis), – Zahnfleischbluten bei geringster Berührung, – Zurückweichen des Zahnfleisches oder – weiches, schwammiges Zahnfleisch, leicht blutend.		
Mundfäule und Stomatitis bei Kindern.	Geschwüre im Mund sind syphilitisch oder tuberkulös, ebenso wie – Schwellungen und Verhärtungen der Drüsen, – pathologische Veränderungen der Zähne oder der Zahnreihen.		
Zähne:	Gebiß unvollkommen gebildet, – Zähne keulenförmig oder in unvollkommener oder unregelmäßiger Ordnung. – Zähne oft brüchig oder kariös bevor sie ganz durchgekommen sind. – Zahnen mit Schmerzen und konstitutionellen Störungen wie – mit Durchfällen, Dysenterie, Krämpfen, fieberhaften Zuständen, Mittelohrabszessen, Verdauungsstörungen oder auch mit Kongestion oder Entzündung der Hirnhäute. Dabei – Zahnfleisch stark geschwollen, hart und knorpelartig.	*Schneidezähne* – *verkrüppelt und an den Enden zusammenkommend;* – *Innenseite konkav, Schneide gesägt.* *Milchzähne gesägt;* – *ausgehöhlt.* *Zähne zerfallen am Zahnfleischrand und brechen ab.*	*Zähne* – *verfallen oder verfaulen leicht.* *Zähne sind* – *gelb.* *Zahnränder gesägt.*

Psora	Pseudo-Psora	Syphilis	Sykose
Geschmack: Jedes Miasma kann einen teilweisen oder vollständigen Geschmacksverlust aufweisen, desgleichen einen fauligen Geschmack. Ein veränderter Geschmack ist jedoch immer psorischen Ursprungs.			
Geschmack – sauer, süß oder bitter oder auch einfach schlecht. Geschmack – bitter mit gelb belegter Zunge; – sauer nach Essen von Süßem; – wie verbrannt.	Eitriger Geschmack oder Geschmack von Eiter und Blut. – Sehr süß schmeckender, eitriger Auswurf; – salziger Geschmack oder – nach faulen Eiern. Latente Tuberkulose: – Blutgeschmack, häufig morgens, kann während der Menstruation o. a. auftreten. Metallartiger Geschmack: Syphilis oder tuberkulös.	Speichel ist baumwollartig, – fadenziehend, klebrig, mit einem Geschmack – nach Metall oder Kupfer oder – *süßlich.*	Eitriger, muffiger oder fischartiger Geschmack.
Geschmacksveränderungen: – Brot schmeckt bitter. – Reines Wasser schmeckt bitter. – Wasser hat unnatürlichen Geschmack. – Geschmack von vorher Gegessenem oder – Aufstoßen mit Geschmack von Essen, Fett oder Öl usw. – Speisen schmecken unnatürlich. **Geschmacksempfindlichkeit:** Geschmack von – Anwendungen auf der Haut wie Petroleum, Terpentin, Schmalz, Linimenten oder Einreibungen gegen Rheuma.			

– Geschmack bitter an der frischen Luft.			

MAGEN

Hunger: Krankhafter oder unnatürlicher Hunger. Hunger – zu unnatürlichen Zeiten – ein oder zwei Stunden vor der Essenszeit – nachts nach Schlaf – wenn der Magen voll ist; – mit Gefühl von Schwäche und Erschöpfung vor dem Essen; – mit großer Entkräftung nach dem Essen. Essen – macht ihn schläfrig. Essen – verursacht starken Schweißausbruch. Nach dem Essen – starke Aufblähung und Völle. – Blähbauch mit Flatulenz.	Hunger, der durch Essen nicht gestillt wird oder – extremer Hunger mit Gefühl von Erschöpfung, Schwäche und Leere im Magen (obgleich psorischen Ursprungs). Sie – essen mehr, als sie verdauen können, oder sie haben – morgens keinen Appetit, aber zu anderen Mahlzeiten Hunger. Bes. Kinder haben – großes Verlangen nach bestimmten Dingen, aber lehnen sie ab, wenn sie sie erhalten.	*Appetitverlust.* *Appetit* – *gleichgültig oder* – *auf ausgefallene Dinge.*	*Appetitverlust.* *Appetit vermehrt.* *Heißhunger gleich nach dem Essen.*
Begierden und Abneigungen: Starkes Verlangen nach – Zucker und Süßigkeiten. Verlangen nach – Saurem und sauren Sachen.	Ebenfalls Verlangen nach – Süßem, – Saurem und sauren Sachen: dies rührt aber von der Psora her. Verlangen nach – Kartoffeln.		

Psora	Pseudo-Psora	Syphilis	Sykose
Verlangen nach – heißem oder warmem Essen. oder: – Widerwillen gegen gekochte Speisen.	Liebt heiße oder richtig kalte Speisen. (Er ist extrem in Bezug auf Hitze und Kälte in jeder Beziehung: einen Teil des Tages fröstelt er, während eines anderen Teiles ist ihm zu warm.) Verlangen nach kaltem Essen und Trinken.		Verlangen nach – heißem oder warmem Essen.
Verlangen nach – Gebratenem, – starken Gewürzen. Wünscht – Fett und fette Speisen, – fette Pasteten und Konfekt, die nach dem Essen Gallen- und Magenbeschwerden verursachen. Häufig werden durch diese Wünsche und Gelüste Gallenzustände angekündigt.	Heißhunger auf – Fleisch, fettes Fleisch wird jedoch meistens abgelehnt. BESSER: durch – Fette und fettes Essen. Zeitweise Heißhunger auf – Salzgebäck, – Salzfisch, – geräucherten Schinken, – geräuchertes Fleisch. Braucht – viel Salz im Essen.	*Abneigung gegen* – *Fleisch.* – tierische Produkte außer Milch. (B) Verlangen nach Milch, verträgt sie nicht sehr gut. (B)	Verlangen nach – fettem Fleisch, – fetten Soßen, – gut gewürzten Speisen. Oder: – Aversion gegen Fleisch.
Häufig werden Speisen, die ihnen angenehm waren, abstoßend und sie bekommen eine Abneigung gegen sie: z. B. bekommt der Raucher einen Widerwillen gegen seine Pfeife. Nachdem dieser Zustand vorübergegangen ist, meist nach kurzer Zeit, nehmen sie ihre alten Gewohnheiten wieder auf. **Fieber und Schwangerschaft:** Im Fieber Verlangen nach – Buttermilch, sauren Sachen, eingelegten Gürkchen, Kohl und	Gelüste nach – unverdaulichen Dingen bes. in der Schwangerschaft, wie – Kreide, Kalk, Schieferstiften usw. – Salz, sogar pur.		

– unverdaulichen Dingen, die sie nicht haben sollten. Im Fieber oder bei Leberbeschwerden häufig – Abneigung gegen Süßes – Heißhunger auf Saures, Buttermilch, Fruchtsäfte, Limonaden, kohlensäurehaltiges Wasser. Ebenso in der Schwangerschaft: die unnatürlichen Gelüste verschwinden meist nach der Entbindung, dann folgt Widerwillen. Häufig werden die Gelüste auf das Kind übertragen und begleiten es viele Jahre.			

Anregungsmittel:

Die Psora oder Pseudo-Psora schwächt den Organismus so stark und setzt die Vitalität so herab, daß ein Verlangen nach Anregungsmitteln entsteht. Dies kann bei Fleisch beginnen, danach Tee und Kaffee, sodann Tabak und schließlich alkoholische Getränke.
Umgekehrt werden alle giftigen Drogen früher oder später zur Ursprungsstörung einer Psora oder der chron. Miasmen überhaupt, bes. aber der Psora.

Bei der Syphilis oder der Sykose verbietet die orthodoxe Schule alle stimulierenden und reizenden Speisen ebenso wie berauschende Getränke und Narkotika jeder Art. Biere, Weine, Liköre sind strengstens verboten. Warum? Weil sie den Ausschlag oder den gonorrhoischen Ausfluß nicht unterdrücken können, wenn der Patient diese Dinge zu sich nimmt.

	Verlangen nach – Stimulantien, auch wenn sie sie niemals zu sich genommen haben, bes. nach – Bier, Wein, Ingwerbier oder – heißen, aromatischen Sachen.	*Verlangen nach* *– alkoholischen Getränken. Schwerer Alkoholismus.*	Verlangen nach – Bier; – *Likör.*

Diät:

Verträgt Fleisch besser als sykotische Patienten.			Fleisch fördert die Bildung von Harnsäure und die Anlage zur Gicht. Es geht ihm besser bei vegetarischer Kost.

Psora	Pseudo-Psora	Syphilis	Sykose
			Stickstoffhaltige Nahrung empfohlen in Form von Nüssen[1], Bohnen, mildem Käse usw.
Fleisch, Fett und Gemüse verbinden sich nicht gut.			
	Stärkeerzeugnisse werden schwer verdaut, müssen oft ganz gemieden werden, besonders bei Kindern unter 2Jahren.		
BESSERUNG durch – heiße Getränke.	BESSERUNG durch – Fette und fettes Essen.		BESSERUNG durch – heiße Getränke.
Funktionelle Störungen: Nervöser Magen. Schwaches, erschöpftes Gefühl im Magen. Appetit zu unnatürlichen Zeiten.			
Hunger in der Nacht. Hunger bald nach dem Genuß von Essen.	Hunger mit Erschöpfung oder Schwächegefühl in der Magengrube um 10 Uhr morgens oder zwischen 10 und 11 Uhr morgens.		
Völle; starke Auftreibung des Leibes durch Gase oder Blähungen; Gären der Nahrung. Kollern und Gurgeln und heftige Bewegungen durch Gase im ganzen Verdauungstrakt.			
Aufstoßen – sauer oder bitter, – schmeckt nach Speise oder – ölig oder fettig; – mit Sodbrennen,		– *Sodbrennen mit Schmerzen und Wundheit vom Magen bis zur Kehle.* – *Übelkeit.*	– *Brennen in der Magengrube, wie eine Flamme.*

- mit Schwindel,
- mit Schwächegefühl in der Magengrube;
- mit Zusammenfließen von Wasser oder Speichel im Munde.

Saures Aufstoßen
- mit Brennen in der Speiseröhre mit oder ohne Hunger;
- mit Hunger, der nach geringster Nahrungsaufnahme verschwindet;
- danach Völle im Magen, in der Brust oder im Halse.

Gefühl von
- Kälte oder Hitze,
- Schwere oder Völle,
- Enge oder Leere: von
- schwerer Last wie von einem Stein oder Klotz im Magen;
- Schlagen oder Pulsieren, Pochen oder Klopfen.

Gefühl von
- Zusammenschnürung oder Bedrückung nach dem Essen; von
- Schwindel, Angst oder Empfindlichkeit in der Magengrube mit Kurzatmigkeit.

NACH dem Essen:
- bricht Schweiß aus.
- Müdigkeit, Schwere,
- Schläfrigkeit und schläfrige Benommenheit. Schläft nach dem Essen ein.

[1] Bei harnsaurer Diathese sind Erdnüsse zu meiden, da sie vermehrt Harnsäure enthalten.

Psora	Pseudo-Psora	Syphilis	Sykose
– Kopfschmerzen mit Blähungen oder mit Verdauungsstörungen, – Übelkeit, – Erbrechen, – Diarrhoe und Magen-Darmstörungen; – Herzklopfen, – Husten, – Schmerzen in verschiedenen Körperteilen, besonders in der Lebergegend. *Gallenbeschwerden nach zu fetten Speisen.*			*Übelkeit; Würgen mit Erbrechen; Erbrechen* – *wie Kaffeesatz;* – *schwarzer Galle, bitter und sauer.*
Schmerzen: – ständiges Nagen in der Magengrube. – schneidende, kolikartige Schmerzen im Oberbauch oder in der Magengrube.			Magenschmerzen sind immer – krampfartig oder – kolikartig, – anfallweise.
Modalitäten: VERSCHLECHTERUNG: meist < – nach dem Essen. Durch – Berührung oder Druck: will bei Schmerzen nicht angefaßt werden; kann geringsten Druck nicht ertragen.			VERSCHLECHTERUNG: – nach dem Essen.
BESSERUNG: viele Symptome vorübergehend gebessert durch: – Essen, – heiße Getränke, – heiße Anwendungen, – Aufstoßen von Luft, – leichte Bewegung.			BESSERUNG: – auf dem Bauche Liegen; – *hochziehen der Knie; Krümmen.* – Druck, sogar starker Druck auf die Magengegend; – heftige Bewegung, – Laufen, Schaukeln,

– Erschütterung.

BAUCH

Form und Aussehen:	Abdomen hat Form einer Untertasse oder eines großen Tellers mit dem Boden nach oben. – Muskeln schlaff, mit – Neigung zu Muskelschwäche. – Haut blaß, leicht bläulich, – Venenzeichnung unter der Haut.		
Typische Beschwerden:	Lymphatische Beteiligung. Mesenterische Komplikationen.	Schwellung der Lymphknoten in der Leiste. Bubonen in der Leiste.	*Hyperämie der Leber.* *Kneifende Schmerzen in Leber und Milz.*
	Erkältung des Sonnengeflechtes, oft bei heißen Tagen und kalten Nächten, erzeugt Darmstörungen mit hoher Sterblichkeit: – ruhrartige Durchfälle durch tuberkulöse Entzündung oder Kongestion. VERHÜTUNG: Flanellbinde um den Bauch, weil die Kinder sich nachts aufdecken.		Verdauungsstörungen, Verdauungsschwäche, Darmkatarrh; – Erbrechen von Speisen ohne Übelkeit, – Diarrhoe, Stühle sauer, scharf und wundmachend.

Frieren leicht am Bauch, dadurch Kolik, Diarrhoe oder Dysenterie (Ruhr) und schwere Baucherkrankungen.

Psora	Pseudo-Psora	Syphilis	Sykose
Funktionelle Störungen und Beschwerden:			
Völle, Ausdehnung, Aufblähung, evtl. verbunden mit Schmerzen. – Rumoren, Gase – ständiger Aufruhr und Bewegung im Dickdarm, – nach dem Essen; – nachts dadurch wach: häufig bei Kindern.	Bei Menstruationsbeschwerden können reflektorische Schmerzen, – krampfartige Symptome und – Gefühl von Herabdrängen auftreten.	*Hitze im Oberbauch.*	*Hitze in der Lebergegend.*
– Leeres, schwaches Gefühl im Bauch, ähnlich wie im Magen, – gleich nach dem Essen. – Verstopftes, volles Gefühl im Bauch, das ihn hindert, eine normale Menge Nahrung zu essen. Gefühl von – Einschnürung oder – einem Band oder Seil um den Bauch.	Viele der unter PSORA geschilderten funktionellen Beschwerden haben eine tuberkulöse Diathese. Die Psora bildet aber die Grundlage dieser Beschwerden.		
Hörbares Rumoren in den Därmen, Gefühl als ob der Leib – ausgedehnt oder aufgebläht wäre oder herabhinge. Als ob er – herabgezogen würde. Gefühl von – Kribbeln, – Schauer wie vor dem Frieren; Gefühl als ob – ein Durchfall einsetzen würde, bes. morgens. – Rumpeln und Gurgeln im Bauch, sobald man etwas ißt oder trinkt.			
Krämpfe von bestimmten Nahrungsmitteln oder Getränken, z. B. von			

- kaltem Wasser,
- kalter Milch; von
- Kartoffeln,
- Bohnen und vielen anderen Nahrungsmitteln.

Schmerzen:

Wenn Schmerzen vorhanden, sind sie meistens
- scharf,
- schießend oder
- kolikartig.
- (reine Kolik ist sykotisch).

Kolik oder schwere Kolik wie bei PLUMBUM oder COLOCYNTHIS. Ebenso bei RHEUM oder CHAMOMILLA und bei Bauchbeschwerden von Kindern. Oft erzeugt das einfachste Essen Kolik oder Schmerzen im Bauch oder im ganzen Verdauungstrakt.

Druck im unteren Teil der Leber, Stiche beim Bücken oder Vorbeugen des Körpers.

Schmerzen in einer Leiste
- *< nachts. Schmerz*
- *tief im Bauch, wie im Bauchnetz.*

Gallenkolik mit Übelkeit und häufigem Erbrechen.
Kneifende Schmerzen von Leber und Milz.

Modalitäten:

BESSERUNG:
Alle Bauchschmerzen > von:
- Hitze, oft auch von
- leichtem Druck.

KEINE Besserung der KOLIK durch Zusammenkrümmen, Bewegung, Druck.

BESSERUNG der Kolik durch
- Zusammenkrümmen,
- Bewegung
- harten Druck.

VERSCHLECHTERUNG: Bei Baucherkrankungen ztw.
- große Empfindlichkeit gegen Bewegung.

Pathologische Veränderungen und Diagnose:

Schlagen oder Klopfen des Pulses im Abdomen.

Häufig Schlagen der Bauchschlagader durch die Bauchwand fühlbar.

<table>
<tr><th>Psora</th><th>Pseudo-Psora</th><th>Syphilis</th><th>Sykose</th></tr>
<tr><td></td><td></td><td></td><td>Leberanschoppung.
Aszites.
Gallensteine.</td></tr>
<tr><td colspan="2">Darmverstopfung und Darmträgheit in schlimmster Form.</td><td></td><td></td></tr>
<tr><td></td><td>Bauchfellentzündungen und andere Erkrankungen des Bauchfells, sogar, wenn sie sekundär auftreten (es sei denn, eine Infektion beruht auf Sykose o. a.).</td><td>Herpetische, oberflächliche Geschwüre der Eingeweideschleimhaut erzeugen monatelanges Erbrechen.</td><td>Sykotische Bauchfellentzündung. (Merkmale sykotischer Entzündungen s. WEIBLICHE GENITALIEN Entzündungen.)
– Gallensteine.</td></tr>
<tr><td></td><td>Nabelvereiterungen mit gelblicher Absonderung, oft übelriechend, aasartig oder ähnlich wie der Eiter von HEPAR SULF.</td><td></td><td>Nabelvereiterungen mit eitriger Absonderung wie bei Pseudo-Psora.
Eiter aber
– gelblich, grün,
– wäßrig, dünn,
– wundmachend, übelriechend; häufig
– Geruch nach Fisch oder Fischlake.</td></tr>
<tr><td colspan="2">Brüche haben einen starken psorischen Anteil, man findet sie aber selten in einem nicht tuberkulösen Organismus. Wir finden Brüche am häufigsten bei schlaffen Menschen mit weichen Muskeln.
Brüche kommen von mangelndem Tonus des Muskelsystems im ganzen Bauchraum, das ist keine reine psorische Entwicklung.</td><td></td><td></td></tr>
</table>

DÄRME UND DARMTRAKT

DIARRHOEN: Diarrhoen durch – Überessen. Patient ißt zuviel, da ständig Hunger. Diarrhoe von – Schreck, Kummer, – schlechten Nachrichten – einer plötzlichen Prüfung, bei – Vorbereitungen für ein ungewöhnliches Ereignis. Diarrhoe von – Erkältung, oder der – geringsten Entblößung bei Kälte.	Diarrhoe aufgrund gestörter Drüsensekretionen, entweder durch – tuberkulöse Veränderungen der Drüsen, oder – unvollständige Tätigkeit derselben. Diarrhoe – beim Zahnen, beginnt dann oder wird <. Schleimhäute des Kiefers hart und fest, deshalb starker Druck zum Durchstoßen notwendig, zugleich schlechte Assimilation des Kalkes.	*Gallenbedingte Diarrhoe*[1] – *an der See; treibt sie aus dem Bett um* *5 Uhr morgens; Stühle am Tage machen sie später wund.* *Diarrhoe schmerzlos, weißlich. gelegentlich kommend, immer* – *> im Gebirge.*	Diarrhoe durch Naßwerden. *Diarrhoe bei Gallenkolik*[1] *mit Übelkeit und häufigem Erbrechen, Frost und Schweiß im Gesicht und Nacken.*
Funktionelle Beschwerden: Krampfzustände, Koliken: Diarrhoen oft begleitet von – stinkendem Geruch. – kolikartigen Schmerzen oder – schneidender Kolik.	Ähnlicher Brechdurchfall wie bei syphilitischen Kindern, aber selten so plötzlich zum Tode führend, doch ist das Endergebnis häufig ähnlich.	Säuglingsbrechdurchfall mit – völliger Lähmung der Verdauung. – Durchfall und Erbrechen, mit – Benommenheit und Betäubung, selbst – bis zum Koma oder mit – Krämpfen und Konvulsionen und häufiger Todesfolge.	Nur gelegentlich eine Diarrhoe. *Säuglingsdiarrhoe (Cholera infantum) mit* – *Opistotonus.*
Krampfhafte, übelriechende Diarrhoe, – BESSERT jedoch die Leiden der Patienten. Keine große Erschöpfung und nicht so anhaltend wie die der Pseudo-Psora.	Erschöpfende Diarrhoen. (s. unter Begleitumstände und Verlauf).		Diarrhoe, – krampfend, kolikartig; – kneifende Kolik, – schneidende Kolik; – rektaler Tenesmus; – schleimiger Stuhl.

1 Einfache Gallenbeschwerden sind häufig psorisch, Gallensteine sykotisch: Die Nosode Syphilinum hat jedoch wiederholt Gallensymptome geheilt. Im Kapitel „Mittel bei chron. Krankheiten“ lesen wir, daß die chronischen Miasmen im tertiären Stadium eine vollkommene Bindung mit der Psora eingehen.

Psora	Pseudo-Psora	Syphilis	Sykose
Absonderungen: Stuhl: Stühle meist wäßrig oder unverdautes Essen. Stuhl kann jede Farbe haben, wechselt jedoch meistens in der Farbe. Er ist meistens – übelriechend und – nicht sehr schmerzhaft.	Stühle – aschfarben oder grau aufgrund Mangels an Gallenfarbstoffen. Stühle werden heftig aus dem Rektum ausgestoßen.		Stühle sehr wechselhaft, meistens – grünlichgelber Schleim, – grünlich, wäßrig, – sauerriechend, mit schneidender Kolik.
	– Blutige Stühle.		Selten – blutige Stühle (sind meistens tuberkulös).
Homöopathische Mittel: Diarrhoen < morgens: PODOPHYLLUM, SULFUR und ALOE.	Typisch für tuberkulöse Absonderungen: SANGUINARIA, PHOSPHORUS, KALIUM CARB., STANNUM, TUBERKULINUM. (s. auch weiter unten unter Verlauf der Darmerkrankungen.)	Typisch für Syphilis: MERCURIUS-Arten.	Mittel für sykotische Stühle: RHEUM, CHAMOMILLA und MAGNESIUM CARB., COLOCYNTHIS, CROTON TIGLIUM und LAUROCERASUS.
	Tuberkulös mit sykotischem Einschlag: Die Stühle von CROTON TIGLIUM.		Tuberkulös mit sykotischem Einschlag: Die Stühle von CROTON TIGLIUM.
			Sykotische Mittel mit grasgrünen Stühlen: IPECAC., MAG. CARB., CROTON TIGLIUM, GRATIOLA, ARG. NITR.
			DULCAMARA hat einen typisch sykotischen Stuhl – gelblich, grün und wäßrig, – sauer und ätzend. – wird mit großer Kraft ausgestoßen,

			– kneifende Kolik, Tenesmus, – Ungeduld und Reizbarkeit. – VERSCHLIMMERT bei fallendem Barometer.

Mittel für alle Miasmen: SARSAPARILLA, bei diesem Mittel ist jedoch die SYKOSE vorherrschend.

Begleitumstände und Verlauf der Krankheit:

Bei Darmbeschwerden
- Hinsein und Leere in Bauchregion;
- große Schwäche in der Bauchregion nach Stuhl.

	Allgemeine Erschöpfung oder Kräfteverlust, Gefühl als ob ihn seine ganze Lebenskraft bei jedem Stuhlgang verläßt. – Nächtlicher Durchfall wird manchmal begleitet von starkem – warmem oder kaltem Schweiß, der sehr erschöpfend und schwächend ist.		
	Darmbeschwerden oft begleitet von – Fieberzuständen, – Delirien, – Magenstörungen und Erbrechen.		
	Bei Darmbeschwerden und schlechter Verfassung ist das Kind – verdrießlich, – schlecht gelaunt, empfindlich, – weinerlich, – möchte nicht angefaßt werden, ja, nicht einmal angesehen werden.		Kinder wollen nicht alleingelassen werden, wollen ständig gewiegt, getragen oder bewegt werden. Darmbeschwerden oder Hämorrhoiden machen den Pat. – ärgerlich, auch reizbar. Sie sind: – eigensinnig und reizbar wegen ihrer Schmerzen.

<table>
<tr><th>Psora</th><th>Pseudo-Psora</th><th>Syphilis</th><th>Sykose</th></tr>
<tr><td></td><td colspan="2">GESICHT: sehr häufig bleich und erdfarben, Augen eingesunken und von dunklen Ringen umgeben, die Lippen sehr rot oder bläulich, ferner
– Appetitverlust, schnelle Abmagerung, Erschöpfung und
– häufig großer Durst.
Bei Fortschreiten der Krankheit
– sinken die Augen noch mehr ein,
– das Gesicht wird noch blasser und
– die Erschöpfung nimmt zu, bis plötzlich
– Hirnsymptome auftreten und schnell der Tod folgt.</td><td></td></tr>
<tr><td></td><td>Sehr charakteristisch für die tuberkulösen Kinder, die an Darmbeschwerden leiden ist das plötzliche Auftreten einer
– Hirnstauung oder Hirnmetastase.
Manchmal wechseln die tuberkulösen Hirnsymptome mit Darmbeschwerden ab.

Beispielmittel für diese Diarrhoen oder Ruhrerkrankungen VERATRUM ALBUM, ARSENICUM, CAMPHORA und CUPRUM MET.:
Ein plötzlicher Anfall von Ruhr und innerhalb von 48 bis 60 Stunden tritt der Tod ein.</td><td></td><td></td></tr>
<tr><td>Modalitäten:
VERSCHLIMMERUNG der Diarrhoen:
– meist morgens. Siehe die Diarrhoen von PODOPHYLLUM, SULFUR und ALOE.</td><td>VERSCHLIMMERUNG der Darmbeschwerden:
– morgens. Dies ist aber auch psorisch.</td><td></td><td></td></tr>
<tr><td></td><td colspan="2">– < nachts, werden vom Durchfall aus dem Bett getrieben; manchmal wird dies begleitet von</td><td></td></tr>
</table>

	– starkem warmem oder kaltem Schweiß, der sehr erschöpfend und schwächend ist.		
VERSCHLECHTERUNG von – Kälte, – kaltem Essen und kaltem Trinken; – Bewegung.	SCHLECHTER von – Kälte. Gegen Kälte noch empfindlicher als die Psoriker und die Folgen von Erkältungen sind viel lebensgefährlicher. SCHLECHTER von – Milch (u. a. PODOPHYLLUM).		Diarrhoen ausgelöst durch – Naßwerden.
	Chron. Diarrhoen der Kinder von Geburt bis zum 3. Lebensjahr, ständig wiederkehrend, ausgelöst vom – geringsten Diätfehler, – geringsten Kälteeinfluß.		VERSCHLECHTERUNG der Koliken durch den Genuß von – Obst.
BESSERUNG von – warmen Getränken. – heißem Essen, – Ruhe und sehr – warmen Anwendungen auf den Leib.			BESSERUNG der Koliken durch – festen Druck oder durch – Liegen auf dem Bauch.
OBSTIPATION: Verstopfung auffallend, – hartnäckig, andauernd; – keine Darmtätigkeit, – kein Stuhldrang. Tagelang andauernde Verstopfung, trotz häufigen Stuhldranges. Verstopfung und Diarrhoe ztw. im Wechsel.		*Chronische Verstopfung, Rektum wie zusammengeschnürt.*	*Zusammenschnürung und Untätigkeit der Därme.*

Psora	Pseudo-Psora	Syphilis	Sykose
Verstopfung mit – Schmerzen an entfernter Stelle, wie z. B. – Kopfschmerzen an der Hirnbasis oder den Schläfen. Mit – Benommenheit, Schläfrigkeit und Schwere; – Arbeitsunlust, – stinkendem Atem, – schmierig belegter Zunge, – Übelkeit und Appetitsverlust.			
Rektum und Stuhl: Stühle trocken, – geringe Menge, – hart und schwer zu entleeren. Stuhl hart – in runden Bällchen wie Schafskot; – trocken, wie verbrannt.	Stuhl sehr schleimig, – andauernder Schleim, – viel Blut geht nach dem Schleim ab. – rektale Blutungen. – Kein Juckreiz wie bei Sykose.	*Stuhl dunkel und* – *übelriechend;* – *zu hell.*	Blutende Hämorrhoiden, jedoch – starker Juckreiz, Absonderung aus Rektum meist – gering, wäßrig, dünn, – Geruch fischartig oder wie Fischlake. *Schmerzen scharf, stechend,* – *wie von Nadeln.*
Klin. Diagnosen: Fadenwürmer, Eingeweidewürmer. Gefühle von Kribbeln und Krabbeln im After.	Faden- und Eingeweidewürmer in größeren Mengen.		
	Blinddarmentzündung (sykotisch) neigt zu bösartigem Verlauf bei tuberkulöser Diathese.		Blinddarmentzündung ist im allgemeinen sykotisch (J. H. Allen). Der Verlauf ist – bösartig bei zusätzlicher tuberkulöser Diathese. (s. a. Entzündungen unter WEIBLICHE GENITALIEN).

	Strikturen (Verengungen) des Rektums, – Sinusbildungen, – Fisteln oder Fisteltaschen sind tuberkulös, jedoch sind sie bei der Sykose erheblich stärker ausgeprägt. Darmvorfall kleiner Kinder. Krankheiten des Enddarmes im WECHSEL mit – Herz-, Brust- oder Lungenbeschwerden, besonders – Asthma und Atembeschwerden, oder – Herzbeschwerden. Obige Beschwerden – nach Unterdrückung (Operation o. a.) von Hämorrhoiden.	*Rektum:* – *Prolaps.* – *Fissuren.* *After:* – *Fissuren,* – *Geschwüre,* – *Nässen.*	Strikturen des Rektums, – Sinusbildungen, – Fisteln oder Fisteltaschen, sind stärker ausgeprägt als bei der Pseudo-Psora.

Bei Krebserkrankungen, bösartigen Gewächsen und bösartigen Erkrankungen sind in der Regel alle drei Miasmen vorhanden, besonders das TUBERKULÖSE mit SYKOTISCHEM Einschlag.

HARNORGANE

Typische Beschwerden:

Viele Harnsymptome der Psora beruhen auf Reflexen von anderen Krankheitszuständen, d. h. auf sekundären Ursachen.	Das tuberkulöse Miasma, zusammen mit dem sykotischen erzeugt viele der sog. bösartigen und schweren Erkrankungen der Harnorgane.		Das tuberkulöse Miasma zusammen mit dem sykotischen erzeugt viele der sog. bösartigen und schweren Erkrankungen der Harnorgane. – *Nierensteine.* – *Nierenkolik.*

Psora	Pseudo-Psora	Syphilis	Sykose
Funktionelle Beschwerden: Bei Kindern und alten Leuten häufig – Harnverhaltung wenn der Körper kalt wird. – Gefühl von Zusammenschnürung. – Starke Ausdehnung der Blase mit Völlegefühl, als ob sie überfüllt wäre.	Angst und großer Kräfteverlust nach dem Urinieren.		Häufig Blasenreizung bei Beginn oder während der Menstruation. *nach dem Urinieren* – *Schwäche;* – *Frieren vor oder danach.*
– Unwillkürlicher Harnabgang beim Niesen, Husten oder Lachen.	Bei tuberkulösen Kindern – nachts unwillkürliches Harnen (Enuresis nocturna), sobald sie eingeschlafen sind. CALCIUM CARB. heilt viele Fälle.	*Urinieren* – *erschwert und* – *sehr langsam;* – *unregelmäßig, nur einmal in 24 Stunden.* *Häufiger Harndrang* – *nachts von 5 Uhr nachm. bis 5 Uhr morgens.*	*Urinieren* – *nachts unwillkürlich (Enuresis nocturna):* Pseudo-Psora und Sykose[1]. – *langsam und schmerzhaft.*
Nur wenig Schmerzen beim Urinieren, häufig infolge der Säure im Urin.			– Schreien vor Schmerzen beim Urinieren: LYCOPODIUM oder SARSAPARILLA. – *Schreckliche Schmerzen in Peniswurzel beim letzten Tropfen.* – *Blasentenesmen nach Urinieren.*
Urin: Sediment im Harn nach Fieber meistens – weiß oder weißlichgelb; besteht aus – Phosphaten o. ä. Gelegentlich – rosa oder rostfarben.	Urin besonders bei nervösen oder neurotischen Patienten – blaß und farblos, enthält wenig feste Teile. Urin oft – übelriechend, zersetzt sich leicht. Geruch ist – muffig, wie altes Heu – faulig, sogar aashaft. – blutig:	*Urin* – *reichlich nach Frieren;* *läßt fast einen ganzen Nachttopf voll in der Nacht;* – *spärlich, zitronengelb;* – *brühendheiß.*	*Urin* – *wäßrig, farblos, sehr reichlich, oder spärlich und stark gefärbt.* Urin riecht – übel, faulig, stechend wie Ammoniak; wie Hirschhorn; – dunkelbraun, wie starkes Bier (BENZ. AC.); – wie Pferdeurin (NIT. AC.);

	Blut im Urin vor allem bei der tuberkulösen Diathese.		– trübe, dunkel, Sediment – erdfarben oder rötlich (SEP.); – rot, sandig (LYC.); – flockig (CHAM.)[2]
Blut im Urin.	Blut im Urin.	Blut im Urin.	Blut im Urin.

Blut im Urin ist bei allen Miasmen möglich.

Pathologische Veränderungen. Klinische Diagnosen:			
	Diabetische Pat. sind in der Regel stark tuberkulös. Brightsche Krankheit ist meistens tuberkulös und sykotisch.		Diabetes bösartiger und tödlicher als bei Tuberkulösen. Brightsche Krankheit ist meistens tuberkulös und sykotisch.

Bei fibrösen Veränderungen der Nieren sind alle drei Miasmen beteiligt.

PROSTATA

	Prostatabeschwerden, außer wenn durch erworbene Sykose ausgelöst. Ständiger Verlust von prostatischer oder Samenflüssigkeit geht zuweilen einer Schwindsucht voraus.		Prostatabeschwerden, nur wenn durch erworbene Sykose ausgelöst.

[1] Von Hering mit Medorrhinum wiederholt geheilt; ist aber gemäß Allen ein pseudo-psorisches Symptom: Möglicherweise lag hier eine tuberkulöse Veranlagung vor. (s. a. Fußn. S. 243)

[2] Allen hatte hier keine Angaben. Wir haben deshalb die Merkmale der von Allen als typisch sykotisch bezeichnete Mittel hier eingefügt. (d. Herausg.)

DIE SEXUALSPHÄRE

MÄNNLICHE GENITALIEN

Psora	Pseudo-Psora	Syphilis	Sykose
	Ständiger Verlust von prostatischer oder Samenflüssigkeit geht zuweilen einer Schwindsucht voraus. – Nächtliche Pollutionen und unwillkürlicher Samenverlust. – Idiopathische Hydrozele.	*Entzündung und Verhärtung des Samenstranges.* Sterilität.	Bei Männern nach Unterdrückung der Gonorrhoe im 1. Stadium: – rektale Beschwerden, Eitertaschen, Hämorrhoiden. – Hoden- und Nebenhodenentzündungen. Erworbene Sykose (unterdrückt): postgonorrhoischer Ausfluß, schließlich nur noch 1 Tropfen morgens, der sahnig, grüngelb und eitrig-serös ist. – Sterilität infolge von Entzündungsprozessen.
Begleitsymptome:	Diese Pat. sind – schwermütig, – depressiv, haben – trübe Vorahnungen, – schlechte Verdauung, – Kräfte- und Gedächtnisverlust. Häufig haben sie – eine fahle oder aschgraue Gesichts-		

	farbe, es besteht – Heißhunger, da das System nach mehr Nahrung verlangt als es richtig verdauen kann, daraus folgen – Magenstörungen.		

WEIBLICHE GENITALIEN

Psychische Veränderungen:

Die psychische Auswirkung der Psora erzeugt oft eine Fixierung der Ängste auf einen Körperteil. Wenn dies den Genitalbereich trifft, entwickeln sich alle möglichen, der SYKOSE ähnlichen – Perversionen. – Fixierung des Geistes auf sexuelle Dinge, bis zum geistigen und körperlichen Verfall, häufig bis zu – sittlichen oder sogar echten – Geistesstörungen, bis zu den schlimmsten Formen des – Wahnsinns. Zuweilen auch – Zwangsvorstellungen, z. B. den – Wunsch zu stehlen, – Feuer zu legen, oder eine andere – zerstörerische Sucht.	Diese Perversionen sind bei pseudopsorischen Patienten noch ausgeprägter: – Fixierung des Geistes auf sexuelle Dinge usw. wie bei der Psora, aber – noch ausgeprägter.		Sexuelle Perversionen erheblich ausgeprägter als bei der Psora. – Fixierung des Geistes auf sexuelle Dinge usw. Diese psychischen Zustände (der Psora) werden bei der Sykose, besonders der erworbenen, – noch erheblich verschlimmert.

Psora	Pseudo-Psora	Syphilis	Sykose
Typische Beschwerden: Nur Funktionsstörungen.	Funktionsstörungen der Gebärmutter und ihrer Adnexe. Nur selten ein tuberkulöser Befund.	Syphilis befällt selten die Eierstöcke oder die Gebärmutter. – *Wunde Stelle auf großen Labien.* – *Starkes Jucken der äußeren Geschlechtsteile.* – *Gebärmutter- und Eierstockerkrankungen mit auffälligen Nervensymptomen bes. bei verheirateten Frauen.* – *Eierstockschmerz < nachts.*	Spezifische Wirkung auf die Gebärmutterschleimhaut, Eierstöcke und Eileiter (Endometrium und Adnexe): – akute Schmerzen, – akute, aktive Entzündungsprozesse. – Krankheiten der Eileiter (Tuben).
Menstruation: Alle Arten von Blutungen, jedoch niemals so stark wie bei der Pseudo-Psora. Blutung eher – spärlich, – zu kurz dauernd; häufig auch – stark, aber nicht ganz so reichlich wie bei der Pseudo-Psora; oder – völlig normal. Im allgemeinen – übelriechend, Nicht selten – intermittierend, d. h. der Fluß hält an und beginnt dann wieder.	Blutungen – blaß, hellrot, wäßrig, – meistens flüssig und reichlich, – oft zu früh, alle 2–3 Wochen, – langandauernd, häufig – erschöpfend, – mit Schmerzhaftigkeit oder auch nicht. – oft Geruch frischen Blutes. – nur selten übelriechend wie bei CALCIUM CARB., FERRUM u. ä.	*Blutungen* – *2 Wochen zu früh, rosarot, hell,* – *sehr reichlich.*	Blutungen – dunkel, klumpig, fadenziehend; das Blut kommt – gußweise. Blutungen – nicht so reichlich wie die tuberkulösen; wenn reichlich, dann nur 1 Tag oder etwas länger und – nicht so erschöpfend. Sie – dauern nicht so lange wie die tuberkulösen. Sie sind – übelriechend, riechen – nach Fischlake.
Fluß milde.			Fluß scharf, ätzend, beißend, – brennend an Schamteilen; zum Schluß juckend.
Menses wenn klumpig, dann – kleine Klumpen.	Kaum einmal klumpig.		– klumpig; in großen, sogar schwarzen Klumpen.

Dysmenorrhoe und Schmerzen der Menstruation:

Dysmenorrhoe tritt schon zur Zeit der Pubertät auf und im Klimakterium. Die Schmerzen sind – scharf, aber – niemals kolikartig oder krampfhaft, wie bei der Sykose.	Dysmenorrhoe. Verstärkung aller Beschwerden während der Menstruation. Schmerzen – krampfartig, kolikartig, häufig – reflektorisch aufgrund von Rückwärtsverlagerungen der Gebärmutter.	*Dysmenorrhoe.* *Empfindlichkeit des* – *Muttermundes, wird zu unerträglichen Schmerzen während der Menses oder bei Einführung des Penis oder Fingers; verursacht* – *häufig Fehlgeburten.*	Dysmenorrhoe. Menstruationsschmerzen sind – krampfartig, äußerst scharf, – kolikartig, sie kommen in Anfällen; sie erstrecken sich oft über das ganze Abdomen; – das Blut fließt häufig nur während der Schmerzen. Die Schmerzen sind – in der Gebärmutter, den Eierstöcken und den Eileitern (Tuben). Menstruationsschmerzen wie COLOCYNTHIS, MAGNES. CARB., PHOSPHOR, CROCUS SAT., SEPIA, LAC CANINUM, CAULOPHYLLUM u. a. Eine andere Mittelgruppe verkörpert das rheumatische Element: RHUS TOX., BOVISTA, BRYONIA, CHAMOMILLA, CIMICIFUGA, COLCHICUM, CYCLAMEN, DULCAMARA, GELSEMIUM, PHYTOLACCA, PULSATILLA u. a.
Begleitsymptome der Menstruation:	Eine Woche **vor** den Menses schlechtes Befinden. – Kopfschmerzen, – Rückenschmerzen, – Neuralgien usw.		Viele Symptome der Eierstöcke und der Tuben, die während der Menstruation auftreten.

Psora	Pseudo-Psora	Syphilis	Sykose
	Menses erscheinen ztw. **zugleich** mit – Diarrhoe oder Dysenterie (Ruhr), mit – Fieberzuständen, – Nasenbluten, – optischen Täuschungen, – Ohrensausen, – Überempfindlichkeit gegenüber Geräuschen, – Appetitverlust, – Bauchschmerzen, Übelkeit und – bittrem Erbrechen.		Während der Menses – Empfindlichkeit der Brüste.
	Blutungen manchmal begleitet von – Blässe des Gesichtes, – Schwindel und Ohnmacht mit kaltem Schweiß auf der Stirn, < beim Aufrichten aus Ruhelage; – Rückenschmerzen, – Gliederschmerzen mit Blutandrang zum Becken und großer Müdigkeit; – Kopfschmerzen, – reflektorischen Beschwerden aller Art.		– Muskelrheumatismus; die Gliederschmerzen sind aber nicht von großer Schwäche begleitet wie bei der tuberkulösen Diathese.
	Häufig werden die körperlichen Beschwerden noch begleitet von psychischen Symptomen wie – großer Traurigkeit, Schwermut, Angst, – eingebildeten Vorstellungen, – Vorahnungen mit großer Angst, – extremer Überempfindlichkeit.		

Die Patientinnen sind
- nervös, reizbar oder
- neigen zum Weinen.

Nach der Menstruation Aussehen
- blaß, dunkle Augenringe, hohläugig,
- erschöpfter Ausdruck. Häufig
- hysterische Symptome (schwierigste Fälle).

Gelegentlich während der ganzen Menstruationszeit ohne Beschwerden, aber danach
- langdauernde, quälende Gesichtsschmerzen.

Weitere Beschwerden der tuberkulösen Patientinnen:
- Neuralgien,
- Krampf- und Reflexsymptome.
- Glieder kalt,
- Anämie bei jungen Frauen zwischen 17 und 21 Jahren. Gesichtsfarbe
- blaß bis gelb oder aschgrau, Herzklopfen, Ohnmacht und allg. Verlust von Lebenskraft.

Später
- allgemeine Schwäche,
- Hitzewallungen zum Gesicht,
- trockener, kitzelnder und krampfhafter Husten, bis zur Entwicklung einer
- echten Tuberkulose.

Zwischen den Menstruationen zuweilen
- Lumbago (Hexenschuß),
- Steifheit der Nackenmuskeln oder
- Gliederschmerzen.

Psora	Pseudo-Psora	Syphilis	Sykose
Fluor: Fluor spärlich, nicht erschöpfend, kann jede Farbe haben. Er ist häufig – weißlich, eiweißhaltig, geruchlos und mild.	Fluor – stärkehaltig oder wäßrig, – rahmartig, geruchlos; gelegentlich auch – klumpig, dick, eiweißhaltig oder eitrig, – gelb, gelblichgrün oder dunkel, – riecht dumpf. Der Fluor ist – meistens mild. Fluor nach den Menses.	*Fluor,* *– sehr reichlich, dick, gelb mit Rücken- schmerzen;* *– weißlich;* *– gelb, überreichlich und übelriechend, läuft die Beine herunter;* *– wundmachend, erzeugt Jucken und Entzündung,* *– < nachts, von Bettwärme.*	Fluor dünn, wäßrig, manchmal gelblichgrün oder dunkel oder – wie schmutziges Wasser; – spärlich, scharf, – erzeugt Beißen, Jucken, Brennen der Haut und häufig kleine Bläschen oder Wundheit. – Geruch nach altem Fisch oder Fischlake, stechend oder muffig.
Entzündungen:		*Eierstöcke* *– blutüberfüllt,* *– entzündet.*	Alle sykotischen Entzündungsprozesse haben im allgemeinen folgende Merkmale: – krampfhafte, kolikartige, oft anfallweise Schmerzen, – schmerzhaftes, häufiges Urinieren; – scharfe Absonderungen, Juckreiz. Geruch der katarrhalischen Absonderungen übelriechend, nach – Fischlake oder abgestandenem Fisch. – Eiter schmutzig, bräunlich oder gelblichgrün. Verlauf oft – septisch. Neigung zu – Verklebungen. Bei der Untersuchung finden wir die Schleimhaut scheckig, gesprenkelt oder fleckig, manchmal auch bläulich aussehend. Ferner:

			Psychische Symptome der Sykose.
Pathologische Veränderungen:	– Rückwärtsneigungen der Gebärmutter, (Retroversio uteri),	*Neigung zu Eierstocktumoren.*	*Entzündungen der* – *Gebärmutterschleimhaut (Metritis), der* – *Eierstöcke, der* – *Eileiter (Tuben).*
	– Rückwärtsknickungen (Retroflexio ut eri) oder andere Fehlstellungen, die bei deutlicher tuberkulöser Diathese für gewöhnlich vorhanden sind; die Leiden beginnen bald nach der Pubertät oder innerhalb eines Jahres danach.	Sterilität.	*Zysten der Gebärmutter oder Eierstöcke.* Sterilität nach Entzündungsprozessen, Verklebungen.
	– Mangelhafte Rückbildung der Gebärmutter im Wochenbett (Subinvolution), worauf – Verlagerung der Gebärmutter oder – Vorfall folgt, sowie – allg. schlechte Gesundheit.		
	Im ganzen Körper ist das Muskelsystem gleichermaßen erschlafft, die Patientinnen sind – leicht erschöpft, – schnell müde.	*Gebärmutter und umgebende Teile schlaff und weich.*	
	Bei den Geburten sind ihre – Wehen oft beschwerlich, qualvoll, – zu lange andauernd und erschöpfend. Viele von ihnen – können ihre Kinder überhaupt nicht nähren.		
	Die meisten dieser Pat. sind vom Temperament her – motorisch oder sanguinisch.		

	Psora	Pseudo-Psora	Syphilis	Sykose

KEHLKOPF UND LUFTRÖHRE

	Psora	Pseudo-Psora	Syphilis	Sykose
Kehlkopf:		– Gefühl von Zusammenschnüren. – entzündliche Schwellung und Geschwürsbildung – zentrale Infiltration der Schleimhaut des Kehlkopfes, hochrot und heller als normal. (AN)		
		Schmerzen im Rachen und Kehlkopf. (AN)		
		Enorme Schwellung der Gießbeckenknorpel (cartilaginae arytenoides).	*Erkrankung der Kehlkopfknorpel.*	
Stimmbänder:		Abblättern des re. Stimmbandes. – verstärkte Hyperämie der Stimmbänder, dieselben bedeckt mit winzigen, geschwürsartigen Punkten. (AN)		Stimmritzenkrampf (Spasmus glottidis).

BRUST, HERZ UND LUNGEN

Typische Veränderungen und Beschwerden:			
Keine physiologischen Strukturveränderungen.	Fehler und Veränderungen der Physiologie, bis zu Veränderungen des Knochengerüstes.		

DD: Pathologische Veränderungen bei allen Miasmen möglich.

Neurotische Prozesse wie bei Anämie.	Fehlerhafte Ernährung und Tod der gasaustauschenden Blutkörperchen.		Unvollständige Oxydation der Nahrungsmittel und Ablagerung derselben in Form gichtischer Konkremente und Steinbildungen.
Form und Aussehen:	Brust: Wölbung unvollkommen, – häufig schmal, – flach, – stellenweise eingesunken, – Schlüsselbeingruben vertieft, – eine Lunge häufig größer, oder arbeitet beschleunigt. Schultern rund, fallen nach vorn ab: – Ausdehnungsfähigkeit der Lunge häufig stark eingeschränkt und – Restluftmenge verringert.		
Brüste:		*Brüste berührungsempfindlich, fühlen sich wund an, während Menses und zu anderen Zeiten.*	*Brüste und Brustwarzen berührungsempfindlich.* *– Entzündung der Brüste.*

Psora	Pseudo-Psora	Syphilis	Sykose
Atmung, Stimme, Hals:	Atmung schlecht. – Zu wenig Kraft, einen vollen Atemzug zu tun. – Furcht vor kalter Luft. – Brustenge; – schwere Atmung, bes. – schwere Einatmung. – *Rasseln in der Brust.*	*Brustbeklemmung, daß der Atem fast aufhört.* *Asthma chronisch, bes.* *– im Sommer, bei* *– feuchtwarmem Wetter,* *– abends bis morgens; mit Wundheit in der Brust und qualvoller Angst.* *Asthma bronchiale, krampfartig, Anfälle nur* *– nachts nach dem Hinlegen oder* *– bei Gewitter;* *dadurch nervöse Schlaflosigkeit: Tag und Nacht, tagelang.* *Atemnot: heftige Anfälle mit* *– Keuchen und Schleimrasseln, 1-4 Uhr nachts.*	*Verlangen, tief einzuatmen.* *Erwacht und schnappt nach Luft.* *Atemnot,* *– keine Kraft zur Ausatmung;* *Atemnot mit* *– vorübergehender ohnmächtiger Schwäche;* *– von Herzbeklemmung.* *Brustbeklemmung < nachm. 5 Uhr.* *– Völlegefühl in der Brust.*
	Blutandrang in der Brust bei jungen Leuten oder schnellwachsenden Jugendlichen. Blutwallungen zur Brust und zum Gesicht.		
Stimme rauh.	Heiserkeit bei geringstem Kälteeinfluß oft als einziges Symptom. Oder: – Stimme rauh und tief, – Brusttöne kommen von unten, – Hals ztw. geringfügig wund. – Stimme rauh, froschähnlich krächzend, – Räusperneigung mit Auswurf von spärlichem, klebrigem Schleim. vgl. Halsschmerz von HEPAR und	*Heiser, fast völlige r* *– Stimmverlust (Aphonie)* *Heiser 1 Tag vor den Menses, fast Aphonie.*	*Heiser bes. beim Lesen mit ztw.* *– Stimmverlust.*

	PHOSPHORUS.		
Husten: Trocken, krampfhaft, quälend, kommt aus Bronchialraum.	*Hüsteln, quälend.* Husten tief und andauernd, mit tiefen Brusttönen, – < morgens und abends beim Hinlegen; – *< nachts, im Schlaf;* Husten – so trocken und hart, daß Kopfschmerzen folgen; – tief klingend und hohl, – kein Auswurf oder kaum Auswurf. – Atmung rasselnd. Im Anfangsstadium vor Zerstörung des Lungengewebes ist der Husten zuweilen ähnlich wie der syphilitische.	Husten: ein- oder zweimaliges Bellen wie von einem Hund. *Schwerer Bronchialhusten nach Asthmaanfällen im Winter mit Frost und Fieber.* *Husten* – *hart, < nachts; nachts andauernd:* – *trocken, quälend;* – *mit Kribbeln im Hals,* – *mit Wundheit, Kratzen und Brennen von der Kehle bis zum Magen.* – *Keuchhusten mit starkem Erbrechen.*	Husten > im Sommer. *Trockenes Hüsteln mit* – *flauem Gefühl unter dem Brustbein.* *Husten* – *heftig, trocken < nachts; erwacht gleich nach dem Einschlafen davon.* – *tief und hohl; mit* – *Rasseln tief in der Brust;* – *pfeifend, keuchend.* – *sehr schmerzhaft, Kehlkopf wie in Stücke gerissen oder wie wund.*
Auswurf: meist – schleimig, spärlich und geschmacklos.	Auswurf aus der Lunge meist – reichlich, – eitrig oder schleimig-eitrig; in fortgeschrittenen Fällen: – grünlichgelb, – häufig übelriechend, – schmeckt meistens süßlich oder salzig. – riecht zuweilen schimmelig, abgestanden oder schlecht oder – ist schwer und sinkt im Wasser. Er kann auch – blutig sein oder Blutungen verursachen.	*Auswurf* – *dick, gelb;* – *eitrig;* – *weißer Schleim;* – *grau-grün-gelb.* *Auswurf ohne Husten durchsichtig weiß, wie* – *runde Bällchen, die in den Mund schießen.*	*Auswurf* – *reichlicher, klebriger, grauer Schleim;* – *graugelb, weißgelb, blaßgrün; blutig;* – *schwer hochzubringen.*

	Psora	Pseudo-Psora	Syphilis	Sykose
Schmerzen:		Bei tuberkulösen Lungenbeschwerden finden sich immer einige Allgemeinerscheinungen der tuberkulösen Diathese, z. B. Schweiße, subfebrile Temperaturen o. a. oder die typischen Beschwerden der akuten Tuberkulose.		*Wundheit in der Lunge* *Schmerzen* – *schießend, stechend, scharf,* – *Wehtun, dumpf,* – *mit Kältegefühl, mit Hitze,* – *schwere Schmerzen in den Lungen, bes. nachts* *ganze Brust wund, bohren in der Brust;* – *schwere Lungenentzündung;* – *beginnende Schwindsucht*[1].
Modalitäten:		VERSCHLECHTERUNG: häufig – < nachts. BESSERUNG: durch – Frischluftkuren und Ruhekuren, – frische Luft, ozonreiche Luft.	SCHLECHTER nachts; *von 1–4 Uhr nachts.* *Asthma: <* – *im Winter;* – *bei Gewitter; im Sommer bei* – *feuchtwarmem Wetter;*	*Husten:* *SCHLECHTER nachts.* – *beim Hinlegen; von* – *Essen süßer Sachen.* *BESSER: in Bauchlage.*
Begleitsymptome:		GEMÜT: – eigensinnig, schlechte Laune, – mürrisch, schroff. – Immer Hoffung auf Heilung, trotz Unheilbarkeit. – Nächtliches Aufschreien der Kinder aufgrund von – Hirnschmerzen. HALS: – Drüsenveränderungen häufig bevor Lungenveränderungen eintreten. – Vergrößerung der lymphatischen Drüsen.		*In der Brust:* – *Hitze, Brennen, brennt wie ein Ofen, bes. li. Brustseite;* – *Müdigkeit wie gelähmt in der li. Lunge nach Sprechen.*

		Schwellung der Achseldrüsen.	
	ALLGEMEINES: – Erschöpfung nach kleinster Anstrengung; *Nachtschweiße;* *nachts schlaflos, ruhelos und Zähneknirschen.* – ständig müde, – Neuralgien, – Gesichtsschmerzen, – Ischiasschmerzen, – Hysterie; alle Beschwerden hartnäckiger Art. Wechsel von psorischen mit tuberkulösen Krankheitserscheinungen. Wechsel von Hysterie mit Lungenerkrankung und umgekehrt.	*ALLGEMEINES:* *– plötzliche Ohnmacht;* *– Ohnmachtsgefühl durch Mangel an Schlaf, dabei Gefühl des Versinkens in der Brust: Anfälle in der Nacht.*	*ALLGEMEINES:* *– flaues Gefühl hinter dem Brustbein beim Husten.*

HERZ

Typische Beschwerden: Herzbeschwerden sind meistens psorisch oder sykotisch. Primäre Herzbeschwerden.		Sekundäre Herzsymptome.	Herzbeschwerden sind meistens psorisch oder sykotisch. Sekundäre Herzsymptome. Rheumatische Herzerkrankungen.
Angst bei Herzbeschwerden, Furcht bei echten Herzkrankheiten.		Bei Herzbeschwerden nur geringe psychische Störungen.	
Glauben, herzkrank zu sein, sterben zu müssen.		Streiten Herzbeschwerden ab oder bemerken sie nicht.	

[1] Nach Hering wurde beginnende Schwindsucht durch Medorrhinum wiederholt geheilt. Allen bezeichnet sie als Verbindung von Pseudo-Psora und Sykose, wie auch alle Eiterungen und sonstigen zerstörenden Prozesse durch die Sykose erheblich beschleunigt und verstärkt werden.

Psora	Pseudo-Psora	Syphilis	Sykose
Funktionelle Störungen: Viele Herzbeschwerden nur funktionell, begleitet von – Angst, – seelischen Qualen.	Herzbeschwerden begleitet von – Ohnmacht, – vorübergehendem Sehverlust, – Ohrensausen, – Blässe und großer Schwäche.		
Schwächegefühl am Herzen, – Erschöpfungsgefühl, – Schweregefühl, – Wehgefühl. – Bandgefühl um den Körper in der Herzgegend. Häufiger Wechsel zwischen psychischen und Herzsymptomen.			*Am Herzen Gefühl von* – *Hitze,* – *Wehtun,* – *Vergrößerung.*
Herzbeschwerden von – Angst, – Enttäuschung, nach – Verlust von Freunden, – übergroßer Freude; von – Essen oder Trinken. SCHLECHTER meistens – abends oder – gleich nach dem Essen.			
Patienten merken sogleich, wenn ihr Herzschlag nicht regelmäßig ist.			Patienten beachten ihren Herzschlag nicht, bemerken Herzkrankheiten erst, wenn der Fall weit fortgeschritten und wirklich organisch geworden ist.
Herzklopfen: – beim Hinlegen; – nach dem Essen oder – während der Verdauung.	Herzklopfen – morgens, – nachts beim Aufrichten,		Herzbeschwerden weniger auffällig als bei der Psora: – Herzflattern.

Herzklopfen, das den Körper erschüttert mit großer – Angst und Traurigkeit. Heftiges Hämmern und Schlagen in der Herzgegend aufgrund von – Reflexen wie z. B. – Magenstörungen, Flatulenz oder Gebärmutterreizungen.	– beim tief Einatmen. (AN)		– Starkes Herzklopfen mit Beengung, – in Abständen erschwerte Atmung. Heftiges Hämmern und Schlagen in der Herzgegend aufgrund von reflektorischen – rheumatischen Beschwerden, bes. nach örtlichen Anwendungen gegen die Schmerzen.
Starkes Herzklopfen mit Klopfen im ganzen Körper.			
Organische Beschwerden (sekundär):			
Atemnot häufig schmerzhaft.	Atemnot häufig schmerzhaft.	Evtl. nur gelegentliche Atemnot oder etwas Schmerzen. Tod dann plötzlich.	
Wassersucht oder Anasarka immer stärker als die sykotische. Sie erstickt den Patienten, bevor der Tod eintritt.			Nur selten Schmerzen bei der Atemnot. Nur selten erstickt der Sykotiker an der Wassersucht. Der Tod tritt plötzlich ein, so schnell wie das Ausschalten eines Lichtschalters, ohne jeden Schmerz.
Schmerzen:			
Herzschmerzen stechend. Schmerzen und Neuralgien oft – scharf, durchdringend und – schneidend.		*Schmerzen von der Basis zur Herzspitze.*	*Schmerzen von der Herzspitze zur Basis.* Selten viele Schmerzen, – außer bei rheumatischen Leiden, Schmerzen aber nicht so beständig und hartnäckig wie bei der Psora. Rheumatische Herzerkrankungen: – Schmerzen von der Schulter zum Herzen oder – vom Herzen zur Schulter mit großer Schmerzhaftigkeit und Empfindlichkeit. VERSCHLECHTERUNG: – < durch Armbewegungen.

	Psora	Pseudo-Psora	Syphilis	Sykose
Modalitäten:	VERSCHLECHTERUNG: Herzenge, oder Beklemmung und Angst < – morgens. Herzschmerzen < von – Bewegung, – Lachen, – Husten usw. Herzbeschwerden meistens < – abends *oder nachts;* – beim Einschlafen, beim – Liegen auf dem Rücken; von – Essen oder Trinken; – gleich nach dem Essen;	VERSCHLECHTERUNG: – Aufbleiben oder Sitzen. – Bergsteigen unmöglich: In dünnerer Luft wird das Gehirn blutarm, er wird – schwindelig und kraftlos, häufig ohnmächtig.		VERSCHLECHTERUNG: FALSCHE ERNÄHRUNG beschleunigt oder verstärkt die Sykose, besonders: – viel Fleisch, – Weingenuß, bes. Gewürzweine. (Whisky oder Bier beeinflußt die gichtische Diathese nicht so wie der Wein; Bier ist weniger schädlich: es neigt dazu, die Ablagerung von Blutsalzen zu verhindern, obgleich alle diese Getränke schließlich doch entschieden schädigend für den Organismus sind.)
	BESSERUNG: – in Ruhe; wenn er sich hinlegt. – durch Luftaufstoßen.	BESSERUNG: – Hinlegen.		BESSERUNG: – in Bewegung, – beim Laufen, Reiten, – leichten Körperübungen.
Puls:	Puls im Fieber voll und hüpfend.	Puls im Fieber klein, fadenförmig und schnell.		Puls weich, langsam, leicht zu unterdrücken. Bei Fieber geringer Tonus. Pulsieren bei Pulsfühlen nicht zu fühlen.
Begleitsymptome:		Ständige Gewichtsabnahme.		Patienten meist dick, aufgedunsen, Gesicht häufig blau, selbst zyanotisch. – Atemnot von Fettleibigkeit. – ständige Gewichtszunahme. – Neigung zu venöser Kongestion.

Klinische Diagnosen:		*Erkrankungen der Herzklappen.*	Klappen rauh durch langdauernde Einwirkung der erblichen oder erworbenen Sykose; Übersäuerung bewirkt – Verdickung der Wände – Muskeln werden schlaff, weich und kraftlos, dadurch – Puls ohne Spannung:

EXTREMITÄTEN

Form und Aussehen:	Pseudo-Psora verursacht Mangel an Kalkverbindungen und Silikaten, dagegen Muskel- und Fettgewebe oft im Übermaß. Die Finger sind lang und haben keine fortschreitende Verjüngung, ihre Enden sind stumpf oder keulenförmig. Die Längen der Finger sind unregelmäßig verteilt.		*Fingergelenke bei Arthritris geschwollen, steif und schmerzhaft.* – *Gichtknoten;* – *kleine gelbe Flecken auf der Hand. Handrücken rauh.*
Nägel:	Nägel – spröde, brechen und splittern leicht; sie sind – gefleckt oder haben weiße Flecken; – vordere Kanten gesägt oder leicht ausgezackt. Dies findet sich zusammen mit einem – dünnen, löffelförmigen Nagel, auch		Nägel gerippt oder gefurcht. – Querrillen auf den Nägeln.

Psora	Pseudo-Psora	Syphilis	Sykose
	papierdünne Nägel. – Uneben gefurchte, blasse Matrix und – häufig Niednägel. Sie sind ein untrügliches Zeichen für tuberkulöse Diathese.		
	Fußnägel oft – flache, unvollkommene Wölbung oder – eingewachsene Nägel.		
	Nägel – papierdünn, biegen sich leicht und sind zuweilen – löffelförmig, d. h. die Wölbung ist umgedreht.		
	– Pustulöse Entzündung um den Nagel. – Nägel fallen aus und wachsen wieder. – Nagelwallentzündung häufig bei blassen, anämischen,tuberkulösen Kranken. Panaritium (Fingerumlauf) ist eine echte pseudo-psorische Knochenhautentzündung.		
	Viele entzündliche Veränderungen als Folge von Syphilis oder Tuberkulose. Echte Nagelbettentzündungen, bei der Tuberkulose nicht so spezifisch wie bei der tertiären Syphilis, beide jedoch sehr ähnlich.		

Typische Beschwerden:

Psora	Pseudo-Psora	Syphilis	Sykose
Neuralgische Schmerzen sind psorisch oder pseudo-psorisch. Sie werden für gewöhnlich – > von Ruhe und Wärme.		Stechende, schießende oder durchbohrende Schmerzen in der Knochenhaut oder den *langen* Röhrenknochen.	Schießende oder reißende Schmerzen in den Muskeln oder Gelenken. Schmerzen in den Fingern oder kleinen

– < häufig von Bewegung.		*Knochenschmerz in Knien und Füßen.* *Schmerz auf dem Fußrücken bis zu den Zehen.*	Gelenken. Steifheit, Schmerzhaftigkeit und besonders Lahmheit.
Rheumatisches Fieber 39,5-40°C, typhusähnlich; Gelenke stark geschwollen und empfindlich: psorisch oder noch häufiger tuberkulös.		*Arthritis mit marternden Schmerzen, Schwellung, Hitze und starker Rötung.*	Arthritis, subakut, nur in einem Gelenk; Fieber 38,5°C. *Arthritische Deformierung der Gelenke.*
		Rheumatismus: Muskeln voller harter Knoten.	
	Rheumatische Schwellungen der Gelenke sind Verbindungen mit der Sykose oder ein gemischtes Miasma.	*Rheumatische Schwellung li. Handgelenk und gr. Zeh,* *– blaurot verfärbt,* *– Schmerz wie zersägt.* *Re. Mittelfinger geschwollen und steif.*	Rheumatische Schwellungen der Gelenke sind Verbindungen der Pseudo-Psora mit der Sykose oder ein gemischtes Miasma.
	Weiße Schwellungen der Gelenke; – idiopathische Schleimbeutelentzündungen.		
Funktionelle Störungen. **Empfindungen:** Häufig – Brennen der Handflächen und Fußsohlen. – Füße trocken und heiß.	Häufig – Brennen der Handflächen und Fußsohlen, jedoch psorisches Symptom.		*Brennen der* *– Hände, Handflächen.* *– Füße.*
– Kälte einzelner Teile wie der Knie, Hände, Füße, Ohren, Nase usw.	Hände und Füße kalt, Pat. merkt es oft nicht. – Hände kalt, feucht, fröstelnd.		*– Kälte einzelner Glieder.*
– Prickeln oder Kribbeln der Finger oder Extremitäten aufgrund schlechter Zirkulation.			*Jucken* *– der Hände und zwischen den Fingern;* *– der Fußsohlen und zwischen den Zehen.*
			Zittern der Arme und Hände.

Psora	Pseudo-Psora	Syphilis	Sykose
Taubheit der Glieder mit – Kribbeln; Gefühl – als ob die Teile einschlafen würden, SCHLECHTER: – beim Hinlegen oder nach Schlaf oder – durch Druck, wie z. B. auf dem Arm liegen, Beine kreuzen usw.		*Taubheitsgefühl in Handflächen und Fußsohlen; Gefühl als ob von vielen Nadeln gestochen.*	*Taubheit der* *– Arme, bes. Unterarme < li.;* *– mit Kältegefühl,* *– mit Hitze auf Handrücken;* *– mit Schmerz beim Armheben;* *– Hand kann nichts halten.*
Allgemeine Beschwerden und Schmerzen: Sie können gut laufen, aber sie können es nicht vertragen, stille zu stehen.	Allgemeine Muskelschwäche oder Kraftlosigkeit in den Knöchelgelenken bei Kindern, – sie stolpern sogar über Stroh, – sie lassen leicht Gegenstände aus ihren Händen fallen, – sie haben keinerlei Sicherheit in sich selbst.	*Kann nicht im tiefen Sessel sitzen oder hocken, hat sonst* *– Hüft- und Kniegelenk nicht in der Gewalt.*	*Rheumatische oder arthritische Schmerzen in Gelenken oder Muskeln. Jedes Glied kann betroffen sein.*
	Schwäche oder Kraftlosigkeit der Sehnen um die Gelenke; – leichte Verstauchung der Bänder der Knöchel und Handgelenke, z. B. von Klavierspielen oder Schreibmaschineschreiben; plötzliche – Schleimbeutelschwellungen oder – Lahmheit. Sie werden leicht müde beim Gehen und Laufen, besonders beim Ansteigen. Sie sind – kurzatmig, eine kurze Bergbesteigung bringt sie gänzlich außer Atem.	*– Lahmheit und Schmerz des Armes im oberen Drittel des Humerus bei Bewegung, bes. Heben nach vorn.* *Schmerzen in den Beinen* *– kalter Schmerz, stark < li.;* *– nach Hinlegen ganze Nacht;* *– > Aufstehen, Gehen, warmes Wetter.* *– > kaltes Wasser.* *– < warme Anwendungen.*	*Beine: Schwäche;* *– Schwäche beim Aufstehen vom Sitzen.* *– Schwere beim Gehen; wie Blei;* *– Schwere der Unterschenkel mit klopfendem Schmerz.* *– Empfindlichkeit der Sohlen.* *– Wundheit des Fußballens oder der großen Zehe mit Schmerz beim Stillsitzen.*

	Steigen von 20 Treppenstufen erschöpft sie völlig.		
Krampfzustände: Krämpfe der Beine, der Waden oder Füße, Zehen, Knöchel oder am Fußrist.	Krämpfe treten nur gelegentlich auf.	*Fußsohlenschmerz zusammenziehend, als ob die Sehnen zu kurz wären.*	Wadenkrämpfe und Fußsohlenkrämpfe nachts.
Modalitäten:		SCHLECHTER: – nachts oder beim Anbruch der Nacht, – bei Wetterwechsel und – bei kalter, feuchter Witterung.	SCHLECHTER: – in Ruhe, – beim Anzuge von Sturm oder – dunstiger, feuchter Witterung sowie einem – fallenden Barometer, ferner – wenn es kalt wird. Von – Bücken und Beugen, – am Anfang von Bewegung.
BESSER: in Ruhe.			BESSER: – durch Bewegung, Reiben und Strecken; – in trockenem, klarem Wetter. – Hitze bessert nicht immer. – *An der See.*
Hautveränderungen und Schweiß: Hände und Füße trocken und rauh.	Feuchter Schweiß. Pusteln an Beinen oder Händen und Fingern.	*Pusteln, bes. in der Nähe der Knochen.* *Geschwüre auf dem Handrücken.* *Haut zwischen den Zehen rot und wund.*	*Fußschweiß < im Winter.* *kalte, schwitzende Füße.* *Hühneraugen.*
Furunkel: s. HAUT.	Furunkel: s. HAUT.		
Pathologische Veränderungen: Frostbeulen:			

Alle drei Miasmen beteiligt. Die psorische Durchseuchung hat hier als Basis ein sykotisches Element, deshalb wirkt ihre Unterdrückung durch örtliche Maßnahmen so fürchterlich krankheitserzeugend. Jede Krankheitsform kann ihr folgen bis zu bösartigen spastischen Erkrankungen, z. B. Chorea und andere schwere Nervenstörungen.

Psora	Pseudo-Psora	Syphilis	Sykose
	Hängehand[1].		
	Klumpfuß und derartige Mißbildungen bei Kindern.		
	Paralytische Erkrankungen, ödematöse Schwellungen, Wassersucht und derartige Erkrankungen sind entweder sykotisch, syphilitisch oder pseudo-psorisch. Die Psora allein kann jedoch diese Krankheiten nicht erzeugen.		

DIE HAUT

Aussehen:

Psora	Pseudo-Psora	Syphilis	Sykose
Haut trocken und rauh, sieht – schmutzig und ungesund, ja – ungewaschen aus. Sie verträgt kein Wasser.	Hauteigenschaften der Psora noch verstärkt als Ekzema fissum.		
Haut verliert alle Feuchtigkeit, wird – übermäßig trocken und – frei von Fett.	Fettige oder ölige Haut.		Fettige oder ölige Haut.
Schmutzige, schmutzigbraune, feucht und muffig anmutende Haut, mit mehr oder weniger Papeln u. a. Ausschlägen.	Haut fein und glatt, – rein, hell und durchsichtig, – mit Sommersprossen. Wird sehr braun von der Sonne.		
	– Dünne, blasse Haut oder, wenn der Körper gutgenährt ist, hat die Haut eine bestimmte – Reinheit, Helligkeit und Durchsichtigkeit, die für die tuberkulöse	*Haut bläulich.*	*Haut gelb.*

	Diathese typisch ist. Dies sieht man oft bei Tumorpatienten. (Tuberkulöser Anteil, da bei Tumoren 3 Miasmen beteiligt sind.) Die Blutgefäße, besonders die Adern und Kapillaren, scheinen durch die Gewebe hindurch.		
Veränderungen der Haut: **(s. Tertiäre Läsionen)**			
Typische Beschwerden: HAUTJUCKEN (Pruritus) ist immer psorisch! Wenn es bei gemischten Miasmen auftritt, gehört es zum psorischen Anteil.	Alle Hautkrankheiten werden kompliziert und schwer heilbar.	*Syphilitische Hautausschläge. Kupferfarbene Flecken.*	
	Hauterkrankungen mit Drüsenbeteiligung sind immer tuberkulös oder syphilitisch.		
Funktionelle Störungen: Bei vielen Arten des Pruritus sind alle drei Miasmen beteiligt. In schweren Fällen: Psora und Sykose.			
Hautjucken! (s. o.).	Hautjucken auch bei der tuberkulösen Diathese, es ist aber psorisch.	*Beißendes Gefühl, wie von Wanzen gebissen, nur nachts.*	Pruritus (Hautjucken) – um die Geschlechtsorgane, – um After und um die Nase herum; – *am Rücken.* – *bes. nachts.* - Mittel: MEDORRHINUM, aber auch ABROTANUM; AESCULUS, NATR. MUR., RHUS. TOX., RHUS. VEN., SABADILLA, SEPIA, AGARICUS, CANNABIS SAT., DOLICHOS, GAMBOGIA u. a.

[1] engl. drop-wrist: Handstellung bei Extensorenlähmung.

<table>
<tr><th>Psora</th><th>Pseudo-Psora</th><th>Syphilis</th><th>Sykose</th></tr>
<tr><td colspan="2">Fehlende Schweißabsonderung ist psorisch, kommt aber auch bei Pseudo-Psorikern vor.
Schweiß oft sehr übelriechend, aashaft, oft die Strümpfe zersetzend.
Mittel wie CALC. CARB., BARIUM CARB., BARIUM JODAT., JODUM, SILICEA o. a. tief wirkende Mittel beider Miasmen entsprechen hier.</td><td rowspan="2">Starke Nachtschweiße.
Schweiß mit Schwäche
– nach Fieber.
Schweiß bei Rheumatismus:
– < nachts.</td><td>Nachtschweiße.
Starker Schweiß
– im Nacken.</td></tr>
<tr><td></td><td>Krankheiten der Exkretion und Sekretion wie
– vermehrte Schweißbildung oder
– übelriechende Schweiße.</td><td>Brennende Hitze im ganzen Körper; mit Hitzewallungen.
s. ALLGEMEINES.</td></tr>
<tr><td></td><td colspan="2">Das ganze Kind riecht
– stinkend sauer, ölig: tuberkulös oder latente Syphilis.</td><td></td></tr>
<tr><td></td><td>Gänsehaut durch geringste Kälteeinwirkung, da Hautzirkulation gestört. Mittel wie NATRIUM MUR., HEPAR und SILICEA.</td><td></td><td>Prickeln am ganzen Körper.</td></tr>
<tr><td></td><td>Starke Reaktionen auf
– Insektenstiche, z. B. Bienen- oder Wanzenstiche, sowie auf
– Stichwunden. Anfällig für
– Tetanus, Krämpfe o. a.</td><td></td><td></td></tr>
<tr><td>Verletzungen und Narben:
Verletzungen heilen schnell, fast ohne Eiterbildung.</td><td>Nach Verletzungen folgen
– Abszesse oder geschwürige Prozesse und
– reichliche Bildung und Absonderung von Eiter, dessen Menge das für einen gewöhnlichen Heilungsprozeß Notwendige weit überschreitet.</td><td></td><td></td></tr>
</table>

	Nach Operationen: – Nahtabszesse und Eiterungen.		Nach Operationen: – sehr erhöhte Möglichkeit von Nahtabszessen und Eiterungen.
	Narben: Vernarbte Wunden sichtbar, überflüssiges Narbengewebe. Häufig atrophische Narben, sie liegen tiefer als die Hautoberfläche.		
	Solche Narben nach Geschwüren, Verbrennungen oder Verbrühungen sind tuberkulös. Sie sind meistens – tief und zerstörend und sondern – reichlich Eiter ab.	*Nach Abheilung syphilitischer Pusteln:* *kupferfarbene Narben wie* – *Pockennarben ODER: matte, rötliche,* – *kupferfarbenen Flecken, die in der Kälte blau aussahen.*	

Hautausschläge

a) Allgemein:

Hautausschläge sind entweder sekundäre oder tertiäre Äußerungen der Miasmen.

Ausschläge bestehen häufig aus – kleinen Knötchen (Papeln) und sind von – starkem Jucken begleitet. Manchmal sind sie – knötchen- und bläschenartig, begleitet von starkem Jucken.	Pusteln oder Bläschen, stets auffallende Eiterung.	Ausschläge – um die Gelenke herum, – an den Beugeseiten des Körpers; – in kreisförmigen Gruppen, Ringen oder Kreissegmenten angeordnet. – *oder am ganzen Körper.*	
Ausschläge – fleischfarben, es sei denn, es besteht eine Entzündung.		Bezeichnende Farbe: – Grundfläche kupferfarben oder – wie roher Schinken, bräunlich oder hochrot.	
Jucken ist immer psorisch, – Blasen sind psorisch, sofern sie nicht in syphilitischen Fällen gefunden werden.		Ausschläge jucken nicht, sie sind – wenig empfindlich oder schmerzhaft.	

Psora	Pseudo-Psora	Syphilis	Sykose
Schuppen und Krusten – dünn, leicht, fein und klein; sie – breiten sich für gewöhnlich fast auf dem ganzen betroffenen Körperteil aus; z. B. wenn die Kopfhaut betroffen ist, sind die Schuppen überall.		Schuppen oder Krusten sind – immer dick und schwer; sie befinden sich – in Flecken oder – an umschriebenen Stellen.	Schuppen oder Krusten sind – in Flecken oder – an umschriebenen Stellen zu finden.
Schuppenflechte hat eine syko-psorische Grundlage; desgleichen – die Pocken.			Schuppenflechte hat eine syko-psorische Grundlage; desgleichen – die Pocken.
Nur wenig Eiterung bei Hauterkrankungen. Sie sind für gewöhnlich – trocken, – mit geringer, aus Serum und Eiter bestehender – gelegentlich blutiger Absonderung.		*Pusteln fleckenweise, bes. an Handgelenken und Schienbein,* – *wo die Knochen nahe der Haut liegen.* *Pusteln öffnen sich, entleeren* – *jauchige Flüssigkeit; später* – *Narben wie Pockennarben.* *Syphilit. Blasen; Pemphigus.* *Maculae (Flecken); erhabene Flecken.*	
Furunkel: – kleine, empfindliche, schmerzhafte, nicht eiternde.	Furunkel: – reichlich eiternd.	*Karbunkel.*	
Furunkel sind oft ein gutes Omen, bes. nach Gabe eines antipsorischen Mittels. SULFUR erzeugt sie aber, wenn es zu häufig gegeben wird; sie dürfen dann nicht als idiopathisch angesehen werden!			
Ekzeme: Papulöser Ausschlag.	Ekzeme: Pusteln, – Schrunden (Ekzema fissum).		
Im abblätternden Ekzem sind alle drei Miasmen zugegen, jedoch ganz besonders das sykotische Miasma.			
Bei der Urtikaria sehen wir die Psora im Jucken.	Die deutlicheren und auffallenden Fälle von Urtikaria besonders bei		

	Frauen und Kindern sind tuberkulös.		
	Herpes ist tuberkulös. – Herpes zoster (Gürtelrose) hat außerdem einen sykotischen Bestandteil.		Manche Arten von Herpes wie der – kreisförmige Herpes und die – Gürtelrose (Herpes zoster) haben außer dem tuberkulösen einen sykotischen Bestandteil.
	Impetigo[1]. Diese Patienten werden leicht von jeder Infektion erfaßt.		
	Lichen ist meist sykotischen Ursprungs zusammen mit tuberkulöser Durchseuchung.		Lichen ist meist sykotischen Ursprungs zusammen mit tuberkulöser Durchseuchung.

b) Akute exanthematische Erkrankungen:

Bei den akuten exanthematischen Erkrankungen können wir je nach der Schwere des Anfalles, dem Aussehen des Ausschlages und der Neigung zu sekundären Komplikationen leicht den TUBERKULÖSEN Patienten vom PSORISCHEN unterscheiden. Dies ist bei Masern, Scharlach und derartigen Krankheiten klar zu erkennen:

	Schwere Krankheitserscheinungen, – Ausschlag ähnelt den pseudo-psorischen Ausschlägen – Komplikationen der Krankheiten.		
	Wenn die Vitalität des Patienten so gering ist, daß es uns nicht gelingt, einen Ausschlag hervorzubringen, hängt dies immer von der tuberkulösen Dyskrasie ab.		
Weitere Hauterkrankungen:	Abszesse und Geschwüre der Haut.	Syphilitische Geschwüre.	
	Idiopathisches Gangrän oder gangränöse Flecken auf der Haut sind syphilitisch oder tuberkulös. Ausnahme: Verursacht durch Arzneien.		Trockenes Gangrän (n. Erfahrung von Allen).

[1] Impetigo contagiosa oder follicularis. Erreger bei beiden Staphylokokken oder auch Streptokokken

Psora	Pseudo-Psora	Syphilis	Sykose
	Ekchymosen und jede Form von Purpura. Sie erscheinen selbst beim kontinuierlichen Fieber wie beim Typhus als punktförmige Hautblutungen (Petechien).		Purpura rheumatica[1].
	Krampfadern, Krampfadergeschwüre.	Krampfadergeschwüre, die bei der kleinsten Hautverletzung auftreten: alte ererbte Syphilis, die schon weitgehend zur Pseudo-Psora geworden ist.	
Pilze und tierische Parasiten:	Tinea-Arten[2] (Flechten) sind sykotisch, jedoch meist auf tuberkulöser Grundlage.		Tinea-Arten[2] (Flechten) sind sykotisch, jedoch meist auf tuberkulöser Grundlage.
			Tinea barbae (Bartflechte) ist stark sykotisch; desgl. Tinea tonsurans (Tonsurflechte) und T. circumscripta (erzeugen Haarausfall).
	Tinea circinata (kreisförmige Flechte) ist tuberkulös und sykotisch (nach Burnett, schreibt Allen).		Tinea circinata ist tuberkulös und sykotisch (nach Burnett).
	Tinea favosa (Favus, Erb- oder Pilzgrind, Kopfgrind) ist stark tuberkulös, vielleicht mit Sykose gemischt.		Tinea favosa (Favus, Erb- oder Pilzgrind, Kopfgrind) ist stark tuberkulös, vielleicht mit Sykose gemischt.
Tierische Parasiten bei Psora und Pseudo-Psora.			
Tumoren der Haut, Krebs:	Hautkrebs.	Feigwarzen (Kondylome) sind sykotisch oder syko-syphilitisch.	

Bei bösartigem Hautkrebs wirken alle drei Miasmen zusammen.

Tertiäre Läsionen[3]

Tertiäre Läsionen erscheinen als Hautveränderungen und verhindern Bösartigkeit.

Verruca Vulgaris:
Bei Kindern: erbliche Sykose. Sie erscheinen um den Zeitpunkt des zweiten Zahnens[4]

Verruca filiformis (fadenförmige Warzen): klein, bis 3 mm lang, am Ende spitz mit spindelförmigem Anhang; farblos, bräunlich oder graubraun, meist auf den Geschlechtsorganen oder ihrer Nähe oder am Rumpf; oft in Gruppen eng zusammen
– erworbene Sykose.

Brustwarzenähnliche Warzen
– tertiäre Sykose.

Haufenwarzen, Kondylome, spitze warzenförmige Bildungen und Hahnenkammwarzen: Syphilis und Sykose (gemischt).

KEINE MIASMENZUGEHÖRIGKEIT ANGEGEBEN:
Verruca plana juvenilis (flache Warzen der Jugendlichen):
erblich; keine echte Warzen[5] Sie sind flach, breit, meist rund; ihre Größe geht von einer halben Erbse bis zu einem kleinen Geldstück. Sie sind meistens pigmentiert und in unregelmäßigen, einseitigen Gruppen versprengt. Auftreten: auf Handrücken und Gesicht.

Perlige Papulae:
flache, weiche warzenartige Gewächse, häufig im Gesicht und Nacken:
– Tuberkulöse Diathese oder latente Syphilis.
Sie werden leicht bösartig.

Rotes Muttermal:
stecknadelkopf- bis erbsengroß, weich, rund, glänzend, häufig blutrot. Meist auf Brust oder Vorderseite des Körpers, oft an bedeckten Stellen oder überall:
– erworbene Sykose des Pat. oder seiner Eltern.

1 J. H. Allen „Diseases of the Skin“ (Hautkrankheiten)

2 engl. Ringworm

3 Näheres s. Band I, S. 263 ff.

4 In J. H. Allens Werk „Diseases of the Skin“ (Hautkrankheiten) schreibt er: „nach Beendigung des ersten Zahnens“

5 s. J. H. Allen „Diseases of the Skin“ S. 127 ff.

Psora	Pseudo-Psora	Syphilis	Sykose
			Sternnaevus: Kleiner Haufen erweiterter Kapillaren. ztw. blaß, ztw. rot: – erworbene oder ererbte Sykose. Kleine, rote, punktförmige Flecke: häufiger auf Rumpf und Vorderseiten der Glieder: – erworbene oder ererbte Sykose.
		Muttermale oder Papillome können entweder sykotisch oder syphilitisch sein.	

ALLGEMEINES

Psora	Pseudo-Psora	Syphilis	Sykose
Personen, die gegen jede ansteckende Krankheit überempfindlich veranlagt sind = tuberkulös oder Psora und latente Syphilis.			
Häufiges Frösteln, wenn sie an einer Krankheit oder einer leichten Beschwerde leiden.	Leiden unter warmer Luft im Raume. Können nicht viel Kälte vertragen, aber auch nicht viel Wärme.	SCHLECHTER: – Berührung, sehr empfindlich; – nachts. Meistens < von – Wärme (MERC., JOD., ACID. NITR.). Manchmal auch < von – Kälte, bes. alte Leute, (B) häufig < von den normalen Ausscheidungen wie – Schweiß, und ztw. auch von – Stuhl oder Urin. (B) BESSER: ztw. von Kälte.	SCHLECHTER: – kalte Luft oder Feuchtigkeit, auch wenn es schwül wird. Rheuma < von – Nässe, Kälte, Feuchtigkeit; – Regen, Schnee, Wetterwechsel. Allgemein auch < beim – Nahen eines Sturmes oder Gewitters, bei – Wetterwechsel und beim – Wechsel der Jahreszeiten. Im akuten Stadium der Gonorrhoe – < nachts und von Wärme, bes. Genitalien.

Klinische Diagnosen:

Neuralgische Schmerzen sind psorisch oder pseudo-psorisch.

BESSERUNG: Sie werden für gewöhnlich
– > von Ruhe und Wärme;

VERSCHLECHTERUNG: häufig
– < von Bewegung.

Wenn das System tief mit PSORA imprägniert ist, erkennen wir die tuberkulöse Anlage außerdem an der Neigung zu
– Geschwüren, Verhärtungen und Abszessen.

Karies oder Zerstörung der Knochen. Knochenhautentzündungen, Rachitis, Knochenerweichung.

Asymmetrie von Organen; degenerative Veränderung von Organen; Skelettdeformationen (Vannier).

Gichtische Ablagerungen in Mund, Nase, Ohren, Mastdarm, Harnröhre und Körperöffnungen.

Vergrößerung der lymphatischen Drüsen.

Fisteln oder sich eingrabende Prozesse sind syphilitisch oder tuberkulös.

Impfungen beim tuberkulösen Kind sind besonders gefährlich. Sie können schwere sykotische Erkrankungen verursachen.

Bei der lymphatischen Konstitution besonders ab 40stem Lebensjahr gedeiht die tuberkulöse Diathese am üppigsten.

Impfung ist eine URSACHE der Sykose! Sie erzeugt
- viele Hautkrankheiten wie
- Wundrose, Grindflechte, (Impetigo), Schuppenflechte,
- Hitzeblattern, Gangrän,
- Erythem, Roseola, Nesselfieber, Ekzem, Herpes und viele andere Hautausschläge, selbst
- Hauttuberkulose (Lupus vulgaris).

Auch Gonorrhoe und Syphilis finden bei der lymphatischen Konstitution reichen Boden.

Bei der tuberkulösen Diathese haben wir große Schwierigkeiten, die erworbene Syphilis oder Gonorrhoe auszurotten. Hier entwickeln sich langdauernde und hartnäckige tertiäre Prozesse und Veränderungen.

Bei allen Miasmen werden geistige oder seelische Störungen durch ein äußeres Auftreten der Krankheit sogleich erleichtert:

Psora	Pseudo-Psora	Syphilis	Sykose
Erleichterung durch einen physiologischen Ausleitungsprozeß wie – Diarrhoe, reichlichen Harnabgang oder Schweiß.	Vorübergehende Erleichterung durch – übelriechenden Fuß- oder Achselschweiß (dessen Unterdrückung oft Lungenbeschwerden oder eine andere schwere Krankheit erzeugen kann.); oder – Nasenbluten heilte eine Neuralgie.	Erleichterung durch – Ausbruch eines alten Geschwüres oder einer alten Wunde, die durch irgendein örtlich angewandtes Mittel zugeheilt worden war.	Im Sekundärstadium: Besserung durch – Wiederkehr eines Fluors oder eines gonorrhoischen oder katarrhalischen Ausflusses.
		Die tertiäre Syphilis muß häufig mit antipsorischen Mitteln geheilt werden, sie ist daher keine echte Syphilis mehr. (s. J. H. ALLEN: Die chron. Krankheiten, die Miasmen Bd. I, S. 296: Zitat von Hering).	Im Tertiärstadium Besserung durch – Ausbruch von Warzen oder durch – fibröse Neubildungen oder Gewächse.

GEMISCHTE MIASMEN

Psora	Pseudo-Psora	Syphilis	Sykose
Die spezifische, sekundäre Entzündung der Sykose entsteht: durch Vermischung von Psora, Pseudo-Psora und Sykose im 2. Stadium.			Die spezifische, sekundäre Entzündung der Sykose entsteht: durch Vermischung von Psora, Pseudo-Psora und Sykose im 2. Stadium. z. B. Entzündungen – der Genitalien (s. o.) – schwere Lungenentzündung; – akute Schwindsucht; – Brechdurchfall der Säuglinge u. a.
Skrofulose: Psora und unterdrückte Syphilis.		Skrofulose: Psora und unterdrückte Syphilis.	

	Pseudo-Psora und Sykose: – Kachexie möglich; – bösartige tuberkulöse Veränderungen.		Pseudo-Psora und Sykose: – Kachexie, – bösartige tuberkulöse Veränderungen.

Krankheitserscheinungen, die alle 3 Miasmen enthalten:

Fibröse Gewächse: Viele dieser Fälle sind unheilbar.

Naevi[1]: Psora, Sykose und Pseudo-Psora Wundrose (Erysipel).

Tinea-Arten[2] sind sykotisch, jedoch meist auf tuberkulöser Grundlage. Allen gibt jedoch an anderer Stelle[3] alle Miasmen bei den Tinea-Arten an.

Elephantiasis.

Krebs, Hautkrebs und Hauttuberkulose (Lupus vulgaris). Lupus vulgaris: tuberkulös (d. h. Psora und Syphilis) mit sykotischem Anteil.

Ichtyose (Fischschuppenkrankheit): alle Miasmen sind anwesend, deshalb ist sie eine unheilbare Hautkrankheit, besonders, wenn sie erblich ist. Wir sehen hier die Trockenheit der Psora, die Schuppen der Syphilis und häufig sind die Muttermale und warzenartigen Ausschläge vorhanden, die das sykotische Element anzeigen.

FOLGEN VON UNTERDRÜCKUNGEN

Unterdrückung der Psora wirkt bes. auf das Nervensystem: – nervöse oder geistige Phänomene.		Unterdrückung der Syphilis wirkt auf die – Hirnhäute und das Gehirn selbst, auf den – Kehlkopf, den Hals, die – Augen, die – Knochen und die Knochenhaut.	Unterdrückung der Sykose wirkt auf die inneren Organe, bes. die Unterleibs- und Geschlechtsorgane: – schwere spezifische Entzündungen, mit nachfolgenden – Hypertrophien, Abszessen, Adhäsionen, zystischen Degenerationen, – schleimigen Zysten usw. Oder aber:

1 warzenartige, pigmentierte Gewächse, weinfarbene Flecke

2 engl. ringworm

3 Bd. 1, S. 205

Psora	Pseudo-Psora	Syphilis	Sykose
			– Bauchfellentzündung, Blasenentzündung.
			Arthritis, subakut, nur in einem Gelenk; Fieber 38,5°C; Im Gehirn erzeugt sie – Kopfschmerzen, schwere – akute Manie, zentrale Geistesstörungen, – moralischen Verfall, Unehrlichkeit usw.
	Bei der tuberkulösen Diathese geht die Gonorrhoe leicht über in einen – schleimigen Ausfluß, es bilden sich – Strikturen, Taschen oder Metastasen[1] z. B. – Metastasen in den Eierstöcken, den Mutterbändern, den Eileitern, der Gebärmutter, dem Mastdarm u. a. Komplikationen.		Bes. bei tuberkulöser Diathese: Die Gonorrhoe geht über in einen – schleimigen Ausfluß, es bilden sich – Strikturen, Taschen oder Metastasen[1] z. B. – Metastasen in den Eierstöcken, den Mutterbändern, den Eileitern, der Gebärmutter, dem Mastdarm u. a. Komplikationen.
Stadien der Sykose:			Das **Primärstadium** der Sykose: Bereits am Ende des ersten Stadiums geht die Gonorrhoe häufig in einen schleimigen Ausfluß[2] über.
			Unterdrückung der Sykose im 1. Stadium[3] bewirkt:

- Zuerst Anämie, danach
- katarrhalische Zustände,
- Entzündungen, meist Unterleibsorgane.
- Rheumatismus, Gicht, sogar
- Brightsche Krankheit, häufig
- Diabetes; oder im späteren Leben gleich das 3. Stadium.

Das **Sekundärstadium** der Sykose bewirkt
- entzündliche Erkrankungen, akut, subakut oder chronisch. Leichte, wandernde
- Muskelschmerzen bis zu schwerer, akuter gonorrhoischer Arthritis.

Am häufigsten sind die
- Entzündungen der Unterleibsorgane der Frauen:
- Eierstockentzündung, Eileiterentzündung, evtl. mit
- Blasenentzündung,
- Abszesse der Eileiter, Adhäsionen;
- zystische Degeneration der Eierstöcke, des Gebärmutterhalses und der Gebärmutter.

ODER
- Bauchfellentzündung; auch
- Blinddarmentzündung ist häufig Folge sekundärer Sykose.

1 Metastase wird hier im alten Sinne gebraucht: Verlagerung einer Krankheit in einen anderen Körperteil.

2 S. Bd. I, S. 221, 227 u. a. (Beginn der Sykose)

3 S. Bd. I, S. 227 f.: Das 1. Stadium der Sykose entsteht durch Unterdrückung der Gonorrhoe oder durch Ansteckung bei einem Träger des 1. Stadiums der Sykose.

Psora	Pseudo-Psora	Syphilis	Sykose
			Bei **Männern:** – rektale Beschwerden, Eitertaschen, Hämorrhoiden. – Hoden- und Nebenhodenentzündungen, – Blasenstörungen; sehr häufig – sykotische Arthritis, subakute Gicht, Rheumatismus und gichtische Erkrankungen. – Herzfehler, – Magenstörungen, Magen-Darmerkrankungen, – Lungenentzündung u. a. Entzündungen. ODER die Krankheit geht tiefer bis zu – Manie und Irrsinn. Das **Tertiärstadium** bewirkt Bildung von: – Strikturen, Taschen oder Metastasen z. B. – Metastasen in den Eierstöcken, den Mutterbändern, den Eileitern, der Gebärmutter, dem Mastdarm u. a. Komplikationen. Weitere tertiäre Erscheinungen: – Ausschläge, meist warzenartig (s. HAUT tertiäre Läsionen); – Gicht, Beginn meist am Zeigefinger; gichtischer Allgemeinzustand, z. B. Gicht der Blase, der Muskeln, des

Herzens (s. HERZ: patholog. Veränderungen), des Magens oder der Därme.
- fibröse Veränderungen oder Neubildungen; gelegentlich
- schleimige Zysten.
- Starke Anämie, Gesicht zuweilen aschgrau, entstellt, sogar teigig, später folgt
- Diabetes,
- Brightsche Krankheit oder
- Krebs.

Therapieanweisungen

aus Band 1 und 2
systematisch geordnet und mit Text verbunden von

Renée von Schlick

Mittel bei Chronischen Krankheiten

Auswahl der Mittel für die miasmatischen Erkrankungen

„Hahnemanns auffallende, sonderliche, ungewöhnliche und charakteristische Symptome sind grundsätzlich immer miasmatische.“ (S. 292)

„…Dies ist der Grund, weshalb die eigentümlichen oder charakteristischen Symptome, wenn sie bei der Verschreibung berücksichtigt werden, uns so wunderbare Ergebnisse bringen, weil dies die miasmatischen Symptome sind. Jedoch die glänzenden Heilungen, die mit einem Mittel bewirkt werden, kommen nur dann vor, wenn ein einziges Miasma hinter den Erscheinungen liegt. (S. 278 u. 292)

Reihenfolge der Behandlung bei gemischten Miasmen.

Wo aber die gemischten Miasmen zugegen sind, ist es notwendig, die Reihenfolge oder Ordnung ihrer Entfaltung zu verstehen.“ Eines ist für gewöhnlich aktiv und hält das andere im Zustand der Untätigkeit. „Hahnemann schildert dies im ORGANON § 38 wo er sagt: wenn die neue, der älteren unähnliche Krankheit stärker ist als die letztere, wird sie diese unterdrücken bis die neue Krankheit entweder ihren eigenen Lauf vollendet hat oder geheilt wurde (entfernt vom passenden Mittel), aber dann kommt die alte oder frühere Krankheit zurück. In dieser Weise wirken die chronischen Miasmen.“ (S. 278–79)

Bei den chronischen Krankheiten müssen wir – ebenso wie bei den akuten Krankheiten wie Scharlach und Masern – die Arznei wählen, deren Symptome die höchste Ähnlichkeit mit denen der (jetzigen) Erkrankung haben und „diese Erkrankung ist das *aktive Miasma*. Deshalb hilft uns die Kenntnis des aktiven Miasmas, welches hinter der Erkrankung liegt, bei der Einordnung unserer Mittel, ob sie antipsorisch, antisykotisch oder antisyphilitisch sein müssen. Die zweite Auswahl eines Mittels wird nun in der Regel die Symptomengruppe decken, die das erste Mittel – bei unrichtiger Wahl – aus Versehen deckte. Daraus können wir den Schluß ziehen, daß die Symptome für die erste Mittelwahl um das aktive Miasma gruppiert werden sollten. Die zweite Auswahl müßte die *latenten Miasmen* decken, die nun von dem aktiven Miasma, auf welches wir unsere erste Verordnung stützten, aufgestört oder in Tätigkeit gebracht wurden." (S. 278 u. 285)

„Die Bindung zweier Miasmen kann nur durch eine Verschreibung, welche die Gesamtheit der Symptomengruppe des (aufgestörten oder) aktiveren Miasmas trifft, auseinandergebrochen werden." (S. 301) „Diese Gruppierung muß verstanden werden."

Wir sollten also diejenigen Symptome beiseite lassen, die zum großen Teil latent im Organismus sind, und ein Mittel auswählen, das sich auf das *aktive Miasma* gründet.

„Nicht selten sind wir in diesen Fällen gemischter Miasmen gezwungen, eine Auswahl des Mittels aus *drei bis fünf Symptomen* zu treffen und alle anderen zu ignorieren. Erst wenn dieses Mittel das System in den passenden oder richtigen Zustand gebracht hat, dann können alle die Symptome, die verworfen wurden, in Betracht gezogen und eine zweite Verschreibung gemacht werden. Die gilt besonders dann, *wenn Unterdrückungen vorliegen* oder wo sich aufgrund von Unterdrückungen oder schlechter Behandlung sekundäre Prozesse entwickeln."

In Kürze: Wenn das zuerst aktive Miasma entfernt worden ist, können nun andere Symptome nach vorn rücken, was uns ermöglicht, diese dann mit einer zweiten Wahl abzudecken. (S. 280)

An anderer Stelle schreibt Allen über die *Symptomenwahl bei Unterdrückung*: „Wir müssen diejenigen Symptome kennen, welche aufgrund der Unterdrückung entstehen. Wir erfahren dies, indem wir alle Symptome unseres Patienten aufnehmen, die vor der ersten Behandlung bestanden hatten, und außerdem seinen heutigen Zustand. Oft kann uns ein einzelnes Symptom in der Vorgeschichte des Falles auf die Unterdrückung aufmerksam machen. Der Patient erzählt Ihnen vielleicht, daß er Kopfschmerzen oder Rückenschmerzen hatte oder sich allgemein schlecht fühlte, seitdem er mit der Behandlung der Gonorrhoe begann, oder daß er sich seitdem keinen Tag mehr wohl fühlte. Als erstes müssen Sie den unterdrückten Ausfluß wiederherstellen. Das Mittel, welches der Gesamtheit der *jetzigen* Symptome (d. h. des *aktiven Miasmas*) entspricht, wird genau dies erreichen." (S. 112)

Bei gemischten Miasmen gibt Hahnemann in den Chronischen Krankheiten Bd.I, S. 106/107 an: Wenn allopathische Behandlung die *Psora*, die neben einer durch schlechte Behandlung unterdrückten Syphilis vielleicht *latent* im Körper ruhte, so aufgerührt hat, daß die Psora jetzt offenbar und *aktiv wird*, dann ist die Reihenfolge der Behandlung umgekehrt, und wir vernichten *zuerst das psorische* Miasma. Hahnemann begründet dies wie folgt: „..Da ist es nöthig, zuerst dem schlimmern Theile, nämlich der Psora mit .. spezifisch antipsorischen Arzneien zu Hülfe zu kommen, und dann erst die für die Sykosis angezeigten Mittel zu brauchen, ehe man die gehörige Gabe des besten Quecksilber-Präparats, wie man gleich sehen wird, gegen die Syphilis verordnet; worauf man dann dieselbe *abwechselnde Behandlung*, wo nöthig, bis zur völligen Heilung erneuert. Nur muß man jeder dieser drei Arten Arznei gehörige Zeit lassen, ihre Wirkung zu vollenden.“ (S. 288)

„*Tief wirkende Mittel* wie die *Metalle* (z. B. Arsenicum) decken *alle Miasmen* und heilen, weil sie so tief auf die Lebenskräfte einwirken. (S. 294)

Stadien der Miasmen.

“Die chronischen Miasmen Syphilis und Sykose müssen immer im primären oder sekundären Stadium geheilt werden, bevor sie *mit der Psora eine* so *vollkommene Verbindung* eingegangen sind, daß sie nun tertiäre Erscheinungen entwickeln„ ... Danach “liegt das miasmatische Simile weitgehend in der psorischen Bindung und den psorischen Erscheinungen. Es könnte ein Mittel gebraucht werden, dessen Prüfung die augenblicklichen Erscheinungen beider Miasmen aufweist.. Wenn wir Mercurius geben, unterdrücken wir die syphilitischen Phänomene vollständig; es treten dann aber neue Entwicklungen der Psora auf, die oft schwierig zu behandeln, wenn nicht unheilbar sind. Dann haben wir am Ende einen echten Fall einer bleibenden chronischen Krankheit zu behandeln.„

“Kein Miasma bringt eine tertiäre Pathologie, wenn es nach dem homöopathischen Gesetz richtig behandelt worden ist und besonders, wenn die höheren Potenzen angewandt wurden.„ (S. 50)

“Wenn die Krankheit (Sykose) im *dritten Stadium* ist, kann vielleicht ein echtes *Antipsorikum* wie Sulfur oder Psorinum gegeben werden müssen, um die Absonderung wiederherzustellen.„ (S. 311–12)

“Die reguläre Schule hat die Tatsache allgemein anerkannt, daß die tertiäre Syphilis keine echte Syphilis mehr ist, und wir wissen, daß sie es nicht ist, weil wir nicht selten zu antipsorischen Mitteln greifen müssen, um sie zu heilen.„ (S. 296)

“Wenn die Sykose schon ganz ins dritte Stadium übergegangen ist, können wir natürlich den Ausfluß nicht immer wiedererzeugen. Aber wir könnten in der Lage sein, einen *warzenartigen Ausschlag* entweder generell oder örtlich auf der Haut hervorzurufen.„ (S. 112)

“Wenn im frühen Tertiärstadium einer chronischen Sykose Warzen auf den Händen und anderen Körperteilen erschienen, trockneten sie ein, und es folgte ihnen kein anderes Symptom oder Zeichen der Krankheit. Diese Heilungen wurden bei nicht-tuberkulösen und nicht sehr psorischen Fällen beobachtet.„ (S. 314–15)

Auswahl der Symptome

Die Wertigkeit der Symptome.

“Bei der Auswahl des Mittels müssen wir die Symptome nach ihrem Wert sortieren, wobei wir den *zuletzt erschienenen* den Vorrang geben, denn dies sind die Symptome des aktiven Miasmas; und die verbleibenden sind als zur latenten Gruppe gehörig einzuordnen: Wenn diese (die latenten) anhalten, während die ersten oder aktiven Symptome verschwunden sind, kann es notwendig sein, sie für eine neue Auswahl erneut zu studieren. Ihre Reihenfolge, ihr Wert und ihre Latenz oder Aktivität muß bei der Auswahl eines heilenden Mittels sorgfältig erwogen werden.„ (S. 303–4)

1.) Die höhere Wertigkeit besitzt das Mittel, welches dem *aktiven Grundmiasma* entspricht.
2.) “Bei der Auswahl des Mittels beginne ich möglichst mit den *geistigen Symptomen*;
3.) dann gehe ich nach außen vor bis zu den *körperlichen* Symptomen;
4.) oder von *oben nach unten* bis zu den Extremitäten.„

Beurteilung der Richtigkeit des Mittels.

Hering sagt ferner: “Wir sollten den Grad der Homöopathizität zwischen dem Mittel und der Krankheit an der *Besserung des moralischen oder sittlichen Zustandes* messen.„ (S. 297)

“Das Mittel sollte die Symptome in der Reihenfolge treffen, in der sie zuerst aufgetreten sind." (S. 303)

"Die Krankheit muß genau in der *umgekehrten Reihenfolge* verschwinden, in der sie kam.„ (S. 315)

"Man sollte stets daran denken, daß eine katarrhalische Absonderung ein heilsamer und *ausscheidender Vorgang* ist und daß es eine sehr schwere Sache ist, irgendeinen sekundären oder tertiären Prozeß, der durch eine Unterdrückung aufgekommen sein kann, dauerhaft zu heilen, wenn nicht die Absonderung wiederhergestellt wird.„ (S. 311–12)

"Wenn ein *Ausschlag* auf der Haut erscheint oder sich eine alte Wunde wieder öffnet oder wenn eine Absonderung oder ein *Ausfluß* wiederhergestellt ist, dann haben sich die Dinge oft sehr vereinfacht, und die Heilung folgt dem Gesetz des physiologischen Ablaufs.„ (S. 303)

"Wenn die Sykose schon ganz ins dritte Stadium übergegangen ist, können wir natürlich den Ausfluß nicht immer wiedererzeugen. Aber wir könnten in der Lage sein, einen *warzenartigen Ausschlag* entweder generell oder örtlich auf der Haut hervorzurufen.„ (S. 112)

Bei gemischten Miasmen kommt zuweilen statt des unterdrückten Ausflusses ein anderer Ausscheidungsvorgang hervor.. z. B. wenn sich der sykotische Ausfluß verringert, tritt der sekundäre Ausschlag der Syphilis stärker hervor,.d. h. wenn ein Miasma verschwindet oder geheilt ist, wird das latente plötzlich aktiv. Wenn diese neuen Prozesse, die für die Natur der einzige Weg für eine Heilung sind, durch örtliche Behandlung angegriffen werden, "werfen diese Möchtegern-Heiler die ganzen verfluchten krankheitserzeugenden Prozesse wieder auf den Organismus zurück.„ (S. 313)

"Bei der Behandlung von Krankheiten sollten wir auch auf das Gesetz des *Wechsels zwischen geistigen und körperlichen Symptomen* achten, d. h. wenn der körperliche Zustand > ist und der geistige < wird und umgekehrt. Oft wurde der geistige Zustand durch einen äußeren Krankheitsprozeß gebessert. Wir sehen dassselbe Gesetz auch allein im Körperlichen angewandt: Nasenbluten bessert häufig Kopfschmerzen, Ausschlag einen Schmerz. Ein reichlicher Nachtschweiß zeigt dagegen, daß die Krankheit im Innern gesammelt ist und ihr Versteck noch nicht verlassen hat. Eine miasmatische Symptomenanordnung schließt jedoch alles Notwendige ein, um das die Krankheit heilende Simillimum zu finden.„ (S. 297)

Verschlechterung

"Natürlich muß eine neue Überprüfung durchgeführt werden, wenn wieder eine Verschlechterung eintritt. Manchmal erscheinen neue Symptome in dieser Gruppe oder alte, latente und vergessene kommen ans Licht. Wie bei der ersten Auswahl, so müssen sie auch bei der zweiten entsprechend ihrem miasmatischen Rang berücksichtigt werden. (S. 303)

Mittel bei akuten Krankheiten

Potenzen

„Bei den akuten Krankheiten arbeiten die Mittel in *vielen Potenzen*, von der Tinktur aufwärts." (S. 225–6)

Wiederholung des Mittels bei akuten Krankheiten.

„Bei der akuten Sykose sollte der Arzt das angezeigte Mittel geben und auf seine Wirkung warten. so lange warten, wie irgendeine Besserung vorhanden ist[1] Dann, wenn die Wirkung aufhört, wiederhole man entweder das Mittel oder wechsle das Mittel, je nachdem, wie es die Symptome in dem Falle erfordern." (S. 316)

Fallbeispiel

Ein Beispiel für das akute Geschehen: Wir geben BELLADONNA für Scharlach, hinter dem beispielsweise eine Pseudo-Psora steckt. Schnell verschwindet die BELLADONNA-Anordnung der Symptome und es erscheint „das chronisch-miasmatische Element in seiner ganzen Heftigkeit, etwa in einem Mittelohrabszeß[2] der nach HEPAR, MERCUR oder ARSEN ruft." Ebenso ist es bei den gemischten Miasmen, „durch die Vermischung ist die Unterscheidung der Symptome jedoch schwieriger." (S. 285–6)

Miasmatische Mittel bei akuten Krankheiten

„Bei einer akuten Krankheit müssen wir wissen, *wo und wann* wir ein tiefwirkendes *miasmatisches Mittel* auswählen können. Oft geben wir das richtige miasmatische Mittel gemäß dem Gesetz des Simile, aber wir geben eine zu tiefe Potenz, die die volle Breite und Tiefe seiner Wirkung nicht erreicht. Während es die vorhandene akute Krankheit beheben kann, beläßt es in der Regel die tieferen, vorher vorhan-

---

[1] Im ORGANON §251 erklärt Hahnemann die Ignatia, Bryonia, Rhus tox. und Belladonna als Ausnahme. Man könne sie in akuten Fällen öfters wiederholen.

[2] s. auch nächste Seite unter Nachkrankheiten.

denen miasmatischen Symptome; deshalb sind Veranlagung und Idiosynkrasie immer noch vorhanden." (S. 121)

Nachkrankheiten akuter Miasmen

„Wenn latente chronische Miasmen durch die starke Einwirkung eines akuten Miasmas wie Typhus, Grippe, Scharlach usw. aus ihrem Schlummer geweckt worden sind, bleiben an ihrem Ende oft sogenannte *Nachkrankheiten* oder sekundäre Prozesse zurück, von denen man annimmt, daß sie der akuten Krankheit zuzuschreiben sind. Aber dies ist nicht der Fall. Es sind sekundäre oder tertiäre Prozesse der chronischen Miasmen, die bei der Behandlung des akuten Miasmas übersehen worden sind...

Bei einem Scharlachfall z. B., bei dem Belladonna angezeigt war und viel *länger, als es nützlich war*, gegeben wurde, zeigte sich als Ergebnis ein Mittelohrabszeß. Wenn wir (bei der Behandlung des akuten Miasmas) tiefer geblickt hätten, würden wir SULFUR, PSORINUM oder ein anderes tief wirkendes miasmatisches Mittel erkannt haben, das diesen sekundären oder tertiären Prozeß abgewandt und zur gleichen Zeit die akute Krankheit sehr gemildert hätte[3], wenn nicht sogar abortiv hätte verlaufen lassen...Die akuten epidemischen oder vereinzelt auftretenden miasmatischen Krankheiten darf man nicht sich selbst überlassen oder sie ihren Lauf vollenden lassen, denn je länger sie im Organismus verbleiben, umso größere Gefahr droht dem Leben aus ihren schnell zerstörenden Prozessen, die sich durch *Zusammenwirken mit einem bereits vorhandenen chronischen Miasma* entwikkeln." Allein d. h. ohne die Gegenwart eines der chronischen Miasmen Psora, Syphilis oder Sykose könnten diese akuten Miasmen nicht existieren. (S. 53)

„Die Kinderkrankheiten verschwinden – wenn sie richtig mit dem homöopathischen Einzelmittel behandelt werden – ohne Nachkrankheiten, wobei das ganze System weitgehend von seinem vorhandenen Miasma befreit und erneuert worden ist. Wenn aber diese Krankheiten falsch behandelt werden, können wir jede Art von chronischer, miasmatischer Stauung bekommen.." (S. 121)

[3] s. unbedingt dabei den weiter unten stehenden Abschnitt "Vorsicht mit tiefwirkenden Mitteln„ beachten, wenn unheilbare chronische Miasmen dahinterliegen.

Grippe-Epidemien

Tuberkulöse Patienten sterben sehr leicht an der Grippe oder anderen akuten sykotischen Krankheiten. „Wenn die Grippe bei tuberkulösen Patienten angetroffen wird, die dazu noch an einer erworbenen Sykose leiden, bilden sich mit Sicherheit Metastasen oder Verlagerungen der Krankheit in den Lungen, den Bronchien, den Hirnhäuten oder in einem anderen Organ." (S. 234)

Vorsicht mit tiefwirkenden Mitteln

Bei akuten Krankheiten und besonders, *wenn (unheilbare) chronische Miasmen latent* im Hintergrund sind, ist große Vorsicht bei der Behandlung notwendig.

„Wenn eine dahinterliegende Idiosynkrasie oder chronisch-miasmatische Veranlagung (Durchseuchung) nicht erkannt wird, kann dies selbst bei Heilung akuter Krankheiten für den Patienten tödlich ausgehen; dies ist eine der Schwierigkeiten therapeutischer Kunst." (S. 303)

Allen schreibt ferner hierzu: Wenn nun eines der *tiefwirkenden Mittel* wie z. B. SULFUR *gegen* ein *akutes Miasma* verschrieben wird, *verschlimmert* es den Fall sehr, indem es latente chronische Miasmen aufrührt. „Bei unheilbaren Fällen wie bei organischem Herzleiden, Tuberkulose usw... ist es ein gefährliches Vorgehen, tief wirkende antimiasmatische Mittel zu verschreiben." (S. 279)

„Eine Gabe SULFUR zum Beispiel, die auf einer anscheinend guten Zusammenstellung von Sulfur-Symptomen gegründet war und tuberkulösen Patienten gegeben wurde, rührte die tuberkulöse Veranlagung bei einer Reihe meiner Fälle so auf, daß es viele Monate dauerte, den meinem jeweiligen Patienten hieraus erwachsenden Schaden wiedergutzumachen." (S. 294)

Mittel: Allgemeines

Nosoden

ALLEN verweist hier auf den § 50 des ORGANON: „...die Natur selbst hat zu homöopathischen Heilwerkzeugen fast nur die ... miasmatischen Krankheiten zu Hilfe..." Hahnemann schreibt hierzu in § 46 ORGANON, daß die Pockenkrankheit „...schon zahlreiche Übel mit ähnlichen Symptomen aufgehoben und geheilt hat." Allen schreibt deshalb: „Je mehr wir Krankheiten erforschen und umso besser wir mit dem Gesetz der Heilung vertraut werden, umso häufiger verwenden wir die Nosoden oder Krankheitsprodukte." (S. 280)

Verbot von Anregungsmitteln.

„Anregungsmittel aller Art sind verboten[4], da die Folgen stets ungünstig sind mit Neigung zu Rückfällen und Komplikationen. Es sollte reichlich Wasser getrunken werden, da es hilft, die übermäßigen Ablagerungen im Blut aufzulösen; besonders gilt dies für die Nieren." (S. 315)

Wiederholung der Mittel

„Die therapeutische Auswahl unserer Mittel kann für eine *oberflächliche* oder für eine *tiefwirkende* Behandlung getroffen werden. Die erste ist *palliativ* und die zweite *heilend*. Beide sind notwendig bei der Behandlung der Kranken. Bei der ersten Art der Verschreibung kann das Mittel mit gutem Erfolg häufig wiederholt werden, aber bei der zweiten (der tiefwirkenden) erweist sich eine häufige Wiederholung als schädlich für den Patienten und verdirbt oft die Heilung gänzlich." (S. 290–91)

Beurteilung unrichtiger Mittelwahl

§ 249 ORGANON: "Jede Arznei, welche im Verlaufe ihrer Wir-

[4] Wir erlauben einen mäßigen Gebrauch und haben keine Nachteile festgestellt; wir verbieten sie nur, wenn sie das Antidote sind.

kung neue, der zu heilenden Krankheit nicht eigenthümliche und zwar beschwerliche Symptome hervorbringt, ist nicht vermögend, wahre Besserung zu erzeugen und ist nicht für homöopathisch gewählt zu halten..." Allen fährt fort: „Hierin liegt eines der Geheimnisse einer Heilung. Wenn wir keine großen Erfahrungen hinsichtlich der Eigenschaften und des Verlaufs jedes der chronischen Miasmen besitzen (fortschreitender oder in Entwicklung befindlicher Verlauf), dann können wir diejenigen Symptome, die eine Prüfung des Mittels sind, nicht von jenen unterscheiden, die zum miasmatischen Prozeß gehören oder die der heilenden Wirkung eines gut gewählten Mittels zuzuschreiben sind. Natürlich können wir Verschlimmerungen von gut gewählten Mitteln haben. So zappeln wir herum in einem Labyrinth von Symptomen und sind unfähig, die einzelnen Phänomene zu entwirren." (S. 291)

Potenzen

Allen rät immer wieder, für die chronischen Miasmen nur hohe Potenzen zu gebrauchen; er sagt: „Als höhere Potenzen bezeichne ich die LM und höher." Allen meint hier eine im 100er Schritt hergestellte 50.000er Potenz, d. h. C 50.000 H(ahnemann)[5]. Wir wollen deshalb die folgenden Zeilen mit der unten dargelegten Vorsicht nur zur Kenntnis nehmen, nämlich daß ALLEN weiter fortfährt: „Ich habe niemals tertiäre Symptome entstehen sehen, nicht einmal bei der Syphilis, wenn die LM, 50M, CM und andere Potenzen dieser Stärke angewandt wurden." An anderer Stelle wiederholt Allen nochmals: „Geben Sie nicht tiefer als die 30ste (die 200) und die IM, 10M, 50M und sogar die CM kann notwendig werden." (hierzu unbedingt die Fußnote hinzuziehen!) Allen fährt fort: (S. 50)

Bei tiefsitzenden chronischen Erkrankungen aber werden Sie von einer CM-Potenz eine zehnmal schnellere, d. h. unverzüglichere Wirkung erzielen als von den tieferen. (S. 226)

„Eine unterdrückte Krankheit scheint eine so vollkommene Bindung mit der Lebenskraft einzugehen, daß nur die höheren Potenzen tief genug hinabreichen, um diese Bindung zu trennen. Die höchsten Potenzen... werden in diesen Fällen angewandt." (S. 312)

Im gleichen Abschnitt schränkt Allen aber auch ein: „...obwohl in manchen Fällen, besonders *bei empfindlichen oder leicht beeinflußbaren Organismen, die tieferen Potenzen wie die 30ste, 200ste und die 1000ste verwandt werden*[6]."

„Bei den *akuten* Krankheiten arbeiten die Mittel in *vielen Potenzen*, von der Tinktur aufwärts." (S. 226)

---

[5] Diese sehr hohen Potenzen könnten bei unseren heutigen empfindlicher gewordenen Patienten starke Reaktionen auslösen und in unheilbaren Fällen großen Schaden anrichten. Seit der 6. Auflage des ORGANON, die erst 1921 – also nach ALLEN – veröffentlicht wurde, wissen wir von Hahnemanns später Entdeckung der LM-Potenzen. Die LM-Potenzen sind durch die 50f.ache Verdünnung (nicht Potenzierung) ihrer verhältnismäßig niedrigen Potenzen (LM 6, LM 12, LM 18, LM 24 usw) milde und können deshalb häufig wiederholt werden. Diese in 50.000er Schritten hergestellten LM-Potenzen oder die C30, C200 (und evtl. in der Folge noch höhere C-Potenzen nach Korsakow) sind dem heutigen Krankheits- und Kräftezustand in den Ländern der westlichen Zivilisation am besten angepaßt. (d. Herausg.)

[6] siehe Fußnote selbe Seite

Wirkungsdauer

„Wenn Sie das richtige Mittel gefunden haben, (was ein eifriges Studium der Prüfungen erfordert, bis Sie ein getreues Bild von ihm im Gedächtnis haben) geben Sie es. *Warten* Sie dann auf seine Wirkung, indem Sie nur dann zu *höheren* Potenzen übergehen, wenn die *tieferen* Potenzen *aufhören zu wirken* und so weiter, bis Sie die Wirkung der höchsten Potenz erschöpft haben." (S. 226)

Was Allen hier sagte, sollten wir in jedem Falle beherzigen, nämlich daß wir nie eine höhere Potenz geben – auch nicht von einer LM-Potenz, – solange die vorherige noch wirkt, bzw. eine Wiederholung der tieferen noch eine positive Wirkung zeigt. Und ferner, daß wir die höheren Potenzen, auch die C30, C200 oder später die M, sehr lange auswirken lassen. Wir sollten uns auch nicht durch eventuelle spät auftretende Reaktionen, d. h. wenn die Symptome heftiger werden (s. Behandlungsverlauf), verleiten lassen, die Gabe zu wiederholen oder zu einer höheren Potenz zu greifen. Wenn die Krankheit wieder in der gleichen oder abgeschwächten Weise wie vor der letzten Gabe auftritt, können wir eine erneute Gabe reichen. Im allgemeinen dürfen wir die höheren C- oder D-Potenzen 2 Mal mit gehörigem Abstand wiederholen. Sollte mehr als ein Jahr dazwischen liegen, können wir es auch ein 3. Mal tun und nach mehreren Jahren sogar ein 4. Mal. Wir werden aber feststellen, daß die Wirkung kürzer wird.

Behandlungsverlauf

„Das Mittel, welches die therapeutische Kraft hat, eine künstliche Krankheit zu erzeugen, die der natürlichen Krankheit sehr ähnlich ist, vernichtet oder unterwirft diese natürliche Krankheit; aber um diese Symptomengruppe, dieses richtige Bild, das die Auswahl eines solchen Mittels möglich macht, zu erlangen, ist es wissenschaftlich notwendig, die Phänomene zu verstehen, die die natürliche Krankheit erzeugen und aufrecht erhalten.. Wir sagen weiterhin: Wenn neue Symptome auftauchen, hat die sogenannte Homöopathie[7] keinen zuverlässigen Weg zu unterscheiden, ob diese eine Mittelprüfung sind oder die rückwärtslaufende Metamorphose eines latenten Miasmas, deren Symptome in der Reihenfolge hervorkommen, wie Hahnemann es gesagt hat.“ (S. 292)

„Wenn Symptome nach der Gabe eines tiefwirkenden antimiasmatischen Mittels auftreten, darf man sich in *keiner Weise einmischen*; da sie die Reaktionen der Lebenskraft unter dem Einfluß des Mittels sind, das nach dem Gesetz gewählt wurde, natürlich mit *Ausnahmen*, *wenn es das Leiden* des Patienten *erfordert.* Manchmal wird die Reaktion heftig, und wir erhalten so akute Äußerungen des hochkommenden Miasmas wie Schmerzen, Neuralgien, Entzündungsprozesse oder Erysipele, die wie ein Regenerationsprozeß hervorkommen, was sie in allen solchen Zuständen auch sind. In diesen Falle müssen wir dem antimiasmatischen Mittel oft dazwischenkommen und ein *Zwischenmittel* geben, bis die heftigen sekundären Äußerungen des Miasmas aufhören. Danach, wenn der Organismus wieder im ruhigen Zustand ist und wenn die Symptome ähnlich sind, geben Sie dasselbe antimiasmatische Mittel.“ (S. 104)

„Hahnemann schreibt auch, der Arzt brauche keineswegs besorgt zu sein, daß, wenn er ein antipsorisches Mittel verschreibt, die gewöhnlichen Symptome der Psora mit größerer Heftigkeit hervorgerufen werden als sie sich für gewöhnlich zeigen.. Es ist dies ein “Hervorrufen von Symptomen„, wie Hahnemann die Arbeit des heilenden Mittels

---

[7] Hiermit bezeichnet Allen die “klinischen Homöopathen„, die die Miasmen nicht kennen und nur nach klinischen Diagnosen oder auch allein nach der Ähnlichkeit arbeiten.

nennt, was den glänzenden Verlauf einer Heilung bewirkt. Diese "herausgerufenen„ Symptome sind die Arbeit des Gesetzes in seinem Bestreben, die von den Krankheitsveränderungen bewirkten falschen Prozesse zur Norm zurückzuführen." (S. 293)

„Der Heilprozeß ist ein rückwärtsschreitender Prozeß, ein Rückschreiten auf altbegangenen Wegen. Sobald wir ein Mittel geben, tritt die Lebenskraft in Reaktion. Diese Reaktion ist der Heilprozeß, der unter dem Heilgesetz stattfindet.." (S. 104–5)

„Das Geheimnis unseres Erfolges liegt deshalb nicht allein in der Auswahl des ähnlichen Mittels, sondern in sorgfältiger und intelligenter Beobachtung des retrograden Prozesses und der Reaktion der Lebenskraft in ihren Versuchen, die Krankheit auf ihre eigene, besondere Weise abzuwerfen.

Wenn wir uns nun angewöhnen, nach jedem neuen Symptom zu schlagen, das die Lebenskraft an die Oberfläche bringt, werden wir früher oder später den Strom der Lebenstätigkeit umdrehen und in Richtung auf ein inneres Organ oder einen inneren Körperteil drehen; der Ausscheidungsprozeß des Organismus wird dann aufhören und sogleich wird sich ein zerstörender Prozeß im Inneren des Organismus entwickeln.

Dies ist ein wichtiger Teil der höheren Homöopathie: daß wir diese unter der Wirkung oder dem Einfluß des Simile erfolgenden rückwärtslaufenden Bewegungen der Lebenskraft genauestens verfolgen, solange das Mittel noch wirksam ist. Wenn die Wirkung des Mittels vollständig aufhört, kann eine neue Wahl getroffen werden, die das Miasma an diesem Punkt ergreift und fortfährt, seine Wirkung auf das Leben weiter zu neutralisieren und am Ende jede Spur und jedes Zeichen seines Vorhandenseins aus dem Körper zu vertreiben, so daß eine vollkommene Heilung das Ergebnis unserer Bemühungen ist." (S. 105)

„Wenn im frühen Tertiärstadium *Warzen* auf den Händen und anderen Körperteilen erschienen, trockneten sie ein, und es folgte ihnen kein anderes Symptom oder Zeichen der Krankheit. Diese Heilungen wurden bei nicht-tuberkulösen[8] und bei nicht sehr psorischen Fällen beobachtet. Sehr häufig jedoch wurden SULFUR, CALCIUM CARB.,

---

[8] In seinen Rubriken und an anderer Stelle weist Allen immer wieder darauf hin, wie schwierig die Heilung tuberkulöser Konstitutionen ist, wenn sie mit der Syphilis oder Sykose befallen wurden. Dies gilt auch für heute.

PSORINUM und einige andere antipsorische Mittel gebraucht, um den Fall zu beenden." (S. 314–15)

Dauer der Behandlung

Heilungen einer chronischen Sykose brauchen länger als fünf Monate. „Andererseits habe ich Fälle gesehen, die innerhalb von zwei bis drei Monaten besser wurden[9]". (S. 314–15)

Kasuistik

1.) Asthma seit 12 Jahren nach Unterdrückung einer Malaria mit Chinin: ARSENICUM IM heilte. Der alte Frost kehrte zurück, gefolgt von hohem Fieber und Schweißen, die mehrere Tage lang anhielten. Der Patient zeigte auch deutliche Arsenvergiftungssymptome nach der Gabe der Potenz. Dies war eine Folge seiner jahrelangen Einnahme von Smiths Asthmamittel, einer arsenhaltigen Medizin, die seine Atemnot linderte.

2.) Nervöse Patientin, 40 J., seit 2 Jahren bettlägerig mit Asthma und nervöser Erschöpfung. Ursache war die Unterdrückung eines Heufiebers durch örtliche Maßnahmen. Heilung mit 3 Gaben SABADILLA CM. Sie war so empfindlich, daß sie jedesmal nur eine einzige Gabe erhielt (das trifft heute für fast alle Patienten bei Hochpotenzen zu: d. Herausg.). Nach jeder Gabe folgte eine starke Taubheit des ganzen Körpers, reichliche Schweiße und ein Gefühl am Herzen, als würde sie sterben. Sie litt jedesmal stärker, aber danach verschwand das Asthma bald. (S. 91)

---

[9] Heute sind die chronischen Miasmen durch die vielen Unterdrückungen – man denke nur an die vielen Impfungen, die Antibiotika bei jeder Gelegenheit usw. – noch viel tiefer verankert und Heilungen dauern häufig viel länger, was nicht ausschließt, daß sich die Patienten bald besser fühlen und die Abstände der Behandlungen größer werden.

Repertorium

zusammengestellt von
Renée von Schlick

Repertorium

Allgemeines Repertorium zur Arzneimittellehre
Miasmenzugehörigkeit der Mittel
Homöopathische Typen

Verwandtschaften der Mittel untereinander
(ergänzende Bemerkungen von Allen)

Vorbemerkungen

Dieses kleine Repertorium dient zum Auffinden der Symptome in den Arzneimittelbeschreibungen von Allen und als Ergänzung zu den großen Repertorien. Da sich die Arzneilehre jeweils auf die von Allen behandelten Kapitel Gonorrhoe, Urogenitaltrakt, Dysmenorrhoe und Fluor bezieht, wird man hier besonders viele nur von Allen beobachtete Symptome finden, alle anderen hat Allen nur als kurzen Abriß des Mittelbildes gedacht.

Es ist in jedem Falle *unumgänglich*, die hier gegebenen Symptome mit der *Gesamtheit* der im KENT – oder in anderen großen Repertorien – erscheinenden Symptome zu vergleichen, um das richtige Mittel zu finden.

Um Ihnen das Nachschlagen im KENT (Künzli-Kent = KK) zu erleichtern, haben wir entsprechende Hinweise gegeben und folgende Zeichen verwandt:

Kursiv alle Mittel, die nicht im KENT-Repertorium sind, wurden *kursiv* gedruckt und Hinweise angebracht, wo die Rubriken im Künzli-Kent zu finden sind.

– Ferner haben wir alle Symptome, die bei Kent nicht zu finden waren, mit einem – bezeichnet und die dazugehörigen Mittel ebenfalls *kursiv* gedruckt, selbst wenn sie in einem Sammelsymptom bei Kent erscheinen, z. B.

BRUST MAMMAE
Atrophie (Kent): ..., chim., jod., ...
- Menses, während: ..., *jod*
- unterdrückten, bei: ..., *chim*

⋮ Dieses Zeichen bedeutet, daß Allen bei diesem Mittel einen Fall beschrieben hat.

Die im Kent befindlichen Rubriken erhalten kein Zeichen.

Ich hoffe, daß dieses kleine Repertorium das Werk von J. H. ALLEN noch attraktiver machen und seine Arbeit in die großen Repertorien eingliedern helfen wird, besonders auf seinem Spezialgebiet der Haut- und Geschlechtskrankheiten, in dem er eine Professur hatte.

Bei dieser Gelegenheit möchte ich Herrn Gerhard Demleitner meinen besonderen Dank für die Sortierung der Symptome im Computer und für die Satzarbeit aussprechen.

Renée von Schlick, Aachen 1996

GEMÜT

Abneigung gegen
Familienmitglieder: fl-ac.
- Männer *nat-c.*, *stann.*
Abscheu Leben, vor dem: *lac-c.*
Ärger (s. **Zorn**)
– **Ärgerlich**[1]: *nicc.*
- Geschäft, über: *nux-v.*
(vgl. **Reizbarkeit**, **Zorn**)
- Menses, während: *bov.*
Alleinsein (s. **Gesellschaft**)
Angesehen werden, will nicht: cham.
Angesprochen werden, will nicht: cham.
Angst: acon., ant-c., ars., ⁝asaf., bar-c., bell., bor., calc-p., canth., cimic., coc-c., *coca*, croc., ign., mang., merc., mur-ac., nat-m., rhus-t., sulf.
(vgl. **Furcht**)
abends <: merc., phos.
Zwielicht, im <: phos.
nachts 1 Uhr: *ars.*
- 1 – 3 Uhr <: ⁝*ars.*
Erwachen, beim: arg-n.
Alleinsein, beim: ⁝*arg-n.*
Fieber, während: acon.
- Fluor, während: *bar-c.*
Gesundheit, um die eigene: lac-c., *lil-t.*, *mang.*
Menses, vor: kali-bi., stann.
während: merc.
qualvoll[2]: plat., *stann.*
Menses, vor: stann.
Seligkeit, um die ewige: graph., lyc., sulf.
Todesangst (s. **Furcht**)
Zukunft, vor der: dulc.

Anstrengung durch geistige <: agar., ign., *mag-p.*, nux-v.
>: helon.
Apathie (s. **Teilnahmslosigkeit**)
Arbeit
Abneigung gegen geistige: aur., lac-d.
Beschwerden durch geistige: *calc-p.*, nux-v.
geistige unmöglich: nat-c.
Argwöhnisch, mißtrauisch: cimic., hyos., lach., merc., *plat.*
Auffahren
- erschreckt wie: *bell.*
Geräusch, durch: bor.
- durch leisestes: *bor.*
Schlaf, während: bell.
zusammenfahren, Schlaf, beim Einschlafen: bell.
Aufregung (s. **Erregung**)
– **Begreifen**, schnelles: *lach.*
Beißen, Neigung zum: bell., hyos.
Beklagt sich: ign.
Benommenheit, Betäubung, Stupor: nux-v., op.
- Fieber, im: bell.
Hitzestadium: *bell.*, *gels.*
- komatös: *op.*
Krämpfen (Konvulsionen) während: absin.
Lesen, beim: *nux-v.*
Menses, während: *absin.*
- Sitzen, beim: *nux-v.*
Beten: hyos., *stann.*
Bewußtlosigkeit: op.
Krämpfen, nach: absin.
Boshaft: anac., croc.
Delirium: ⁝acon., bell., hyos.

1 engl. vexed, vexation
2 engl. anguish, so im Künzli-Kent (KK) übersetzt. Hahnemanns „große Ängstlichkeit, Beängstigung" wurde in der englischen Literatur auch als „anguish" übersetzt.

geschwätzig: bell., hyos., op.
gewalttätig: canth.
Menses, während: *gels.*
- unterdrückten, durch: *op.*
phantastisch: bell.
- Schläfrigkeit, mit: *gels.*
Schreien: bell.
- Singen: *bell.*
spricht pausenlos (s. geschwätzig)
Demütigung (s. **Kränkung**)
Denken
Beschwerden < beim Denken an seine B.: bar-c.
- unfähig zu: *nat-c.*
Eifersucht: apis, hyos., lach., *plat.*
Eigensinnig: anac., cham., ⁝nux-v.
- Menses, vor: *nux-v.*
- während: ⁝*aur.*
Eile: ⁝arg-n., lil-t., mosch., sulf.
- Bewegungen in, läßt Gegenstände aus der Hand fallen: *mosch.*
Einbildungen (s. **Phantasien**, **Wahnideen**)
Ekstase, verliebte: *ant-c.*
Empfindlich: *amyl-n.*, arg-n., bor., cham., gels., lach.
Berührung, gegen (s. **ALLG. MODALITÄTEN Berührung**)
Geräusch, gegen: acon., bor., caust., nat-c., nux-v., op., phos., *xanth.*
gegen das geringste: ⁝asar., bor.
- plötzliches <: *bor.*
- Rascheln von Papier: *asar.*
Stimmen: nux-v.
- Wasser, laufendes: lyss.
- Menses während: *asar.*, *bov.*
Musik, gegen: ambr., nat-c., *op.*, sabin. (vgl. **ALLG. MODALITÄTEN Klavierspiel**)
- Reizbarkeit, mit[1]: *ant-c.*, *cina.*, *ign.*, *kali-c.*, *merc.*, *mosch.*, *nux-v.*, *ol-an.*, *sulf.*
Schmerzen, gegen (s. **ALLG. EMPFINDUNGEN Empfindlichkeit**)
Sinneseindrücke, gegen: *cham.*, *coff.*, *lach.*, *lyss.*, nux-v.
(vgl. **Sinne** empfindlich oder geschärft)
Empfindungslos, stumpf, torpid: *ant-t.*
- Fieber, im: *gels.*
Entfliehen, versucht zu: bell.
Entrüstung: staph.
Folgen, hat üble: staph.
Erregung: acon., ⁝arg-n., ars., *bor.*, *cedr.*, *cimic.*, *coca*, coff., con., gels., hyos., mag-m., plat., *staph.*
Beschwerden von (KK s. **Erregung Gefühlserregung**): ⁝*asaf.*, *coc-c.*, coff., ign., *mag-p.*, pall.
Kleinigkeiten, um: *bor.*, *nat-m.*
Menses, während: coff., hyos.
- unterdrückten, bei: *bor.*
- nervöse: *cinnm.*, *gels.*, *nat-c.*, *sil.*, *xanth.*
- Schaukeln, durch: *bor.*
- Traurigsein, vor: *cedr.*
Erschöpfung, nervöse (s. **Neurasthenie**)
Erschreckt
Geräusch (s. **Auffahren**)
leicht: bell., bor., caust., *kali-bi.*, mosch.
Faulheit, Indolenz (vgl. **Trägheit**)
Abneigung gegen
Arbeit: aloe, am-m., ant-t., lac-d.
- Menses, während: *pall.*
- Körperübungen, Menses, während: *pall.*
Fliehen (s. **Entfliehen**)
Fluchen, Neigung zum: anac., lil-t., ⁝nux-v.
Fremder in Gegenwart <: ambr.
Freude Beschwerden durch übermäßige: coff., *ign.*
Fröhlich ausgelassen vergnügt[2]: alum., croc., fl-ac. (vgl. **Heiterkeit**)

1 engl. peevish
2 engl. mirth, hilarity

Furcht: acon., *am-m.*, ars., calc-c., coca, cocc., ign., *kali-bi.*, kali-c., lil-t., *mang.*, merc., mur-ac., nicc., sec.
Abwärtsbewegung, vor: bor.
Alleinsein, vor dem: :ars., con., hyos., kali-c., *lil-t.*, lyc., mez., phos., *syph.*
ereignen, daß sich etwas e. wird: *cimic.*, mang., *pall.*
Geisteskrankheit, vor: :arg-n., calc-c., cimic., merc., plat.
Gewitter, bei: phos.
- Hunden, vor: *lyss.*
Menses, vor: xanth.
- schlechte Nachrichten zu erhalten: *cimic.*
Tod, vor dem: acon., :*agar.*, agn., :ars., :asaf., calc-c., cupr., lach., mosch., plat.
- 1 Uhr nachts: *ars.*
Menses, vor: xanth.
während: *coff.*, *mosch.*
- Schmerzen, durch: *xanth.*
Unglück, daß sich ein U. ereignen könnte: *cimic.*, *fl-ac.*
Unheil, Übel vor: *cimic.*, graph., *mang.*, pall.
vergiftet zu werden: hyos.

Gebärden
lächerliche: mosch.
zupft an Bettüchern: hyos.

Gedächtnisschwäche: agar., agn., ambr., calad., con., fl-ac., med., syph.
auszudrücken, sich: *med.*
Masturbation, durch: *orig.*
Namen, für: med.
schreiben wollte, was er gerade: *lac-c.*
- sex. Ausschweifungen von: *agn.*
Worte, für: dulc., *lac-c.*

Gedanken
- erotische: *arund.*
Gedankenfülle im Gehirn (KK s. drängen sich auf und schwirren durcheinander): cann-i.
- hartnäckige, Geschlechtsverkehr, an: *orig.*, *staph.*
- traurige G.: *nat-c.*
Schwinden der Gedanken: ol-an.
- ungewöhnliche: *anac.*

Geistesabwesend: lac-c., mosch., nat-m.

Geisteskrankheit: verat., zinc.
erotisch: *canth.*
Onanie, durch: *orig.*

Geistige Symptome (s. **Psychische S.**)

Gesellschaft
Abneigung gegen: cham., cycl., :gels., lyc., nat-c., :nux-v.
Alleinsein >: *nux-v.*
fürchtet jedoch das Alleinsein: con.
Menses, während: *nux-v.*
will alleingelassen werden: nux-v.
Alleinsein <: *lac-c.*

Gewalttätig (KK s. **Heftig**): hyos.

Grausamkeit: anac.

– **Grillenhaft**[1]: *lach.*

Heiterkeit[2]: *croc.*, fl-ac.
(vgl. **Fröhlich**)

Hysterie: am-c., arund., cimic., *cinnm.*, cocc., *cupr.*, hyos., ign., *lac-c.*, mag-m., mosch., nat-m., nux-m., stann., zinc.
- abwechselnd mit Rheuma: *cimic.*
- Brust Muskelkrämpfe, mit: *cocc.*
Menses, während <: *mosch.*
>: *lac-c.*

Ideen Reichtum an: coff.

Impulsiv: *cina.*

– **Jammern** Menses, während: *coff.*

Konzentration fällt schwer: dulc.

Kränkung[3], Demütigung, Beschwerden nach: pall., staph.

1 engl. whimsical
2 engl. buoyant; engl. Kent: exhilaration
3 engl. mortification

Kritisch[1] (KK s. **Tadelsüchtig**): calc-p., cham., helon.
Kummer, Beschwerden durch: ign., staph.
Kurz angebunden: ⁝*nux-v.*
Küßt jeden: croc.
Lachen: arund., bell., croc., hyos.
- abwechselnd mit Schimpfen: *hyos.*
anfallweise: *mosch.*
- Beschwerden nach zuviel: *coff.*
- Freien, im: *nux-m.*
Langsamkeit: carb-v., *zinc.*
Bewegungen, der: con.
– **Laune** schlechte[2]: *croc.*, *mur-ac.*, *ol-an.*
- empfindlich, launisch, verdrießlich[3]: *ant-c.*, *cina.*, *ign.*, *kali-c.*, *merc.*, *mosch.*, *nux-v.*, *ol-an.*, *sulf.*
Launenhaftigkeit[4]: *mosch.*
- Menses, vor: *puls.*
- während: *bov.*
Lebensüberdruß: agn., *lac-c.*
Liebe, Beschwerden durch unglückliche: *ant-c.*, calc-p., coff., ign.
Menses < > (s. **psychische Symptome**)
Manie (s. **Wahnsinn**)
Mannstoll: orig.
- Menses, während: *arund.*, *calc-p.*, plat., *staph.*
- Selbstmordneigung, mit: *orig.*
Milde (s. **Sanftmut**)
Minderwertigkeitskomplex (s. **Selbstvertrauen**)
Mißtrauisch (s. **Argwöhnisch**)
Mürrisch: anac., bry., *orig.*
Murmeln: hyos.
Mutlos, entmutigt niedergedrückt[5]: *aesc.*, agar., *aur-m.*, *bov.*, *gels.*, graph., kali-c., *kreos.*, *lac-c.*, mang., nat-c., nat-m., nux-v., *nicc.*, sec., stann., *staph.*, *xanth.*
- Menses, während: *lac-c.*
- vor: *kali-bi.*
- sexuellen Exzessen, nach: *staph.*
– **Nachgiebig**[6]: *puls.*
Nachrichten, schlechte (s. **Schlechte N.**)
Nackt, möchte n. sein: hyos.
Nervöse Depression (s. **Schwermut** nervöse Depression)
Neurasthenie, Nervenschwäche, Nervosität: *cinnm.*, gels., *hydr.*, jod., nat-c., nux-v., sil., staph., *xanth.*
- Menses, zwischen: *alum.*
Nymphomania (s. **Mannstollheit**)
– **Oberflächlich**: *apis*
Passivität (s. **Trägheit**)
Pfeifen: croc.
Phantasien, Einbildungen: *cimic.*, *coff.*
hochfliegend (Luftschlösser): coff.
lebhaft, rege Phantasie: cimic., coff., ign., hyos., op.
wollüstig: arund., calc-c.
Psychische Symptome
- Menses, während <: *arg-n.*
- >: *cimic.*, *lach.*
- Unterdrückung, nach einer: *arg-n.*
- Gonorrhoe, nach einer unterdr.: *arg-n.*
wechseln mit körperlicher (KK s. **Geistige** Symptome): *ign.*, plat.
Raserei, Wut (s. **Wut**)
Reden (s. **Sprechen**)
Reisen, will: calc-p.
Reizbarkeit: aesc., anac., apis, ars., asar., bry., cham., cimic., cina., *dor.*, ⁝gels., helon., hep., ign., jod., kali-c., kreos., lil-t., lyss., ⁝nux-v., sep., sil., stann.
morgens: ⁝nux-v.
beim Erwachen: kali-c.
Coitus, nach dem: nat-m.

1 engl. censorious
2 engl. ill humoured, ill-tempered, disagreeable mood
3 engl. peevish
4 engl. moody, humoured, engl. Kent: capriciousness
5 engl. despondent, discouraged
6 engl. yielding

- am Morgen nach: *benz-ac.*

Menses, vor: *nux-v.*

während: *am-m.*, ⁝*aur.*, eupi., *kali-c.*, *murx.*, nux-v.

- nervöse: *asar.*, *gels.*

- übermäßige: *bry.*

(vgl. **Laune** schlechte empfindlich)

Ruhelosigkeit: acon., ambr., apis, ars., canth., dulc., ip., jod., lac-c., mang., ⁝rhus-t., sep., stann.

nachmittags <: *ars.*

nachts: *nicc.*, rhus-t., sulf.

Mitternacht, nach: ars.

- 1 - 3 Uhr: ⁝*ars.*

allein, wenn <: *sep.*

Bett, wirft sich umher im B.: ⁝acon., apis, *mosch.*, *nicc.*, op., sulf.

Bettwärme, durch die: *op.*

Hitzestadium im Fieber, während: acon.

Menses, während: *mag-c.*, rhus-t.

- allein, wenn <: *sep.*

- Fluor, während: *bor.*

- Urinieren, nach, reichlicher Harnabgang >: *arg-m.*

Sanftmut (KK s. **Milde**): *alum.*, puls., sep.

Schamlos

entblößt Geschlechtsteile (vgl. KK **Unzüchtig**): hyos., stram.

- fassen ständig Geschlechtsteile an, kleine Jungen: *stram.*

- Gebärden, schamlose: *canth.*

Schimpfen: hyos., ⁝nux-v.

(vgl. **Streitsucht**)

- lacht gleich danach schallend: *hyos.*

- Menses, während: *dulc.*

Schlagen, Neigung zu: bell., hyos., lil-t.

Schlechte Nachrichten, Beschwerden von: ign.

– **Schnell**: *lach.*

– **Schnippisch**: *cham.*

- bissig: *cimic.*

Schreck, Beschw durch: coff., ign.

Schreien

- Bewußtlosigkeit vor: *hyos.*

- Konvulsionen, bei: *absin.*, *cupr.*

Schüchtern (s. **Zaghaftigkeit**)

Schwäche (s. **Neurasthenie**)

Schwermut niedergeschlagen, traurig: aesc., ⁝agar., agn., am-m., ars., aur., aur-m., caust., *cedr.*, *coc-c.*, coca, con., croc., *erig.*, gels., graph., ign., jod., kali-c., kali-p., lac-d., lach., lil-t., lyc., mag-s., mang., mur-ac., nat-c., nat-m., nicc., ol-an., ph-ac., stann., staph., verat.

morgens <: *nat-m.*

abends <: aur.

nachts <: *aur.*

- Erregung, nach: *ambr.*, *cedr.*

- Gewitter <: *nat-c.*

- Klavierspiel, durch: *nat-c.*

Kopfschmerz, bei: *lac-d.*

Menses, vor: ⁝*aur.*, *plat.*, puls.

während: *agn.*, *bov.*, caust., cimic., *lyc.*, nat-c., nat-m.

- <: *aur.*, *nat-m.*, *plat.*

unterdrückten, bei: cycl.

Musik, durch: nat-c.

- Nervenverletzung, nach: *hyper.*

- Obstipation, bei: *nat-m.*

- trübsinnig: *aesc.*, *am-m.*, *con.*, *nat-m.*

- Menses, während: *bov.*

- Überarbeitung, nach: *coca*

Selbstmord Gedanken: *aur-m.*, *caps.*

- Gedanken hartnäckig: *caps.*

Neigung zum: aur-m., ant-c., aur., caps., *lac-c.*

Ertränken, durch: ⁝*aur.*

- Mannstollheit, bei: *orig.*

- Menses, vor: ⁝*aur.*

Selbstvertrauen, Mangel an: agn.

– **Selbstzufrieden**: *fl-ac.*

Sentimentale Stimmung: ant-c.

Seufzen (vgl. KK **Stöhnen, Jammern, Beklagt sich**): ign.

Singen: bell., croc., stann.

Sinne
abgestumpft: ant-t.
geschärft: bell., coff.
- überempfindlich: *coff.*, *lach.*, *phos.*, *op.*

Sorgen, voller: *cocc.*

Sprache
hastig: ambr.
kurz: nux-v.
Schwatzen: hyos.
(vgl. KK **Geschwätzig**)
sprunghaft, von einem Thema zum anderen (KK s. von einer Idee zur anderen überspringend): *ambr.*

Sprechen
Abneigung gegen (KK s. **Reden**): am-m., arg-n., mang., ph-ac.
Menses, während: *eupi.*

Spricht
andauernd (s. **Sprache** Schwatzen)
- mit eingebildeten Personen: *hyos.*

Stimmung
beeinflußbar, veränderlich, unbeständig
- Menses, vor: *puls.*
wechselnd: *anac.*, *cham.*, plat.
- weinerlich: *lap-a.*, *mag-s.*

Stöhnen: ign.
Menses, während: *goss.*

Stößt: *hyos.*

Streitsucht: cham., dulc., mosch., nux-v.
Menses, während: *am-m.*

Stumpf (s. **Empfindungslos**)

Stumpfsinn (s. **Trägheit**)

Tadel (s. **Vorwürfe**)

Tadelsüchtig (s. **Kritisch**)

Tanzen: croc.

Teilnahmslosigkeit, Gleichgültigkeit, Apathie: agn., *cedr.*, con., ph-ac.
- morgens <: *ph-ac.*
geliebte Personen, gegen: sep.
- Schlaffheit, Lustlosigkeit: *lac-d.*, *orig.*

Tod
sehnt sich nach dem T.: aur.
Todesahnung: agn.
- spricht ständig davon: *agn.*
Todesgedanken: graph.

Torpid (s. **Empfindungslos**)

Traum (lebt) wie im: anac.

Traurig (s. **Schwermut**)

Trägheit, Schwerfälligkeit, Stumpfsinn: agar., caps., carb-v., lach., nat-c., staph. (vgl. **Faulheit**)
- sexuellen Ausschweifungen, von: *agar.*

Trösten <: lil-t., nat-m.

Trübsinn (s. **Schwermut** trübsinnig)

Überschwänglichkeit, Begeisterung: asar.

Ungeduld: ⁝*arg-n.*, dulc.

Ungewöhnliche Dinge zu tun, Impuls: *anac.*

Unglücklich: *con.*

Unruhe (s. **Ruhelosigkeit**)

Unterhalten <: ign.

Verdrießlich: *anac.*, *cham.*, *cina.*, *ign.*, nux-v., *ol-an.*
- verdrießlich und schlecht gelaunt[1] (s. **Laune** schlechte, empfindlich)

Vergeßlich: ambr., calad., fl-ac., lac-c., *med.*, nat-m., zinc.
sexuellen Ausschweifungen, nach: calad.
- Onanie, nach: *calad.*
Worte, beim Sprechen: arg-n., cann-i., dulc., *lac-c.*

Verwirrung, benommener Kopf: ⁝arg-n., dulc., *mill.*
- Blutung, nach: *mill.*
Schwindel, bei: *eupi.*

Vorwürfe[2] macht anderen V. (KK s. **Tadelsüchtig**): cham.
(vgl. **Kritisch**)
macht sich selbst Vorwürfe: ⁝*caps.*

1 engl. peevish
2 engl. reproaches

Wahnideen: hyos., lac-c., op.
Bilder, Phantome schreckliche: *lac-c.*
- geringer, andere Menschen seien g.: *plat.*
hochgestellte Persönlichkeit, ist eine: *plat.*
- klein Menschen, andere: *plat.*
- Körper wird größer: *plat.*
- wird breiter: *pall.*
- wird länger: *pall.*
Schlangen: lac-c.
schmutzig, daß er schmutzig sei: lac-c.
- sprechen, Leute sp. über sie: *lach.*
übermenschlich, Kräfte übermenschliche: *lach.*
- vergessen, sie habe etwas: *jod.*
Visionen: hyos.
- Wasser, sieht dunkles oder schwarzes W.: *lac-c.*

Wahnsinn: *lac-c.*
Liebeswahnsinn (s. **Geisteskrankheit** erotisch)
- Manie, sexuelle: *zinc.*
- Scheidenjucken, durch: *zinc.*
- Menses, während: *hyos.*
- unterdrückten, bei: *hyos.*
- Dysmenorrhoe während: *hyos.*
- Amenorrhoe während: *hyos.*
- Operationen, nach[1]: *lac-c.*
- Tobsucht, sexuelle: *canth.*

– **Wäscht** sich andauernd: *lac-c.*

Weinen: bell., cycl., ign., lil-t., mag-s., mang., mez., mosch., nat-m., :puls., stann.
abwechselnd mit Lachen: plat.
- bessert nicht: *cycl.*
erzählt, wenn sie von ihrer Krankheit: *coff.*
Herzklopfen, bei: *nat-m.*
- Laune, bei schlechter L.: *cycl.*
Menses, vor: phos., puls.
während: *am-c.*, coff., cycl., plat., puls.
Schmerzen, während: puls.

Widerspenstig: nux-v.

Widerspruch, verträgt keinen: aur., helon., ign.

Widerstreit, (Widerspruch) mit sich selbst: anac.

– **Widerwillen** gegen sich selbst: :*nux-v.*

Willen
Widerspruch zw. Verstand u. Wollen: anac.
zwei Willen, Gefühl als hätte er: anac.

Wollüstig: hyos., orig., stram.

Wut (KK s. **Raserei**): canth., mosch.

Zaghaftigkeit, furchtsam, schüchtern[2]: bar-c., coca, kali-c., puls.
- Menses, vor: *kali-bi.*
schüchtern, verschämt, scheu[3]: bar-c., puls.

Zeit vergeht zu langsam: :arg-n., *cocc.*

Zerstörungswut
zereißt Kleidung: *bell.*

Zerstreutheit: *agn.*, *calad.*

Zorn, Ärger: anac., aur., cham., dulc., mur-ac., nicc., nux-v., staph.
Beschwerden nach Ärger: coff.
nach Zorn: coff., staph.
- geringster Anlaß: *bry.*
- Menses, vor: *staph.*
während: *staph.*
- Schmerzen, währ: *cham.*
Widerspruch durch: *cham.*

Zweifel
am Seelenheil: lyc., *sulf.*
an der Genesung: :*agar.*, *lac-c.*, *lil-t.*

1 bei skotischer Krankheit (Orig.)
2 engl. timid
3 engl. bashful

SCHWINDEL

Schwindel (allgemein): ⁝arg-n., cocc., con., eupi.
Morgens: *ol-an.*
Abwärtsgehen, beim: ferr.
Aufstehen Bett, beim A. aus dem Bett: *gnaph.*
- Menses, während: *cocc.*
Drehen Bett, beim Umdrehen im: con.
Fahren Wagenfahren (Zug) <
Menses, während: *cocc.*
Flüssigkeitsverlust, Blutverlust durch: chin.
Freien, im: ol-an.
Liegen Rücken, Liegen auf dem R. <: merc.
Menses, zu Beginn: *tab.*
während: *cocc.*, kali-bi.
- verspäteten, bei: *jod.*
unterdrückten, bei: cycl., *nicc.*
Schweben, Gefühl in der Luft zu s.: asar.
– **Wasser**, beim Sehen auf fließendes: *ferr.*
beim Überschreiten von fließendem: brom.

KOPF

– **Berührung** Kopfhaut od. Haare <: *ambr.*
Blutandrang: acon., bufo, op., sulf.
- *Gehirn*: *glon.*, *verat.*
- Menses, während: *verat.*
- warmem Zimmer, im: *ol-an.*
Menses, vor: apis, cupr.
während: apis, bry., *ferr.*, gels., *kali-bi.*
unterdrückten, bei: glon., op.
Druck, Gefühl von: *eupi.*
– **Eng**, Gefühl Kopfhaut sei zu eng: *caust.*
(vgl. KK **Zusammenziehens** der Kopfhaut, Gefühl des)
Gezogen nach hinten, Kopf wird: nat-c.
Haar
- Farbe dunkel: *ars.*
- *Augenbrauen*: *ars.*
- sandfarben: *caps.*
Hitze: ⁝arn., canth., glon., ip.
- Erbrechen, beim: *ip.*
kalt, allgemein dabei: ip.
Menses, während, mit Kopfschmerzen und Übelkeit: ip.
kalt, Extremitäten dabei: arn.
Füße: ⁝arn.
Hände: ⁝*arn.*
- Menses, während: carb-an.
Scheitel: sulf.
Kältegefühl
Hinterkopf
- steigt vom *Nacken* auf: *cic.*
Scheitel: verat.
- Beklemmung Herz, mit: *verat.*
Kopfschweiß: calc-c.
kalter, *Stirn*: ant-t., tab., verat.
Kopfverletzungen, Folgen von: cic.
Loses Gefühl im *Gehirn*: croc.
Pulsieren
Menses, während: bor.
unterdrückten, bei: *glon.*
Schwere: *xanth.*
Bewegung, bei: *tab.*
Menses, während: mag-s.
Taubheitsgefühl: alum.
– **Tobendes** Gefühl, wie heftiger Aufruhr im Kopf[1]: *gels.*, *lil-t.*
(vgl. KK **GEMÜT Wüstes** Gefühl im Kopf)

1 engl. wild feeling

Vergrößert scheint: ⁚arg-n., glon., nat-c.
– **Verrücktes** Gefühl[1]
- abwechselnd mit Schmerzen im Uterus: *gels.*
- Menses, während: *gels.*
Völlegefühl: *eupi.*, glon., grat., xanth.
– **Wegfliegen**, Gefühl als ob der *Kopf* wegfliegen würde: *cimic.*
- Gefühl als ob die *Schädeldecke* wegfliegen würde: *cimic.*
(vgl. KK **Ablösen**)
Wogendes Gefühl: glon.
- Menses, unterdrückten, bei: *glon.*
Zusammenschnüren, Spannung: caust.

KOPFSCHMERZEN

ALLGEMEINES UND MODALITÄTEN

Morgens <
Erwachen, beim: kali-c.
<: nat-m.
Aufstehen beim: nux-v.
<: nux-v.
- beginnt morgens: *lac-d.*
Vormittags
9 – 13 Uhr: mur-ac.
10 Uhr: nat-m.
- 10 Uhr bis Sonnenuntergang: *nat-m.*
Mittags <: *tab.*
Periodisch Morgen, jeden: *mur-ac.*, *nat-m.*
Anhaltender
- dauert tagelang: *lac-d.*
2 – 3 Tage: *tab.*
- bis zu einer Woche: *lac-d.*
– **Baden** kaltbaden, nach >: *cycl.*
Bewegung <: lac-d.
Blindheit, mit vorübergehender: *lac-d.*
– **Blutandrang**, von: *bell.*
- Fieber, während
Menses, zu Beginn: ⁚*bell.*
- während: *ferr.*
Druck >: cinnab., lac-d.
Dunkeln, im >: lac-d.
– **Einbinden**, durch festes >: *lac-d.*
(vgl. **Druck**)
Erbrechen, mit: *lac-d.*
- Menses, vor: *ip.*
Erkältung, durch eine: *euphr.*
Essen >: anac.
– **Fasten** >: *lac-d.*
– **Fieber**, während: *bell.*, ⁚*gels.*
Gefühlserregungen, nach: *tab.*
Geistige Anstrengung <: nat-c.
Geräusch, durch: lac-d.
– **Gonorrhoe**, während: *gels.*
Heftig: lac-d.
- unerträglich: *lac-d.*
Hitze >: *lac-d.*
Kongestiv (s. **Blutandrang**)
Licht <: lac-d.
Liegen <: *lac-d.*
>: *lac-d.*
Menses, vor: alum., nat-c.
zu Beginn: *apoc.*
während: *anac.*, ⁚ars., bov., cimic., cocc., kali-bi., lac-d., nux-v., *tab.*
nach: *lac-d.*
unterdrückten, bei: bry., *cycl.*
Nackenschmerz, mit (KK s. **HALS**): nat-c.
- zusammen mit Hämorrhoiden: *aesc.*
– **Nasenbluten**, mit Menses, während: *bry.*

1 engl. crazy feeling

– **Obstipation**, bei: *lac-d.*
– **Rheumatischen** Schmerzen, mit: *calc-p.*
– **Ruhe** >: *lac-d.*
Schlaf >: anac.
- Mangel an <: *tab.*
Schulmädchen: calc-p.
Sitzen Aufsitzen <: lac-d.
– **Stille** >: *lac-d.*
Übelkeit mit (s. **MAGEN Übelkeit**)
Urinieren nach
reichlicher Urinabgang >: gels., *lac-d.*

KOPFSCHMERZEN ORTE

Gehirn *Hirnbasis*: *cocc., gels.*
Hinterkopf: gels., gnaph., *mag-p.*
Menses, während: *cocc., gels.*
pulsierend, klopfend: gels.
- zusammengeschnürt, wie: *cocc.*
erstreckt sich zum *übrigen Kopf*: gels.
- zur *Nasenwurzel*: *sars.*
Nackenschmerz, mit (s. **KOPFSCHMERZEN ALLGEMEINES**)
– **Schädelbasis**
- Fieber, während: *gels.*
Scheitel: calc-p.
Menses, während: *cimic.*
- Urinieren, nach vergeblichem Versuch zu: *fl-ac.*
Schläfen
- Menses, verzögerter, bei: *lob.*
Seite *links*: *:nux-v.*
Stirn: bry., calc-p.
Menses, während: *cinnab.*
über den Augen: lac-d., mag-p.
rechts: *lac-d.*
- *erstreckt sich* zum *Hinterkopf*: *lac-d.*

KOPFSCHMERZEN EMPFINDUNGEN

Berstend: *lac-d.*, nat-m., *tab.*
Scheitel
wegfliegen, als ob die *Schädeldecke* w. würde: *xanth.*
Bohrend: *tab.*
Brennend *Scheitel* Menses, während: *graph.*, sulf.
Drückend
Helm, wie: nit-ac.
Schraubstock, Gefühl wie in einem: merc.
zusammengebunden, wie: nit-ac.
Scheitel: cimic.
- *links*: *anac.*
morgens: nicc.
Menses, unterdrückten, bei: nicc.
- Pflock, wie von einem: *anac.*
Stirn: grat.
über den Augen: *ol-an.*
Dumpf: nux-v.
- Aufstoßen Luft >: *mag-p.*
Essen >: *mag-p.*
Hinterkopf: *gnaph., mag-p.*
- kaltes Baden >: *cycl.*
- *erstreckt* sich bis ins *Gehirn*: *mag-p.*
- *Hirnbasis*: *:gels.*
Scheitel
- kaltes Baden >: *cycl.*
Schläfen: *:nux-v.*
Stirn: fl-ac.
Hämmernd: *lac-d.*
- *Stirn*: *nat-m.*
Pulsierend
- *Hinterkopf*: *gels.*
- *Stirn*: *nat-m.*
– **Quälend**, Wehtun [1]: *lac-d.*
Reißend: *glon.*
Stechend[2]: euphr.

1 engl. aching
2 engl. stitching

Wegfliegen Schädeldecke als ob Sch. wegfliegen würde (s. **Berstend**)
Wund wie Zerschlagen[1]

- *Kopfhaut*: *merc.*
- Berührung <: *merc.*

– **Zusammengeschnürt**, wie: *cocc.*

AUGEN

Aussehen
glänzend: bell., hyos.
- funkelnd: *hyos.*

glasig: bell.
Lidspalt weit: op.
Stieren, Starren: hyos., op.
Bewegung, anhaltende Bewegung der Augäpfel: *hyos.*
– **Blutung** Menses, anstelle: *crot-h.*
Empfindungen Jucken: euphr.
Jucken *Lider*: sulf.
Entzündung: arg-m.
gonorrhoisch: *kali-s.*
katarrhalisch, durch Erkältung: dulc.
Kälte kaltes feuchtes Wetter <: dulc.
Funkelnd (s. **Aussehen**)
Lähmung offenhalten der Lider schwierig: caust.

Lichtscheu: coff., euphr., phos.
Lider Gerstenkörner: staph.
Gerstenkörner *Unterlid*: *staph.*
Pupillen weit: bell.
Schwäche der Augen: caust.
Schwellung *Lider*: ⁝apis
Lider ödematös: ⁝apis, ars.
Starren (s. **Aussehen** Stieren)
Tränen beißend scharf: *am-c.*
heiß (KK s. brennend): euphr.
Tränenfluß reichlich: euphr.
Schnupfen, während: euphr.
Trockenheit: nux-m.
Tumoren, Warzen *um die Augen*: *kali-s.*
Zittern *Lider*: ol-an.
Zucken: *hyos.*

SEHEN

Blindheit, vorübergehende: eupi.
Aufstehen, beim A. aus dem Bett: *ferr.*
- Blutungen, bei: *chin.*

Kopfschmerzen, beim Beginn von: kali-bi., *lac-d.*, *nat-m.*
- Ohrenklingen, mit, Blutungen, bei: *chin.*

Schwindel, während (schwarz vor Augen): *eupi.*
Schwachsichtigkeit Nebelsehen
- Erkältung, bei Beginn: *euphr.*

Schwarze Flecke, fließende (mouches volantes) (KK s. **Illusionen** schwarz): chin.
Sehfehler überscharfes Sehen[2]: *coff.*, lach.
Täuschungen
feurige Illusionen: nat-m.
Lichtblitze morgens beim Erwachen: *nat-c.*
Zickzacklinien: nat-m.
- feurig: *nat-m.*

1 engl. sore
2 engl. acute

AUGENSCHMERZEN

Schmerz (allgemein): euphr.
Brennend: euphr.
– **Durchdringend**[1]: *euphr.*
Sand, Schmerz wie von S. in den Augen: euphr., nat-m.

OHREN

Absonderung Blut Menses, anstelle: *crot-h.*
Empfindungen Jucken: agar.
– **Farbe** rot *Ohrmuschel* höchste Punkte: ⁝apis
Hautausschläge *hinter* den *Ohren* Risse: graph., petr., *psor.*
– **Schwellung** *Ohrmuschel* höchste Punkte: ⁝*apis*

OHRENSCHMERZEN

Brennend: *agar.*

HÖREN

Ohrgeräusche Brummen Menses, während: *coca*
Klingen
- Blutung, nach: *chin.*
Menses, während: *coca*
- Sehverlust mit vorübergehendem: *chin.*
Rauschen Menses, während: *bor.*
Überempfindlichkeit: coff., lach.

NASE

Äußere Nase Risse: graph.
Bohren in der Nase (KK s. **MODALITÄTEN**): cina.
Empfindungen
Ausdehnung Choanen: fl-ac.
- Verengung *Nasenrücken* Nasenbluten, bei: *ham.*
Geruchssinn
empfindlich gegen
- Gerüche: *colch.*
den Geruch von Speisen: colch.
kochenden Speisen: colch.
starke Gerüche: lyc., nux-v.
scharf: coff.
Gerüche
Eiter: *euphr.*
süßlich: *euphr.*
Nasenbluten: acet-ac., erig., phos.
Blut hell: erig., mill.
Menses, vor: *phos.*

1 engl. smarting

während: bry., phos.
- Kopfschmerzen, mit: *bry.*

anstelle: *ambr.*, bry., *crot-h.*, graph.
– **Syphilis** der Nase: *kali-bi.*

NASENSCHMERZEN

– **Brennend** Septum Schnupfen, durch: *euphr.*

Drückend Wurzel: kali-bi., *xanth.*
– **Pulsierend** Wurzel: *xanth.*

SCHNUPFEN

Absonderungen
brennend: euphr.
dick: nat-c.
Choanen, aus den: *nat-c.*
dünn: *med.*
gelblich-grün: nat-c.
- Choanen, aus den: *nat-c.*
mild: euphr.
reichlich: euphr.
scharf (s. wundmachend)
spärlich: *med.*
wäßrig: euphr., fl-ac., *med.*
wundmachend: euphr., lac-c.
Niesen: euphr.
- nervöses: ⁝*arg-n.*
Schnupfen Art und Modalitäten
Absonderung, mit (Fließschnupfen): euphr., fl-ac.
- feuchtkaltes Wetter, durch: *dulc.*
Heuschnupfen: euphr.
- periodisch Tag, am gleichen wiederkehrend[1]: *euphr.*
- sykotisch: *euphr.*
- sykotuberkulös: *euphr.*
- August[2]: *euphr.*
- Säuglinge sykotisch (Schniefen): *ant-c.*
- sykotisch
warmen Zimmer, im w. Z. <: *ant-c.*, *puls.*
Verstopfung der Nase: fl-ac.
warmen Zimmer, im: puls.

GESICHT

Ausdruck, Aussehen
abgemagert kachektisch: *hydr.*, *lyc.*, *thuj.*
ängstlich: cupr., *lach.*, *tab.*
alt aussehend: *arg-m.*, sars.
angespannt, verzogen (KK s. lang, verzerrt): ⁝nux-v.
bekümmert[3] (KK s. besorgt): *arg-m.*, *lach.*, nux-v.
betrunken, töricht, wie: crot-h., *dor.*, gels., lach.
- blühend: *caps.*
(vgl. **Farbe** rot)
dumm (KK s. einfältig): *gnaph.*
eingefallen: ant-t., *arg-m.*, chin., tab.
hippokratisch (spitze Nase, eingefallen): chin.
kränklich: *am-c.*, *ant-t.*, *arg-m.*, berb., *canth.*, con., lyc., *mag-c.*, merc., phos., *puls.*
- krebskrank aussehend: *kreos.*
- leichenhaft: *crot-h.*

1 syko-tuberkulös
2 in den USA beobachtet
3 engl. distressed

- müde: *arg-m.*
- schwerfällig: *gnaph.*
- spitz: *chin.*

töricht (s. betrunken)

Blutandrang: amyl-n., *ferr.*
- Kälte Glieder, mit: *carb-an.* (vgl. **Hitze**, kalt)
- Menses, während: *amyl-n.*, *bell.*

Empfindungen
- Eiweiß, Gefühl als ob E. auf Haut wäre: *mag-c.*

Spinnwebgefühl: brom.

Taubheit *Lippen*: nat-m.

Erröten (s. **Farbe** rot plötzlich auftretende Röte)

Farbe

blaß: ant-t., arg-m., ⁝ars., berb., calc-c., ⁝calc-p., canth., carb-an., chin., con., crot-h., cupr., *erig.*, ip., kreos., lac-d., led., lyc., mag-c., mang., merc., nat-c., nat-m., nit-ac., op., ph-ac., phos., puls., sil., tab., *xanth.*

Menses, vor: am-c.

während
- totenblaß: *tab.*

Lippen: lac-d.

bläulich: *arg-m.*, cupr.

Augen, Ringe um die: ant-t., berb., chin., lyc., nat-c., phos., *xanth.*

Lippen: cupr.

bleich (KK s. chlorotisch): *arg-m.*, *canth.*, caust., *cic.*, con., ferr., helon., *hydr.*, *lach.*, lyc., *lyss.*, *mag-c.*, mang., merc., nit-ac., *ol-j.*, *podo.*, puls.

braun, bräunlich: jod., nit-ac.

dunkel: ⁝*canth.*, *glon.*, *jod.*, ⁝*nux-v.*

Augen, Ringe um die (s. bläulich)

erdfarben: con., ferr., *helon.*, lyc., merc., ol-an.
- *Lippen*: *cupr.*

fleckig: *jod.*

gelb: caust., chin., *cic.*, crot-h., *kreos.*, lyc., merc., sep.
- Flecke: *sep.*

gelb-grau: *carb-an.*

grau: *thuj.*

grünlich: *carb-an.*
- hell: *caps.*, *puls.*, *ust.*

kränklich: caust., chin., lyc., mag-c., mang., merc., ph-ac., phos., podo.

rot: acon., arn., aur., bell., caps., ferr., gels., glon., lach., lil-t., *mag-p.*, op.

abwechselnd mit Blässe: ferr.

Flecke: lach.

glühend rot: bell.

Menses, während: *gels.*

plötzlich auftretende Röte: ⁝*calc-p.*, ⁝*caps.*, *ferr.*
- purpurfarben: *glon.*, *lach.*

scheckig, marmoriert: lach., *puls.*
- Menses, während: *led.*

Lippen: *chin.*, sulf.
- *Wangen*: *aur.*
- schmutzig aussehend: *arg-m.*, *aur-m.*, *sulf.*

Sommersprossen: sep. (vgl. **HAUT Sommersprossen**)

wachsartig: ars., *crot-h.*, *mag-c.*, *mang.*, nat-m., thuj.

weiß

Flecken: *sep.*
- *Lippen*: *lac-d.*

Geschwüre *Mund Mundwinkel*: nit-ac.

Haut

aufgesprungen: graph.

fettig: nat-m., thuj.

glänzend: thuj.

trocken
- *Lippen*: *ars.*

Hautausschläge

Flecke: sep.

Herpes

Kinn: nat-m.
- Menses, zu Beginn: *nat-m.*
- während: *nat-m.*

Mund, um den: nat-m., *syph.*
- Menses, zu Beginn: *nat-m.*
- während: *bor.*, *nat-m.*

Hitze: acon., bell., glon., lach., op.

brennende Hitze: grat.
Hitzewellen: lyc., sulf.
- Menses, während: *amyl-n.*
kalten Extremitäten, mit: *carb-an.*
Füßen, mit: *grat.*
Händen, mit: *grat.*
Kongestion (s. **Blutandrang**)
Kälte
- Menses, zu Beginn: *kali-j.*
Lippen
aufgesprungen,: ant-t., graph.
- dünn: ⁝*ars.*
Risse: graph.
Mundwinkel: graph.
trocken: ⁝ars.
- Durst, mit: *bry.*
wund *Mundwinkel*: psor.
Schweiß: calc-c.
kalter Schweiß: tab.
Schwellung: lach.
aufgedunsen: ars., *carb-v.*, *gnaph.*, lach., puls.
- Menses, während: *led.*
Menses, während: *puls.*
ödematös: ⁝apis, ars., ferr., *op.*, xanth.
Augen, über den: kali-c.
um die *Augen*: ars.
- Menses, während: *puls.*
- unter, sackartig: ⁝*apis*
Lippen: ars.
Warzen (KK s. **HAUT Warzen**): *kali-s.*
Zucken: *absin.*, agar.

GESICHTSSCHMERZEN

Allgemein: lob.
Menses, während: ⁝*ars.*, *mez.*, stann.
– **Lungentuberkulose**, bei: *lob.*
– **Seiten** rechts Menses, verzögerter bei: *lob.*
- **Wangenknochen**: *stann.*

MUND

Blutung
- *Schleimhaut* hellrot: *erig.*
Zahnfleisch: crot-h., erig., kreos., merc., phos.
- hellrot: *erig.*
- Menses, vor: *phos.*
- unterdrückten bei: *crot-h.*
Geruch
- Mais, wie junger oder frisches Korn: *cina.*
süßlich: *cina.*
übelriechend: merc., *merc-d.*, ⁝nux-v., podo.
Geschmack
bitter: bry., *burs-p.*, chin., *cic.*, mag-c., mag-s., merc., merc-c., nat-m., *sarr.*
Speisen schmecken: *asar.*, *ferr.*
blutig: *merc.*
eitrig: *cycl.*, *syph.*
fade: cycl.
faulig: kali-c.
metallisch: coc-c., cupr., ham., merc., merc-c., phyt., *syph.*
- Messing, wie: *ham.*
- ölig: *sarr.*
salzig: cycl., merc-c., nat-m.
sauer: chin., mag-c.
schlecht: ⁝nux-v., ⁝puls.
schleimig: puls.
süßlich: coc-c.
Überempfindlichkeit: coff.
Geschwüre
Aphten
- Menses, während: *bor.*
- Menses, während: *chim.*, *syph.*

\- Ränder feuerroter Saum: *syph.*
\- glattgeschnitten: *syph.*
\- rund, speckig: *syph.*
\- Speichelfluß mit: *syph.*
syphilitisch: syph.
\- unregelmäßig: *syph.*

Schleimhaut
\- wund Menses, vor: ⁝*bor.*
\- während: ⁝*bor.*

Speichel
Baumwolle, wie: *merc.*, puls.
blutig: kali-j.
fadenziehend[1]: lyss., phyt.
gelb: phyt.
kühl: *bon.*
salzig: nat-m.
sauer: *bon.*
scharf: am-c.
\- beißend: *lob.*
schaumig: lyss.
schleimig: *mag-c.*
weiß: *mag-c.*
\- schleimig: *mag-c.*
zäh: kali-j., phyt.
Zwiebeln, riecht wie: kali-j.

Speichelfluß: *absin.*, *bon.*, kali-j., lob., merc-d.
Menses, vor: *cinnab.*
während: *cinnab.*

Sprache lispelnd: *ol-caj.*

Trockenheit: acon., ars., bell., mosch., nux-m.
Durst, mit: acon., ars., bry., *ter.*

Zahnfleisch
Bluten (s. **Blutung**)
Skorbut (Paradentose): mur-ac.
weich, schwammig: kreos.
zurückgezogen von den Zähnen: merc.

Zunge
Empfindungen, Taubheit: nat-m.
vergrößert: *ol-caj.*
Farbe braun: ⁝nux-v.
\- schmutzigbraun: *nux-v.*
gelb: *cic.*
schmutziggelb: *hydr.*
rot: kali-bi., ter.
schmutzig: ⁝*nux-v.*
weiß: ant-c., ⁝puls.
\- dick belegt: *ant-c.*, *bry.*, *podo.*
Form schlaff: merc.
schwammig: *merc.*
Zahneindrücke: merc., syph.
Schleimbelag (KK s. **Schleimhaut** Schleimbelag): *ant-c.*, hydr., merc., ⁝*nux-v.*, puls.
\- locker: *puls.*
\- teigig: *puls.*
Trockenheit: bry., kali-bi., nux-m., ter.
Zittern: tab.

Schmerzen *Gaumenbogen* und *Zäpfchen* (vgl. KK **GAUMEN**): *peru*

ZÄHNE

Zahnschmerzen: merc.
Kälte kaltes Wasser bessert: *chim.*
Menses, vor: ⁝bar-c.
während: ⁝bar-c., cham., *chim.*, mag-c., staph.

Empfindungen
locker: merc.
verlängert: merc.

Zähneknirschen konvulsivisch: *absin.*

1 engl. ropy

HALS

INNERER HALS

Belag[1], Exsudat, Diphterie usw.: lac-c.
Empfindungen
Fischgräte Knochensplitter, wie von: *cic.*
Klumpen Kloß, Pfock usw (Globus hystericus): ⁝asaf., ign., lac-c., lob.
aufsteigender Kloß: asaf.
- Völlegefühl mit Verlangen zu schlukken: *cinnab.*

Entzündung, chronisch: ol-j.
Geschwüre: merc.
Krampf
Spasmen *Oesophagus*: ⁝asaf.
Zusammenschnüren: alum., asaf., bufo, hyos., *ol-caj.*
Schlucken, beim kann nicht schlukken: *hyos.*

Schlucken
erschwert Kloßgefühl im Hals, durch: ign.
- unmöglich Zusammenschnüren des *Oesophagus*: *hyos.*

Trockenheit: lob.
– **Würgen** wie von zu hastigem Schlucken: *cic.*
Zusammenschnüren (s. **Krampf**)

HALSSCHMERZEN

Menses, vor: mag-c.
während: lac-c.
- nach: *lac-c.*

– **Nervös**: *ign.*
Roh, wie: brom.
– **Tuberkulose**, bei: *ol-j.*
Uvula: *peru*

ÄUSSERER HALS

Empfindungen
- etwas um den Hals, wie: *cic.*

Pulsieren, Klopfen der *Carotiden*: ⁝bell.
Kragen, Kleidung < (KK s. **Modalitäten**): lach.
Schwellung *Drüsen* hart: ⁝*bar-c.*, *staph.*

MAGEN

Abneigung
- alles Essen Schwangerschaft, während : *colch.*

Brot: nit-ac.
fette und schwere Speisen: petr.
Fleisch: nit-ac., petr., syph.
frisches: *caust.*
- geräuchertes: *caust.*

Süßigkeiten: caust.
- warme Speisen: *verat.*

Appetit
dauernd: *bon.*
fehlt: *coll.*, lyc., ⁝nux-v., ⁝puls.
Hunger, bei: *grat.*
- Menses, unterdrückten, bei: *cycl.*

Heißhunger: cina., nat-c., sulf.

1 engl. KENT membrane

Abmagerung bei: jod., nat-m., *ol-j.*
launenhaft (wechselhaft): cina.
satt, schnell: lyc., prun.
unstillbar: lyc.
vergeht Essen, bei Beginn: caust.
vermehrt: *bon.*, cina., coc-c., ferr., lyc., phos., *uran.*
Essen, nach: *burs-p.*
Menses, während: *jod.*
- Obstipation, bei: *uran.*
vermindert: coff.
wechselhaft (s. launenhaft)
Aufstoßen: carb-an., cham., lyc.
Modalitäten
- Anstrengung, nach: *asaf.*
- hysterisch: ⁝*asaf.*
Art
bitter: kali-c.
Eier, wie faule: *mag-m.*
- Flüssigkeit sauer: *lob.*
leer, Luftaufstoßen: ⁝arg-n., ⁝asaf., coc-c.
- nervös: ⁝*arg-n.*
sauer: kali-c., mag-c., nicc.
Übelkeit, bei: *lob.*
Speisen, schmeckt nach: ant-c.
Wasser: *mag-s.*
Auftreibung: colch., prun.
- platzen, als ob der Magen platzen würde: *arg-n.*
Aversion (s. **Abneigung**)
Durst: verat.
- Tag und Nacht: *nicc.*
durstlos: ⁝apis, ⁝puls.
Hitzestadium im Fieber, während: gels., ⁝puls.
extrem stark: ant-t., ars., bry., uran.
- kaltes Wasser, auf: *chin.*
(vgl. **Verlangen**)
große Mengen, auf: bry.
Hitzestadium im Fieber, während: acon., bell., cham.
kleine Mengen, auf: ars.
- Fieber, im: *bell.*

Empfindungen
- Hitze, Hitzewellen *erstrecken sich* zum *Gesicht*: *amyl-n.*
Kälte, eisig: colch.
Klumpen: lob.
Leere, Schwäche, Hinsein, Hungergefühl: alum., asaf., ign., *lept.*, lob., sulf., tab.
vormittags 10 Uhr: *sulf.*
11 Uhr: sulf.
- Essen >: *alum.*, *sulf.*
Menses, während: *murx.*
ohnmächtiges Gefühl (s. Leere)
Versinken, Gefühl von (s. Leere)
Völle: prun.
Essen schon nach dem ersten Bissen: lyc.
Entzündung
- gichtisch: *ant-c.*
- Menses, unterdrückten durch: *bry.*
Reizung: *apoc.*, ip.
Erbrechen: glon., nux-v., tab., verat.
Modalitäten
Bewegung bei: tab.
Fahren im Wagen, beim: cocc.
- Fall oder Verletzung, nach: *arn.*
Kopfschmerz, bei: ip., lac-d.
Menses, vor: cupr., *ip.*
- zu Beginn: *apoc.*
während: am-m., *ant-t.*, ⁝*ars.*, *bov.*, *burs-p.*, *crot-t.*, cupr., *goss.*, puls.
unterdrückten, bei: *nicc.*
- nervös: *ol-caj.*
- Nierenkolik, während: *tab.*
Schwangerschaft, während alet., cinnm.
- Heben nach: *cinnm.*
- Überanstrengung, nach: *cinnm.*
Trinken, nach: ⁝ars.
kalten Wassers, nach >: cupr.
unvollständig (Brechwürgen): podo., tab.
schmerzhaft: tab.
Stuhlgang, während: podo.

Art
bitter: nux-v.
Blut: kali-bi.
fadenziehend: kali-bi.
Galle: nux-v., *pareir.*, *tab.*
sauer: cocc., kali-bi., tab.
Menses, während: *kali-bi.*
schaumig: *alet.*
Schleim: *alet.*, ant-t., *cinnm.*, kali-bi., tab.
- dick: *kali-bi.*
- schaumig, watteartig, Schwangerschaft, während: *alet.*
Geschwüre: kali-bi.
Hunger (s. **Appetit**)
– **Schluckauf** nervös: *ol-caj.*
Schwäche, Gefühl von (s. **Empfindungen** Leere)
Sodbrennen: *mag-s.*
– **Trinken**, nach <: *ars.*
Übelkeit: ant-t., cocc., kali-c., lob., nicc., nux-v., *pareir.*
anhaltend: ip., *lob.*
Aufrichten, beim A. im Bett: bry.
Bewegung, bei: bry.
Fahren im Wagen <: *cinnm.*, cocc.
- Fall oder Verletzung, nach: *arn.*
Gerüche, durch: colch.
Kopfschmerz, bei: cocc., lac-d.
- *Hinterkopf*: *cocc.*
- Liegen Stilliegen >: *bry.*
Menses, vor: cupr., ip., nux-v.
- morgens: *nux-v.*
- zu Beginn: *ant-t.*, *tab.*
während: am-m., *ant-t.*, ⁝ars., bov., cocc., ⁝*coloc.*, *crot-t.*, cupr., *goss.*, ip., kali-bi., nux-v., puls.
- Nierenkolik, während: *tab.*
Schwangerschaft, während: colch.
- frühmorgens: *goss.*
Seekrankheit: tab.
Speichelfluß, mit: lob.
Speisen Geruch von: colch.
tödliche: tab.

Verlangen nach
alkoholischen Getränken Bier: caps., ⁝nux-v., *petr.*
Branntwein: *crot-h.*, cub., *hydr.*, *syph.*
Whisky: carb-ac.
- > Limonadetrinken: *carb-ac.*
- anregenden Speisen oder Getränken: *caps.*, *carb-ac.*, *cub.*, *kali-bi.*, *nux-v.*, *op.*
Butter: *puls.*
Eis: ⁝*ars.*, *puls.*
erfrischenden Dingen: *puls.*
Essiggemüse (KK s. Pickles): ant-c.
- fetten Speisen: *puls.*
- Fisch, salzigem: *nit-ac.*
Fleisch: mag-c.
gewürzten, stark g. Speisen: *caps.*, nux-v.
Gips (s. unverdauliche Sachen)
Kaffee: *ant-c.*
Kaffeesatz: alum.
Kalk: nit-ac.
kalten Getränken: ⁝ars., bry., chin., verat.
Kohle, Holzkohle: alum.
Kreide: alum., nit-ac.
Limonade: *mag-c.*
- Meerettich: ⁝*nux-v.*
Nüssen: cub.
Obst, saurem: cub., *ph-ac.*
- Apfelsinen: *cub.*
Pfeffer: ⁝*nux-v.*
Pickles (s. Essiggemüse)
- Rauschmitteln: *crot-h.*, *hydr.*, *op.*
saftigen Dingen: ph-ac.
salzigen Sachen: nat-m., nit-ac.
Saurem: ant-c., ant-t., ⁝ars., puls., verat.
- sauren Getränken: *bry.*, *mag-c.*
scharfen Sachen: ⁝*nux-v.*
Senf: ⁝*nux-v.*
Stärke: alum.
Süßigkeiten: arg-n.
Zucker: arg-n.

Teesatz: alum.
unverdaulichen Sachen
(vgl. Kohle, Kreide; KK vgl. + merkwürdigen Dingen)
Gips: alum.
- Schieferstiften: *alum.*
weiß nicht wonach: bry.
Zucker (s. Süßigkeiten)
Zwiebeln: cub.

MAGENSCHMERZEN

Brennend: colch., *mag-s.*
Kalten Getränke, nach <: ars.
– **Erstrecken sich** zum *Rücken*, Menses, während: *bor.*

ABDOMEN

Ascites (KK s. **Peritoneum** Ascites): apis, kali-c.
Auftreibung (KK s. **Flatulenz** Auftreibung): am-m., arg-n., carb-v., cocc., colch., cycl., lac-c., lyc., nicc., nux-m., rob., sulf., ter.
- Essen, nach geringsten Mengen: *lyc.*
- Fluor, vor: *zinc.*
- Gebärmutterreflex, durch: *ol-caj.*
Menses, während: *apoc.*, *colch.*, cycl., nicc., *ter.*
- nervös: *arg-n.*, *asaf.*
schmerzhaft: *cocc.*, *lyc.*
Bauchdecke hart: lac-c., *rob.*
Blähungen, Flatulenz (KK s. **Flatulenz**, Blähungen): lyc., nux-m.
- brennend: *nicc.*
- Fluor, vor: *caust.*
Stuhlgang, vor: *aloe*
– **Blutandrang** (Kongestion): *lept.*
Bubonen (KK s. **Haut** Bubo): lach., sil.
- Abszeß, der B.: *kali-j.*
- Fistelöffnung, mit: *kali-j.*
- berührungsempfindlich: *lach.*
- dunkelfarbig: *lach.*
eiternd: sil., kali-j.
- Fistelöffnungen, mit: *kali-j.*, *lach.*, *sil.*
- Fistelöffnungen, mit: *lach.*
- fluktuierend: *syph.*
- purpurfarben: *syph.*
- schmerzhaft: *lac-c.*, *syph.*
- nachts <: *syph.*
- Stehen, beim <: *syph.*
- *Leiste* links: *syph.*
Empfindungen
Bewegungen, Foetus, wie von: nat-c.
Jucken Nabel: *petros.*
Kälte: grat.
- Kribbeln wollüstiges *Nabel*: *petros.*
- Kribbeln *Nabelgrube* mit Harndrang: *petros.*
Lebendiges im Bauch: croc.
Leere: phos.
- Fluor während: *phos.*
Schwäche: phos., plat.
- Menses, während: *phos.*
Schwere wie von einem Gewicht
Menses, während: apis, puls.
Hypogastrium Menses, vor und während: *aesc.*
Leistengegend: *aloe*
Völle
- Essen, nach geringsten Mengen: *lyc.*
- *Hypogastrium*, Menses, vor und während: *aesc.*
- *Leistengegend*: *aloe*
- Zusammenschnüren, Fluor, während: *coc-c.*

Entzündung
- *Haut, seröse*: *bry.*

Flatulenz (s. **Auftreibung**; **Blähung**; **Geräusche**)

Geräusche (KK. s. **Flatulenz** Geräusche) Kollern, Rumpeln: arg-n., kali-c., lyc., podo.
  Essen nach dem: *lyc.*
  Gären: lyc.
  Liegen, im: *sarr.*
  Menses, während: *croc.*
  Stuhlgang, vor: *aloe*
  Hypogastrium: *lyc.*
- *Seiten* links: *lyc.*

Kleidung, Gürtel, empfindlich gegen: lac-c., lach.

Leber, Krankheiten der L. und der Leberregion: lept.

– **Operationen**, nach: *staph.*

Völle (s. **Empfindungen**)

BAUCHSCHMERZEN

MODALITÄTEN

Bewegung <: colch.

Druck >: *coloc.*

– **Erbrechen**, mit: *puls.*

Essen <: colch.

Kälte <: *colch.*

Menses, während: brom., *cub.*, puls.

Urinieren, nach: *fago.*

– **Zusammenkrümmen**, muß sich: *acon.*

ORTE

Erstrecken sich
  in die *Beine*: kali-j.
- zum *Rektum*: *ip.*
  zum *Uterus*: ip.

Hypochondrium
  links: *lyc.*

Hypogastrium
- *links*: *pall.*
  Menses, während: *pall.*

Leber: *hydr.*
  Gallenkolik: podo.

Leistengegend
  links: *ery-a.*
- Menses, zu Beginn: *ant-t.*
  während: ant-t.

Nabel: senec.
- Druck, bei: *bar-c.*
  Nabelgegend: ip.
- *erstreckt sich* zum *Becken*: *pall.*

Seiten: sulf.
- *Unterbauch* links: *pall.*

EMPFINDUNGEN

Abwärtsdrückend, Abwärtsdrängend:[1]
  aloe, merc., nit-ac.
  (vgl. **SCHMERZEN DER WEIBLICHEN GENITALIEN EMPFINDUNGEN Abwärtsdrängend**)
- Fluor, während: *nat-c.*
  Menses, während: *lac-c.*, nat-c.
  Stehen, im: *aloe*
  Leistengegend
- Fluor, während: *plat.*
  erstreckt sich zu den *Hoden*: hydr.

Beißend
- *Nabel* Urinieren, nach: *petros.*

Brennend
- Feuer, wie: *kreos.*
- Fluor, während: *kreos.*

1 engl. pressing down, bearing down

Nabel
- Stehen oder Sitzen >: *petros.*
- Urinieren, während: *petros.*

Drückend
Menses, während: *agar.*, *am-m.*, *anac.*, puls.
Stein, wie von einem: *puls.*
Hypogastrium: *kali-bi.*

– **Dumpf** *Leber*: *lept.*

– **Durchdringend**[1]
Nabel: *senec.*

Empfindlichkeit, Schmerz mit E. wie wund und zerschlagen (s. **Wund**)

Kneifend (vgl. **Krampfend**)
- Fluor, während: *am-m.*, *plat.*, *sulf.*
- Menses, vor: *am-c.*, *bar-c.*, *sulf.*
- während: *bar-c.*
- *Nabelgegend*: *mag-c.*
- Fluor, vor: *am-m.*

Krampfend: cham., cinnab., coff., colch., cupr., stann.
- anfallweise: *brom.*, *coloc.*
- Menses, zu Beginn: *brom.*
während: cocc., coloc., *kali-j.*, nux-v., *prun.*, puls.
Herumgehen >: *prun.*
- unterdrückten, bei: *nicc.*
Anziehen der Beine > (KK s. Beugen, nach vorn >): ⁝coloc.
(vgl. **Kolikartig** zusammenkrümmen >)
Bewegung <: colch.
Druck >: *stann.*
Essen <: colch.
- Fluor, vor: *aloe*, *caust.*
- während: *am-m.*, *cham.*
- Kälte <: *colch.*
Liegen, Bauchlage >: *stann.*
Menses,
vor: am-c., bar-c., *ol-an.*
während: bar-c., cocc., coloc., kali-c., *kali-j.*, *laur.*, nicc., nux-v., *op.*, *prun.*, puls., sulf.
- Herumgehen >: *prun.*
- wie in Stücke gerissen
Epigastrium: *graph.*
- unterdrückten, bei: *nicc.*
- Schwäche im Rücken, mit: *cocc.*
- stechend wie Nadelstiche[2] Menses, zu Beginn: ⁝*asaf.*
Stuhlgang während: cham., mag-c.
- Diarrhoe, während: *coloc*
Zusammenkrümmen >: coloc., *op.*
(vgl. **Beugen**, Anziehen der Beine)
- zusammenschnürend Menses, während: *brom.*
Nabelgegend: sulf.
- *Querdarm*, Diarrhoe bei: *podo.*

Reißend
Menses, während: agar.

– **Scharf**: *cocc.*
(vgl. **Schneidend**, **Stechend**, **Schießend**)

Schießend (KK s. **Lanzinierender**)
- Menses, während: *kali-c.*, *pall.*
- *Nabel*, *erstreckt sich* zum *Becken*: *pall.*

Schneidend: acon., am-c., cocc., ⁝coloc.
- Druck leichter <: *coloc.*
- fester >: *coloc.*
- Fluor, vor: *zinc.*
- während: *sulf.*
- kolikartig: *cocc.*
während: kali-c., mag-c.
Menses, vor: ol-an.
während: bar-c., cocc., jod., mag-c.
Stuhlgang, während: *mag-c.*
- bei Diarrhoe: *mag-c.*
Wärme >: coloc.
Leistengegend: ⁝arg-n.
- *Nabel* Urinieren, nach: *petros.*
Nabelgegend: *sulf.*
- Fluor, während: *sulf.*
Menses, während: *ip.*

– **Stichartiges** Kribbeln *Nabel*, Harndrang verursachend: *petros.*

1 engl. smarting
2 engl. pricking

Wund[1], Schmerz wie wund und zerschlagen (KK s. **Empfindlichkeit**): colch., ham.
- Kolik, während: *colch.*
  Menses, während: *brom.*
  Leistengegend Menses, während: kali-j., *mag-s.*
- Fluor, durch: *bov.*

Ziehend: agn.
  Menses, während: carb-v.
- *erstreckt sich* zur *Lumbalregion* Menses, während: *carb-v.*
  Leistengegend: coc-c.
  Nabel Menses, während: *crot-t.*
- **Zusammenschnürend** Menses, während: *brom.*
- **Zusammenziehend** Menses, während: *am-m.*, *brom.*, *cocc.*
  (vgl. **Empfindungen** Zusammenziehen)

REKTUM

Blähungsabgang (s. **Flatus**)

Diarrhoe: cham., *cinnab.*, grat., podo.
  abwechselnd mit Hautausschlag: crot-t.
  abwechselnd mit Rheumatismus: dulc.
- Essen <: *crot-t.*
  Trinken <: crot-t.
- chronisch: *ol-j.*
  Herbst, im: colch.
  Wetter, durch kaltes W.: dulc.
  Menses, vor: ⁝bov.
- zu Beginn: *bov.*, *erig.*
  während: am-m., *crot-t.*, *cupr.*, gels., kali-j., mag-c.
  Ruhr (Dysenterie): colch., cupr., dulc.
- Herbst: *dulc.*
- Menses, während: *aloe*
- Tuberkulose, bei: *ol-j.*
- Urin vermehrt, während der Diarrhoe: *anthra.*

Empfindungen
  Lähmung: *alum.*
- Pflock, wie Holz oder Splitter: *aesc.*
  Prolaps: aesc.
  Schwere: aloe, *dor.*, *mur-ac.*
  Völle: aesc., aloe

Flatus: aloe
  Blähungsabgang Stuhlgang während: podo.
  Stuhldrang, aber nur Blähungen gehen ab: aloe

Obstipation: alum., bry., *burs-p.*, coll., hydr., kali-c., lac-d., nux-v., plat., sulf., *uran.*
- chronisch: *coll.*, *lac-d.*, *op.*, *tab.*
- Hämorrhoiden, bei: *aesc.*
- Kopfschmerz, bei: *lac-d.*
  Menses, während: kali-c.
  vergeblichem Stuhldrang, mit: nux-v., puls.
  weicher, schwergehender Stuhl: *aloe*

Prolaps: podo.

Ruhr (s. **Diarrhoe**)

Stuhl unwillkürlich (s. **ANUS Lähmung**)

Stuhldrang
  Bewegung, bei: *bov.*
- fehlt: *alum.*
  (vgl. **ANUS Lähmung**, Erschlaffung)
  Kolik, bei: coloc.
  Menses, während: aloe, erig.
  plötzlich (s. **STUHL Entleerung**)

Tenesmus (s. **AFTERSCHMERZEN**)

Würmer, Beschwerden durch: cina.
  Ascariden: cina.

1 engl. sore

ANUS UND PERINEUM

Absonderung Feuchtigkeit (KK s. **Haut** Feuchtigkeit)
- übelriechend: *merc-d.*
- *Perineum* grünlich, wäßrig, übelriechend: *merc-d.*

Blutung: acet-ac.
Menses während: *sulf.*
unterdrückten, bei: graph.

Empfindungen
- Ball *Perineum*: *chim.*

Hitze: aloe
Jucken Menses, während: *carb-an.*
Perineum: *dict.*
- Fluor, durch: *am-c.*, *anac.*, *dict.*
- Kloß *Perineum*: *berb.*

Pflock *Perineum*: aloe
Schwellung *Perineum*: *chim.*
Schwere: graph., *mur-ac.*, *stann.*
Gewicht, wie von einem G.: graph. (vgl. KK **Empfindungen** Gewicht)
- Völle: *aesc.*

Perineum: *alum.*
Zusammenschnüren, krampfhaftes: cann-s.
Urinieren, während: *cann-s.*
am Schluß: cann-s.

Feuchtigkeit (s. **Absonderungen**)
Fissur: mur-ac.
Hämorrhoiden: aesc., coll., ham., mur-ac., podo.
äußere: mur-ac.
Berührung <: mur-ac.
bläulich: aesc., mur-ac.
blutend (s. **Blutung**)
groß: aesc., mur-ac.
- Kaltbaden >: *aloe*

Menses, während: aloe
- während <: *aesc.*

purpurrot (s. bläulich)
schmerzhaft (s. **AFTERSCHMERZEN**)
- traubenförmig: *aesc.*, *aloe*

Hautausschläge *Perineum* Herpes: petr.
Lähmung Erschlaffung
unwillkürlicher Stuhlgang: aloe
– **Schwellung** *Perineum*: *am-c.*
- Fluor, durch: *am-c.*

Tumoren Condylome: cinnab., *kali-s.*, thuj.
- *Perineum*: *thuj.*

– **Warzen**: *kali-s.*
Wundheit (KK s. **Haut** Wundheit)
- Fluor, durch: *bov.*, *kreos.*
- Menses, während: *carb-an.*
- Menses, durch scharfe <: *sulf.*

Stühle, durch harte: *lac-d.*
- *Perineum* Fluor, durch: *anac.*, *dict.*, *kreos.*
- Kratzen <: *anac.*

AFTERSCHMERZEN

ALLGEMEINES UND MODALITÄTEN

Schmerz nicht näher bezeichnet: aesc.
– **Hämorrhoiden**, durch: *aesc.*, *mur-ac.*

ORTE

Perineum: *papay.*
- Fluor, durch: *lap-a.*, *kreos.*
- *erstreckt sich* zum *Penis*: *papay.*

AFTERSCHMERZEN EMPFINDUNGEN

Brennend: aesc., aloe, berb., prun.
- Hämorrhoiden, durch: *mur-ac.*
-   Warmbaden <: *mur-ac.*
  Menses, während: *carb-an.*
- Stuhldrang, mit: *lil-t.*
- *Perineum* Fluor, durch: *am-c.*

Drückend
  unten, nach unten drückend: aloe
  Perineum: *berb.*

– **Durchdringend** Menses, während: *carb-an.*

Empfindlichkeit, Schmerz mit E. wie wund (s. **Wund**)

– **Krampfartig** Fluor, während: *erig.*

– **Stechen**, schmerzendes[1]
- *Perineum*: *apis*

Tenesmus: colch., merc-c., sil.
- Bewegung, bei: *bov.*

Wund, Schmerz mit Empfindlichkeit wie wund (KK s. **Empfindlichkeit**): aesc., *erig.*, mur-ac.
- *Perineum* Fluor, durch: *aur-m.*

STUHL

Blutig: colch.

Durchfall (s. **REKTUM Diarrhoe**)

Entleerung
- kolikartig: *cham.*
  plötzlich
    mit großer Gewalt: *crot-t.*
-   Krämpfen bei: *cupr.*
  schießt heraus: podo.

Farbe
  dunkel: nux-v., *sarr.*
  gelb: coloc., crot-t., ph-ac., podo.
  gelb grünlich: *arg-m.*, grat.
  grün: cham., gamb.
-   Säuglinge: *gamb.*
-   schmutzig-grün: *arg-m.*
- grünlich
-   Diarrhoe, während: *mag-c.*
  hellgefärbt: coll.
- lehmfarben: *lept.*
  (vgl. tonfarben)
  schwarz: lept.
    teerartig: lept.
  weiß: ph-ac.

Form
  Bällchen: *coll.*
-   hart, trocken: *coll.*
  knotig: graph., mag-m.
  krümelig: am-m., mag-c.
  massig, voluminös (KK s. groß): bry., graph., kali-c., lac-d.
  Schafskot, wie: berb., mag-m.

Geruch
  sauer: lyc.
-   Diarrhoe, während: *mag-c.*
  übelriechend: podo.

Konsistenz
  dünn, flüssig: ph-ac.
  hart: aesc., am-m., berb., bry., *burs-p.*, coll., graph., kali-c., lac-d., mag-c., mag-m., prun., sarr.
    verbrannt, wie: bry.
  klebrig: plat., *tab.*
  krümelig: *mag-c.*
  pastenartig: tab.
  schaumig: mag-c.
  schleimig (s. **Schleimig**)
  tonartig: mag-c., *plat.*
  trocken: aesc., bry., *burs-p.*, *coll.*, kali-c., lac-d., *mag-c.*, prun.
  wäßrig: ⁝ars., cham., ⁝coloc., crot-t.
    Reiswasser, wie: cupr., verat.
  weich: mag-c., plat.

Menge
  spärlich: nux-v., *prun.*

1 engl. stinging

Schleimig: aloe
bedeckt mit Schleim: *cham.*, *graph.*, *sarr.*
- weißem Schleim: *graph.*
geleeartig: colch.
weiß: colch.

Verstopfung (s. **REKTUM Obstipation**)

Stuhlgang unwillkürlich (s. **ANUS Lähmung** unwillkürlicher Stuhl)

NIEREN

– **Blutung**: *erech.*, *senec.*
(vgl. **URIN Beimengungen** Blut)

Empfindungen
- Völle: *anan.*

Entzündung (KK s. **Schleimhaut**): senec.
- Gonorrhoe, durch unterdrückte: *senec.*

Harnsperre: lac-c.
Fieber, bei: stram.
- Hirnerkrankung, durch: *stram.*
- Rückenmarksreizung, durch: *stram.*

NIERENSCHMERZEN

MODALITÄTEN

Nierenschmerzen nicht näher bezeichneter Art: arund., ⁝canth., eup-pur., *rhus-t.*

Bewegung <: *ter.*

– **Kälte**, kaltwerden durch: *dulc.*

Menses, während: berb.

– **Nässe**, Naßwerden, durch: *dulc.*

– **Sykotisch**: *dulc.*

– **Gonorrhoe**, nach Unterdrückung der G.: *berb.*

Urinieren, während: senec.

EMPFINDUNGEN

Brennend: kali-j.
Nierengegend: ter.
- Gonorrhoe, während: *ter.*

Drückend
Nierengegend: pall.
- Sitzen <: pall.

– **Dumpf**: *eup-pur.*, *still.*
- *Nierengegend*: *still.*

Durchbohrend[1] (KK s. **Spießend**): *berb.*

Krampfend: *aspar.*, *pareir.*, *tab.*
- *Harnleiter* links: *pareir.*, *sanic.*

– **Schießend**[2]: *berb.*

Schneidend: berb., eup-pur.
Harnleiter: sars.
Nierengegend: *berb.*

– **Stechen**, schmerzendes[3]
- *links*: *erig.*

Stechend[4]: berb., lach.

– **Stechend**, durchstechend[5]: *berb.*

Wund, wie[6] (KK s. **Empfindlichkeit**)
- Menses, zu Beginn: ⁝*anan.*

Ziehend: ter.

1 engl. stabbing
2 engl. shooting
3 engl. stinging
4 engl. stitching
5 engl. sticking
6 engl. sore

– **Links**: *berb.*, *erig.*
Rechts (KK s. **NIERENSCHMERZEN MODALITÄTEN**): *erig.*, *senec.*, *still.*
- Urinieren, während: *senec.*
Erstreckt sich
zur *Blase*: berb., *lac-d.*
- zum *Harnleiter*: *lach.*
zum *Hoden*: *erig.*
Harnleiter: *tab.*
Nierengegend: *berb.*, ⁝*canth.*, *cedr.*, rhus-t.

BLASE

Blasensteine: benz-ac.
– **Blutung**: *erech.*, senec., ter.
(vgl. **URIN Beimengungen** Blut)
– **Empfindlich** Berührung, gegen: *calad.*
Empfindungen
- Auftreibung: *sars.*
Ball (s. Kugel)
Jucken: *erig.*
Kugel in der Blase: lach.
- Schwellung, wie: *pip-n.*
Spannung
- Prostatahypertrophie, durch: *nat-c.*
Tropfen, als ob T. aus der Blase kommen: sep.
- Unbehagen: *med.*
- Urin fließt weiter Urinieren, nach: *aspar.*
- wenn nicht uriniert wird: *thuj.*
- Vergrößerung: *sep.*
Völle: *anan.*, calad., *gnaph.*, nux-v., pall., *pip-n.*, sep.
Harndrang, kaum: *calad.*
- mit: *nux-v.*, *sarr.*
zurückgeblieben, als ob Urin z.
(s. **Entleerung** unbefriedigend)
Zusammenschnüren, Konstriktion: sars.
Zusammenziehen: *anan.*, berb.
Entleerung
dünner Strahl: chim., cop., *eup-pur.*, med.
erschwert (Dysurie): apis, *cann-i.*, canth., *carb-ac.*, chim., dor., *erig.*, *fago.*, ⁝nux-v., puls., rhus-t., stram., *syph.* (vgl. verzögert)
- Knien, nur im Knien: *pareir.*
- Kopf gegen etwas Hartes drückt, nur wenn er den: *pareir.*
- Menses, zu Beginn: *erig.*
- während: *arm.*, *chim.*
schmerzhaft: *rhus-t.*
(vgl. **SCHMERZEN DER HARNRÖHRE/BLASENSCHMERZEN**)
am Ende des Urinierens: *kali-bi.*
- Zahnung, bei: *erig.*
geteilter Strahl: chim., *med.*, prun., thuj.
gußweise (KK s. kräftiger Strahl; spritzend): *anan.*, *lac-d.*, *gamb.*
(vgl. unterbrochen)
häufig: alum., *ambr.*, arg-n., aspar., carb-ac., *dict.*, eup-pur., pall.
- Fluor, während: *dict.*
- kleine Mengen: *alum.*
kräftiger Strahl: *lac-d.*
langsam (s. schwacher Strahl)
schmerzhaft (s. **BLASENSCHMERZEN MODALITÄTEN Urinieren** während)
- schmerzlos: *stram.*

schwacher Strahl (langsam): agar., alum., apis, arg-n., cann-i., cham., med., mur-ac., nat-m., rhus-t., sep., syph.
- Stehen >: *alum.*
- Wärme >: *med.*
- zu Beginn: *alum.*
spritzend (s. gußweise)
- teelöffelweise: *staph.*
tropfenweise (Urintröpfeln): :*acon.*, agar., am-m., anan., canth., *carb-v.*, caust., *chim.*, clem., *erig.*, ery-a., merc-c., nat-m., nux-v., pareir., rhus-t., staph., stram., tab., thuj.
Beginn des Urinierens, beim: kali-n.
- Bewegung >: *rhus-t.*
- Essigtrinken >: *stram.*
- Fieber, während: *stram.*
- Frauen, bei: *puls.*
- Frieren, beim <: *rhus-t.*
Sitzen, im: sars.
unwillkürlich: staph.
Urinieren, nach: agar., bar-c., cann-i.
- Wärme >: *rhus-t.*
unbefriedigend: cub., *kali-bi.*, *med.*, *nat-m.*, nux-v., thuj.
unbemerkt: caust.
- unregelmäßig: *syph.*
unterbrochen (intermittierend): agar., cann-s., clem., gamb., *stram.*
unvollständig: *calad.*, cann-i., thuj.
unwillkürlich: *absin.*, arg-n., bar-c., caust., lac-d., *med.*, thuj.
nachts (Bettnässen): sil., thuj.
- alte Leute: *bar-c.*
- Einschlafen, Kinder beim: *bry.*, *caust.*, *sep.*, *puls.*
- Essigtrinken, nach: *stram.*
- Fieber, bei: *stram.*
Husten, beim: caust., hyos., puls., sep., thuj.
- reichlicher Urin: *hyos.*
Lachen, beim: caust.
Niesen, beim: caust., puls., sep.

- Wasser, beim Geräusch von fließendem: *papay.*
- verdrehter Strahl: *cop.*, *med.*, *thuj.*
verzögert: apis, cann-i., caust., lyc.

Entzündung (KK s. **Schleimhaut** Entzündung): med., ter.
- chronisch: *med.*
- Gonorrhoe, bei akuter: *ter.*
- durch unterdrückte: *nux-v.*, *petros.*
Katarrh: *anan.*
chronisch: *berb.*, *carb-v.*, *eup-pur.*, kali-chl., *seneg.*
- Erkältung, durch: *dulc.*
- subakut: *seneg.*
- Reizung: *bar-c.*, *canth.*, *erig.*, *seneg.*
- nachts <: *bar-c.*
- im Bett <: *seneg.*
- sexuellen Exzessen, nach: *staph.*
- *Blasenhals*: *apis*, *canth.*, *dig.*
Blasenhals: *canth.*
- Gonorrhoe, bei akuter: *ter.*
- nach unterdrückter: *clem.*

Harndrang (krankhaftes Verlangen): apis, aspar., berb., *calad.*, erig., lyc., *lyss.*, puls., :rhus-t., *sarr.*, sars., *seneg.*, sep., staph.
Tag und Nacht: carb-v., thuj.
nachts: kreos., med., nux-v., *sars.*
- chronisch: *sars.*
anhaltend, dauernd: apis, *benz-ac.*, canth., dulc., *kali-j.*, lac-c., *papay.*, prun., sep., sil.
- Menses, während: *dulc.*
dringlich (s. heftig)
eilig (s. heftig)
- Erektionen, mit: *aspar.*
- und Schwellung des *Penis*: *aspar.*
fehlt: lac-c.
- Harnsperre, bei: *lac-c.*
häufig: :acon., *anan.*, apis, *arm.*, berb., *cann-i.*, :canth., carb-v., cedr., cop., dig., erig., ery-a., fl-ac., :gels., *hyper.*, kali-n., *lap-a.*, mang., *med.*, nux-v., pall., petros., *pip-n.*,

:puls., rat., :rhus-t., sep., staph., ter., thuj.
Tag und Nacht: rhus-t.
nachts: med., *peru*
- junge Männer: *med.*
Erkältung, durch: dulc.
- jede Minute: *anan.*
- Liegen >: :*gels.*
Rücken <: :puls.
- Seite li <: :*puls.*
Menses, während: *am-m.*, *erig.*
- Rückenschmerzen, mit: :*canth.*
- Wärme >: *dulc.*
heftig[1], eilig: acon., *am-m.*, *apis*, *arg-n.*, bar-c., berb., *cann-i.*, canth., carb-v., *eu-pil.*, petros., *rhus-t.*
- Entbindung, nach: *stram.*
- Fieber nach: *stram.*
- muß sofort urinieren: *apis*
- vergeblich: *stram.*
- Abortus, nach: *stram.*
- Fieber nach: *stram.*
- Kaltwerden, Abkühlung durch: *dulc.*
- Liegen Hinlegen, nach dem: *nux-v.*
Menses, vor: kali-j.
während: *coc-c.*, nux-v.
- Naßwerden, durch: *dulc.*
plötzlich: :rhus-t.
- Prostatavergrößerung, durch: *caust.*, *staph.*
schmerzhaft: :acon., *bor.*, lac-c., *petros.*
- drückend: *nux-v.*
Kind schreit: bor.
schreit: *canth.*, *petros.*
(vgl. **SCHMERZEN DER HARNRÖHRE Urinieren**)
- Strangurie: *canth.*, *caps.*, *chim.*, *dig.*, *lyc.*, *petros.*, *ter.*
(vgl. Tenesmus)
Stehen, im: *alum.*, *chim.*
- mit gespreizten Beinen: *chim.*
Stuhldrang, mit: :nux-v., rhus-t.
Tenesmus: am-m., ang., canth., caps., cop., *epig.*, lith., merc-c., nux-v., pareir., prun., puls., rhus-t., sil., ter.
- Prostatahypertrophie, durch: *nat-c.*
schreit vor Schmerz bei wenigen Tropfen: *merc-c.*
Urinieren, während: *puls.*
nach: *caps.*
Blasenhals: *am-m.*
Urinieren, nach: bar-c., *bor.*, chim., seneg.
vergeblich: cann-i., canth., caust., cedr., chim., *dor.*, *fl-ac.*, lach., pareir., stram.
- Wärme >: *dulc.*
Katarrh (s. **Entzündung**)
Krampf schmerzhafter Blasenkrampf: berb., prun., sars.
(vgl. **Harndrang** schmerzhaft; **SCHMERZEN DER HARNRÖHRE Urinieren**)
- schreit auf: *sars.*
- Stehen >: *sars.*
- Urinieren, vor: *sars.*
- am Ende des U.: *sars.*
Spasmus der Blase: caps., *caust.*, prun.
- Harndrang, während: *caust.*
- *erstreckt sich* zum *Rektum*: *caust.*
Blasenhals: *caust.*, *sars.*
Lähmung Harnverhaltung: *anan.*, caust., chim., *dor.*, rhus-t., stram., ter., thuj.
Entbindung, nach: caust.
Erkältung, durch: caust.
schmerzhaft: caust.
- Schwäche: *ferr.*, *mag-m.*, *tab.*
Sphinkter: caust.
vollständige Blasenlähmung: caust., stram.
gewaltsame Harnverhaltung scheint die Blase zu lähmen: caust.
- vorübergehend: *stram.*

[1] engl. anxious, urgent

Reizung (s. **Entzündung** Reizung)
(vgl. **Harndrang** häufig)
Spasmus (s. **Krampf** Spasmus)
Steine (s. **Blasensteine**)
Tenesmus (s. **Harndrang** Tenesmus)
Urinieren (s. **Entleerung**)

BLASENSCHMERZEN

MODALITÄTEN

Schmerz nicht näher bezeichneter Art: *erig.*
Morgens: *sep.*
Abends: *sep.*
Bewegung <: *pall.*
- leichte >: *puls.*
– **Blitzartig**: *lith.*
– **Gehen**, langsames >: *puls.*
– **Gonorrhoisch**: *eup-pur.*
– **Kinder**: *sars.*
– **Liegen** Rücken, auf dem <: *puls.*
- Seite, auf der >: *puls.*
- auf der linken >: *pall.*, *puls.*
Stehen <: *pall.*
Urinieren, vor: lith.
während: *berb.*, ⁝*canth.*, *eup-pur.*, *merc-c.*, *pareir.*
(vgl. **BLASE Entleerung** erschwert Dysurie; **SCHMERZEN DER HARNRÖHRE Urinieren**, während)
- schreit: ⁝*canth.*, *pareir.*
- Kind schreit: *erig.*
Blasenhals Schluß des Urinierens, am: sars.
nach: *lith.*

ORTE

– **Erstreckt sich** zu den *Hüften*: *benz-ac.*
Oberschenkel: *benz-ac.*
Samenstrang: *lith.*
Blasenhals: *benz-ac.*, berb., lith., *med.*
Urinieren Schluß des Urinierens, am: sars.
- *erstreckt sich* durch die ganze *Harnröhre*: *chim.*, *lith.*
– **Seite**, *links*: *berb.*
- *rechts*: *lith.*

EMPFINDUNGEN

– **Beißend**: *prun.*
- Urinieren, während: ⁝*rhus-t.*
Brennend: *anan.*, apis, berb., eup-pur., pip-n., prun., *sars.*
- glühenden Kohlen, wie von: *pip-n.*
- Harnverhaltung, während: *thuj.*
- spärlichem Urin, bei: *berb.*
Urinieren vor: seneg.
während: *cop.*, eup-pur., *lach.*, ⁝*rhus-t.*
nach: *seneg.*, sep.
Blasenhals: acon., *apis*, ⁝canth., *med.*, prun., puls.
- Urinieren >: *prun.*
während: apis, *epig.*, ⁝puls.
nach: canth.

wenn nicht uriniert: acon.
Drückend: am-c., *anan.*, cop., dulc., med., nat-c., *pall.*, sep., *ter.*
nachts <: *am-c.*
- Harndrang, während: *nux-v.*, *sep.*
– **Durchdringend**[1]: *eup-pur.*
- Urinieren, während: *eup-pur.*, ⁝*rhus-t.*
- *Blasenhals*: *chim.*, *carb-v.*
- Urinieren, nach: *canth.*
- *erstreckt sich* über die ganze *Harnröhre* hin: *chim.*
– **Gequetscht**, wie Urinieren, während: *ang.*
Quälend, Wehtun[2]: berb., fl-ac., *rhus-t.*
Reißend: *papay.*
– **Scharf**: *lith.*

Schneidend: berb., puls.
Urinieren, während: sep.
Blasenhals: canth., ⁝puls.
Urinieren, während: ⁝*puls.*
– **Stechen**, schmerzendes[3]
- *Blasenhals*: *apis*, *lith.*, *puls.*
– **Stechend**, durchstechend[4]: *berb.*
- *Blasenhals*: *cham.*
- urinieren, wenn nicht u. wird <: *cham.*
– **Stechend** wie Nadelstiche[5]: *arund.*
Wund[6] (KK s. **Empfindlichkeit**): *fl-ac.*, *gels.*, lith., *pall.*, sars.
Ziehender
- *erstreckt sich* zur *Harnröhre*: *calad.*
- *Penis*: *calad.*

HARNRÖHRE

Absonderung
blutig: *agar.*, canth., *chim.*, cub., *dulc.*, kali-j., *lach.*, merc., nit-ac., *prun.*, *sil.*, *ter.*
- bräunlich: *am-m.*
dick: anan., *ant-c.*, arg-m., arg-n., cann-s., ⁝caps., clem., cub., *dig.*, *ery-a.*, hydr., *kali-chl.*, kali-j., *kali-s.*, *lith.*, *lyc.*, *merc.*, *pareir.*, puls., *sep.*
- chronischer Gonorrhoe, bei: *arg-m.*
- dunkel: *thuj.*
durchsichtig: *acon.*, *med.*, *nat-m.*
- Flecke auf der Wäsche: *nat-m.*
dünn: *acon.*, *am-c.*, apis, *ars.*, *cedr.*, *lac-c.*, med., nit-ac., *petros.*, *sac-l.*, *thuj.*
dünn-schleimig[7] (postgonorrhoisch): agar., alum., *arg-n.*, bar-c., bry., calc-c., cedr., chim., clem., gamb., hydr., kali-bi., med., nat-m., *puls.*, *sanic.*, sep.
eitrig: *alum.*, bar-c., cann-s., ⁝caps., *carb-ac.*, chim., *cinnab.*, clem., cop., cub., *dig.*, *dulc.*, *epig.*, kali-j., *lith.*, merc., nit-ac., nux-v., *sep.*, sil., *ter.*
- Eiter, dicker hängt an der Eichel: *dig.*
eiweißartig: *papay.*, petros.
- Hühnereiweiß, wie: *am-m.*
- schleimig: *papay.*
- fadenziehend: *arg-m.*
- dicke Fäden[8]: *chim.*, *hydr.*, *kali-bi.*
- dicker Schleim, Urinieren, nach: *cub.*
- faserig: *hydr.*, *seneg.*
- Fetzen, mit: *sil.*

1 engl. smarting
2 engl. aching
3 engl. stinging
4 engl. sticking
5 engl. pricking
6 engl. sore
7 engl. gleety
8 engl. ropy

gelb: ⁝agar., alum., arg-m., calc-c., cann-s., caps., *cinnab.*, *clem.*, cop., *dig.*, *ery-a.*, hydr., kali-s., merc., nat-m., nit-ac., petros., puls., *sac-l.*
morgens Tropfen: fl-ac., *sep.*
Flecke auf der Wäsche, macht: *med.*, *sep.*
- gelblich-braun: *sep.*
gelblich-grün (s. grünlich-gelb)
gelblich-weiß: cann-i., *dulc.*
geleeartig: *papay.*
gonorrhoisch: *acon.*, *agar.*, alum., am-m., ant-c., *arg-m.*, *bar-c.*, *bon.*, caps., chim., *dulc.*, *epig.*, gels., hydr., *lach.*, *lith.*, merc., ⁝*nux-v.*, puls., sars., sep., sil.
(vgl. dünn-schleimig, postgonorrhoisch)
- morgens einzelner Tropfen: *agar.*, *fl-ac.*, *sep.*
nachts: sep.
chronisch: alum.
- alte, von Go. geschwächte Männer: *alum.*
- einzelner Tropfen: *agar.*, *sep.*
- unterdrückt: *cinnab.*
grünlich: *arg-m.*, *arg-n.*, *caps.*, cinnab., kali-j., *lith.*, merc., nit-ac., *pip-n.*, *senec.*, *seneg.*, ter., thuj.
grünlich gelb: anan., arg-m., *arg-n.*, cub., hydr., kali-s., lyc., *mang.*, *med.*, *nit-ac.*, puls., sep., thuj.
- gummiartig: *med.*
katarrhalisch: *chim.*
klebrig: *cub.*, *hydr.*, *kali-bi.*, *kali-s.*
milchig: *lyc.*, petros., ⁝*puls.*, sep.
- mild: *alum.*, *arg-n.*, *calc-c.*, *caps.*, *puls.*
- morgens Tropfen: *agar.*, *med.*
- chronisch: *alum.*, *med.*
- dünn: *arg-n.*
- eitrig: *alum.*
- gelb: *alum.*, *puls.*
- grünlich: *bry.*
- hellgelb: *arg-n.*
- schmerzlos: *nat-m.*

- spärlich: *kali-bi.*
- subakut: *med.*
reichlich: *ant-c.*, apis, arg-m., arg-n., *arm.*, *bon.*, cann-i., *cann-s.*, *caps.*, chim., *cinnab.*, cub., *dulc.*, *epig.*, *gels.*, hydr., *lith.*, *mang.*, med., ⁝*nux-v.*
sahneartig: ⁝caps.
scharf: *am-c.*, *arg-m.*, *ars.*, *carb-ac.*, sars.
- verursacht Brennen, Jucken und Schwellung der benetzten Teile: *am-c.*
- verursacht Hautrötung (Erythem): *arg-m.*, *ars.*, *carb-ac.*
schleimig: *acon.*, ⁝agar., *alum.*, *am-m.*, *anan.*, *ant-c.*, *apis*, *arg-m.*, *arm.*, *bon.*, *bor.*, *cann-i.*, cann-s., canth., chim., cub., dulc., *epig.*, *ery-a.*, *gels.*, hydr., *kali-chl.*, *kali-bi.*, *kali-n.*, kali-s., *lach.*, *med.*, nux-v., *papay.*, pareir., *prun.*, ⁝puls., sars., *seneg.*, sep.
- eitrig: *benz-ac.*, *chim.*, *cop.*, *dulc.*, *kali-j.*, ⁝*nux-v.*, *sars.*, *sep.*
- schmerzlos: *alum.*, *caps.*, *kali-j.*, *kali-s.*, *sep.*
- schmutzig: *cinnab.*, *nit-ac.*
- spärlich: *am-c.*, *arm.*, *aspar.*, ⁝*gels.*, *kali-bi.*, *med.*, *petros.*, ⁝*puls.*, *sars.*, *sep.*
- Fieber, während: *gels.*
- Stärkewasser, wie: ⁝*gels.*
- teigig: *bor.*
übelriechend: *calc-c.*, *carb-ac.*, *dulc.*, *lac-c.*, *lach.*, *lyc.*, *mang.*, *med.*, *merc.*, *pip-n.*, thuj.
- Fisch, wie abgestandener: *arg-m.*, *cinnab.*
- Fischlake, wie: *sanic.*, *thuj.*
- Fleisch, wie verdorbenes: *cinnab.*
- Heu, wie altes: *arg-m.*
- stechend: *thuj.*
- unterdrückt: *clem.*
wäßrig: nat-m., thuj.

weiß: *acon.*, *agar.*, *anan.*, *ars.*, *bon.*, *bor.*, *carb-ac.*, *cedr.*, *cub.*, gels., kali-chl., *kali-n.*, *lac-c.*, med., *nux-v.*, *pareir.*, petros., *prun.*
zäh: *ery-a.*, *kali-bi.*, nux-v.
Modalitäten
- morgens <: *med.*
- nachts: *merc.*
- Baden, kaltes >: *caps.*
- Berührung <: *caps.*
- Urinieren <: *am-m.*
- Urinieren, nach: *sac-l.*

Blutung: *arg-n.*
Chordee (s. **Entzündung** Chorda)
Empfindlichkeit
- Urinieren, während: *arm.*

Empfindungen
- Brennen wollüstig: *petros.*
eng, wie zu: stram.
- festsitzt, als ob etwas: *aspar.*
- Feuchtes, etwas F. geht ab: *thuj.*
Hitze: *cub.*
- *Mündung*: *caps.*, *gels.*
Jucken: *agar.*, *caps.*, *carb-ac.*, cop., petros.
- Absonderung, durch: *bon.*, *cop.*
Urinieren, während: cop.
nach: arund.
wollüstig
Mündung: *cop.*, *syph.*
- Urinieren, während : *anthra.*, *kali-n.*
- Klotz, verstopft wie von einem K.: *syph.*
Kribbeln: agar.
Urinieren, während
- wollüstig: *petros.*
- *Mündung* Urinieren, während: *anthra.*
Prickeln: *agar.*
- Schwere Urinieren, nach: *arund.*
- steckt, etwas st. in der H.: *aspar.*
Tropfen gehen ab: *cedr.*, *kali-bi.*, *thuj.*
- unbehagliches Gefühl: *cann-i.*
Weiterfließen von Urin: aspar., *med.*
Zucken: *thuj.*
Zurückbleiben von Urin nach dem Urinieren: arg-n.
Zusammenschnüren[1]: *apis*; *thuj.*

Entzündung: *dig.*, pareir.
- gonorrhoisch: *arm.*, *cann-i.*, *cann-s.*
- akut (1. Stadium): *arm.*
- Menses, während: *cub.*
Reizung: *still.*
Chorda mit schmerzhaften Erektionen[2]: *agar.*, *arg-m.*, cann-i., canth., caps., dig., kali-chl., ⁝nux-v., puls., rhus-t., *still.*, *stram.*, thuj.
- nachts: *thuj.*
- morgens <: *puls.*
- Baden, kaltes >: *caps.*
- Harndrang, mit: *rhus-t.*
- sexueller Erregung, mit starker: *agar.*
- Urinieren, nach: *caps.*
- Gehen <: *cann-i.*
- Liegen >: *cann-i.*
- Sitzen <: *cann-i.*

Krampf (s. **Striktur**, spastische)
Mündung (Meatus)
- dunkelblaue Flecken: *bor.*
rot: *arg-n.*, ⁝*caps.*, gels., *med.*
Schwellung gedunsen: *arg-n.*, cann-s., ⁝*caps.*, *med.*
Verklebung: bor., *cub.*, gamb., med.
morgens: sep.

Schleimhaut Schwellung: arg-n., *cann-s.*, cop., *lyc.*, thuj.
Striktur (KK s. **Schleimhaut**): apis, chim., sep.
spastische: *cann-s.*, clem.
- Urinieren, zu Beginn: *clem.*

1 engl. constriction
2 engl. chordee = gonorrhoische Harnröhrenentzündung mit schmerzhaften Erektionen (evtl. mit Krümmung des eregierten Gliedes)

SCHMERZEN DER HARNRÖHRE

MODALITÄTEN

– **Berührung**: *cann-s.*
– **Gehen** <: *thuj.*
– **Intermittierend**: *lac-c.*
- Gonorrhoe, bei: *lac-c.*
– **Kinder**: *sars.*
– **Sitzen** und Ruhe >: *eu-pil.*
– **Trinken**, während: *calc-c.*
– **Urinieren**, zu Beginn: *clem.*
während: dor., *ter.*
am Schluß: *fago.*, sars.
- schreit auf: *sars.*

ORTE

– **Mittlerer und vorderer Teil**: *lac-c.*
Mündung: *gels.*
erstreckt sich nach *rückwärts*: cann-s.
- zum *Blasenhals*: *cann-s.*

EMPFINDUNGEN

Beißend: *petros.*
Urinieren, während: *bor.*, *cop.*
nach: caps.
Mündung Urinieren, während: *kali-n.*
Brennend: *anan.*, berb., bry., cann-s., caps., *carb-ac.*, cop., *cub.*, *dig.*, eup-pur., kali-j., merc-c., *pip-n.*, sars., thuj.
- morgens 6 – 8 Uhr: *aspar.*
- Absonderung, durch: *aspar.*, *bry.*, *cop.*, *kali-j.*
Coitus, nach: *benz-ac.*, *caust.*
Harndrang, während (KK s. Urindrang, bei): *caps.*
Urinieren, vor: calc-c., cann-i., fl-ac., *papay.*, *staph.*
während: *anthra.*, apis, *arm.*, bar-c., calad., cann-i., chim., cop., *dor.*, *eu-pil.*, eup-pur., gels., lach., med., merc., nat-c., nat-m., puls., sil., *still.*, ter., thuj.
- >: *berb.*
- am Schluß: *kali-n.*
letzte Tropfen verursachen heftiges Brennen: clem.
nach: *agar.*, arund., aspar., cann-i., caps., fl-ac., nat-c., *papay.*, staph., thuj.
- >: *fl-ac.*, *ter.*
Mündung: berb., cann-s., *caps.*, *gels.*, merc-c., *pareir.*
nachts: calc-c.
- Feuer, wie: *caps.*
- Pfeffer, wie: *caps.*
Urinieren, während: *arg-n.*, caps., dulc., *erech.*, gamb., ⁝*gels.*, kali-n., *med.*, nux-v., puls.
- während und nach: *caps.*
– **Durchdringend**[1]: *cann-s.*, *eup-pur.*, *gels.*, *still.*
- Urinieren, während: *arm.*, *bor.*, ⁝*caps.*, *eup-pur.*, *merc.*, *puls* , *still.*
- nach: *caps.*
– **Geschwürsartig** *Mitte der Harnröhre*: *arg-n.*
– **Schießend**[2]
- Urinieren, während: *cann-s.*, *still.*

1 engl. smarting
2 engl. shooting

- *Mündung*: *berb.*, *pareir.*
Schneidend: aspar., berb., calc-c., *cub.*, mang., thuj.
- Absonderung, während: *sac-l.*
- brennend: *arm.*
  Urinieren, während: ant-c., *arm.*, *berb.*, calc-c., cann-s., carb-v., *chim.*, *fago.*, nat-m., sars., thuj.
  am Schluß: *fago.*, *sars.*
  nach: *aspar.*, *caps.*, nat-m., *sars.*
Stechen, schmerzendes[1] (KK s. **Stechen**, feines): *aspar.*
- Urinieren, während: *apis*, *dor.*, *ery-a.*
  Mündung: aspar.
- feinstechend[2]: *aspar.*

– **Splitter**, wie, *Mitte der Harnröhre*: *arg-n.*
Stechend[3]: pall.
Mündung
- Urinieren, während: *kali-n.*
- *erstreckt sich* Eichel: *pall.*

– **Stechend**, durchstechend[4]: aspar., cann-s., *peru*
  Splitter, wie von einem: arg-n.
  Urinieren, während: *cann-s.*, *still.*
  Mündung: cann-s.
- *erstreckt sich* aufwärts nach *allen Seiten*: *cann-s.*
Stechend wie Nadelstiche[5]: *cann-i.*
- brennend: *cann-i.*
- Urinieren, während: *bon.*, *cann-i.*
Wund, wie (KK s. **Empfindlichkeit**): arg-n., cann-s., *cinnab.*, cop., *hydr.*, *kali-s.*, med.
- Absonderung, während A. eines Eitertropfens: *sep.*
  Urinieren, während: *berb.*, *sac-l.*, sil.
  Mündung: arg-n.
Ziehend: thuj.
- Erektion, während, als ob die Harnröhre. heraufgezogen und verknotet würde: *cann-s.*

URIN

Aussehen
  blutig: chim.
  dick: *anan.*, *chim.*
- dicke Fäden ziehend: *chim.*
  flockig (KK s. **Sediment** flockig): sars.
  (vgl trübe; wolkig)
- Schleimflocken: *sars.*
  Häutchen schillernd: *anan.*
  milchig: agar., cina., clem., *erech.*, ph-ac., sep., still., uran.
  schaumig: cop., *lach.*, still., thuj.
  schlammig: lyc.
  schleimig: *anan.*, carb-v., dulc., *lac-c.*, sars.
- trübe: *cann-s.*, *canth.*, *carb-v.*, *caust.*, *cham.*, *cina.*, *clem.*, *cop.*, *dulc.*, *lyc.*, *pall.*, *rhus-t.*, *sars.*, *sep.*, *still.*
  (vgl. flockig; wolkig)
  wäßrig, wasserklar: bar-c., *peru*, ph-ac., stram.
  wolkig: *ter.*

Beimengungen
  Blut: ⁝acon., *alum.*, apis, *arg-m.*, *arund.*, benz-ac., cann-s., canth., caps., carb-v., chim., cub., *dor.*, *erech.*, merc., merc-c., rhus-t., senec., ter.
  Eiweiß: *cub.*, *lac-c.*, lach., ter., uran.
- Fetttröpfchen: *cina.*
  Zucker: arg-m., uran.

1 engl. stinging
2 engl. fine stinging
3 engl. stitching
4 engl. sticking; Kennzeichnung der Mittel schließt „stechend“ = engl. stitching ein.
5 engl. pricking

Eigenschaften

alkalisch: *anthra.*, fl-ac.

brennend: lach.

heiß: acon., ambr., bor., bry., ⁝canth., ⁝caps., cham., *lac-d.*, pareir., prun., rhus-t., senec., *syph.*, thuj.

\- Frauen: *sep.*

\- schmerzend[1]: *ambr.*

kalt: nit-ac.

\- sauer: *erech.*

\- scharf beißend: *am-c.*, fl-ac., *nux-v.*, senec.

wundmachend: *am-c.*, *erig.*, fl-ac., *lac-c.*, prun.

\- spezifisches Gewicht erhöht: *erech.*

Farbe

blaß: anthra., berb., *epig.*, lac-d., laur., *med.*, stram., *uran.*

blutrot: berb.

braun: nit-ac.

Bier, wie: ⁝apis, benz-ac., *colch.*

dunkelbraun: *benz-ac.*, caust., lach., nit-ac.

\- schmutzig-braun: *carb-v.*

dunkel: acon., ⁝apis, arg-n., benz-ac., berb., bry., carb-ac., chim., colch., *dor.*, *erech.*, *lac-c.*, lach., lith., lyc., *med.*, rhus-t., sep., staph., ter., thuj.

farblos: ang., *anthra.*, apis, *arg-m.*

gelb: carb-v., cham., *thuj.*

dunkelgelb: arg-n., nat-c., *sep.*

\- goldgelb: *syph.*

hellgelb: ang., *aspar.*, *benz-ac.*

grünlich: mag-s.

hell (s. blaß)

Kaffee, wie: lac-c.

\- kupferfarben: *apis*

olivgrün: *carb-ac.*

orange: ang., *lept.*

rauchfarben: ⁝*apis*, *erech.*, ter.

rot: *arund.*, benz-ac., lept., sars., senec. (vgl. blutrot; **Beimengungen** Blut)

\- rötlich: *caps.*

\- schmutzig: *carb-v.*, *dor.*

schwarz: lach.

\- tonfarben: *cham.*

\- wechselt plötzlich: *benz-ac.*

Geruch

Ammoniak, wie: *am-c.*, am-m., benz-ac.

dumpfig, muffig, wie Schimmel: am-m.

faulig: benz-ac., hydr.

Fisch, wie: uran.

\- Hirschhorn, wie: *benz-ac.*

Pferdeurin, wie: benz-ac., nit-ac.

\- Rosinen, wie: *peru*

säuerlich: ambr., *colch.*, nat-c.

\- schal: *carb-v.*

Schimmel, wie: am-m.

stark: am-m., *anan.*, aspar., benz-ac., *bon.*, *colch.*, lach., nit-ac., *nux-v.*

\- stechend: *benz-ac.*

süßlich: arg-m.

übelriechend

\- stinkend[2]: *arg-m.*, *chim.*, *dulc.*, *fl-ac.*, *nat-c.*, *nit-ac.*

Veilchen, wie: cop., ter.

Zwiebeln, wie: gamb.

Klumpig (s. **Sediment** Klumpen)

Menge

vermehrt: am-m., ang., anthra., arg-m., berb., chim., gels., *lac-d.*, led., stram., thuj.

nachts: stram.

Delirium, nach: *stram.*

\- Frieren, nach: *syph.*

\- Husten, während: *hyos.*

\- Konvulsionen, nach: *stram.*

Kopfschmerz während: gels., sil.

\- am Ende: *lac-d.*

\- reichlicher Urinabgang bessert den Kopfschmerz: *sil.*

Menses, vor: cinnab.

während: *cinnab.*

\- überreichlich: *bar-c.*

1 engl. smarting
2 engl. fetid

- Wassersucht, bei: *apoc.*

vermindert: acon., ⁝apis, arg-n., aspar., benz-ac., berb., bry., canth., carb-v., colch., dulc., *erech.*, fl-ac., *gamb.*, *gels.*, lac-c., lach., *lap-a.*, lyc., ⁝nux-v., pall., *peru*, puls., ⁝rhus-t., sil., staph., stram., syph., ter.

tagsüber: *stram.*

Kopfschmerz bei, hinterher reichlicher Urinabgang: *lac-d.*

Sediment

blutig: *epig.*

- blutiger Schleim: *merc-c.*

dick: berb.

dunkel: *berb.*

- faserig: *cann-s.*

fettig: *aspar.*

flockig: sars.

gelb: *berb.*

Gries (s. Sand)

hefeartig: caust.

Kaffeesatz, wie: *lach.*, ter.

Klumpen: *chim.*

mehlig: berb.

Nierensteine: benz-ac., sars.

Oxalate: caust.

reichlich: berb.

- rötlich: *sep.*

rot: berb., lil-t., lyc., sep.

- roter Pfeffer, wie: *benz-ac.*

Sand: *alum.*, arund., aspar., *berb.*, *mang.*, sars.

grau: *sars.*

- lehmartig: *alum.*

rot (Ziegelmehl): arund., aspar., benz-ac., berb., coc-c., *lith.*, lyc., sep.

rot bräunlich: *lith.*

tonfarben: sep.

- Urate: *sep.*, *staph.*

violett: mang.

weiß: colch., rhus-t.

PROSTATA

Absonderung von Prostatasekret Stuhlpressen, bei: sil.

Empfindungen

- stechend: *kali-n.*
- Urinieren, während: *kali-n.*

Schwellung: alum., senec.

Entzündung: chim., pareir., staph.

- chronisch: *staph.*

Gonorrhoe, durch unterdrückte: puls., staph., thuj.

- Reizung: *alum.*
- sexuelle Ausschweifungen, durch: *staph.*

Vergrößerung: alum., bar-c., *caust.*, senec., staph.

- Gonorrhoe, nach Unterdrückung der G.: *berb.*, *senec.*

Verhärtung: senec.

Schmerzen der Prostata nicht näher bezeichneter Art: caps., caust., gnaph., rhus-t.

MÄNNLICHE GENITALIEN

Ausfluß (s. **HARNRÖHRE Absonderung**)

Aussehen

geschrumpft: *agar.*

Schlaffheit: *agar.*, *carb-v.*, tab., *uran.*

Eichel
- Knötchen um die E.: *thuj.*
rote Flecke (s. **Farbe** Flecke)
Schwellung: dor., thuj.
Vorhaut: apis, caps., cham., *kali-s.*, *puls.*
- Gonorrhoe, durch unterdrückte: *kali-s.*
- ödematös: *kali-s.*
Trockenheit: calad.

Empfindlichkeit (KK s. **Modalitäten**)
- Berührung, gegen: *lac-c.*, *lach.*
- *Hoden* rechts: *erech.*

Empfindungen
Hitze: prun.
Jucken: *coll.*, sep.
- *behaarte Teile*: *agar.*
- Urin Berührung mit U.: *am-c.*
Penis Eichel: *calad.*, *dor.*
wollüstig: *ang.*
Vorhaut: puls., sep.
- wollüstig: *thuj.*
Scrotum: ang.
Kälte: ⁝agar., agn., cann-s., uran.
- warmem Körper, mit: *cann-s.*
Hoden: caps.
Penis: lyc.
Eichel: *benz-ac.*
Vorhaut: *benz-ac.*
Scrotum: caps.
Schwächegefühl: *mang.*
- schmerzhaft: *pall.*
- Urinieren, nach: *benz-ac.*
Schwere: *pall.*
- *Hoden*: *nat-c.*
- Spannung *Eichel*: *bor.*
Völle *Samenstränge*: fl-ac.
- Ziehen *Hoden*: *nat-c.*
- Zusammendrücken *Hoden*: *staph.*

Entzündung
Hoden: acon., arg-n., *bry.*, nux-v., puls., staph.
links: puls.
rechts: *bry.*
chronisch: *arg-m.*
- Durchnässung Naßwerden, durch: *puls.*
- Gonorrhoe, durch: *acon.*
unterdrückte: *acon.*, *arg-m.*, arg-n., *bry.*, clem., *erech.*, *gels.*, kali-chl., kali-s., puls., rhus-t.
Nebenhoden: *arg-n.*
- Gonorrhoe, durch unterdrückte: *arg-n.*
Penis: canth., *pip-n.*
Samenstränge: syph.

Erektionen
morgens: *bon.*, *erech.*
nur morgens: bar-c.
nachts: lach., *med.*
anhaltend: *anthra.*, dig., *kali-j.*, *lach.*, puls., *thuj.*
morgens: *thuj.*
- nachts: *lach.*
schmerzhaft (Priapismus): *petros.*, *pip-n.*
- Penis gerade: *petros.*
- Harndrang, mit: *aspar.*
häufig: arund., *bon.*, *med.*
heftig: am-c., cann-i., canth., cham., *dig.*, *lach.*, med., *thuj.*
morgens <: *am-c.*
Schlaf, im Sch. nach Traum: *erech.*
Impotenz: ⁝agar., agn., bar-c., *calad.*, fl-ac., staph., tab.
- Erektionen schwach: *caust.*
Gonorrhoe, nach: agn., *arg-n.*, thuj.
- vorübergehend: *stram.*
schmerzhaft: *agar.*, anthra., arg-n., *aspar.*, calad., cann-i., canth., caps., nux-v., puls.
morgens: nux-v.
- <: *puls.*
nachts: *thuj.*
- Bewegung <: *cann-i.*
Entzündung *Harnröhre Chorda*, während (s. **HARNRÖHRE Entzündung**)
schwach (s. Impotenz)
Sexualtrieb, ohne: calad.

störend: nux-v.
unvollständig: agar., calad., kali-j., nux-v.
- anhaltend: *kali-j.*
Farbe (KK s. **Haut** Farbe)
- dunkel *Scrotum*: *lach.*
rot *Eichel*: calad., *thuj.*
Vorhaut: cann-s., *cham.*
- bläulichrot *Eichel*: *dor.*
- dunkelrot *Eichel*: *cann-s.*
- *Vorhaut*: *cann-s.*
- purpurrot *Eichel*: *syph.*
- Flecke, rote auf der *Eichel*: *cann-s.*, *rhus-t.*, *sep.*, *thuj.*
- *Corona*: *calad.*
Vorhaut: *thuj.*
– **Gangrän** drohend: *lach.*
Geruch (KK s. **Haut**, Geruch; **Haut**, Schweiß)
süßlich: *thuj.*
übelriechend: sars., *thuj.*
Geschwüre (KK s. **Haut**, Geschwüre): lach., *nit-ac.*
- bläulich: *lach.*
- blutend: *nit-ac.*
- dunkel: *lach.*
- gangränös: *lach.*
phagedänisch[1]: *lach.*
- sykotisch dunkelbläulich: *lach.*
- syphilitisch: *merc.*
tief: *nit-ac.*
Penis: lac-c.
- groß: *lac-c.*
Schanker: lac-c.
- fungoid: *lac-c.*
- glänzend: *lac-c.*
- stechend wie von einer Nadel[2]: *syph.*
- übelriechend: *lac-c.*
- weicher Schanker: *hydr.*, *kali-j.*, *lac-c.*, *lach.*
- Gangrän, mit: *kali-j.*
- phagedänisch: *lach.*
- *Vorhaut*: *lach.*
- blutend: *lac-c.*
Eichel
- fungoid: *lac-c.*
- Ränder umgestülpt: *syph.*
- speckiger Grund: *syph.*
- *um die Eichel*: *syph.*
- schwammig: *lac-c.*
- syphilitisch: *lac-c.*
- *Penisrücken*: *lac-c.*
- *Vorhaut* syphilitisch: *lach.*
- syphilitisch dunkelblau: *lach.*
– **Gonorrhoe**: *fl-ac.*, *lac-c.*, *lach.*, *sep.*
- chronisch: *agar.*
- chron. oder subakut: *fl-ac.*
- unterdrückte, Folgen von: *bry.*, *kali-s.*, *med.*
- unterdrückte, Folgen subakute Krankheiten: *bry.*
Hautausschläge: nit-ac., petr.
erhaben
Eichel: *thuj.*
nässend: thuj.
rot: thuj.
- Erysipel (Wundrose): *rhus-t.*
- *Scrotum*: ⁝*rhus-t.*
- von *links* nach *rechts*: ⁝*rhus-t.*
feucht (s. nässend)
Herpes
- *Vorhaut*: *dulc.*
- rot, rund, klein und schuppig: *dulc.*
- nässend (KK s. feucht): *sars.*
- Papeln: *ang.*
- brennend und juckend: *ang.*
syphilitisch: merc.
- sykotisch: *lach.*
Hoden
Atrophie: kali-j., staph.
- Onanie, nach: *staph.*
sexuellen Exzessen, nach: staph.
hochgezogen (s. zurückgezogen)

1 phagedänisch = weiterfressend
2 engl. sticking

Schwellung: acon., arg-n., bry., clem., *gels.*, kali-j., *kali-n.*, nux-v., staph.
links: ⁝*nux-v.*, ⁝puls.
- Unterdrückung der Gonorrhoe, nach: *kali-n.*
- *Nebenhoden*: *kali-n.*
- Unterdrückung der Gonorrhoe, nach: *kali-n.*
Vergrößerung: *arg-m.*
Verhärtung: *acon.*, arg-m., arg-n., *bry.*, calc-c., clem., kali-j.
links: kali-chl., *nux-v.*
rechts: *bry.*
zurückgezogen: *kali-n.*

Penis
Atrophie: ⁝agar.
- gebogen: *fl-ac.*
schlaff: ⁝agar., agn., bar-c., *carb-v.*, lyc.
Schwellung: *apis*, aspar., cann-s., fl-ac., kali-j., *lach.*, *pip-n.*
- Erektionen, mit: *aspar.*, *kali-j.*
- erysipelatös: *apis*
ödematös: apis
schmerzhaft: cann-s.
Verhärtung: *benz-ac.*
- zusammengezogen, oben: *benz-ac.*

Samenabgang
blutig: caust.
- Geruch stechend: *lach.*

Samenstränge Verhärtung: syph.

Samenverluste, Pollutionen: ⁝agar., puls., *senec.*
morgens: *puls.*
- nachts: *tab.*
- Schlaf, im: *tab.*

Schwäche: *alum.*, *sep.*
paralytisch: *alum.*

Schweiß: thuj., *uran.*
kalt: carb-v.
Scrotum: bar-c., *sanic.*, sep.
- kalt, klamm: *sanic.*

Scrotum
schlaff: calc-c.
Schwellung: apis, *lach.*
ödematös: apis, *kali-s.*
- Gonorrhoe, durch unterdrückte: *kali-s.*

Sexuelles Verlangen (KK s. **Sexualtrieb**)
Erektionen, ohne: calad.
fehlt: *benz-ac.*
- Gonorrhoe, durch chronische: *sep.*
heftig: cop., lach., *staph.*
- morgens beim Erwachen: *gnaph.*
Onanie: stram.
übermäßig stark: agar., *aspar.*, cann-i., stram.
- Satyriasis: *cann-i.*, *fl-ac.*
vermehrt: am-c., anan., arund., *aspar.*, calc-c., cann-i., cham., fl-ac., sep., stram.
morgens: *am-c.*, *thuj.*
- nachts: *fl-ac.*
- Erektion, ohne: *am-c.*
- Gonorrhoe, während: *anan*
vermindert: bar-c., *benz-ac.*, *ery-a.*, kali-j., *nux-v.*

Spielt mit den Genitalien (KK s **Modalitäten**): *coff.*

– **Sterilität**
Gonorrhoe, durch unterdrückte: *calc-c.*
- pseudo-psorischer Diathese, von: *calc-c.*

Tumoren
Condylome: arg-n., *kali-s.*, merc-d., *sanic.*, staph., thuj.
- brennend: *merc-d.*
- hahnenkammförmig: *cinnab.*
- nässend: *merc-d.*
- trocken: *thuj.*
Penis Eichel: thuj.
Vorhaut: thuj.
- *um* die *Genitalien* herum: *sanic.*
- Warzen: *staph.*, *thuj.*

Wundheit wunde rote Stellen *Eichel*: thuj.

SCHMERZEN DER MÄNNLICHEN GENITALIEN

ORTE

Hoden: am-c., *anan.*, clem., nit-ac., ⁚nux-v.
links: *ery-a.*, ⁚*puls.*
nachts <: *clem.*
Berührung, bei: *clem.*
- Coitus, während >: *anan.*
- nach <: *anan.*

Penis: *cann-s.*
- *Eichel* Urin, durch: *prun.*
- Urinieren, während: *still.*
- *erstreckt sich* durch die ganze *Harnröhre*: *still.*

Gehen, beim: cann-s.
- intermittierend Gonorrhoe, während: *lac-c.*

Samenstränge: am-c., *fl-ac.*, mang., ⁚nux-v.
links: *senec.*
Coitus, nach: arund.
Harndrang, bei: *mang.*
erstreckt sich bis in die *Hoden*: *benz-ac.*, senec.

– **Scrotum**: *anan.*
- Coitus, während >: *anan.*
- nach <: *anan.*

EMPFINDUNGEN

Abwärtszerrend
- *Hoden*: *arg-n.*, *hydr.*

Beißend: *gamb.*

Brennend
- Pfeffer, wie: *caps.*

Hoden: *anan.*, *arg-n.*, puls.
- *Nebenhoden*: *arg-n.*

Penis
Eichel: *benz-ac.*, *bor.*, dor., thuj.
Vorhaut: puls.
Peniswurzel: rat.
- Urinieren, währ: *rat.*

Samenstränge: berb., *staph.*
- Coitus, nach: *benz-ac.*

Scrotum: *anan.*

Drückend
Samenstränge: *staph.*

Krampfend
- *Eichel* Urin, durch: *prun.*

Quälend, Wehtun [1]
Hoden: berb.
Samenstränge: ⁚*agar.*, *berb.*

Quetschend
Hoden: *arg-m.*, *nat-c.*

Reißend
Hoden: *nux-v.*
Samenstränge: nux-v.

– **Scharf**
- *Eichel* Urinieren, währ: *still.*
- *Hoden* nachts: *papay.*

– **Schießend**
- *Hoden*: *clem.*
- *erstreckt sich* zu den *Samensträngen*: *clem.*

Schneidend
Samenstrang: *puls.*

– **Stechen**, schmerzendes[2]: *ery-a.*
- *Hoden*: *arg-n.*
- *Nebenhoden*: *arg-n.*
- *Penis*: *ery-a.*
- hinter der Eichel, Urinieren, während: *ery-a.*
- *Samenstränge*: *staph.*

Stechend[3]
Hoden rechts: bry.

1 engl. aching
2 engl. stinging
3 engl. stitching

Penis Seite: aspar.
- *Samenstrang* rechts: *bry.*
Stechend wie Nadelstiche[1]
- *Penis* Schankergeschwür, im: *syph.*
– **Stechend**, durchstechend[2] *Penis* seitlich: *aspar.*
– **Verbrannt**, wie
- *Penis*: *cann-s.*
Wehtun (s. **Quälend**)
Wund[3], wie zerschlagen (KK s. **Empfindlichkeit**): *bar-c.*
Hoden: kali-n., nit-ac.
Penis Vorhaut: *cham.*
– **Zerrend**
- *Hoden*: *gels.*
Ziehend
Hoden: clem.
erstreckt sich zum *Samenstrang*: clem., *nux-v.*
Samenstrang: nux-v., staph.
links: *ang.*

WEIBLICHE GENITALIEN

Abortus (s. **SCHWANGERSCHAFT UND ENTBINDUNG**)
Äußere Genitalien
Aphten: bor., *gamb.*, helon., merc.
- Fluor, durch: *carb-v.*
- Menses, während: *carb-an.*, *gamb.*
Condylome: *cinnab.*, *merc-d.*, sabin., staph., thuj.
- absondernd: *cinnab.*
- brennend: *merc-d.*, *sabin.*
- feucht: *cinnab.*, *merc-d.*, *nit-ac.*
- hahnenkammförmig: *merc-d.*
juckend: sabin.
trocken: *thuj.*
Empfindlichkeit: *berb.*, coff.
Entzündung (s. **Entzündung**)
Geschwüre: nit-ac.
- Fluor, durch: *carb-v.*, *merc-c.*
- stechend: *nit-ac.*
- tiefe, leicht blutende: *nit-ac.*
Hautausschläge: graph., nit-ac., petr.
Modalitäten
- abwechselnd mit Diarrhoe: *crot-t.*
- brennend: *all-s.*, *crot-t.*
- entzündlich, Fluor, während: *sarr.*
juckend: *all-s.*, *crot-t.*
Arten
- Blasen: *crot-h.*
- empfindlich: *crot-h.*
- große, dunkle, brennende: *crot-h.*
Bläschen: *crot-t.*
- Fluor, während: *phos.*, *rhus-t.*
- Menses, während: *crot-t.*
Herpes: *all-s.*, *crot-t.*, *lac-c.*
- brennend: *all-s.*
- Fluor, während: *rhus-t.*
juckend: *all-s.*
Pickel
- Fluor, durch : calad., merc., *merc-c.*
- große, rote P. auf den Labien: *aur-m.*
- Pusteln, große *Labien*: *ang.*
- Knoten Fluor, durch: *merc-c.*
Rötung: ⁝*anan.*, helon.
- brennend: ⁝*rhus-t.*
- Flecke, rote: *all-s.*
- stechend-beißend: *all-s.*
- Fluor, durch: *ars.*, *aur-m.*, *cub.*, *kreos.*, ⁝*rhus-t.*
- juckend: *cub.*
- schmerzhaft, durchdringend[4]: ⁝*rhus-t.*

1 engl. pricking
2 engl. sticking
3 engl. sore
4 engl. smarting

Schweiß: thuj.
- süßlich: *thuj.*
- übelriechend: *thuj.*
Schwellung: *ang.*, *coll.*, *eupi.*, helon., kali-bi.
- Fluor, von: *am-c.*, *asaf.*, *aur-m.*, *carb-v.*, *kreos.*, *lyc.*, *rhus-t.*
- Jucken, mit: *ang.*, *eupi.*
Menses, während: *ambr.*, *carb-v.*, lyc.
- durch scharfe: *am-c.*
- *Labien*: *ambr.*, ⁝*apis*, *ars-j.*, *eupi.*, *kreos.*, *lac-c.*
- Fluor, durch: *lac-c.*
Verhärtung: kreos.
- Verklebung morgens: *gamb.*
- Warzen: *staph.*
Wundheit: ⁝*anan.*, *carb-an.*, petr.
- Fluor, von: *bov.*, *carb-v.*, *dict.*, *merc.*, *rhod.*, *sep.*
- wie kleine Geschwüre: *carb-v.*
Menses, während: *con.*, *goss.*, kali-c.
am Ende: *sulf.*
- nässend: *petr.*
- *Labien*: *ambr.*, *berb.*
– **Berührt** ständig die Genitalien: *coff.*
Blutandrang (KK s. **Entzündung** Kongestion)
- Menses, während: *calc-p.*
- *Ovarien* Menses, während: *apis*, *bry.*
Uterus: bell., caul., chin., *coc-c.*, *kali-m.*
- Fluor, während: *caul.*
- Sitzen oder Liegen >: *bell.*
- Stehen <: *bell.*
- *Vagina*: *coc-c.*
Empfindlichkeit (KK s. **Modalitäten**): *apis*, coc-c.
(vgl. **SCHMERZEN EMPFINDUNGEN Wund**, wie zerschlagen)
- Berührung, gegen: ⁝*aur.*, *mur-ac.*, *plat.*, *staph.*
- *Ovarien* rechts: *apis*
- Druck, gegen: *staph.*
- *Ovarien*: *staph.*
- Menses, während: *coff.*, *mur-ac.*
- *Ovarien*: *lac-c.*
- *Uterus*: *syph.*
- nach
- *Ovarien*: *ant-c.*
- Unterdrückung, durch
- *Ovarien*: *ant-c.*
- Kleidung, enge gegen: *lach.*
- *Ovarien* links: ⁝*apis*, *plat.*
- *Ovarien*: *plat.*
- *Uterus*: *apis*
Vagina: acon., berb., plat.
Empfindungen
- ausgedehnt, als ob alles aus der Scheide fallen würde: *sep.*
Bewegung (s. **ABDOMEN EMPFINDUNGEN Bewegungen**)
fühlt daß sie einen Uterus hat: *bursp.*, helon.
- gepackt als ob der Uterus von einer Hand g. würde: *bufo*
Hitze: *cur.*, helon.
- Fluor, während: *kreos.*, *merc-c.*
Menses, während: *merc-c.*
- *Labien*: *kreos.*
Ovarien: bufo
- Menses, während: *lac-c.*
- *rechts*: *lac-c.*
Vagina: acon., berb., *cop.*
Jucken: agar., ⁝anan., bufo, calad., ⁝canth., *carb-an.*, *cina.*, coff., coll., *crot-h.*, crot-t., *cur.*, eupi., kali-bi., med., *mosch.*, nit-ac., staph.
abends <: *merc.*
nachts <: *merc.*
- darandenken <: *med.*
- Erkältung <: nit-ac.
Fluor durch: alum., anac., *calad.*, carb-v., coll., *cop.*, kali-c., kreos., *lac-f.*, *lyc.*, *med.*, merc., ph-ac., *rhod.*, *rhus-t.*, *sil.*, sulf.
- kaltes Baden >: *ang.*, *merc.*
- Kratzen, muß K.: *calad.*
Kratzen >: crot-t.

Menses, vor: *ang.*
während: carb-v., con., *crot-t.*, lyc., *mosch.*
- <: *ambr.*, *rhus-t.*
- am Ende: *sulf.*
nach: lyc.
Urin, Berührung mit U. <: *am-c.*
Urinieren beim: ambr.
wollüstig: agar., kreos.
- Fluor, während: *kreos.*
- Menses, während: *coff.*
- *Ovarien* Menses, während: *prun.*
- Reiben >: *prun.*
Perineum (s. **ANUS**)
Vagina: ⁝canth., *coll.*, cop., *cub.*, zinc.
- Fluor, durch: *lac-f.*, *med.*
wollüstig: kreos.
- Kitzeln (vgl. Jucken, Kribbeln)
- Menses, während: *agar.*
- Urin von: *ambr.*
Kribbeln
wollüstig: orig., plat.
- Menses, während: *plat.*
Menses, als ob die M. erscheinen wollten: croc., *stann.*
Pulsieren: calc-p.
- Menses, während: *calc-p.*
- *Schambein*, hinter: *aesc.*
Uterus: murx.
Vagina: merc.
Schwäche: calc-p., *ferr.*, *sep.*
- Menses, während: *calc-p.*
Uterus: *burs-p.*
- Schwellung *Uterus*: ⁝*ang.* (vgl. KK vergrößert)
- Menses, während: *ang.*
Schwere: *calen.*, *cimic.*, lob., murx., pall.
Menses, während: *aloe*, *apis*
- Stehen <: aloe
- *Symphyse* Menses, während: *bar-c.*
Uterus: alet., *cimic.*, gels., *helon.*, nux-v.

- Gewicht, wie von einem: *helon.*
- *Vagina*: *murx.*
Völle: *calen.*
- Menses, während: *aloe*
Uterus: alet., *chin.*
- Menses, während: *chin.*
- Zerschlagenheitsgefühl, wie wund *Uterus*: *rob.*
Zusammenschnüren *Uterus*: murx.
- Zusammenziehen *Uterus*: *cur*

Empfindungslosigkeit *Uterus* (KK s. **Empfindungen** unempfindlich): *cimic.*

Entzündung: ⁝anan.
- Fluor, durch: *asaf.*
Kongestion, Blutandrang (s. **Blutandrang**)
Reizung *Uterus*: *cimic.*
Ovarien: ⁝*aur.*, *crot-h.*
rechts: ⁝*aur.*
- *Eileiter*: ⁝*puls.*
- Gonorrhoe, nach unterdrückter: ⁝*puls.*
Uterus: bell., *coc-c.*
- chronische: *aral.*
Vagina: *acon.*, *coc-c.*
- Erkältung, durch: *acon.*
- Menses, während: *cub.*
- Naßwerden, durch: *acon.*

Fluor
morgens <: bell., carb-v., graph., *kalm.*
- beim Aufstehen <: *calc-p.*
tagsüber: alum., lac-c., *murx.*, plat.
- <: *murx.*
nachts: caust.
- periodisch alle 2 Wochen: *sabin.*
- Abortus nach: *sabin.*
- 3. Monat, nach: *sabin.*
- abwechselnd mit Menses: *con.*, *mag-m.*
- mit Menorrhagien: *sec.*
anhaltend: am-m., *aur-m.*, *ham.*, *helon.*, *lyss.*

- Menses, von einer zur anderen: *calc-c.*
- Atonie Uterus, durch: *helon.*
- Baden, kaltes >: *alum.* (vgl. kalte Spülungen)
- beginnt plötzlich und hört plötzlich auf: *bell.*
- Bewegung <: *croc.*, *mag-m.*

bläulich: ambr.

blutig: acon., aloe, *ambr.*, arg-m., arg-n., ars., ars-j., bar-c., *carb-an.*, chin., *cina.*, cocc., coff., *colch.*, con., *cop.*, *croc.*, crot-h., *dict.*, ham., hep., *kali-bi.*, *kali-p.*, kreos., lyc., *mag-s.*, merc., merc-c., murx., nit-ac., ph-ac., phos., *rhod.*, sabin., *sec.*

- kirschfarben: *nit-ac.*
- rosa: *lyc.*, *phos.*

Menses, nach: *murx.*

- zwischen: *ambr.*, *sil.*

braun: am-m., *con.*, *dict.*, lil-t., sec., sil.

färbt die Wäsche b.: lil-t.

- Menses, anstelle: *sil.*
- Wasser, braunes: *nit-ac.*

brennend: kali-p.

- chronisch: *alum.*, *erig.*, *mez.*, *sulf.*

dick: ambr., anan., ars., *aur-m.*, bar-c., bov., bufo, calc-c., caps., carb-v., cast., coc-c., *cop.*, cur., *hep.*, jod., *kali-m.*, *kali-j.*, *kreos.*, lach., mag-s., nat-c., nat-m., phyt., ⁝puls., *rhus-t.*, *rob.*, sarr., sep., sulf., zinc.

- Gonorrhoe, bei: *anan.*
- Menses, während: *carb-an.*, *carb-v.*
- nach: ⁝*anan.*

dunkel: agar., *carb-an.*, *caust.*, croc., *crot-h.*, *helon.*, kreos., *rhus-t.*, sec.

durchsichtig: agn., alum., *anan.*, *bufo*, nat-m., stann.

- färbt Wäsche gelb: *agn.*
- schleimig: *alum.*

dünn, wäßrig: am-c., anan., ant-c., ars., asaf., *calen.*, carb-an., cast., cham., *cimic.*, ferr., graph., jod., lil-t., mag-c., *med.*, merc., merc-c., murx., nit-ac., phos., *psor.*, ⁝*rhus-t.*, sabin., sil., stann.

- Brennen, mit: *cast.*
- Eiterklumpen, mit: *ant-c.*
- Menses, nach: *murx.*
- anstelle: *ars.*, *sil.*

eitrig: arg-m., *arg-n.*, *bell.*, bufo, chin., *cina.*, *cop.*, cur., ign., *kali-fer.*, *mang.*, merc., merc-j-f., *nat-c.*, nit-ac., *rob.*, sec.

- Geschwür Uterus, von: *mur-ac.*
- Gonorrhoe bei: *anan.*

eiweißartig (eiweißhaltig): am-m., berb., bor., calc-c., ⁝calc-p., mez., petr., plat., stann.

- Menses, nach: *bor.*, ⁝*calc-p.*, *mez.*
- wie Hühnereiweiß: *am-m.*, *bov.*, *calc-p.*
- Entzündung Genitalien, nach akuter: *bell.*
- Erkältung <: *nit-ac.*
- Erregung <: *coc-c.*
- nach geringster: *calc-c.*

fadenziehend, dicke Fäden[1] (KK s. zäh)[2]: caust., coc-c., hydr., kali-bi., phyt.

- dünne Fäden[3]: asar., *colch.*, croc., kali-bi., *mag-p.*, nit-ac.
- Fieber, nach akutem: *bell.*, *gels.*, *ph-ac.*
- nach erschöpfendem: *ph-ac.*
- nach rheumatischem: *gels.*

fleischfarben: bufo, cocc., kreos., lyc., nit-ac.

Gehen, beim <: alum., bov., *calc-p.*, nat-m., sars., *zinc.*

- nach <: *aesc.*, *carb-an.*

1 engl. ropy
2 Kennzeichnung der Mittel in den beiden Rubriken schließt die Mittel aus der Kent-Rubrik „zäh“ ein.
3 engl. stringy

gelb, gelblich: acon., aesc., alum., apis, ars-j., asar., aur-m., bufo, calc-c., *caps.*, carb-an., carb-v., cham., *cop.*, cub., eupi., fl-ac., *hep.*, hydr., jod., kali-bi., kali-c., *kali-fer.*, kalm., lac-c., lac-d., *lac-f.*, lach., lil-t., *med.*, merc-c., nat-c., nit-ac., ph-ac., *phyt.*, ⁝puls., *rob.*, sabin., sep., sil., sulf., syph.
färbt die Wäsche g.: carb-an., *eupi.*, *kali-bi.*, kreos., *med.*, *nux-v.*, *psor.*, *sep.*
- Menses, vor: *ang.*
- scharf: *alum.*, *apis*
- gelblich-grün: *arg-m.*, *asaf.*, *bov.*, *carb-v.*, *mang.*, *merc-d.*, *nit-ac.*, *sep.*
- Menses, während: *carb-an.*, *carb-v.*
- nach: ⁝*anan.*, *murx.*
geleeartig: coc-c., *colch.*, *laur.*, sec.
- Menses, vor: *pall.*
- nach: *pall.*
- geronnen: *bov.*
Geruch übelriechend: anan., aral., arg-m., *arg-n.*, ars., asaf., calen., carb-an., *con.*, *croc.*, crot-h., cub., cur., *graph.*, hydr., kali-j., kreos., *lyss.*, *med.*, nit-ac., psor., sabin., sec.
- geruchlos: *bufo*
- gichtisch: *sabin.*
gonorrhoisch: *am-c.*, *calad.*, *cham.*, cop., *kali-bi.*, *med.*, *merc-c.*, sep.
grau: *berb.*
grünlich: apis, asaf., carb-ac., cop., cub., *kali-bi.*, kali-j., lach., merc., *merc-c.*, murx., nat-c., nat-m., nit-ac., *rob.*, *senec.*
färbt die Wäsche g.: bov.
Gonorrhoe, bei: *anan.*
- Menses, nach: *murx.*
- scharf: *apis*, *cub.*
- schmutzig-grün: *arg-m.*

gußartig (s. stoßweise)
- Heben, durch: *rhus-t.*
heiß: *bell.*, *bor.*
hellrot (s. blutig)
intermittierend (s. zeitweise aussetzend)
- jauchig[1]: *bell.*, *sec.*
- jauchig-serös[2]: *arg-m.*, *arg-n.* *sabin.*
- Jungfern, bei alten: *con.*
- Kaffeesatz, wie: *sec.*
- kalte Spülungen >: *alum.*
(vgl. Baden, kaltes)
- katarrhalisch: *coc-c.*
- Winter, im <: *coc-c.*
- käsig: *hydr.*
Kindbett, im (s. **Schwangerschaft** Lochien)
- Kindern, bei: *hyper.*, merc-j-f.
- klebrig (s. zäh, klebrig)
kleine Mädchen: *bor.*, calc-c , *caul.*, *cina.*
- Klimakterium, im: laur., sang.
klumpig: ambr., *cur.*, merc., psor., sep.
- Eiterklumpen, mit: *ant-c.*
- große Klumpen: *psor.*
- leimartig: *graph.*
- Membranen, mit: *cycl.*, *ferr.*, *lept.*, *mag-p.*
Menses, vor: alum., *bell.*, *cub.*, kreos., lach.
<: bar-c., berb., carb-v., zinc.
während: alum., *carb-an.*, carb-v., *cub.*, jod.
- <: jod.
nach: ars., bov., calc-c., carb-v., eupi., jod., lil-t., nit-ac., *nux-m.*, ph-ac., *rhus-t.*
<: aesc., alum., *kali-fer.*
- nach schmerzhaften: *kali-bi.*
- lang dauernden: *calc-c.*
- reichlichen: *calc-c.*
- <: *carb-ac.*

1 engl. sanious
2 engl. ichorous

- unterdrückten: *sabin.*
- durch Naßwerden: *rhus-t.*
- abwechselnd mit Menses: *con.*, *mag-m.*
- anstelle der Menses: ars., cocc., *dulc.*, ferr., *lach.*, nux-m., phos., sil.
- im Klimakterium: *lach.*

zwischen den M.: bor., cocc., *mag-s.*, *sil.*

riecht wie die M.: *caust.*

spärlichen M., mit: *cub.*

tritt auf wie die (sieht aus wie): caust.

milchig: anan., calc-c., carb-v., coff., ferr., *hyper.*, *kali-m.*, kreos., lyc., phos., ⁝puls., sabin., sarr., sep., sil.
- Menses, vor: ⁝*ang.*
- kaltes Baden >: ⁝*ang.*

während: *carb-an.*, *carb-v.*, *puls.*
- übelriechend: *anan.*

mild: bor., calc-c., caul., eupi., kali-fer., kali-m., kreos., *lac-c.*, merc., *phos.*, ⁝puls., ran-b.
- Naßwerden, durch: *rhus-t.*
- Obstipation, mit: *coll.*, *plat.*

Onanie, durch: *calad.*, *ferr.*, *gels.*, *ph-ac.*, *zinc.*
- passiv: *bar-c.*
- Pneumonie, nach: *ph-ac.*
- Prolaps, durch Uterusprolaps: *aur-m.*, *stann.*

rahmartig (s. sahneartig)

reichlich[1]: bar-c., carb-ac., *coc-c.*, helon., *kali-j.*, lach., *lap-a.*, *laur.*, *merc-j-f.*, *mez.*, nat-c., petr., sabin., sil.
- Menses, vor: *alum.*
- während: *jod.*
- sehr reichlich[2]: *agar.*, *alum.*, *am-c.*, *ant-c.*, *apis*, *ars.*, *asaf.*, *aur-m.*, *calen.*, *caul.*, *caust.*, *cop.*, *cub.*, *erig.*, *graph.*, *helon.*, *kali-fer.*, *led.*, *lil-t.*, *mag-s.*, *med.*, *nat-m.*, *nux-m.*, *ph-ac.*, *phyt.*, *syph.*
- läuft die Beine hinunter: *alum.*, *syph.*
- Menses, vor: ⁝*bar-c.*
- nach: *asaf.*, *murx.*
- zwischen den M.: *alet.*, *alum.*
- wie die M.: caust., mag-s.
- überreichlich[3]: *eupi.*, *ham.*
- Strömen, in: *eupi.*
- Reiten, beim <: *sars.*

sahneartig: alum., bufo, *caps.*, *hep.*, *kali-fer.*, *rhus-t.*
- saure Speisen <: *sil.*
- scharf (KK scharf, wundmachend): alum., apis, aral., berb., calc-c., cub., *eupi.*, jod., lach., merc., ph-ac., *rob.*, sang.
- Menses, zu Beginn: ⁝*ars.*
- anstelle: *sil.*

wundmachend: aesc., *all-s.*, am-c., ant-c., ars., *asaf.*, aur-m., bor., bov., carb-ac., carb-v., caul., caust., cham., con., cub., ferr., fl-ac., ign., jod., kali-c., kali-p., kreos., *lac-c.*, lil-t., lyc., mag-c., med., merc-c., murx., nat-m., nit-ac., phos., phyt., *psor.*, ran-b., ⁝rhus-t., sep., sil., sulf.
- beißend: *am-c.*, *ant-c.*, *med.*, *rhus-t.*
- Menses, zwischen: *bor.*

verursacht
- Blasen und durchdringende Schmerzen: *phos.*
- Brennen: *am-c.*, *con.*, *rhus-t.*
- und durchdringende Schmerzen der Genitalien: *aur-m.*, *rhus-t.*, *sulf.*
- und Jucken: *rhus-t.*
- durchdringende Schmerzen der Genitalien: *ferr.*, *kali-c.*, *sil.*

1 engl. copious
2 engl. very copious; profuse
3 engl. abundant

- Rötung: *cub.*
- an den *Oberschenkeln*: *cub.*
- Schmerzen und Beißen an den *Oberschenkeln*: *ant-c.*
- Schwellung der *Labien*: *am-c.*, *lac-c.*
- und Entzündung der Genitalien: *asaf.*
- *Oberschenkel*: *ant-c.*, *jod.*
- *Perineum*: *kreos.*
- schleimig: *aloe*, *alum.*, *am-m.*, *ambr.*, *arg-m.*, *arg-n.*, *asar.*, *bar-c.*, *bell.*, *berb.*, *bov.*, *calad.*, *calc-c.*, *carb-v.*, *caul.*, *coc-c.*, *coff.*, *colch.*, *con.*, *cop.*, *croc.*, *dict.*, *ferr.*, *graph.*, *jod.*, *kali-m.*, *kali-c.*, *kreos.*, *lap-a.*, *laur.*, *lept.*, *lyss.*, *mag-c.*, *med.*, *merc.*, *merc-c.*, *merc-j-f.*, *mez.*, *nat-c.*, *nit-ac.*, *nux-m.*, *sars.*, *stann.*
- Menses, vor: *alum.*
- während: *alum.*
- schmerzlos: *am-m.*, *bor.*, *eupi.*, *lap-a.*
- schmutzig: *con.*, *nit-ac.*, *rhus-t.*

Schwangerschaft, währ: *colch.*

schwarz: croc., *crot-h.*

- serös: *helon.*
- sexuellen Ausschweifungen, von: *agar.*
- skrofulös: *aur-m.*, *hep.*
- spärlich: *am-c.*, *cur.*, *mag-c.*, *rhus-t.*, *sars.*, *sulf.*
- scharf: *jod.*, *sulf.*

Stärke, wie gekochte: bor., *ferr.*, sabin.

- Menses, nach: *bor.*

Stehen, durch: ars.

<: ars., carb-an.

- steif, macht die Wäsche: *kali-bi.*, *kreos.*, *lach.*

stoßweise: *calc-p.*, cocc., eupi., graph., *nat-c.*

- Stuhlgang während: *ferr.*

nach <: *calc-p.*, *mag-m.*, zinc.

- sykotisch: *cop.*, *kali-bi.*, *sabin.*
- syphilitisch: *aur-m.*, *kali-bi.*, *kali-j.*
- Treten einer Nähmaschine <: *calc-p.*

übelriechend (s. Geruch)

- aashaft: *asaf.*, *con.*

Ammoniak, wie: am-c.

faulig: *aral.*, *helon.*, *sarr.*

- Fisch, wie abgestandener: *med.*, *sanic.*

Fischlake, wie: *nit-ac.*, sanic.

- Hering, wie eingelegter: *graph.*

Käse, wie alter: hep.

Mais, wie grüner: kreos.

- muffig: *med.*

sauer: *mag-c.*, *kreos.*

- Schwefelwasserstoff, wie: *hep.*
- stark riechend: *sabin.*
- stinkend: *anan.*, *bufo*, *carb-ac.*, *helon.*, *nux-v.*, *psor.*, *rob.*, *sabin.*, *sang.*, *sep.*

süßlich: calc-p., *hep.*, *merc.*, merc-c.

- Überanstrengung, nach: *arn.*, *rhus-t.*
- Urinieren <: *am-m.*, *calc-c.*, *calc-p.*, *coff.*, *nat-c.*
- nach <: *am-m.*, *carb-v.*
- Ursprung *Ovarien*: *crot-h.*
- *Uterus*: *con.*, *cop.*, *dict.*, *erig.*, *hydr.*, *lyss.*, *mur-ac.*, *phyt.*
- *Muttermund*: *merc-j-f.*
- *Cervix*: *alum.*, *calc-c.*, *cimic.*
- *Vagina*: *cimic.*, *erig.*, *hydr.*
- Verletzungen, nach: *arn.*

wäßrig (s. dünn, wäßrig)

weiß: *acon.*, anan., *aur-m.*, bar-c., *bell.*, bor., *calad.*, *coc-c.*, gels., graph., *kali-bi.*, kali-j., kreos., lyss., mag-c., *mag-s.*, *med.*, merc., *nat-c.*, *rob.*, sep., sil., stann.

- schleimig: *calad.*, *coc-c.*, *dict.*, *mag-c.*

wundmachend (s. scharf)

- Würmer (Oxyuren), durch: *cinc.*

zäh, klebrig[1]: aesc., asar., bov., croc., *dict.*, graph., hydr., kali-bi., phyt.

1 engl. viscid, tenacious oder sticky

- zeitweise aussetzend, intermittierend: *kreos.*

Gebärmutterblutung (s. **Metrorrhagie**)

– **Gonorrhoe** chronische: *agar.*

- chronisch oder subakut: *fl-ac.*

Katarrh (s. **Entzündung**)

Klimakterium (KK s. **MODALITÄTEN**)

Beschwerden im: *amyl-n.*, *carb-v.*, con., glon., graph., helon., *op.*, *sang.*

- spät, zu: *carb-v.*

Kongestion (s. **Blutandrang**)

Menses

- morgens beim Aufstehen <: *cocc.*
- vermehrt am Morgen: ⁝*bov.*

nur tagsüber: caust., ham.

- Bewegung, durch: *ham.*

nachmittags: *mag-c.*

- tags und nachts: *nat-m.*

nachts

- vermehrt in der Nacht: am-c., am-m., bov., coca, mag-c., nat-m.

Amenorrhoe

- Erschlaffung *Uterus* oder *Ovarien*, von: *alet.*
- Kongestion Genitalregion von: *alet.*

ätzend (s. scharf, wundmachend)

aussetzend, zeitweise (s. zeitweise)

blaß: alum., ⁝ars., carb-an., carb-v., chin., ferr., goss., kali-c., puls., staph.

- dann dunkler: *staph.*

braun: con.

- braunrot (mahagonifarben): *ust.*

dick: carb-v., graph., lil-t., mag-c., nux-v., puls.

- wenn verspätet: *anan.*

dunkel: aloe, am-c., am-m., ant-c., apis, ⁝asar., ⁝bov., bry., *burs-p.*, ⁝canth., carb-an., carb-v., cham., chin., cimic., cocc., *coff.*, croc., ham., helon., ign., *kali-c.*, kreos., *lac-d.*, lach., lil-t., lyc., mag-c., *mag-p.*, merc., mur-ac., nat-m., nux-m., nux-v., ol-an., plat., puls., ust.

- Erwachsene: *calc-p.*
- wenn verspätet: *anan.*

dünn: ⁝ars., *crot-h.*, *eupi.*, *goss.*, nat-m.

Dysmenorrhoe (s. schmerzhaft)

fadenziehend

- dünne Fäden[1]: croc., lac-c., *mag-p.*, ust. (vgl. KK zäh)
- dicke Fäden[2]: *kali-bi.*, plat.
- flüssig: *carb-an.*, *crot-h.*, *mur-ac.*, *plat.*

flüssiges Blut enthält Klumpen: ant-c.

früh, zu: aloe, alum., am-c., am-m., ambr., anac., anan., ant-c., *ant-t.*, arn., asaf., *asar.*, bell., bor., bov., brom., bry., calc-p., carb-an., cham., chin., cinnm., coc-c., cocc., colch., con., croc., cub., cycl., *erig.*, eupi., ferr., fl-ac., grat., ign., ip., jod., kali-c., kreos., lac-c., lob., *mag-p.*, merc-c., mez., mosch., mur-ac., murx., nat-c., nat-m., nux-v., ol-an., *ol-j.*, plat., prun., rhus-t., sil., stann., staph., sulf., *syph.*, ust., verat., xanth.

- alle 2 Wochen: *bov.*, *syph.*
- bei jungen Mädchen: *calc-p.*
- bei Uteruskrebs: *murx.*
- alle 3 Wochen: *ust.*
- Anstrengung, durch: *rhus-t.*
- Erregung, nach geringster: calc-c.
- Erwartung, von: *gels.*
- Freude von: *gels.*
- Grippe, während: *gels.*

geronnen (s. klumpig, geronnen)

Geruch (s. übelriechend)

- gräulich: *berb.*

1 engl. stringy; Kennzeichnung der Mittel in den beiden Rubriken schließt die Mittel aus der Kent-Rubrik „zäh" ein.

2 engl. ropy

grün: lac-c.
- gußartig: *lac-c., ust.*
- nachts <: *coca*

heiß: arn., bell., *caust.*

hellrot: ⁝*acet-ac.*, acon., anan., arn., bell., brom., calc-p., caust., cinnm., erig., hyos., ip., kali-c., lac-c., lyc., mill., phos., *prun.*, rhus-t., syph., ust.
- zu Beginn, am Ende dunkel und klumpig: *burs-p.*
- gußartig: *ust.*
- jungen Mädchen, bei: ⁝*calc-p.*
- vermischt mit Serum: *lyc.*

intermittierend (s. zeitweise aussetzend)
- klebrig: *lac-c., mag-c., plat.*

klumpig geronnen: alet., aloe, am-c., am-m., ant-c., arn., *arund.*, ⁝*asar.*, ⁝canth., cham., chin., cimic., croc., cycl., fl-ac., helon., ign., kreos., lach., lyc., merc., nux-v., plat., puls., rhus-t., xanth.

dunkel: cocc., *crot-h.*
- dunkle Klumpen: *nux-v.*
- dunkle, große Klumpen: *burs-p.*
- faserige Klumpen: *croc.*
- große Klumpen: *apoc., cham., coc-c., mag-c.*
- kleine Klumpen: ⁝*bov., croc., ust.*
- schwarze große Klumpen: *coc-c.*
- schwärzliche Klumpen: *am-c., ust.*
- wenige Klumpen: *mill.*

kurz dauernd, zu: alum., asaf., berb., nat-m., nicc., plat.

nur 1 Tag: bar-c., *goss., mang.*

lang dauernd, zu: ⁝*acet-ac.*, acon., *alet.*, aloe, arg-n., arund., asar., *burs-p.*, carb-an., coff., cupr., ferr., kali-c., kreos., lyc., mez., mill., nat-m., nux-v., phos., rhus-t., sulf., ust.
- 10 bis 14 Tage: *xanth.*
- spärlich: *ust.*
- langsam beginnend: *burs-p.*, ferr., merc.

Liegen hört im L. auf: caust., lil-t.
- vermehrt, Hinlegen, beim: *am-m.*

Membranen, mit: ⁝bor., brom., canth., cycl., lac-c., *mag-p., xanth.*

Menorrhagie (s. reichlich)
- metastasierend in innere Organe Rheuma oder Gichtanfällen, bei: *colch.*
- Operation, nach: *staph.*
- passiv: *helon.*

reichlich[1]: alet., anan., bell., brom., ⁝calc-p., canth., *chim.*, cimic., eupi., ferr., fl-ac., jod., kali-c., kreos.

Bewegung, durch: *lil-t.*

Fahren oder Reiten, beim in kalter Luft: am-c.

Gehen, durch: mag-c.

Stehen, durch: mag-c.
- Stuhlgang, während: *am-m.*
- sehr reichlich[2]: *acet-ac.*, acon., agar., am-m., ant-c., ant-t., ⁝arg-n., arn., ars., arund., aur., bor., bov., bry., *burs-p.*, carb-an., carb-v., cham., chin., cinnm., cocc., cycl., erig., ferr., ham., helon., hyos., ip., lac-c., lyc., merc., mez., mill., mosch., murx., nat-m., nux-v., *ol-j.*, op., phos., sil., stann., staph., sulf., *syph.*, ust., xanth.
- nachmittags 4 Uhr <: *lyc.*

Anstrengung <: mill.

Bewegung, durch: *bry.*, erig., *mill.*
- überreichlich, in Strömen[3]: *acet-ac., aloe, am-c., ambr., apis, arg-n., coc-c., coff., croc., grat., ip., lob., merc-c., mill., mur-ac., nat-c., plat., prun., rhus-t., verat.*
- morgens: *sulf.*

1 engl. copious

2 engl. very copious, profuse; Kennzeichnung der Mittel schließt „reichlich" im Kent ein

3 engl. abundant

- beim Aufstehen in Strömen: *cocc.*
- Klimakterium, im (KK s. Menopause): *ust.*
- Strömen, in: *coca, cocc., ferr., ip., nat-c.*

scharf, wundmachend: am-c., *ambr.*, ars., *aur.*, *carb-an.*, carb-v., *con.*, *jod.*, kali-c., kreos., lach., mag-c., rhus-t., sars., sil., sulf.
- am Ende der M.: *sulf.*
- Blasen, Papeln erzeugend: *kali-c.*
- Schleim: berb., *kali-bi.*

blutiger: ⁝apis, bar-c., berb.

Schleimhautfetzen, mit (s. Membranen)

schmerzhaft (Dysmenorrhoe): *absin.*, acon., *anac.*, *ant-t.*, *apoc.*, *arn.*, ⁝bor., brom., *bufo*, canth., caul., coll., cupr., helon., jod., lac-c., mag-c., *mag-p.*, nat-m., nux-v., plat., *tab.*, xanth.
- Anregungsmitteln, nach zu vielen: *nux-v.*
- dritten Tag, am: *plat.*
- Diarrhoe choleraartig mit: *bov.*
- Essen, nach schweren Speisen: *nux-v.*
- nach zuviel: *nux-v.*
- Frieren, mit: *puls.*
- früh, zu, je früher die M. desto mehr Schmerzen: *xanth.*
- Gonorrrhoe, während: *cub.*
- hinlegen, muß sich: *pall.*
- junge Mädchen: *caul.* (vgl. Menarche, bei)
- Klimakterium, im: *tab.*
- kongestiv: *bell.*
- Liebeskummer von: *ant-c.*
- membranös: *xanth.*
- Menarche, bei: *nat-m.*
- nervös: *ol-caj.*
- neuralgisch: *xanth.*
- rheumatisch: *bry.*, *mag-p.*, *ol-j.*, *rhus-t.*
- Schmerz hört plötzlich auf, wenn Fluß am stärksten: *cimic.*

Schmerz nach oder zwischen dem Fluß: mag-c.
- schreit auf: *bufo*
- spärlich: *cycl.*
- Stehen <: *sulf.*
- Stillzeit, während: *pall.*
- Tuberkulose, bei: *ol-j.*
- schmutzig: *con.*
- schmutziges Wasser, wie: *rhus-t.*
- Schock, nach psychischem: *staph.*

schwach (s. spärlich)

schwarz: *alet.*, am-m., arund., canth., croc., cycl., graph., lach., plat., puls., xanth.

wie Teer: mag-c.

sickernd (s. spärlich)

spärlich: alum., *anac.*, *ant-t.*, apis, ars., asaf., bar-c., *bell.*, berb., bov., carb-v., caust., cocc., *colch.*, con., crot-t., cub., cycl., ferr., goss., graph., lac-d., lach., mag-c., mang., nat-c., nat-m., nicc., nux-m., nux-v., ol-an., *ol-caj.*, puls., sars., ter., xanth.
- schmerzhaft: *cycl.*
- zu spät: *cub.*, *nat-m.*, *sars.*

spät, zu: acon., agn., alum., ang., bell., bov., canth., caust., cic., con., cupr., cycl., ferr., gels., goss., graph., hyos., hyper., jod., kali-c., kali-j., lac-d., lach., lyc., mag-c., nat-c., nicc., puls., sars., sil., staph., ter.
- Ärger, durch: *staph.*
- Erwachsene: *calc-p.*
- Kummer, durch: *staph.*

Stehen, verstärkt im: am-c.

übelriechend: carb-an., cham., *chim.*, *con.*, helon., ign., kreos., lil-t., sil.
- aashaft: *carb-an.*, *carb-v.*

Ammoniak, wie: lac-c.

stechend: *carb-v.*, kali-c.

unregelmäßig: ⁝calc-p., *mosch.*, nux-v., staph.

unterdrückt: acon., agn., apis, bor., *chim.*, colch., *cub.*, cycl., ferr., gels., hyos., kali-c., mag-c., nat-m., nux-m., *ol-caj.*, op., podo., staph.
- ab 2. Tag: *coc-c.*
- Anämie, von: *crot-h.*
  Anstrengung, durch: *bry.*
- Ärger, durch: *coloc.*, *staph.*
  Baden, von: *cupr.*
- Baden, kaltes, von: *acon.*, *ant-c.*
- Baden See, in einem, von: *dulc.*
- Erkältung, von: *bell.*, *dulc.*, *ol-j.*
- Fieber von langdauerndem (Typhus o. a.): *lob.*
- Folge: Arthritis: *bry.*
- Bauchfellentzündung, drohend: *bry.*
- Blutandrang Ovarien: *bry.*
- Kopfschmerzen: *bry.*
- Magenentzündung: *bry.*
- Rheumatismus, akuter: *bry.*
- Wassersucht: *colch.*
- Folgen von: *dulc.*
- Freude, durch: *acon.*, *ign.*
- Frieren, durch: *puls.*
- Furcht, von: *gels.*
- Gichtanfällen, Rheuma während: *colch.*
  Kälte durch: *acon.*, *ant-c.*, aral., puls.
- Katarrh der Genitalien, durch: *dulc.*
  Kummer, durch: *chin.*, *coloc.*, ign., *staph.*
- Lungenleiden von: *acet-ac.*
- Nachrichten gute, durch: *ign.*
- schlechte, durch: *acon.*, *ign.*
  nasse Füße, durch: *dulc.*, rhus-t.
  Naßwerden, durch: *cupr.*, dulc., rhus-t.
- Rheumaanfällen, während: *colch.*
  Schreck, durch: acon., gels.
- Schwindel, mit: *cycl.*
- Sorgen, durch: *gels.*
- Trinken Milch, durch: *lac-d.*
- kalten Wassers, durch: *bry.*
  Überhitzung, nach: *ant-c.*, bry.
  Überraschung, von (s. Schreck)
- Unterdrückung von Schweiß, durch : *ol-caj.*
- Wasser, durch Halten der Hände in kaltes W.: *lac-d.*
- Wetterwechsel, zu feuchtem W., durch: *dulc.*
  Zorn, durch: coloc.
- ununterbrochen fließend: *crot-h.*
- verändert
- Kummer, durch: *ign.*
- Schreck, durch: *ign.*
- Sorgen, durch (dunkel, früh, übelriechend): *ign.*
  verzögerte Menarche: nat-m., puls.
  verzögertes Klimakterium (s. **WEIBLICHE GENITALIEN Klimakterium** spät, zu)
  vikariierend: crot-h., *graph.*, ham.
  (vgl. **AUGEN, OHREN, NASE, MUND**)
- ab 2. Tag: *coc-c.*
  vorzeitig, vor richtigem Alter: ant-c.
- wäßrig: *alum.*, *ars.*, *chin.*, *ferr.*, *goss.*, *graph.*, *nat-m.*, *puls.*
- Blutwasser, wie: *carb-an.*
- schmutziges Wasser, wie: *ars.*
  wundmachend (s. scharf, wundmachend)
  zäh: croc., *kali-bi.*, *mag-p.*
  zeitweise aussetzend, intermittierend: apis, berb., ferr., kreos., nux-v., sulf.

Metrorrhagie: aloe, canth., crot-h., helon., plat.
- Abortus drohend: *cinnm.*
  Abortus, nach (s. Wehen)
  aktive Blutung: ust.
  anhaltend: ham., ip.
  Beklemmung, mit (s. **BRUST Beklemmung**)
- Blut gerinnt nicht: *ham.*
- chronisch: *sulf.*

Erschütterung, durch: cinnm.
Fehlgeburt (s. Wehen)
flüssig: crot-h.
- Gebärmutterhals: *arg-n.*
- Gebärmuttervorfall, bei: *plat.*
Geburten (s. Wehen)
geronnen: helon.
- Heben, vom: *cinnm.*
hellrot: cinnm., ip.
- kinderlosen Frauen, bei: *arg-n.*
Klimakterium, im: *arg-n.*
Menarche, vor (KK s. Mädchen): cina.
- nervöse: *aloe*
passive Blutung: *acet-ac.*, ham., helon., ust.
plötzlich: cinnm.
reichlich: cinnm., ip.
Klimakterium, im: *helon.*
- Uteruskrebs, bei: *murx.*
- Rückenschmerzen, mit: *helon.*
schmerzlos: *erig.*
- Schwangerschaft, während: *erig.*
schwarz: crot-h., *ham.*
übelriechend: crot-h., *helon.*
Wehen, nach: cinnm., erig., ip.
- Witwen, junge: *arg-n.*
zwischen den Perioden: ambr., merc., *rob.*

Ovarien
- Schwellung, hart: *brom.*
Tumoren Cysten: *rhod.*
- *Eileiter*: ⁝*puls.*

Prolaps (s. **Uterus** Verlagerung)

Schwäche (s. **Empfindungen** Schwäche)

Schwangerschaft und Entbindung
Abort nach: *chin.*, *crot-h.*
im dritten Monat: croc.
Neigung zu A.
- Erschütterung, Fehltritt durch: *cinnm.*
- Überanstrengung Lumbalbereich, durch: *cinnm.*
- Geburten, nach vielen: *helon.*
- Kindbetterkrankungen: *crot-h.*
(vgl. KK **FIEBER Kindbettfieber**)
Lochien übelriechend: *crot-h.*

Sexuelles Verlangen (KK s. **Sexualtrieb**)
Coitus Abneigung gegen: nat-m.
- erloschen: *agn.*, *benz-ac.*, *helon.*, *sep.*
- Entbindung, nach: *sep.*
heftig: *calad.*, orig., plat.
Masturbation, treibt sie zur: orig.
Masturbation Neigung zu
- Jucken, durch: *calad.*
- Würmern wegen: *cina.*
- sexuelle Ausschweifungen: *coca* (vgl. **GEMÜT Sexuelle Ausschweifung**; **ALLGEMEINES Sexuelle Ausschweifungen** Folgen von)
vermehrt: *agn.*, *arund.*, calad., ⁝canth., coff., fl-ac., murx., plat.
- Berührung, durch: *murx.*
- Hirnerkrankungen, vor: *hyos.*
Menses, während: agar., *calc-p.*, *croc.*, *cub.*, hyos., mosch., *murx.*, orig.
nach: *orig.*
- verlorener sexueller Kraft, bei: *calad.*
vermindert: agn., *benz-ac.*

Sterilität (KK s. **Sexualtrieb**): *arg-n.*, bar-c., *calc-c.*, *cimic.*, helon.
- Atonie des *Uterus*, durch: *alet.*
- Fluor, durch: *bor.*
- Gonorrhoe, durch unterdrückte: *calc-c.*
- Menses unterdrückten, durch: *agn.*

Uterus
Atonie: alet., helon., *lil-t.*, *mill.*, *op.*
Blutung (s. **Metrorrhagie**)
- Geschwüre: *mur-ac.*, *sec.*
- *Cervix*: *asaf.*, *carb-ac.*, *helon.*, *hydr.*, *phyt.*
- cancerös: *asaf.*
- Geruch leichenartig: *asaf.*
- schmerzhaft: *asaf.*
- syphilitisch: *asaf.*

- Verätzung oder Verbrennung, nach: *carb-ac.*
- *Muttermund*: *lept.*, *sang.*

Polypen: sang.

Prolaps: alet., anan., arg-n., cimic., helon., op., podo., sep., stann.
- Überanstrengung, von: *rhus-t.*

Überheben, von: rhus-t.

Schwellung: *cub.*

Cervix: jod.

Subinvolution: *helon.*

Tumoren

Krebs: *calen.*, *chim.*, con., crot-h., *hydr.*, *mez.*, sang., sec.
- schmerzlos im Frühstadium: *con.*

Scirrhus: ars., con., mag-m., phyt.
- *Cervix*: *crot-h.*, *phyt.*

Polypen
- *Cervix*: *bufo*

Vergrößerung: *kali-m.*

Verhärtung

Cervix: carb-an., jod.

Muttermund: *arg-n.*

Verlagerung Lageanomalien: *coll.*, *helon.*, lil-t., sep.
- rheumatischen Schmerzen, mit: *calc-p.*
- Retroflexion: *lil-t.*
- Retroversion (Rückwärtsneigung): :*arg-n.*, :*asar.*, *helon.*

Vorfall (s. Prolaps)

Vagina
- Erschlaffung *Scheidenwand*: *ham.*
- Farbe scheckig, marmoriert: *med.*
- bläulich-rot: *med.*

Flatus: lac-c., lyc., sang.

Menses, während: *arund.*
- laut: *brom.*

Trockenheit: acon., berb., lyc.

Menses, während: *lyc.*

Wundheit: *berb.*

Vorfall (s. **Uterus** Prolaps; **Vagina** Prolaps)

SCHMERZEN DER WEIBLICHEN GENITALIEN

MODALITÄTEN

Anfallweise (paroxysmal): *bell.*, *mag-p.*

ORTE

Erstrecken sich die *Beine* hinunter: *xanth.*

Ovarien: anan., lyc.

links: arg-m.
- Fluor, während: *arg-m.*
- Menses, während

erstreckt sich zum *Herzen*: *cimic.*
- zum *Oberschenkel*, Vorderseite Menses, während: *lil-t.*

rechts: *lac-c.*
- Menses, während: *jod.*

erstreckt sich zum *Uterus*: jod.

Menses, während >: lac-c.
- Metrorrhagie Klimakterium, während: *helon.*
- neuralgisch: *crot-h.*
- *erstreckt sich* zu den *Knien*: *xanth.*

– **Schamberg** Menses, während: *bov.*

Uterus: *cub.*
- tief unten: *burs-p.*, *xanth.*
- morgens vor dem Aufstehen <: *burs-p.*
- beim Aufstehen <: *burs-p.*
- abends, Beginn der Dunkelheit bis zum frühen Morgen: *syph.*

nachts Mitternacht, nach: *ars.*

anfallweise: *stann.*

beginnt allmählich und hört allmählich auf: stann., *syph.*
plötzlich und hört plötzlich auf: *mag-p.*
- Geburten, nach: *lil-t.*
- kaltem Wasser trinken, nach: *mag-p.*
Menses, vor: nux-v., *xanth.*
während: *arund.*, nux-v., stann., *xanth.*
anfallweise: *stann.*
laut schreien, muß: *xanth.*
- Stuhldrang, mit: *nux-v.*
- Menorrhagie, während, im Klimakterium: *helon.*
- *Seite*, springt schnell von einer S. zur anderen: *cimic.*
- Stuhldrang auslösend: *nux-v.*
- *Cervix*
mit krampfartigen Brustschmerzen: *cocc.*
- *erstreckt sich* nach *hinten*: *helon.*
- zum *Rektum*: *murx.*, *nux-v.*
- zu *Blase* und *Rektum*: *lil-t.*
zur *Brust* (*Mammae*): murx.
- *rechts*: *murx.*

Vagina: berb.

SCHMERZEN DER WEIBLICHEN GENITALIEN EMPFINDUNGEN

Abwärtsdrängend[1] (KK s. **Abwärtszerrender**): *arg-m.*, *bell.*, ⁝*canth.*, *carb-ac.*, *caul.*, *croc.*, *lac-c.*, *nit-ac.*
- Fluor, während: *nat-c.*
Menses, vor: plat.
während: *apis*, *asaf.*, bov., *cub.*, mag-c., mosch., *mur-ac.*, nat-c., nat-m., nux-v., podo.
Sitzen >: *nat-m.*
Ovarien: lac-d.
links: *lac-f.*, *med.*
rechts: *pall.*
- Menses, während: *cub.*
Uterus: agar., *aral.*, bell., *burs-p.*, ⁝canth., cimic., *lac-d.*, plat.
- Druck auf die Vulva >: lil-t.
Fahren im Wagen <: asaf.
- Gewicht, wie von einem schweren G.: *helon.*
herauskommen wollte, als ob alles: *alum.*, bell., lac-c., lil-t., nat-c.
- Hinsetzen >: *lil-t.*
Liegen >: *lil-t.*
- Menses, als ob die M. einsetzen wollten: *lyc.*, *nat-m.*
Menses
- zu Beginn: *bell.*
während: bell., cimic., lil-t., *ter.*
- Gehen >: *bell.*
Sitzen <: bell.
Stehen <: *aloe*
 >: bell.
nach: *lyc.*
- Fluor, bei Beginn: *lyc.*
- Rückenschmerzen, mit: *murx.*
- Sitzen >: *lil-t.*
- Stehen <: *lil-t.*

Beißend
- Fluor, durch: *carb-an.*, *rhus-t.*, *zinc.*
- Menses, während: *rhus-t.*

– **Blitzartig** *Ovarien*: *mag-p.*

Brennend: ⁝anan., canth., carb-an., cur., lil-t.
nachts im Bett: *sulf.*
- Fluor, durch: *am-c.*, *anac.*, *aur-m.*, *carb-an.*, *carb-v.*, *con.*, *cop.*, *cur.*, *kreos.*, *lyc.*, *mag-s.*, *merc.*, *merc-c.*, *petr.*, ⁝*rhus-t.*, *sulf.*
Menses, während: carb-v., *coc-c.*, *lyc.*, *merc-c.*

1 engl. bearing down, pressing down: im Text wurde herabdrängend oder abwärtsdrängend übersetzt.

\- nach: *lyc.*
Urinieren während: *berb.*, eupi., kreos., med.
Ovarien: plat.
links: ⁝*canth.*
Menses, während: bufo
Schamgegend (s. **Brennend**[1])
Uterus: ars., cur., rhod.
\- Fluor, während: *sec.*
Menses, während: *bufo*, *ter.*
\- Urinieren, beim: *ter.*
\- *erstreckt sich* zu den *äußeren Genitalien*: *bufo*
Vagina: ⁝canth., merc., *nux-v.*
\- Fluor, durch: cham.
Menses, während: canth.
Drückend: bar-c., *graph.*, *lil-t.*, *lob.*, *nat-m.*
Menses, vor: *plat.*
\- zu Beginn: *mosch.*
während: *anac.*, chin., ip., mag-c., *mur-ac.*, *nat-c.*, nat-m.
\- sexuellem Verlangen, vermehrtem, mit: *croc.*
\- Sitzen, im >: *nat-m.*
Stuhldrang, mit: *plat.*
\- *nach unten* drückend[2]: *aral.*, *sep.*
\- Beinekreuzen >: *sep.*
Ovarien
\- *rechts* Menses, während: *ang.*
\- und *Uterus* wie Keil dazwischen: *jod.*
Uterus: ⁝anan., ant-c., bell., *murx.*, nat-c., plat.
Menses, als ob die M. einsetzen wollten: mur-ac.
\- vor: *mag-p.*
\- während: *anan.*, *phos.*
\- *erstreckt sich* zum *Rektum*: *murx.*
– **Dumpf**
nachts <: ⁝*aur.*

– **Durchdringend**[3]: *carb-an.*
\- Fluor, durch: *aur-m.*, *carb-v.*, cham., *ferr.*, *kali-c.*, *nat-m.*, *phos.*, ⁝*rhus-t.*, *sil.*
Greifend (vgl. **Packend**)
\- *Uterus*: *cham.*
Kneifend
\- Menses, während: *nux-v.*, *staph.*
Krampfartiger: *croc.*
\- Anziehen der Beine, Zusammenkrümmen >: *mag-p.*
\- Berührung, durch: *staph.*
\- Druck >: *ign.*
Menses, während: ⁝*asar.*, *burs-p.*, *caul.*, *chin.*, *erig.*, *ferr.*, *ign.*, *mag-c.*, *plat.*, *puls.*
\- nach: *chin.*
Ovarien: plat.
Uterus: cham.
\- abwechselnd mit Fluor: *mag-m.*
\- Druck >: *ign.*
\- Fluor, währ: *bell.*, *chin.*, *mag-m.*, *sarr.*
Menses, vor: mag-p.
während: bell., *burs-p.*, *caul.*, cimic., ign., mag-p., *merc-c.*, *staph.*
\- junge Mädchen: *caul.*
\- Reiben >: *mag-p.*
\- Steine, wie scharfe St., die gegeneinander reiben: *cocc.*
Wärme >: *mag-p.*
Zusammenkrümmen, muß sich: *mag-p.*
Nagend: lyc.
\- Menses, nach: *lyc.*
Packend (wie von einer Hand): *coloc.*, *gels.* (vgl. **Greifend**)
– **Pfahl**, wie *Uterus*: *arg-n.*
– **Pulsierend** Menses, während: *coc-c.*
Quälend, Wehtun [4]: *syph.*

1 Schmerz Empfindungen ohne nähere Angaben bezieht sich immer auf die äußeren Genitalien
2 engl. pressing down
3 engl. smarting
4 engl. aching

Ovarien
- Gebärmuttervorfall, bei: *podo.*

Quetschend
Ovarien: coloc.
- *links*: *coloc.*

Reißend: bar-c., *hyper.*
- Fluor, während: *bar-c.*, *hyper.*

Scharf
Ovarien: staph.
- *links*: *lac-c.*
- Menses, während: *lil-t.*
- *rechts*: *apis*

Uterus: apis, *murx.*
- Menses, während: *helon.*

– **Schießend**[1]
- Menses, vor membranöser: *mag-p.*
- während: *coc-c.*
- quer über den Leib: *cimic.*
- *Ovarien*: ⁝*ars.*, *mag-p.*, *staph.*
- *links*: *syph.*
- *rechts*[2]: *mag-p.*
- Menses, während: *absin.*, *syph.*[3].
- *Uterus*: ⁝*ars.*
- Flatus, während: *mang.*
- Menses, während: *absin.*, *syph.*

Schneidend
- Menses, während: *bell.*, *mag-c.*
- muß sich krümmen: *acon.*

Ovarien rechts: ⁝apis
Uterus: *apis*, murx.
Menses, vor: *mag-p.*
während: *helon.*, *mag-c.*, *merc-c.*
Stuhlgang, nach St. >: pall.
- Uteruskrebs, bei: *murx.*

Stechen, schmerzendes[4] (KK s. **Stechen**, feines)
- Fluor, während: *zinc.*

Ovarien: apis
rechts: ⁝apis
- Menses, vor: *apis*

Menses, während: apis, *goss.*
Vagina: *nux-v.*

Stechend[5]
- Fluor, während: *zinc.*
- zusammenziehend: *anan.*

Ovarien: bufo
- *Uterus* Menses, während: *anan.*
- *Cervix* Fluor während: *sep.*

Vagina: nit-ac.
- Fluor, vor: *ambr.*
- während: *kreos.*

– **Stechend** wie Nadelstiche[6]: ⁝*asaf.*
- Fluor, durch: *aur-m.*

– **Stechend** wie Messer vom *Uterus* nach *oben*: *lac-c.*

Wehenartig
- Fluor, vor: *ign.*

Menses, vor: plat.
- zu Beginn: *arg-n.*, *mosch.*

während: alet., am-m., asaf., *aur.*, berb., bor., cycl., *op.*, rhus-t.
- *Uterus* Menses, während: *gels.*
- wie Messer oder Nadeln[7], die nach oben stechen: *lac-c.*

Wehtun (s. **Quälend**)

Wund, wie zerschlagen[8] (KK s. **Empfindlichkeit**): calc-p., *cimic.*, graph., *helon.*, *kali-fer.*, *merc.*, nit-ac., *ol-j.*
- 3 Uhr morgens: *am-c.*
- Fluor, während: *merc.*, *plat.*, *rhus-t.*

Menses, während: *am-c.*, *cub.*, *goss.*
Urinieren, während: *med.*
Ovarien: *ol-j.*
links: *med.*
rechts
- Menses, während: *jod.*

1 engl. shooting
2 C. Hering: re. Ovar; Allen gibt Schmerzen allgemein < re. Seite an
3 engl. darting
4 engl. stinging
5 engl. stitching
6 engl. pricking
7 engl. darting
8 engl. sore, bruised

\- Menses, während: *lac-c.*
\- nach: *ant-c.*
Unterdrückung, durch: ant-c.
Uterus: arn., helon., lyss., rhus-t.
Menses, während: *lac-c.*, *murx.*
Vagina: lyss., merc.
Ziehend: ⁞*calc-p.*

\- Menses, während: ⁞*calc-p.*, *mosch.*, *plat.*
Ovarien
rechts: pall.
\- *mitten durch*: *lac-d.*
Uterus (vgl. **Empfindungen** Zusammenziehen)
\- Menses, vor: *mag-p.*
\- während: *crot-t.*, *goss.*

KEHLKOPF UND LUFTRÖHRE

Absonderung Schleim: ⁞*acet-ac.*, kali-bi.
Empfindlichkeit *Kehlkopf* Berührung, gegen (KK s. **Modalitäten**): *canth.*
Empfindungen Trockenheit *Kehlkopf* Menses, während: *cocc.*
Stimme
belegt: stann.
heiser: arg-n., brom., kali-bi., stann.
hohl: stann.
\- metallisch: *kali-bi.*
schwach: *alum.*, arg-n., caust., *coca*, stann.
tief: *alum.*, stann.
Verlust (Aphonie): carb-an., caust., phos.
Menses, während: *caust.*

ATMUNG

Ängstlich: prun.
Asthma
abwechselnd mit Gicht: benz-ac.
\- mit Rheumatismus: *benz-ac.*
hysterisch: *lob.*
\- Sommer, im: *syph.*
Atemnot: euphr., ferr.
Flatulenz, durch: lyc.
hysterisch: lob.
Luft, in frischer L. >: puls.
Menses, vor: cupr.
\- nervös: *ol-caj.*
\- Raum, im geschlossenen: *puls.* (vgl. KK warmen Zimmer, im)

– **Behindert** Rückenschmerzen, durch: *asar.*
Geräusche Rasseln: ant-t.
Röcheln
Konvulsionen, nach: op.
Schnarchen: op.
stertorös (s. Röcheln)
Langsam: *lac-d.*
Schnell beschleunigt: lyc., *prun.*
\- Ansteigen einer Anhöhe, beim: *prun.*
\- Gehen, beim: *prun.*
– **Schwach**: *lob.*
Tief, Verlangen tief zu atmen: lob.

HUSTEN

ZEIT

Morgens <: *kali-c.*
Abends: cina., phos.
Nachts: alum., phos.
Anfallweise (s. **ART UND EMPFINDUNGEN**)
– **Sommer**, im: *syph.*

MODALITÄTEN

Hitzegefühl in der Brust, mit: *ol-j.*
Liegen <: phos.
Wärme >: *ol-j.*

ART UND EMPFINDUNGEN

Anfallweise (KK s. **ZEIT**): hyos.
Anhaltender: hyos.
Atemnot, asthmatischer H.: euphr.
würgend: kali-c.
Hart: kali-c.
Hustenreiz *Kehlkopf*
- Menses, während: *cocc.*
Kitzelhusten (KK. s. **Empfindungen**): hyos.
Kehlkopf: euphr.
Klang
hohl: *cic.*
rasselnd: ⁝*acet-ac.*
Krampfhaft: bell., *cic.*, cina., *ol-caj.*
Kurz: hyos.
Lose: ⁝acet-ac., kali-s.
Quälend, beengt[1] (KK s. **Atemnot** enger Husten): *kali-c.*
Reizhusten[2] (KK s. **Hüsteln**): kali-c.
nachts: *alum.*
Trocken: alum., bell., *cic.*, cina., hyos., kali-c., mag-s., stann.
abends: stann., sulf.
bis Mitternacht: stann.
- Brennen in Magengrube, mit: *mag-s.*
Menses, während: cocc.

AUSWURF

Aussehen schaumig: *lob.*
Blutig (Haemoptoe): acet-ac.
dunkel
- Menses, Unterdrückung, bei: *coc-c.*
- Husten, bei: *mill.*
Menses, während: phos.
Unterdrückung bei (vikariierend): *bry.*, *graph.*, phos.
Eigenschaften schleimig: kali-bi., lob., stann.
Farbe
gelblich-grün: *ol-j.*
grünlich: stann.
- grünlich-gelb: *stann.*
– **Geruch** dumpf, wie altes Heu: *stann.*
- muffig: *stann.*
Geschmack salzig: stann.

1 engl. tight
2 engl. hacking cough

süßlich: stann.
Konsistenz dick: kali-bi.
fadenziehend: kali-bi.
klebrig: kali-c.
zäh: kali-c.
Menge spärlich: *kali-c.*

BRUST

– **Angst** qualvolle Angst[1]: *xanth.*
Beklemmung: mill., mosch., phos., ran-b.
- nachts, Husten beim: *alum.*
Essen, nach dem: *bov.*
Husten, beim: *alum.*, phos.
- Menses, während: *bov.*
- Metrorrhagie, während: *sulf.*
Herz: lil-t., *verat.*
- zusammengepreßt im Schraubstock, Gefühl wie: *lil-t.*
Blutandrang (s. **Kongestionen**)
Blutung (s. **Haemoptoe**)
Blutwallungen: glon.
Brustkrebs (s. **Mammae** Carcinom)
Drüsenschwellung (KK s. **Haut**) in der *Achselhöhle*: aur.
Drüsenverhärtung (KK s. **Haut**) in der *Achselhöhle*: *ars-j.*
Empfindungen
- Ausdehnung, Vergrößerung Herz, Gefühl von: *bov.*
Flattern Herz: lil-t., nat-m.
Erwachen, beim: *lil-t.*
Luft, als ob L. aus den *Brustwarzen* strömt: cycl.
- Schwere *Herzgegend*: *lil-t.*
- stehenbleiben, als ob das Herz gleich st. würde: *dig.*
Entzündung
- *Häute, seröse*: *bry.*
Lungen
- Gonorrhoe, durch unterdrückte: *bry.*
- Unterdrückung, durch: *bry.*
Mammae: phyt.
Haemoptoe: phos.
- hellrot: *mill.*
- Husten, bei: *mill.*, *phos.*
Menses, anstelle: phos.
- während: *phos.*
Herz
Angina pectoris: *amyl-n.*
- Herzschwäche: *am-c.*, *:ars.*
(vgl. **Schwäche** *Herz* Schwächegefühl)
Herzflattern (s. **Empfindungen** Flattern)
Herzklopfen: acon., arg-n., bar-c., *croc.*, ferr., mill., mosch., plat.
Angst, bei: mosch.
- Blähungen, von: *coca*
Essen, nach dem: bov.
- Flatulenz, durch: *lyc.*
- Fluor, während: *bar-c.*
heftig: amyl-n.
Liegen, im Seite, links <: lil-t.
Menses, vor: cupr.
- vor verspäteter: *jod.*
- zu Beginn: *tab.*
während: agar., bov.
unterdrückten, bei: cycl.
- Ohnmacht, mit: *nux-m.*
stark (s. heftig)
- Stechen[2] in der *Lunge*, mit: *kali-c.*
- Weinen, mit: *nat-m.*
Hitze: ol-j.
Kongestionen (Blutandrang zur *Brust*): acon., ferr., sulf.
Menses, während: *bry.*
Herz: *bufo*, glon.
Krampf Muskelkrämpfe mit Hysterie: cocc., mosch.
Lungen Tuberkulose: *ferr.*

1 engl. anguish: bei Hahnemann öfters „Ängstlichkeit, große Beängstigung"
2 engl. stitching

- fortgeschrittene: *acet-ac.*

Mammae

Atrophie: chim., jod.

- Menses, während: *jod.*
- unterdrückten, bei: *chim.*

Carcinom: *chim.*, con.

Einziehung der *Warzen*: *ars-j.*, con.

Empfindlichkeit (KK s. **Modalitäten** Empfindlichkeit): *con.*, *helon.*, *lac-c.*, *med.*, *syph.*

- Berührung, gegen: *lac-c.*
- Fluor, während: *helon.*
- Menses, während: :*anan.*, *con.*, *puls.*, *syph.*

Knoten: chim., lac-c.

- große: *chim.*

Milch, nicht schwangeren Frauen, bei: cycl.

- Menses, während: *asaf.*, *lac-c.*, *merc.*, *puls.*
- nach: *cycl.*

Schwellung: cycl., lac-c., phyt.

- nachts: *lyss.*

Menses, während: :*anan.*, *asaf.*, con., *merc.*

nach: cycl.

Verhärtung: *ars-j.*, con., phyt.

Menses, während: con.

Wundheit der *Warzen*: *con.*

Milch (s. **Mammae**)

Schleim, *Bronchien* (s. **KEHLKOPF UND LUFTRÖHRE Absonderung** Schleim)

– **Schmal**, eng (Hühnerbrust): *phos.*

Schwäche: am-c., arg-n., ol-j., stann.

- *erstreckt sich* bis zum *Hals*: *stann.*

Husten, durch: *phos.*

sprechen, kann nicht: stann.

Herz, Schwächegefühl in der *Herzgegend*: *nat-m.*

(vgl. **Herz** Herzschwäche)

Schweiß *Achselhöhlen* übelriechend: petr.

Schwellung *Achseldrüsen* (s. **Drüsenschwellung**)

Verhärtung (s. **Drüsenverhärtung**, **Mammae** Verhärtung)

Zusammenschnüren: bufo, mosch.

Herz: bufo

gepackt, Gefühl wie: *bufo*

- Schraubstock, wie im: *lil-t.*

BRUSTSCHMERZEN

ORTE

Herz

Anstrengung bei: *am-c.*

Liegen Seite, auf der linken S. <: *puls.*

- warmes Zimmer: *am-c.*

Mammae

Menses, während: *burs-p.*, con., *puls.*

- *Brustwarzen erstreckt sich* zum *Schulterblatt* wenn das Kind saugt: *crot-t.*

Seiten des *Brustkorbes*: ran-b.

EMPFINDUNGEN

Drückend: ran-b.

- krampfartig mit Übelkeit: *cocc.*

Krampfartig: cocc.

- mit Schmerz *Cervix*: *cocc.*
- Übelkeit, mit: *cocc.*

– **Schießend**[1] (K schießend s. stechend)

1 engl. darting

- Menses, während: *grat.*
- *Mammae*[1]: *con.*
- *rechts*[2], Menses, während: *grat.*

Stechend[3]: eupi., ran-b.
- *Herz* linke Seite Menses, vor: *calc-p.*
- *Lunge* mit Herzklopfen: *kali-c.*

Wund[4], wie zerschlagen

Husten, bei: *kali-s.*

Mammae: lac-c., med., syph.

Menses, während: con., *merc.*, *puls.*, *syph.*

Brustwarzen: *con.*

Ziehend *Mammae* Brustwarzen: crot-t.

RÜCKEN

– **Empfindlichkeit** *Wirbelsäule*: *agar.*

Empfindungen

Lahmheit *Sacralregion* (KK s. **Lähmung** *Sacrum*, Gefühl): *kali-j.*

Müdigkeit (s. **Schwäche**)

Steifheit

Aufstehen, beim vom Sitzen: berb.
- Menses, während: *prun.*, *rhus-t.*

Sitzen, nach: *ang.*
- *Lumbalregion*: *aesc.*, *rhus-t.*

Sacralregion: *kali-j.*
- tobendes Gefühl *erstreckt sich* zum *Scheitel*, setzt sich dort fest: *lil-t.*
- Völle *Sacrum*, über dem: *gels.*

Zusammenziehen oder Bandgefühl *Cervicalregion*: *cocc.*

Hitze: phos.
- Fluor, während: *phos.*

Kälte *Wirbelsäule*: *lyss.*

Cervikalregion erstreckt sich zum *Hinterkopf*: *cic.*

Krampf Opisthotonus
- Menses, während: *cic.*

Reizung des *Rückenmarks* (s. **SCHMERZEN EMPFINDUNGEN Wunder** S. *Wirbelsäule*, Spinalirritation)

Schwäche: *kali-bi.*, *kali-c.*, murx., ol-j., *staph.*

Fluor, bei: *con.*

Gehen, beim: *aesc.*
- Kolik, während: *cocc.*
- nachgebend, wie Gehen beim: *aesc.*

Lumbalgegend: *cub.*, *ery-a.*

Fluor, bei: *con.*, *graph.*

Gehen <: *graph.*

Sitzen <: *graph.*

Sacroiliacalgelenke (Kreuzbein-Darmbeingelenke): *aesc.*

Sacrum: *aesc.*

Schweregefühl *Lumbalregion*: bar-c., *laur.*, *sabin.*

Schweregefühl *Sacralregion*: *hyper.*

Taubheit, Ameisenlaufen *Wirbelsäule*: agar.
- Pelzigsein *Lumbalregion erstreckt sich* zu den *Oberschenkeln*: *podo.*

Verletzungen des *Rückgrats*
- *Rückenmark*: *hyper.*

Erschütterung der *Wirbelsäule*: hyper.

Coccyx: hyper.

1 engl. shooting
2 engl. darting
3 engl. stitching
4 engl. sore

RÜCKENSCHMERZEN

ALLGEMEINES UND MODALITÄTEN

Schmerz nicht näher bezeichnet: dor., *eupi.*, kali-c., kalm., lac-c., murx., ol-j.
Morgens, Erwachen, beim: *kali-c.*
– **Nachmittags** 4 Uhr dauert die ganze Nacht: *syph.*
Nachts: am-m.
– **Andauernd**: *aesc.*, *berb.*, *kali-c.*, ⁝*rhus-t.*
- Menses, vor: *kali-c.*
Atmen, behindert das: asar.
Aufstehen vom Sitzen, beim: ⁝rhus-t.
Bewegung, Beginn zu >: *lac-c.*
Bücken, beim: *eupi.*
Druck >: *eupi.*, *mag-m.*
– **Erektionen**, während schmerzhafter[1]: *puls.*
– **Fieber**, während: *gels.*
Feuchtem Wetter, bei: ⁝rhus-t.
– **Fluor**, vor: *eupi.*
- zu Beginn <: *eupi.*
- während: *arg-n.*, *eupi.*, *helon.*, *kali-c.*, *lyss.*, *mur-ac.*, *ph-ac.*
Frost
- Frösteln, beim: *nux-v.*
- Schüttelfrost, während: ⁝*bell.*
Froststadium im Fieber, während: ⁝bell.
Gehen >: ⁝rhus-t.
– **Gonorrhoe**, während: *gels.*
– **Harndrang**, bei: ⁝*canth.*
Liegen, im <: berb., nux-v.
Hartem, L. auf >: nat-m., rhus-t.
Rücken, auf dem R. liegen >: nat-m.
Luft, Zugluft, bei jeder: nux-v.
Menses, vor: kali-c., plat.
bei Beginn >: ⁝asar.
während: ⁝*asar.*, cimic., eupi., jod., puls.
– **Metrorrhagie**, während: *helon.*
– **Neuralgischer** Schmerz: *syph.*
Rheumatischer Schmerz: *ol-j.*
– **Ruhe** >: *lac-c.*
– **Taubheit**, Pelzigsein, mit: *podo.*
Urinieren, während: ant-c.
– **Wärme** Baden warmes >: ⁝*rhus-t.*

ORTE

Erstreckt sich zum *Becken*: eupi.
- von *vorne* nach *hinten*: *bell.*
zum *Oberschenkel*: cimic.
Cervicalregion: cocc.
Menses, vor: nat-c.
rheumatisch: cimic.
Dorsalregion
- Menses, während: *erig.*
- *Scapula* rechts, innerer Rand des *rechten Schulterblattes* Menses, während: *cic.*
zwischen den *Schulterblättern*, Menses, während: am-c.
Lumbalregion: aloe, caust., cinnab., *dor.*, kalm., senec., *uran.*
Erkältung, durch: rhus-t.
Fluor, während: *caul.*, *gels.*
Gehen, beim G. <, muß gebeugt gehen: sulf.
Liegen >: *podo.*
Menses, vor: asar., *xanth.*
während: asar., berb., brom., jod., nicc., prun., xanth.
- Schwitzen, nach: *rhus-t.*
Sitzen, im <: *burs-p.*
- unerträglich: *xanth.*

1 engl. chordee, s. a. Fußnote S. 343

- Zugluft, durch: *rhus-t.*
- *erstreckt sich* zum *Hypogastrium*, *Uterus* und *Oberschenkel*: *sang.*
- *Hüfte* von einer zur anderen durchgehend: *aesc.*

Sacralregion: aesc., gels., hyper., laur., lob., ol-j.
Bücken <: aesc.
Fluor, während <: gels.
Gehen <: aesc.
Menses, während: berb., lob.
- Pochen hinter dem *Schambein*, mit: *aesc.*

erstreckt sich zur *Hüfte*: aesc.
- Schamgegend: *laur.*

– **Seiten**
- Menses, während: *prun.*, *puls.*

Wirbelsäule
Bewegung <: agar.
- Drehen des Körpers, beim: *agar.*

RÜCKENSCHMERZEN EMPFINDUNGEN

Abwärtszerrend
Menses, während: *ust.*
nach: ust.
- *Cervicalregion* Urinieren, während: *nux-v.*

Lumbalregion: ferr., *merc.*, sabin.
Menses, während: *podo.*
- *erstreckt sich* nach *vorn*: *sabin.*

Sacralregion: *ferr.*

Brennend: phos.
- Fluor, während: *phos.*

Sitzen, im: *helon.*
Lumbalregion: kreos., ter.
Wirbelsäule: *agar.*, *alum.*

Drückend
Menses, während: agar.
- Taubheit, mit, bis zu den *Oberschenkeln*, *erstreckt sich* nach *unten*: *podo.*

Lumbalregion: *ferr.*
- Holz, wie von einem querliegenden Stück H.: *nux-m.*

Sacralregion: ferr.
- *Wirbelsäule* Eisen, als ob Eisen durch die untere WS getrieben würde: *alum.*

Empfindlichkeit (s. **Wund**)

Krampfartig (vgl. **Zusammenziehend**)
- Fluor, während: *cham.*
- Menses, vor: *caust.*

Lahmes Gefühl: lyss.
Lumbalregion: aesc., *bar-c.*, *caust.*, *con.*, *lept.*
Sacralregion: *ang.*
- Bücken, beim: *ang.*

Quälend[1], (Wehtun) (KK s. **Wehtun**): rhus-t., *syph.*
- Hitzestadium im Fieber, während: *gels.*

Lumbalregion: berb., *erech.*, podo., rhus-t.
Gebärmuttervorfall, bei: *podo.*
- Gonorrhoe, unterdrückter nach: *berb.*
- Hinsetzen, beim <: *burs-p.*

Menses, während: *cinnab.*
Wirbelsäule: agar.

Reißend
Menses, während: agar.
Lumbalregion: *carb-ac.*

Schießend[2]
Lumbalgebiet: berb.
- ausstrahlend: *berb.*

Schneidend
Sacralregion Menses, während: *arg-n.*

– **Stechend**, durchstechend[3]
- *Lumbalregion* Sitzen <: *ol-an.*
- Menses, vor: *ol-an.*

1 engl. aching
2 engl. shooting (bei K und KK unter **Stechender, Schießender**)
3 engl. sticking

– **Stechend** wie Nadelstiche[1]
- *Wirbelsäule*: *zinc.*
– **Unerträglich**: *:asar.*, *lac-c.*
- *Lumbalregion* Menses vor: *xanth.*
– **Verbrannt**, wie *Lumbalregion*: *mag-m.*
– **Wehenartig**
Lumbalregion: *am-m.*
Wehtun (s. **Quälend**)
Wund, wie zerschlagen[2]: *bar-c.*, lyss.
Menses, vor: *cinnab.*
während: *cinnab.*
Lumbalregion: aesc., bar-c., berb., kali-j., *lap-a.*, lept., *mur-ac.*, rhus-t.
- Gonorrhoe, nach unterdrückter: *berb.*
Menses, während: kali-j., mag-s.
- sexuellen Exzessen, nach: *agar.*
- Masturbation, durch: *agar.*
Sacralregion: arn., lob.
Wirbelsäule Spinalirritation: agar., cinnab., cocc., zinc.
Zerbrechen, Schmerz, als ob der Rükken z. würde: *asar.*, bell., kali-c.
Menses, während: *ham.*
Lumbalregion: *asar.*, ham.
Sacralregion: *asar.*
Zerbrochen, wie: kali-c.
Lumbalregion
- Menses, während: *nux-v.*
Sacrum: eupi.
Ziehend
- Menses, unterdrückten, bei: *sabin.*
Cervicalregion
- Kopfschmerz, mit: *nat-c.*
Menses, vor: nat-c.
Lumbalregion: *mag-p.*, sabin.
erstreckt sich zum *Schambein*: *sabin.*
Zuckend *Wirbelsäule*: *zinc.*
Zusammendrückend
- *Lumbalregion* Menses, während: *am-m.*
Zusammenziehend
Lumbalregion Menses, während: am-m.

EXTREMITÄTEN

Empfindlich, Berührung gegen
Fuß: kali-c.
Empfindungen
Ameisenlaufen (KK s. **Taubheit**): *colch.*
Kälte: carb-v.
Kribbeln, Prickeln[3](KK s. **Taubheit**): *agar.*
Vergrößerung *Hand*: *carb-v.*
Völle
Hand: *carb-v.*
- Menses, während: *aesc.*
- *Fuß* Menses, während: *aesc.*
Entzündung *Gelenke*: bry., *dulc.*, rhod.
- gonorrhoisch: *bry.*
- *Gelenkbänder* (Ligamente): *bry.*
- *Gelenkhaut* (Synovitis): *bry.*
Farbe
Nägel blau: chin.
Finger rot: agar.
- *Oberschenkel Innenseite*
rot Fluor, durch: *cub.*, *graph.*
Flecke: graph.
Zehen rot: agar.
Frostbeulen (KK s. **Haut** Frostbeulen): petr.
Gichtknoten (KK s. **Knochen**): benz-ac., led., *sars.*, staph.
Fingergelenke: staph.
Geschwüre (KK s. **Haut** Geschwüre)

1 engl. pricking
2 engl. sore
3 engl. tingling

- *Oberschenkel* zwischen den, Fluor, durch: *graph.*

Haut

Flecke (s. **Farbe**)

hart an den *Händen*: graph.

Hornhaut *Hände*: graph.

rauh *Hände*: graph.

rissig *Hand*: petr.

Finger: graph.

- Absonderung von dickem, honigartigem, klebrigem Serum: *graph.*

- blutend: *graph.*

Fuß: *graph., petr.*

- *Zehen*: *graph.*

trocken *Hand*: *graph.*

wund, *Oberschenkel* zwischen den O.

- Fluor, durch: *all-s., rhod.*

Hautausschlag

Hand Bläschen: kali-s.

- gelblicher Flüssigkeit, mit: *kali-s.*

- *Oberschenkel* Flecken wund: *graph.*

- *innen* Pickel: *graph.*

- Pusteln Fluor, durch: *all-s.*

Jucken: agar.

Finger: agar.

Fuß, wie bei Frostbeulen: agar.

Zehen: agar.

Kälte: *arn.*, carb-an., nat-c.

- Blutandrang zum Gesicht, mit: *carb-an.*

- Blutung, nach: *chin.*

- Erbrechen, bei: *glon.*

heißem Gesicht, mit: *carb-an.* (vgl. Hand/Fuß)

Kopf, mit (s. **KOPF Hitze**)

- *Gelenke*, distale: *carb-v.*

Hand: *acon.*, ⁝*arn.*, *calc-c.*, sulf.

eisig Menses, zu Beginn: kali-j.

Fieber, bei: *acon.*

heißem Gesicht, mit: *grat.*

- Kopf, mit: ⁝*arn.*

Knie: *carb-an.*, carb-v., *nat-c.*

- Blutandrang zum Gesicht, mit: *carb-an.*

- zum Kopf, mit: *carb-an.*

- heißem Gesicht, mit: *carb-an.*

- Kopf, mit: *carb-an.*

Menses, während: *carb-an., carb-v.*

- *erstreckt sich* abwärts: *tab.*

Fuß: ⁝arn., calc-c., sulf.

heißem Gesicht, mit: *grat.*

Kopf, mit: ⁝arn.

Krampf

Kontraktion von Muskeln: cupr.

Finger: cupr.

Zehen: *cupr.*

tonisch (s. Konvulsionen tonisch)

Konvulsionen: cupr., hyos.

tonisch: *cupr.*

gezogen, Extremitäten werden nach oben gezogen (KK s. **Haltung**[1]): cupr.

- *Hand* tonisch: *cupr.*

- *Fuß* tonisch: *cupr.*

Muskelkrämpfe (schmerzhaft)[2]: *cupr.*

Rucken[3]: agar.

- Menses, zu Beginn: *hyos.*

Zucken[4] (fibrilläre Zuckungen): agar.

- Menses, zu Beginn: *hyos.*

Krampfadern (s. **Varicen**)

Kribbeln (s. **Empfindungen**)

Lahmheit (lähmungsartige Schwäche) (KK s. **Lähmung** Lähmigkeit): *gels.*, rhus-t.

- Menses, während: *rhus-t.*

Beine: *agar.*

Lähmung Inkoordination: agar., gels.

1 im engl. Kent „DRAWN upwards", bezieht sich auf die gesamten Extremitäten, bei KK „Haltung Aufwärts, Beine a. gezogen".
2 engl. cramp
3 engl. jerking
4 engl. twitching

Leukophlegmasie[1] (KK s. **Varicen** Phlegmasia alba dolens): *cycl.*
Müdigkeit (s. **Schwäche** Schweregefühl)
Nägel
brechen (s. spröde)
deformiert: graph.
dick: graph.
gefurcht (KK s. gerieft): thuj.
hart: *graph.*
krumm (s. deformiert)
spröde: graph., thuj.
verkrüppelt: graph.
Schwäche
einfache Schwäche: kalm., rhus-t., stann.
rheumatisch: rhus-t.
Gelenke: *stann.*
Hand Menses, während: ol-an.
Beine: arg-n., kali-c., *staph.*
Knöchel: nat-c.
Fuß Menses, während: ol-an.
Schweregefühl: arn., cimic., *ham.*
Menses, vor,
während: *gels.*, *graph.*, merc.
Hand: nat-m.
Beine: agar., arg-n., asar., colch., ham., kreos., merc., merc-j-f., murx., nat-m., senec., stann., sulf., *uran.*
- Fluor, bei: *arg-n.*
- Liegen <: *murx.*
Menses, vor: *ang.*
während: *am-m.*, *bar-c.*
Oberschenkel: am-c., *cast.*, *caust.*, *mur-ac.*
Fuß: colch., led., nat-m.
Menses, während: *bar-c.*
- Zerschlagenheitsgefühl: *rhus-t.*
Schweiß
Hand Handfläche: calc-c., ⁝*calc-p.*
- Anstrengung, nach geringster: *calc-c.*
Fuß kalt: calc-c., ⁝*calc-p.*
unterdrückt: cupr.
übelriechend: ⁝bar-c., sil.
Schwellung
ödematös (KK s. wassersüchtig): colch.
Gelenke: colch., *dulc.*
- gichtisch: *colch.*
Hand: *carb-v.*
ödematös: *ferr.*
Fingergelenke: colch.
Beine: ⁝apis, dulc.
ödematös: apis
wachsartig: *dulc.*
- *Oberschenkelinnenseiten* Fluor, durch: *lac-c.*
Knöchel: apis
- ödematös: *apis*
Fuß: acet-ac.
ödematös: apis, apoc., ferr.
Schwere (s. **Schwäche** Schweregefühl)
Steifheit: rhus-t.
(vgl. **Empfindungen**)
Menses, während: rhus-t.
Gelenke: rhus-t.
rheumatisch: rhus-t.
Taubheit
pelzig
Hand: nat-m.
Finger: nat-m.
Beine: cimic.
Fuß: nat-m.
Zehen: *nat-m.*
Ungeschicklichkeit (KK s. **Lähmung** Ungeschicklichkeit): agar.
Hand: agar., ⁝apis
läßt Gegenstände fallen: *agar.*, ⁝apis
- nervöse Schwäche, durch: *nat-m.*
- lacht dann: *apis*
Beine: agar.
Unruhe
Beine: zinc.

1 engl. milk leg

Fuß: zinc.
Varicen Krampfadern erweitert
Beine: ham.

Zittern: agar., alum., dor., gels., plat.
Hand: agar., coff., gels., tab.

GLIEDERSCHMERZEN

MODALITÄTEN

Fieber, bei: ⁞*gels.*
Menses, während: berb.
- <: ⁞*calc-p.*
Rheumatismus: *berb.*, gels., mag-p., puls., rhod., rhus-t.
abwechselnd mit Diarrhoe: dulc.
- abwechselnd mit Hysterie: *cimic.*
akut: puls., rhod.
- feuchtes Wetter, durch: *rhod.*
- Gonorrhoe, durch unterdrückte: *bry.*, *rhus-t.*, *sars.*, *thuj.*
- nach unterdrückter durch Kälte oder Nässe: *sars.*
Hitze > (KK s. **Wärme** >): *ol-j.*
- Hysterie, mit: *cimic.*
kaltem Wetter, bei: dulc.
- Menses, vor: *calc-p.*
- unterdrückten, bei: *bry.*
- *Muskeln*: *rhus-t.*
- Naßwerden, durch: *rhod.*
- Schulmädchen: *calc-p.*
- Sturm, Gewitter vor <: *rhod.*
- subakut oder chronisch: *thuj.*
- warmem Wetter, bei >
- *Sehnen*: *rhus-t.*

ORTE

– **Erstreckt sich** von unten nach oben: *led.*
Gelenke
- Arthritis: *puls.*
- gonorrhoisch: *puls.*
gichtig: benz-ac., colch., sars.
- Gonorrhoe, nach unterdrückter: *sars.*
- Naßwerden, durch: *dulc.*
rheumatisch: dulc., led.
Bewegung >: *dulc.*
- *große Gelenke*: *ol-j.*
- *kleine Gelenke*: *caul.*
- Schweiß, durch Unterdrückung von: *dulc.*
- Wasser, durch Arbeiten im W.: *dulc.*
– **Muskeln**: *rhus-t.*
– **Muskelscheiden**: *rhus-t.*
Sehnen: rhus-t.
- rheumatisch: *rhus-t.*
Arme rheumatisch: ⁞calc-p.
- Menses, während <: ⁞*calc-p.*
Schulter
- *links* bei tiefer Einatmung: *uran.*
rheumatisch: ⁞calc-p.
- Menses, während <: ⁞*calc-p.*
– **Oberarm** *Knochenhaut*: *staph.*
- nachts <: *staph.*
Beine *Ischias* rechts: *gnaph.*
rechts Taubheitsgefühl, mit: gnaph.
Hüfte
- nachts alle 2 Stunden, Urinieren >: *berb.*
rheumatisch: led.
- Urinieren, vor: *berb.*
- nach dem >: *berb.*
Oberschenkel
- nachts alle 2 Stunden, Urinieren >: *berb.*
- *Knochenhaut*: *staph.*
- nachts <: *staph.*
- Urinieren, vor: *berb.*

- nach >: *berb.*

Knie

- rheumatisch, akut: *puls.*
- rheumatisch, Gonorrhoe, nach Unterdrückung der: *puls.*

Tibia

- Berührung <: *syph.*

– **Knöchel** rheumatisch Gonorrhoe, nach Unterdrückung der: ⁞*puls.*

- *links*: ⁞*puls.*

Fuß

gichtig: *kali-s.*, led.

- kaltes Baden >: *led.*
- Menses, während: *am-m.*

Ferse: *cycl.*

GLIEDERSCHMERZEN EMPFINDUNGEN

Brennend: *agar.*

Hand: *carb-an.*, phos., *sang.*

nachts <: *phos.*, *sang.*

- Klimakterium, im: *sang.*

Finger: agar.

- *Oberschenkel* innen: *kreos.*
- Menses, während: *sars.*
- Urinieren bei: *kreos.*

Fuß: agar., *carb-an.*, phos., sang.

abends im Bett: sulf.

nachts <: *phos.*, *sang.*

im Bett <: sulf.

- Klimakterium, im: *sang.*

Sohle: sulf.

Menses, während: *graph.*

Zehen: agar.

Quälend, Wehtun[1] (KK s. **Wehtun**): rhus-t., syph.

- Hitzestadium im Fieber, während: *gels.*

Tibia: *syph.*

Schießend

Beine: ⁞*rhus-t.*

– **Stechen**, schmerzendes[2]: *agar.*

Stechend[3]: agar.

- *Oberschenkel* Menses, während: *bor.*

– **Stechend** wie Nadelstiche[4]: *agar.*

- Nadeln heißen, wie von: *agar.*

Wund, wie zerschlagen (KK s. **Wundgeschlagen**): rhus-t.

- *Oberschenkel*, Menses, zu Beginn: ⁞*anan.*

innen: *goss.*, *graph.*

- Fluor, durch: *aur-m.*, *bov.*, *graph.*, *jod.*

Ziehend *Tibia*

- rechts: *peru*

SCHLAF

Erwachen

früh: ⁞nux-v.

- 3 Uhr Menses, während: *kali-c.*

häufig: sulf.

Gähnen: am-c.

häufig: *amyl-n.*

krampfhaft: plat.

Menses, während: *apis*

Gestört: *lac-c.*

Menses, vor: *alum.*

Träume, durch: dulc.

Komatös: op.

Lage

Arme über dem Kopf: plat., puls.

1 engl. aching
2 engl. stinging
3 engl. stitching
4 engl. pricking

Schlaflosigkeit: ⁝nux-v., sulf.
- nachts, schläft am Tage: *am-c.*
  Menses, während: *coff.*

Schläfrigkeit: berb., nat-c., nux-v.
  abends: ⁝nux-v.
  Hitzestadium im Fieber, während: ⁝gels.
  Lesen, beim: *nux-v.*
- Menses, zu Beginn: *apoc.*, *syph.*
- während: *helon.*, *op.*
  Sitzen, im: nux-v.

Schnarchen (s. **ATMUNG Schnarchend**)

Träume
  erotisch: senec.
  Gefahr, von: am-c.
  Geistern, von: am-c.
- Geschlechtsverkehr, von (vgl. erotisch): *orig.*
  Krankheit, von: lac-c.
- von faulenden Geschwüren: lac-c.
  Mord, von: *crot-h.*
  Schlangen, von: lac-c.
  schrecklich: *lac-c.*
  Tode, vom: *lac-c.*
  Sterbenden, von: am-c.
  Toten, von: *am-c.*, crot-h., *lac-c.*
  unangenehme: *am-c.*
- Wasser, von dunklem: *lac-c.*
  wollüstige (s. erotisch)
  Zank, von: mosch.

Unerquicklich: ⁝ars., kali-c., nat-c.

Unruhig: dulc.

FROST

Frösteln: am-c., arg-n., ars., ⁝bar-c., *berb.*, caps., euphr., ⁝gels., ip., led., *mag-m.*, ⁝nux-v., puls., *sec.*
  morgens: nux-v.
  Bewegung, durch: *plat.*
- Fluor, während: *cycl.*
  Menses, zu Beginn: kali-j.
  während: berb., cycl., kreos., *lyc.*, nat-m., nux-v., puls.
- Schmerz im *Blasenhals*, bei: *puls.*
  Urinieren, während: *kali-n.*, stram.
  nach: *med.*

Kriechend
- Menses, zu Beginn: *ant-t.*

Schüttelfrost: ⁝bell.

– **Zittern und Schaudern**
  Menses, zu Beginn: *kali-j.*

FIEBER

ALLGEMEINES UND MODALITÄTEN

– **Fieber** nicht näher bezeichnet: *euphr.*, *gels.*, *hyos.*

Zeit
- 15 Uhr bis morgens: *cina.*

– **Beginn** einer Krankheit, zu: *acon.*

– **Menses**, zu Beginn: *bell.*
- nach Verletzung: *arn.*
  während: bell., gels., *lob.*

FIEBER ART

Continua febris, Typhus, Fleckfieber: crot-h.
Entzündungsfieber: acon., canth.
Frösteln, mit: *gels.*
abwechselnd mit Hitzewellen: *acon.*
Hektisches: acet-ac., lach.
– **Hitze** im allgemeinen Schmerzen, nach: *cham.*
Intensive Hitze (Hohes Fieber): acon.
Intermittierendes Fieber
- Folgekrankheit Nierenbeschwerden: *dulc.*
Kindbettfieber: *crot-h.*
– **Langdauerndes**: *acet-ac.*
– **Niedrig**: *mur-ac.*
Schweiß
Schweiß während der Hitze: *acet-ac.*
Schweiß, ohne: acon., bell.
Septisches: crot-h.
Stadien
Frost gefolgt von Hitze: :bell.
Hitze gefolgt von Schweiß: :*apis*
- langsam beginnend: *gels.*
Trockene Hitze: acon., :bell.
Typhoid (s. **Continua febris**, Typhus)
– **Unwohlsein**, mit: *gels.*

SCHWEISS

Eigenschaften
- Geruch dumpf, wie altes Heu: *stann.* (vgl. schimmelig)
- Fischlake, wie: *thuj.*
Honig, wie: thuj.
sauer: hep., psor., sil., thuj.
schimmelig: thuj.
- stechend: *thuj.*
stinkend: psor., thuj.
süßlich: thuj.
kalt: op., psor., tab., verat.
- Blutungen, nach: *chin.*
klebrig und kalt: *tab.*
- Blutungen, nach: *chin.*
reichlich: merc., *ter.*, thuj.
nachts: acet-ac., merc.
fehlend (s. **FIEBER ART Schweiß**)
Modalitäten und Zeit
nachts: ars-j., chin., kali-c., lach., sil., *uran.*
Anstrengung, bei leichter: *coc-c.*
Schlaf während <: thuj.
Erwachen >: thuj.
Symptome während Schweiß <: merc., op.
Unterdrückung, Folgen von: dulc., cupr.
Urinieren, während: *pareir.*
Orte
Oberkörper: *acet-ac.*
<: *arn.*
- unbedeckte Teile: *thuj.*

HAUT

Aufgesprungen
Risse: graph.
- Absonderung gelb, klebrig, honigartig: *graph.*
(vgl. **Geschwüre** Absonderungen; **HAUTAUSSCHLÄGE ART Absonderung**)
- *Schleimhautöffnungen*, an: *hydr.*
Anasarka (s. **Schwellung** ödematös)
– **Blutung** Petechien: *phos.*

– **Eiterung**, Neigung zu: *graph.*, *hep.*
Empfindungen
Beißen: *ol-an.*
Brennen: agar., ol-an., petr.
Jucken: agar., *ery-a.*, ol-an., petr.
Kratzen <: *crot-t.*
Kribbeln, mit: agar.
Wärme, Warmwerden, beim: sulf.
Bett, beim Warmwerden im: sulf.
Stechen, schmerzendes[1] (KK s. Stechen, feines): *agar.*
Farbe
blaß: ⁞ars., kali-c., nat-m., tab.
bläulich: sil.
- bleich: ⁞*apis*, *ol-j.*, *psor.*
braun: thuj.
- dunkel: *carb-v.*
- durchsichtig: ⁞*apis*, *ol-j.*
- Blutgefäße durchscheinend: *ol-j.*
Flecke: *phos.*
- hell: ⁞*apis*
rot: petr.
Flecke: ⁞apis
- Bienenstiche, wie: *apis*
- Menses, während: ⁞*apis*
schmutzig: psor., sulf., thuj.
- schmutzig-braun: *psor.*
schwärzlich: carb-v.
wachsartig: *nat-m.*
weiß: ⁞ars.
– **Fein**: *sep.*
– **Feste Fasern**, straff: *sep.*
Flecke (s. **Farbe**)
Gänsehaut: nat-m.
- Menses, zu Beginn: *nat-m.*
- während: *nat-m.*, *puls.*
– **Geruch** Urin, nach: *benz-ac.*
Geschwüre: cinnab., hep., kali-bi., *lac-c.*
Absonderungen ätzend: kali-j.
blutig: *kali-j.*
dünn: nit-ac.
gelb: hydr.
- gelb-grün: *nit-ac.*
- geronnen: *kali-j.*
- schleimig: *lac-c.*
- serös-jauchig: *kali-j.*
übelriechend: carb-an., *kali-j.*
faulig: *carb-an.*
wäßrig: nit-ac.
- schmutziges Wasser, wie: *nit-ac.*
blutend: asaf., *cinnab.*, hydr., nit-ac.
- bösartig: *carb-an.*
Eiterbildung, mit: hep.
flach: merc.
gelb: *kali-bi.*
glänzend: lac-c.
- gonorrhoisch: *hydr.*
- Granulationen, mit schmerzlosen: *hydr.*
- grauweiß: *lac-c.*
- kleinen Wunden, bei: *hep.*
phagedänisch (weiterfressend): lach.
- Ränder ausgestanzt, wie: *kali-bi.*
erhöht und verhärtet: asaf.
- glatt geschnitten: *lac-c.*
- rund: *lac-c.*
- schmerzlos: *lac-c.*
- schwammig: *lac-c.*
speckig: merc.
syphilitisch: lac-c., merc.
tief: kali-bi.
- unregelmäßig: *kali-bi.*
Hitze
- trockene: *ol-an.*
Kälte: sec.
Rauh: *psor.*
Risse (s. **Aufgesprungen**)
Schlaff: agar.
– **Schleimhäute**
geschwollen, gedunsen: *arg-m*
- rot: *arg-m.*
- trocken: *bell.*, *nat-m.*
Schwellung
ödematös: nat-m.

[1] engl. stinging

Anasarka: *apis*, *ter.*
Sommersprossen: sep.
(vgl. **GESICHT Sommersprossen**)
Trocken: alum., sil., sulf.
Unfähigkeit zu schwitzen: alum.
Ungesund: graph.
Warzen: ant-c., arg-n., *cinnab.*, *kali-s.*, thuj.
- behaarten Teilen, auf: *thuj.*
blutend: *calc-c.*, cinnab., nit-ac.
empfindlich gegen Berührung: thuj.
- fächerförmig: *thuj.*
gestielt: thuj.
- Gonorrhoe, nach unterdrückter: *sars.*
groß: thuj.
fleischig: calc-c.
juckend: *calc-c.*
nässend: nit-ac.
- rissig: *thuj.*
rund: calc-c.
schmerzhaft: nit-ac.
- stechend, Splitter, wie: *nit-ac.*
weich: *calc-c.*
- *Schleimhaut* Körperöffnungen, um die: *nit-ac.*
Wucherungen
Blumenkohlgewächs: *cinnab.*
Feigwarzen (Condylome): *calc-c.*
- brombeerartig: *cinnab.*
- Geruch nach Heringslake: *calc-c.*
hahnenkammförmig, (fächerförmig): *cinnab.*
syphilitisch: cinnab.

HAUTAUSSCHLÄGE

ART

Ausschläge nicht näher bezeichnet: *lac-c.*, *murx.*
– **Absonderung** gelblich-grün: *thuj.*
- schleimig: *thuj.*
– **Bienenstiche**, wie: *apis*
Erysipel: rhus-t.
- brennend: ⁝*rhus-t.*
- juckend: ⁝*rhus-t.*
- schmerzend (durchdringender Schmerz) [1]: ⁝*rhus-t.*
- postgonorrhoischem Ausfluß, nach: *rhus-t.*
- nach Unterdrückung des A.: *rhus-t.*
Flecken größere entzündliche[2] juckend: *graph.*
Furunkel: arn.
Nesselsucht (s. **Urtikaria**)
– **Masernähnlich**: *euphr.*
Papeln: *cinnab.*
Petechien: *lach.*
– **Purpura**: *lach.*
Pickel: *psor.*
Pusteln: *lac-c.*
Schuppen, mit: psor.
Syphilitisch
- Menses, während: *syph.*
- Sommer, im: *syph.*
Trocken: alum.
Unterdrückt: dulc.
Urtikaria (Nesselsucht): apis, dulc., hep.
- große Quaddeln: *dulc.*
- Entblößen <: *hep.*
- feuchtes Wetter >: *hep.*
- Gonorrhoe, während: *cub.*
Kälte <: *dulc.*
Menses, vor: dulc.
Wärme >: hep.
Wetterwechsel, nach: *hep.*

1 engl. smarting
2 engl. blotches

HAUTAUSSCHLÄGE EMPFINDUNGEN

Juckend: alum., ⁝*apis*
Wärme <: alum.
- Winter, im <: *alum.*
Stechend: ⁝apis

HAUTAUSSCHLÄGE MODALITÄTEN

Abwechselnd mit Diarrhoe: *crot-t.*
– **Baden**, kaltes >: ⁝*apis*
– **Schwitzen** <: *anthra.*
Winter, im <: alum.

ALLGEMEINES

Abgeschlagenheit (s. **Müdigkeit**) (vgl. **Mattigkeit**)
Abmagerung: arg-m., ars., *eupi.*, ferr., hydr., ol-j., ph-ac., verat.
- Blutungen, nach: *acet-ac.*
- chronische: *jod.*
- Kachexie: *arg-m.*, *ars.*, *ars-j.*, *jod.*, *ol-j.*
-   tuberkulös: *ars-j.*
- langsame: *jod.*

Absonderungen
- dunkel: *lach.*
- dünn: *lach.*, *nit-ac.*
- eitrig: *lac-c.*
erschöpfend (s. **MODALITÄTEN Säfteverlust**)
- fadenziehend, dicke Fäden: *hydr.*
- flüssig: *crot-h.*
- gelb-grünes Sekret: *nit-ac.*
- gelblich-grüner Schleim: *arg-m.*
- grünlicher Schleim: *arg-m.*
- scharf: *am-c.*
- schmutziges Sekret: *nit-ac.*
- schmutzig-grünlicher Schleim: *arg-m.*
- schwarz: *crot-h.*
- übelriechend: *bufo*, *carb-v.*, *crot-h.*, *lac-c.*, *lach.*
-   faulig riechend: *lach.*
-   Fisch, wie abgestandener: *arg-m.*
-   muffig: *arg-m.*
- ununterbrochen fließend: *crot-h.*
- wäßrig: *lach.*, *nit-ac.*

Abszesse: hep.
Drüsen: kali-j.
Analgesie (s. **EMPFINDUNGEN Analgesie**)
Anämie: ars., *berb.*, calc-c., crot-h., cupr., ferr., *lac-d.*, mang., nat-m.
Anasarka (s. **Wassersucht**, äußerl.)
Arzneien
- empfindlich gegen: *lyss.*
- nach zu vielen allopathischen: *cedr.*, *nux-v.*
(KK. vgl. **Reizbarkeit**, zuviel Medizin)

Blutandrang (Kongestion): acon., bell.
- Fluor, nach: *bell.*
- plötzlich: *bufo*
- *Venen*: *carb-an.*

Blutgefäße Erweiterung *Arterien*: *glon.*
-   *Venen*: *carb-an.*, *chin.*, *puls.*
- Farbe blau: *chin.*
-   *Venen* purpurfarben: *carb-an.*

Blutüberfülle, Plethora: *caps.*, carb-v., *coca*, sabin.
- heißes Bad <: *aesc.*
- Wärme <: *aesc.*
- *Pfortadersystem*: *podo.*
- venös: *carb-an.*, *carb-v.*, *ham.*, *led.*

Blutung: am-c., *calc-p.*, chin., graph., ip., mill., nit-ac., ter.
- Angst, ohne: *mill.*
Anstrengung, nach: mill.
- nachts <: *bov.*
- Blut dunkel: *am-c.*, *crot-h.*, *plat.*

gerinnt nicht: am-c., *con.*, crot-h.
- flüssig: *plat.*
- hellrot: *ham.*, *mill.*
- Krebs, bei: *con.*
- kleine Wunden bluten stark: *phos.*
Körperöffnungen, aus allen: *croc.*, crot-h.
- passive: *acet-ac.*, *ham.*, *ter.*
- schmerzlos: ., *chin.*, *ham.*
- sickernd: *crot-h.*
- Nachsickern, langes: *ferr.*
- übelriechend: *con.*
- venöse: *graph.*, *ham.*

– **Blutzirkulation** schwach: *carb-an.*
- träge: *carb-v.*

Bösartige Erkrankungen (s. **Krebsartige** Erkrankungen)

Chlorose: cupr., mang., phos.

Chorea (Veitstanz): agar., mag-p.
Menses, während: *cic.*

Drüsen
Atrophie: bar-c.
- Beteiligung: *con.*
Fisteln: *kali-j.*
- Infiltration: *kali-chl.*
- Schwellung[1]: *chim.*, hep., staph.
- Verhärtung[2]: bar-c., *chim.*, kali-chl., staph.

Dünn (s. **Magere** Menschen)

– **Erkältung** Neigung zu: *mag-m.*
- Wetterwechsel, bei: *calc-p.*

Erschlaffung der *Muskeln*: agar., bor., calc-c., ⁝*calc-p.*, caps., gels., *lil-t.*, sep., *verat.* (vgl. **Schwäche**)

Erschöpfung (s. **Schwäche** Erschöpfung)
nervöse (s. **Schwäche** Nervenschwäche)

Faulheit: ⁝caps.

Fettsucht: *am-c.*, am-m., ant-c., bar-c., ⁝*bell.*, calc-c., ⁝caps., graph., kali-bi., kali-c., *lil-t.*, op.

Gonorrhoe, unterdrückte: *kali-s.*, med., sars.
- Harnbeschwerden, mit: *sars.*
- Kälte und Nässe, durch: *sars.*

Hitze (s. **MODALITÄTEN**)

Hitzewallungen: lach.
- Erregung, von: *amyl-n.*
- Kälte des *Körpers* unterhalb des *Magens*, mit: *amyl-n.*
- Klimakterium, während: *sulf.*
- *Magen*, im M. beginnend: *amyl-n.*
Menses, vor: *lach.*
während: *lach.*, *sulf.*
Schweiß mit: *amyl-n.*, sulf.

Katalepsie Menses, während: *cic.*

Knochen Exostosen: *cinnab.*

Kollaps: op., verat.

Konvulsionen: hyos.
nachts: *syph.*
Berührung, bei: cic.
Bewußtlosigkeit, mit: absinth.
- Menses, während: *cic.*
epileptische: *absin.*, lach., stram.
- nachts: *op.*
- Menses, während: *bufo*, *cic.*
- nach: *syph.*
- sexuellen Exzessen, nach: *lach.*
- Erregung, durch: *op.*
- Erschütterung, bei: *cic.*
- Freude, durch: *op.*
Hautausschlägen, von unterdrückten: *cic.*
hysterische: cimic.
klonische: *absin.*
- Kopfverletzungen, von: *cic.*
Menses, vor: bufo, cupr.
- zu Beginn: *bufo*, *hyos.*
während: *absin.*, bufo, cic., gels.
- Scham, durch: *op.*
Schreck, durch: op.
tonische: *absin.*
- Verdrehungen der Glieder, mit: *cic.*

1 KK unter **Schwellung**, hier Rubrik zur Übersicht doppelt
2 KK unter **Verhärtung**, hier Rubrik zur Übersicht doppelt

Wochenbett, im: ⁝*amyl-n.*
Zorn, nach: op.
Krampfadern, Varicen: *aesc.*
Krämpfe (s. **Chorea; Katalepsie; Konvulsionen; Zuckungen**)
Krebsartige Erkrankungen: ars-j., bufo, carb-an., con., *crot-h.*, lach.
(vgl. **Tumoren**)
Lähmung
allmählich erscheinend: caust.
- lähmungsartige Passivität: *con.*
– **Langsame Entwicklung** der Krankheiten: *carb-an.*
(vgl. **Reaktionsmangel**)
– **Lebenskraft** gering: *carb-v.*, *staph.*
Magere Menschen: ⁝*ars.*
Mattigkeit: *cedr.*, coc-c., *eupi.*, *fago.*, ham., kali-p.
(vgl. **Schwäche; Müdigkeit**)
- Fluor, während: *calc-c.*, *eupi.*, *ham.*, *lac-d.*
- Menses, während: *bor.*, *bov.*, *coca*, *graph.*, *helon.*, *lac-d.*, *nux-v.*
Müdigkeit, Abgeschlagenheit, Abgespanntheit: am-c., arg-n., ars., berb., *burs-p.*, ⁝calc-p., caps., *dor.*, *fago.*, ham., *jod.*, kali-c., *lac-d.*, *lil-t.*, nat-c., psor., sil., zinc.
morgens <: *kali-c.*, mag-c., *stann.*
- beim Erwachen: *ambr.*
Menses, vor: kali-c.
während: *bar-c.*, bor., ⁝calc-p., caust., *coca*, *graph.*, mag-c.
- möchte liegen: *ferr.*
nach: *berb.*
- plötzlich: *stann.*
Ohnmachten, Schwächeanfälle: am-c., cocc., cycl., *lac-d.*, mosch., nux-m., sulf.
- Aufstehen, beim, aus dem Bett: *lac-d.*
- Blutung, während reichlicher: *chin.*
Herzklopfen, bei: nux-m.
- Herzschwäche, von: *am-c.*
Menses, vor: *am-c.*
während: apis, puls.
Schmerz, durch: *mag-p.*
Plethora venös (s. **Blutüberfülle**)
Polypen: *arg-n.*
Puls beschleunigt (KK s. schnell): ter.
fadenförmig: *lac-d.*
hart: acon., ter.
klein: ⁝ars.
langsam: gels., *lac-d.*
- relativ, bei Fieber: ⁝*gels.*
schnell: acon., ⁝bell., glon.
schwach: ⁝ars.
voll: acon., glon.
weich: gels.
Reaktionsmangel: carb-an.
Scharlach, Folgekrankheiten von: dulc.
- Nierenerkrankung, nach: *dulc.*
Schock durch Verletzung: hyper.
Schwäche[1]: *alet.*, alum., *aral.*, arg-n., ⁝ars., *burs-p.*, calc-p., caps., carb-v., con., croc., *erig.*, ferr., gels., ham., hydr., ip., jod., lach., lept., merc., ph-ac., *uran.*
Anstrengung, bei der geringsten A. <: ars., carb-v., phos.
- Blutung, nach: *erig.*
Diarrhoe, während: *am-c.*, *crot-t.*
- Erschöpfung[2]: *ars.*, *carb-an.*, *cinnab.*, *hydr.*, *lac-d.*, *lach.*, *lept.*, *mosch.*, *nux-v.*, *phos.*, *sil.*, *ter.*, *verat.*
Coitus, nach: *benz-ac.*, *sep.*
- Fluor, während: *berb.*, *calen.*
- Husten, von: *hyos.*
- Schweiß, mit kaltem: *verat.*
Menses, vor: *alum.*, *kali-c.*
während: am-m., ars., *brom.*, carb-an., helon., *lac-d.*
nach: alum.
Fieber, bei: ⁝*gels.*, mur-ac.
- Fluor, während: *calc-c.*, *con.*, *ham.*, *hydr.*, *jod.*, *lyss.*, *mur-ac.*, *psor.*, *stann.*
- nach: *alet.*

1 engl. weakness, debility, languor
2 engl. exhaustion, prostration

Gehen, beim: *calc-p.*
- kann kaum: *cocc.*
geistige Anstrengung <: ars., nat-c.
Hitze, durch: nat-c.
- Kräfteverlust[1]: *ars., jod., ol-j.*
- kräftig aussehend: ⁝*bar-c.*
Menses, vor: caust.
während: *apis*, bar-c., calc-p., caust., helon., *lac-d.*, nicc., puls.
Liegen, möchte: *bar-c.*
nach: ⁝*ars.*
- zwischen den M.: *alum.*
Muskelschwäche (s. **Erschlaffung** der Muskeln)
Nachtschweiß, durch: chin.
Nervenschwäche: *alet.*, *aral.*, *asaf.*, *coca*, cocc., coff., ign., jod., kali-p., nat-c., zinc.
- Menses, nach: *alum.*
plötzlich: verat.
Schmerz, durch: ⁝*ars.*
- Schwindel, mit: *con.*
Schwitzen, beim: sil.
- Steigen, beim: *jod.*
Treppensteigen, beim: calc-p., jod.
- Übelkeit, während: *ip.*
zittrig: arg-n., *coca*, gels., *lach.*
Schwellung: sil.
ödematös: apoc.
- einzelne Körperteile: *xanth.*
Drüsen: *chim.*, hep., staph.
– **Senilität**: *carb-an.*
Sepsis: crot-h., lach.
Sexuelle Ausschweifungen, Symptome durch: *coca*, *sars.*, staph.
Starrkrampf (s. **Katalepsie**)
Strecken, Gähnen, mit häufigem: *amyl-n.*, *fago.*
Syphilis: aur.
Tumoren
(vgl. **Krebsartige** Erkrankungen)
- blutend: *nit-ac.*

Veitstanz (s. **Chorea**)
Verbrennungen: carb-ac.
- Verätzungen: *carb-ac.*
Verhärtungen: con., sil.
Drüsen: bar-c., *chim.*, kali-chl., staph.
Knoten unter der *Haut*, wie: *bar-c.*
Verletzungen: arn., *mill.*
(vgl. KK **Wunden**)
- ernsthafte: *acet-ac.*
- Erschütterungen, nach: *arn.*
Fall, nach: arn., hyper., *mill.*
Nerven: hyper.
- reißende Schmerzen: *hyper.*
- stechende Schmerzen[2]: *hyper.*
- Operationen, durch: *hyper.*
- *Schließmuskeln*, an: *hyper.*
schmerzhaft, sehr (s. Nerven)
– **Wachsen**, zu schnelles: *phos.*
Wassersucht
- Hautwassersucht (Anasarka): *apis*, *apoc.*, *kali-c.*
innerlich[3]: apoc., *dor.*
Wechselnde Symptome: *cimic.*, puls., *sanic.*
körperliche und psychische S. wechseln sich ab (s. **GEMÜT Psychische Symptome**)
Widerspruchsvolle und einander abwechselnde Zustände: puls.
Zittern äußerlich: agar., arg-n., con., *eupi.*, gels., ign., *lac-f.*, merc., stann.
Angst, durch: ⁝*asaf.*
Anstrengung, bei: *nat-c.*
Bewegung, bei: *gels.*
- Fluor, während: *eupi.*
Menses, während: absin., puls.
Schreck, durch: *mosch.*
Zucken *Muskeln* (leichtes Z. einzelner Muskelfasern): *absin.*, ⁝asaf., ign.
Zuckungen (wie bei Konvulsionen)
Muskeln: agar., bell.
Zwergwuchs: bar-c.

1 engl. loss of strength
2 engl. stitching
3 engl. dropsy = Hydrops

ALLGEMEINES MODALITÄTEN

Morgens

<: aloe, ⁝*anan.*, bell., bry., euphr., nux-v., podo., sil.

- 5 bis 11 Uhr <: *nat-c.*
- 9 Uhr: *mur-ac.*
- 9 bis 13 Uhr: *mur-ac.*

10 Uhr <: *med.*, nat-m.

10 bis 11 Uhr <: nat-m.

11 Uhr <: *bufo*

Vormittags <: sep.

– **Tagsüber** >: *rhus-t.*

– **Mittags** >: *nux-v.*

Nachmittags

<: *fago.*, ⁝puls., rhus-t.

13 Uhr <: *ars.*

14 Uhr <: *am-m.*

15 Uhr <: *ang.*, ⁝*puls.*

16 Uhr <: lyc.

- ab 16 Uhr <: *syph.*

Abends

<: ambr., cham., cycl., dulc., *fago.*, phos., ⁝puls., sep.

>: *lob.*, *nat-m.*, *nux-v.*

Nachts

<: am-m., *aur-m.*, cham., cinnab., *cub.*, *med.*, merc., merc-j-f., *nicc.*, nit-ac., rhus-t., sulf., *syph.*

- Mitternacht <: *chin.*

vor M. <: cham.

nach <: ars., *med.*

1 Uhr <: ars.

3 Uhr <: am-c.

Periodizität

- 2. Tag, jeden: *alum.*, *chin.*

alle 3 Wochen: mag-c.

Abwärtsgehen <: bor.

- Abwärtsfahren <: *bor.*

Alkoholische Stimulantien: asar.

- <: *glon.*, *nux-v.*
- Bier < (KK s. **Nahrungsmittel**): *nux-v.*
- empfindlich gegen: *tab.*
- üble Folgen von: *sars.*
- Gonorrhoe < von: *nux-v.*
- Menses zu lange, zu reichlich und schmerzhaft von: *nux-v.*

Wein < (KK s. **Wein**): *anan.*, nux-v.

– **Anregungsmittel**

- <: *glon.*, *nux-v.*
- Abhängigkeit von A.: *asar.*
- Mißbrauch von A.: *asar.*, *nux-v.*

Anstrengung, körperliche

<: ⁝asaf., cycl., *mill.*, nat-c.

>: sep.

Aufstoßen >: *cinnm.*

Baden

<: am-c., *murx.*, sulf.

- heißes <: *aesc.*

kaltbaden <: mag-p.

>: *burs-p.*, ⁝*puls.*

leidende Teile >: *aloe*, *apis*

- warmes <: *lach.*

See, baden in der S. <: mag-m.

Berührung berührt werden

<: acon., bell., cic., cina., cinnab., coff., hep., kali-c., *lac-c.*, lach., *lyss.*, nux-v., phos., staph.

- empfindlich gegen: *caust.*

Kleidung, durch (s. **Kleidung**)

leichte B. <: *chin.*

Bewegung <: agar., ⁝arn., berb., bry., coff., *erig.*, *euphr.*, *helon.*, *lac-c.*, mosch., pall., senec.

>: cham., *cub.*, dulc., *fago.*, *jod.*, plat., puls., rhus-t.

Abneigung gegen: chin., gels.

- Fieber, während: *gels.*

Anfang, am A. der Bewegung <: puls., rhus-t.

- anstrengende Körperübungen >: *sep.*
- leichte >: *ferr.*, *mag-p.*, ⁝*puls.*

Blähungsabgang >: *aloe*

Coitus nach dem <: agar., anan., *benz-ac.*

Druck

<: *lach.*

>: bor., glon.

- leichter >: *nat-c.*
- starker >: *chin.*, *lach.*

Dunkeln, im >: *lac-d.*

Entblößen <: *arg-n.*
(vgl. **Wärme** Kleidung)
- >: *lyc.*

Erschütterung, von <: *lac-c.*
(vgl. **Fahren**)

Essen<: agar., aloe, *dor.*
nach dem <: *lil-t.*, lyc., nux-v.
>: *fago.*
nach dem >: jod.
Frühstück, nach dem > (KK s. **Frühstück**): nux-v.
Schwelgerei, Folgen von: nux-v.

Fahren im Wagen oder in der Bahn
<: arg-n., *berb.*, cocc., lyss.
>: nit-ac.

– **Festhalten** des schmerzenden Körperteiles >: *bor.*

Freien, im (s. **Luft**, frische Luft)

Frühling <: ant-t., *merc-j-f.*

Gehen
<: aesc., aloe, mur-ac.
>: ambr., cycl., lyc., nat-m., op., rhus-t.
Freien, im <: am-c.
>: lil-t., mag-m.
langsam Gehen >: ferr., puls.

Getragen, will getr. werden: cham.

– **Gewiegt** werden >: *cham.*

Herbst <: *aloe*, *dulc.*

Hitze (KK s. **Wärme**, warme Luft)
<: bry., cham., *cinnab.*, glon., lach., merc., sec., sulf.
>: caust., rhus-t.

Impfung, nach: thuj.

Kälte
<: caps., cycl., dulc., hep., mag-m., *med.*, nux-v., psor., rhus-t., sil.
- kalte Anwendungen >: *glon.*, *puls.*
Kaltwerden <: *aur-m.*
>: op.

kalte Nächte und heiße Tage (s. **Wetter** Temperaturwechsel)
Luft kalte <: agar., am-c., *ant-t.*, alum., ⁝*apis*, *cycl.*, *euphr.*, mag-c.
- >: *bufo*, *lil-t.*, *sec.*, *sulf.*
Wetter[1] (s. **Wetter**)

Klavierspiel <: nat-c.

Kleidung wird nicht ertragen: arn., *helon.*, lach., lyc.
(vgl. **Entblößen**)
Lösen der K. >: lyc.

Klimakterium Krankheiten im: *amyl-n.*, *carb-v.*, con., glon., graph., helon., *op.*, sang.

– **Lesen** <: *stann.*

Licht <: *canth.*, *lyss.*
- Menses, während <: *nux-v.*

Liegen
<: murx.
>: bell., calc-p., *dor.*, *euphr.*, ferr., *gels.*, kali-c., *lac-d.*, nat-m., nux-v., psor., *stann.*
Bauch, auf dem B. liegen >: am-c.
Rücken <: *puls.*
- nachts <: *cinnab.*
- Blasensymptome <: *puls.*
Seite links <: *lil-t.*, *nat-m.*, puls.
- *links* >: *pall.*, *phos.*, *puls.*
rechts <: mur-ac.
- Menses, während <: *pall.*
- >: *sulf.*

Luft Abneigung gegen frische Luft: cycl.
frische, im Freien <: ⁝*anan.*, cham., coff., *cycl.*, *euphr.*, sil.
>: ambr., arg-n., *burs-p.*, *fago.*, lil-t., mag-m., mosch., ⁝puls., sulf.
- kühle frische L., im Freien >: *aesc.*, *ant-t.*, *puls.*, *sabin.*
(vgl. **Kälte**)
Seeluft <: nat-m.
- Verlangen L. zugefächelt zu bekommen: *carb-an.*, *chin.*

1 KK kaltes Wetter bei Kälte Wetter

- Schmerz, während: *carb-v.*
- kräftig zugefächelt zu bekommen: *chin.*
- leicht zugefächelt zu bekommen: *carb-v.*

Verlangen nach frischer Luft: *amyl-n.*, arg-n., carb-v., lyc., puls.

- Menses, während: *lach.*

Zugluft <: *euphr.*, mag-p.

- geringste <: *chin.*

Menses, vor <: *ang.*, *bufo*, puls.

während

<: am-c., am-m., bor., bufo, ign., mag-c., puls.

>: *ang.*, cimic., cycl., lac-c., lach., *mag-c.*

- psychische Symptome >: *cimic.*, *cycl.*, *lach.*

Mond Neumond, bei <: sil.

Vollmond <: lyc., nat-c.

zunehmendem Mond <: lyc.

Nässe, Naßwerden, Folgen von: dulc., rhod., rhus-t.

Nahrungsmittel

Austern <: lyc.

Butter <: puls.

Eis (s. gefrorene Speisen)

Fett <: nux-v., puls.

Gebäck <: puls.

gefrorene Speisen <: puls.

Kaffee <: *coff.*

kalte Speisen <: lyc.

- >: *puls.*

Kartoffeln <: alum.

Salz <: mag-m.

Schweinefleisch <: cycl.

schwere Speisen <: *nux-v.*, puls.

Süßigkeiten <: arg-n.

- Suppen <: *alum.*

Teigwaren <: nat-c.

warme Getränke >: lyc.

- warme Speisen >: *lyc.*
- Wasser <: *canth.*

Quecksilber, Folgen des Mißbrauchs von: aur., kali-j., staph.

Rauchen (s. **Tabak**)

Reiben >: nat-c., rhus-t.

Ruhe, von

- <: *cycl.*, *jod.*, *kali-s.*, *mag-c.*, *pall.*, *plat.*, *rhus-t.*, *sulf.*
- >: *aesc.*, *euphr.*, *glon.*, *ign.*, *nux-v.*

Säfteverlust, Folgen von: *acet-ac.*, *alet.*, chin., staph.

Blutung nach (s. **ALLG. Blutung**, nach)

– **Schaukeln** <: *bor.*

Schlaf

während des Sch. <: agar.

- Nervensymptome >: *agar.*

nach <: *crot-h.*, lac-c., lach., op., *syph.*

>: *pall.*

Schweiß

Schwitzen <: merc., op.

Unterdrückung, Folgen von[1]: dulc., cupr.

Schwelgerei, Folgen von (s. **Essen**)

Seiten

abwechselnde S.: lac-c.

links: lach.

rechts: lyc., *mag-p.*

Sexuelle Ausschweifungen Folgen von: agar., carb-v., nux-v.

sex. Erregung <: *plat.*

– **Singen** <: *stann.*

Sitzen

Hinsetzen von <: cycl.

im S. <: *lac-d.*

>: bell., *calc-p.*, ferr., kali-c., stann.

Sommer, im

<: cinnab., *merc-j-f.*

- >: *ol-j.*

Sonne, Folgen von Sonnenbestrahlung: nat-c.

Sprechen <: stann.

Stehen <: aloe, bell., ferr., *helon.* *lac-c.*, lil-t., *pall.*, sulf.

1 K und KK haben diese Rubrik zweimal, in ALLGEMEINES MODALITÄTEN und in SCHWEISS, jedoch nicht identisch.

Steigen <: calc-p., *jod.*, sulf.
– **Stille**
- <: *rhus-t.*
- >: *aesc.*, *lac-d.*, *nux-v.*
(vgl. **GEMÜT Empfindlich** Geräusch, gegen)

Stuhlgang nach >: aloe
Sturm (s. **Wetter** Gewitter)
Tabak
<: *dor.*, staph.
- < die Gonorrhoe bei Menschen, die gegen berauschende oder anregende Getränke empfindlich sind: *tab.*
- Verlangen nach: :*nux-v.*

Trinken <: *aloe*, *dor.*
– **Unterdrückung**
- Absonderungen, Folgen von unterdrückten: *asaf.*
- Hautausschläge, Folgen von: *dulc.*
Schweiß (s. **Schweiß**; **SCHWEISS**)

Urinieren, nach >: *berb.*
- reichliches > (Gicht): *benz-ac.*

Wärme, Wärmeanwendung
<: *aesc.*, *cycl.*, glon., *merc-j-f.*, puls., sil., sulf.
- >: :*ars.*, *caust.*, *dulc.*, *euphr.*, *ferr.*, *hep.*, *ign.*, *nux-v.*, *rhus-t.*, *sil.*
Bettwärme <: ambr., led., merc., *murx.*, op., sec., *syph.*
Einhüllen, warmes <: *sil.*
- Fußbad warmes <: *bufo*
- Hause, im H. bleiben >: *euphr.*
Kleidung, warme <: *sil.*
(vgl. **Entblößen**)
Luft, warme <: merc.
Wetter, warmes (s. **Wetter**)
Zimmer warmes <: *am-c.*, ambr., bry., bufo, mag-m., mosch., puls., sulf.

Wechseljahre (s. **Klimakterium**)
Wein (s. **Alkoholische** Stimulantien)
Wetter (vgl. **Kälte**; **Luft**; **Wärme**)
feuchtes <: am-c., ant-t., arg-n., dulc., *erig.*, *kali-s.*, *med.*, merc., rhod.
- >: *hep.*, *mag-p.*
- heißes <: *aloe*
(vgl. **Wärme**; **Luft**, warme)
- kaltes (KK s. **Kälte** Wetter) <: *anan.*, *ant-t.*
- >: *kali-bi.*
naßkaltes <: :*anan.*, bor., colch., dulc., ferr., *mag-p.*
schönes W. <: caust.
Sturm, Gewitter, während <: nat-c., :*rhus-t.*
beim Herannahen von St., Gew. <: agar., :*calc-p.*, phos., rhod., rhus-t.
- Temperatur mittlere >: *cinnab.*
Temperaturwechsel <: *aloe*, *dulc.*, *podo.*
- fallende T. <: *dulc.*
- kalte Nächte und heiße Tage <: *aloe*, *podo.*
steigende T. < (KK s. **Wetter** Wetterwechsel von kalt zu warm): *dulc.*
trockenes W. <: caust.
- >: *am-c.*
- trockenes, warmes W. >: *dulc.*, *rhus-t.*, *sulf.*
warmes W. < (KK s. **Wärme** Luft, Wetter): aloe, jod., podo.
- >: *rhus-t.*
feuchtwarmes W.
- >: *caust.*
Wetterwechsel <: *anan.*, *arg-n.*, :calc-p., dulc., hep., psor., rhus-t., sulf., *syph.*
- Barometer fallend <: *dulc.*, *rhus-t.*
Wind macht Beschwerden: rhod.
windiges und stürmisches W. <: *merc.*, rhod.

Winter, im W. <: alum., *ol-j.*
Zugluft (s. **Luft**)

ALLGEMEINES EMPFINDUNGEN

Ameisenlaufen: agar
(vgl. **Prickeln**)
Analgesie innere Organe
- Pfortadersystem: *podo.*
– **Eingeschnürt** Seil, ein enges S. um den Körper gewunden, Gefühl als wäre: *alum.*
Empfindlichkeit Schmerz, gegen: cham., coff.
Hitzegefühl: agar.
(vgl. **ALLGEMEINES Hitzewallungen**)
- prickelnd: *ol-an.*
Kälte (s. **Lebenswärme**; **FROST**)
– **Kältegefühl**: agar.
– **Lahmheitsgefühl**: *cinnab.*, *rhus-t.*
(vgl. **Schwere**; **EXTREMITÄTEN Lahmheit**)
Lebenswärme, Mangel an (kälteempfindlich, dauerndes Frieren): am-c., carb-an., sil.
Luftzug, Gefühl wie von kalter Luft angeblasen: lac-d.
– **Nadeln**, Gefühl als ob heiße N. ins Fleisch dringen: *agar.*
– **Ohnmächtiges** Gefühl: *burs-p.*
(vgl. **ALLGEMEINES Schwäche**, Erschlaffung der Muskeln; **ALLGEMEINES Ohnmachten**)
Prickeln innerlich
- Strom, wie von elektrischem: *mag-p.*
Pulsieren, äußerlich: arg-n.
innerlich: glon.
- Arterien: glon.
Schmerz
beginnt allmählich und hört allmählich auf: plat.
allmählich und hört plötzlich auf: *cimic.*
plötzlich: *mag-p.*
und hört plötzlich auf: bell., mag-p.
blitzartig (s. beginnt plötzlich)
brennend: canth.
- wie Feuer Krebs, bei: *bufo*
drückend: bry.
- krampfartig: *benz-ac.*, *coloc.*, *mag-p.*, *merc-j-f.*
- neuralgisch: *mag-p.*
- quälend (Wehtun)[1], Fieber, während: *gels.*
- rheumatisch Menses, vor: *calc-p.*
schießend, scharf: *acon.*, *bry.*
schneidend innerlich: acon.
- Stechen, schmerzendes[2]: *agar.*
stechend[3]: bry., kali-c.
wandernd: goss., kali-c., lac-c., *pall.*, puls.
- flüchtig: *pall.*
- Gonorrhoe, während: *gels.*
- Menses, anstelle: *gels.*
- während: *gels.*
wund wie zerschlagen[4]: arn., cimic., rhus-t.
innerlich: *am-c.*
- *erstreckt sich* von vorn nach hinten: *bell.*
- *Gelenkhaut* (membrana synovialis): *colch.*
- *Knochen*: aur., *cinnab.*, *kali-j.*
- nachts <: *kali-j.*, *syph.*
- Bewegung, von >: *kali-j.*
- Hitze >: *kali-j.*
- Ruhe, während <: *kali-j.*
- *Knochenhaut*: *aur.*, *cinnab.*, *colch.*, *staph.*
- nachts <: *syph.*
- *Muskeln*: *gels.*
- Fieber, bei: *gels.*

1 engl. aching
2 engl. stinging
3 engl. stitching
4 engl. sore

Schmerzlosigkeit von Beschwerden, die gewöhnlich schmerzhaft sind: *con.*
Schwellung, Gefühl von: *dor.*
Schwere
äußerlich: bry., *cedr.*, colch., *dor.*, stann.
- Menses, während: *helon.*
innerlich: bry., *cedr.*, *dor.*, stann.
– **Steifheit**: *rhus-t.*
Zittern Gefühl von Z. innerlich: arg-n., *lac-f.*
Zusammenschnüren innerlich: bell., *bufo*

MIASMENZUGEHÖRIGKEIT

der Mittel aus der Materia Medica von J. H. Allen

– **Psora**: *acon.*, *ambr.*, *bor.*, *coff.*, *cupr.*, *hyos.*, *ign.*, *ip.*, *kali-c.*, *kali-j.*, *lil-t.*, *lob.*, *mosch.*, *mur-ac.*, *nux-v.*, *orig.*, *plat.*, *podo.*, *ran-b.*, *sec.*, *sulf.*
- hysterischer Anteil: *cimic.*
- wirkt auch bei Syphilis: *sec.*
– **Psora und Pseudo-Psora**: *alum.*, *sulf.*
– **Psora und Sykose** (s. **Sykose und Psora**)
– **Pseudo-Psora**: *acet-ac.*, *acon.*, *aesc.*, *am-c.*, *am-m.*, *apis*, *ars.*, *ars-j.*, *bar-c.*, *bell.*, *bor.*, *bov.*, *brom.*, *calc-c.*, *calc-p.*, *caps.*, *coca*, *cocc.*, *cupr.*, *ferr.*, *graph.*, *ham.*, *helon.*, *hep.*, *hyos.*, *ip.*, *jod.*, *kali-bi.*, *kali-c.*, *lac-d.*, *lil-t.*, *mang.*, *merc.*, *mez.*, *mill.*, *mur-ac.*, *nat-c.*, *nat-m.*, *ol-j.*, *petr.*, *phos.*, *plat.*, *podo.*, *puls.*, *ran-b.*, *sang.*, *sarr.*, *sil.*, *stann.*, *xanth.*, *zinc.*
– **Pseudo-Psora und Sykose**: *bufo*, *gels.*, *kali-j.*, *kali-s.*
– **Pseudo-Psora und Sykose mit Syphilis**: *cinnab.*
– **Pseudo-Psora und erworbene Sykose**
3. Stadium: *chim.*, *ol-j.*
- und erworbene unterdrückte Sykose: con.
– **Gonorrhoe mit Syphilis**: *nit-ac.*, *staph.*
- mit ererbter syphilit. Anlage: *nit-ac.*
Sykose: *aesc.*, ant-c., arg-m., arg-n., *berb.*, *bufo*, *canth.*, *caps.*, *cedr.*, *cham.*, *chim.*, *cimic.*, *colch.*, *crot-h.*, *crot-t.*, *gamb.*, *gels.*, kali-c., *lac-c.*, *led.*, lyc., med., *nat-c.*, phyt., *rhus-t.*, sabin., *sarr.*, sars., staph., thuj.
- erworbene, 3. Stadium: *chim.*
- Bösartigkeit als Folge: *con.*
- ererbt: *benz-ac.*, *cham.*, *rhus-t.*
- ererbt, (Kinder) Eltern erworben: *benz-ac.*, *cham.*
- 1. und 2. Stadium: *cop.*
- 2. Stadium: *rhus-t.*
- Ende: *thuj.*
- 2. und 3. Stadium: *dulc.*, *rhus-t.*
- 3. Stadium: *benz-ac.*, *berb.*, *dulc.*, *lac-c.*, *lyc.*, *sars.*, *thuj.*
- Gicht der Füße: *kali-s.*
- Kondylome: *kali-s.*
- Rheumatismus: *cimic.*, *dulc.*, *rhod.*
- Warzen: *kali-s.*
- chronische: *agar.*, *ant-c.*
- Brustsymptome: *chim.*
- Menstruations-Symptome: *croc.*
- psychische Symptome: *anac.*
- unterdrückt: *rhus-t.*
– **Sykose und Psora**: *agar.*, *anac.*, *ant-t.*, *arg-m.*, *berb.*, *bov.*, *cic.*, *coloc.*, *croc.*, *helon.*, *kali-bi.*, *lil-t.*, *mag-c.*, *murx.*, *ol-j.*, *sep.*, *sulf.*
- mit syphilitischer Belastung: *cinnab.*
– **Sykose und Pseudo-Psora**: *bufo*, *gels.*, *kali-j.*, *kali-s.*
Sykose und Syphilis (vgl. **Syphilis und Sykose**): *asaf.*, *cinnab.*, *kali-j.*, *merc-d.*, *staph.*

- Ende 2. oder Beginn 3. Stadium: *sars.*
- 3. Stadium: *cinnab.*
- Ausbruch kurz nach der Geburt: *cinnab.*

Syphilis: cinnab., jod., kali-j., merc., *merc-d.*, merc-j-f., mez., syph.
- 2. Stadium: *nit-ac.*
- 2. und 3. Stadium: *nit-ac.*
- 3. Stadium: *nit-ac.*
- chronisch: *aur.*

– **Syphilis und Gonorrhoe**: *kali-bi.*, *lac-c.*, *merc.*, *thuj.* (vgl. **Gonorrhoe und Syphilis**)
- Schanker und Gonorrhoe: *lach.*
- Schanker, weicher und Gonorrhoe: *kali-bi.*, *lac-c.*, *lach.*, *lyc.*

– **Syphilis und Psora**: *kali-j.*, *sulf.*

– **Syphilis und Sykose**: *fl-ac.*, *kali-j.*, *nit-ac.*, *sars.*, *staph.*
- alte chron. Fälle: *fl-ac.*

– **Alle Miasmen**[1]: *con.*, *jod.*, *sec.*
- im 3. Stadium: *sil.*
- Brustsymptome: *chim.*

HOMÖOPATHISCHE TYPEN

(Aus den Arzneimittelbildern von J. H. Allen. Diese Hinweise sollten nur als *Möglichkeiten* angesehen werden, da wir ohne Repertorisation lege artis keine Mittel verabreichen.

ALLGEMEINES

– **Alte Sünder**: *hydr.*

– **Alte Sünderinnen** (Prostituierte): *calad.*

– **anämisch**: *ars.*, *berb.*, *lac-d.*, *nat-m.*

– anscheinend typische Calcium carbonicum-Patienten: *bell.*

– **Arbeit**, von harter Arbeit verbrauchte Frauen: *helon.*
- mit atonischem Uterus: *helon.*

– **Arbeiterfrauen**, starke Konstitutionen: *rhod.*

– **blasse**, anämische tuberkulöse Personen: *nat-m.*

– **dünne**, nervöse Blondinen: *ol-j.*

– **entkräftete** Frauen durch Verweichlichung und Luxus: *helon.*

erschöpfte ältere Frauen: *kali-c.*

– **heruntergekommene** Gesundheit: *lac-d.*

– **junge Witwen** oder sterile Frauen: *arg-n.*

– **Konstitution**
- lymphatisch: *calc-c.*, *murx.*, *puls.*, *tab.*, *thuj.*
  - lymphatische Frauen: *chim.*
  - tuberkulös oder Kropfanlage: *chim.*
- phlegmatische Frauen: *aloe*
- robust: *chin.*
- sanguinisch: *arn.*, *bell.*, *cinnab.*, *glon.*
  - sanguinische, plethorische Frauen mit sitzender Lebensweise: *acon.*
- leukophlegmatische Personen: *nat-c.*

plethorisch: chin., *glon.*
  - plethorische Frauen: *coca*, *sabin.*

– **Prostituierte**: *agn.*

– **Rauschmittelsüchtige**: *hydr.*

– **schwangere Frauen**: *alet.*

– **skrofulöse Personen**: *bar-c.*, *hydr.*

1 s. auch Tabellen S. 285

sykotische Frauen und Kinder: *benz-ac.*

–

– **Trägheit**, durch Trägheit und Luxus geschwächte Frauen mit atonischem Uterus: *helon.*

– **trockener Typ**, trockene Haut: *alum.*

– **vollblütige** junge Menschen: *bell.*

- Frauen: *bufo*
- Frauen und Kinder: *cham.*

ALTER

Alte Leute: carb-v.

- Damen: *kreos.*
- Jungfern: *am-c.*
- im Klimakterium: *con.*
- dünne, alte Leute: *ambr.*
- Sünder: *hydr.*
- Sünderinnen (Prostituierte): *calad.*

– **ältere** anämische Menschen: *berb.*

- Frauen: *am-c.*
- mit venöser Plethora: *carb-an.*
- die Anregungs- oder Betäubungsmittel lieben: *op.*
- dicke ältere Frauen: *bar-c.*
- erschöpfte ältere Frauen: *kali-c.*

früh Gealterte: agn., ambr., bar-c., *carb-v.*

– **Frauen im fruchtbaren Alter** oder Klimakterium: *murx.*

– **hellhaarige** Frauen und Mädchen in der Pubertät: *aur-m.*

– **junge** Leute: *bell.*

- mit drohender Lungenschwindsucht: *kali-c.*
- vollblütige Frauen: *bufo*
- Witwen oder sterile Frauen: *arg-n.*
- Mädchen: *ferr.*
- die viel sitzen: *acon.*
- kleine: *caul.*
- Menarche in: *cupr.*
- mit beginnender Tuberkulose: *ferr.*
- oberflächliche, eifersüchtige: *apis*
- Pubertät, in der: *aur.*
- nach: *hyos.*
- schnell gewachsene, dünne: *kreos.*

– **Jugendliche**: *calc-p.*

– **Knaben**, vorzeitig gealtert durch Gonorrhoe: *arg-n.*

– **Schulkinder**, psychisch gestörte: *op.*

– **Schulmädchen**: *mag-p.*

- rheumatisch: *calc-p.*
- zu schnell entwickelt: *calc-p.*

– **Kinder**: *cham.*

– **zwergenhafte**, unentwickelte junge Mädchen: *bar-c.*

AUGEN

– **blau**: *brom., caps., kali-bi., lil-t., lyss., nux-v.*

- blonde blauäugige Frauen: *brom.*
- mit blasser Hautfarbe: *puls.*

– **dunkel**: *mur-ac., nux-v., rob., sep.*

– **grau**: *lil-t.*

– **schwarz**: *aur., mur-ac., nit-ac.*

HAARE

– **blonde** Leute: *brom.*, *calc-c.*, *caps.*, *cycl.*, *hep.*, *kali-bi.*, *kreos.*, *lil-t.*, *lyss.*, *thuj.*
- Frauen: *agar.*, *lac-d.*, *lil-t.*, *podo.*
- blasse, blauäugige Frauen: *puls.*
- blasse und anämische Frauen: *calc-c.*
- blauäugige Frauen: *brom.*
- Frauen mit weißer Haut, blauen Augen: *lyss.*
- blauäugige, plumpe Menschen mit rotem Gesicht: *caps.*
- zarte junge Mädchen: *kreos.*

– **hellblonde** Leute: *sil.*

– **hellhaarige** Frauen: *agar.*, *calc-c.*, *cocc.*, *kali-bi.*
- dicke Frauen: *kali-bi.*
- Frauen und Mädchen in der Pubertät: *aur-m.*

– **sandfarben**: *caps.*

– **hellbraun**: *verat.*

– **braunes oder blondes** Haar: *cham.*

– **brünett**: *acet-ac.*, *cimic.*
- lebhaft, munter, aktiv, 19 J: ⁝*bov.*

– **dunkelbraun**: *nux-v.*

– **dunkles** Haar: *lac-c.*, *mur-ac.*, *nux-v.*, *sars.*
- Augen dunkel: *calc-p.*
- schlaffes Gewebe: *kali-c.*
- straffes Gewebe: *plat.*

– **schwarzes** Haar: *aur.*, *cham.*, *nit-ac.*
- eigensinnige, reizbare Frauen: *cham.*

HAUTFARBE

blaß: ant-t., calc-c., lac-d., *ol-j.*
- phlegmatisch: *cycl.*
- anämische tuberkulöse Personen: *nat-m.*
- blauäugige, blonde Frauen: *puls.*
- blonde oder hellhaarige und anämische Frauen: *calc-c.*
- kachektische, tuberkulöse Frauen: *ol-j.*

– **wachsartige** Gesichtsfarbe: *ars.*

– **bleichsüchtige** Mädchen: *alet.*

– **weiße** Haut, blonde Frauen mit blauen Augen: *lyss.*

– **helle** Gesichtsfarbe: *caps.*, *gels.*, *puls.*, *ust.*

– **hellhäutige** Frauen: *brom.*

– **blühende** Gesichtsfarbe: *lil-t.*

– **dunkel**: *alum.*, *thuj.*
- dunkle Gesichtsfarbe: *canth.*, *gels.*, *mur-ac.*, *nux-v.*, *rob.*

– **gelbe, kränkliche** Gesichtsfarbe, Frauen mit: *caust.*

STATUR UND HABITUS

– **Brust** eng zusammengezogen, Hühnerbrust: *phos.*

dünn (KK s. **Magere** Menschen): *acet-ac.*, *alum.*, ambr., *lac-d.*, sulf.
- alte Leute: *ambr.*
- cholerische Frauen: *nux-v.*
- gebückt gehende Frauen: *sulf.*
- knochige Frauen: *sec.*
- nervöse Blondinen: *ol-j.*
- reizbare Frauen: *nux-v.*

fettleibig: kali-bi.
- gutmütige Frauen mit Gebärmuttervorfall oder -atonie: *op.*
- gutmütige Frauen, hartnäckig verstopft: *op.*

– **gedrungenen**: *chin.*

– **groß**: *ars.*, *kreos.*, *lac-d.*
  - schlank: *lac-c.*, *nit-ac.*
  - schlanke, anämische Blondinen: *lac-d.*
  - schlank, schwächlich und ohne Muskelkraft: *calc-p.*
  - dünne Leute: *acet-ac.*, *phos.*
  - dünne Frauen: *sep.*, *xanth.*
  - dünne, schmalbrüstige Frauen: *phos.*
  - magere Frauen mit sitzender Lebensweise: *xanth.*
  - tuberkulöse Frauen: *ust.*, *nux-v.*
– **klein**: *asar.*, *bar-c.*
– **Kopf groß**: *bar-c.*
  - Bauch und Kopf groß: *bar-c.*
– **kränkliche**, schwache und zarte Frauen: *am-c.*
– **mager**: *agar.*
  - kachektisch: *sec.*
  - blasse, tuberkulöse Frauen: *ol-j.*
  - Glieder mager: *bar-c.*
  - junge Frauen: *verat.*
– **muskelschwach**, dünnes Blut: *sil.*
– **plump**: *caps.*
  - dicke, schlaffe Leute: *caps.*
– **schlaffes Gewebe**, dunkles Haar: *kali-c.*
– **schlaffe**, empfindliche, nervöse Frauen: *bor.*
  - schlaffe Muskeln: *verat.*
  - schlaffe Muskeln, schlaffe Haut: *agar.*
– **schwach**: *ars.*
  - schwache Frauen: *sep.*
  - Muskeln, schwache: *sil.*
– **starke Konstitution**: *rhod.*
– **straffes Gewebe** (Tonus): *con.*, *nux-v.*
  - dunkles Haar: *plat.*
– **vollblütig**: *arn.*, *asaf.*, *bufo*
– **zart**: *kreos.*
  - Frauen: *cimic.*
  - anämische Frauen: *helon.*
  - blonde, großgewachsen für ihr Alter: *kreos.*
  - bleichsüchtige Frauen: *ferr.*

zwergenhaft: bar-c.
  - zwergenhafte, unentwickelte junge Mädchen: *bar-c.*

Verwandschaften der Mittel untereinander

(Es wurden nur die Beziehungen angeführt, die nicht im „Gibson/Miller" zu finden sind.)

Amyl-nitr.
wirkt besser in CM-Potenz[1].

Angustura
Folgt manchmal auf Pulsatilla.

Berberis
steht zwischen Kali carb. und Bryonia.

Capsicum
Folgt gut: Nat-m., Silicea, Sulfur.

Chimaphila
Folgt manchmal auf Cistus canadensis.

Causticum
Folgt gut: Rhus tox. nach Überanstrengung der Blase.

Graphites
Folgt auf Sepia bei Fluor.

Millefolium
Folgt auf Arnika nach Sturz, mechanischer Verletzung, Überanstrengung.

Natrium carb.
Folgt auf Sepia bei herabdrängenden Schmerzen der weibl. Genitalien.

[1] vgl. Fußnote Seite 304

Anhang

Lexikon
Register

Lexikon

*Alle mit * bezeichneten Wörter sind bereits im Lexikon Band 1 vorhanden.*

Abortus	Fehlgeburt
***Adnexe**	Anhänge der Gebärmutter (Uterus): Eileiter (Tuben) und Eierstöcke (Ovarien)
***Allopathie**	von Hahnemann eingeführter Begriff für die Therapie der Schulmedizin; gilt auch für die heutige pharmakologische Lehrmedizin.
Amenorrhoe	Ausfall der Menstruation
Adhäsion	Verwachsung, Verklebung
Analgesie	Gefühllosigkeit, Schmerzlosigkeit
***Anasarka**	Hautwassersucht; ausgedehntes Ödem des Unterhautzellgewebes
***Anus**	After
Ascites (Aszites)	Bauchwassersucht
Atonie	Schlaffheit, Erschlaffung
***Atrophie**	Schwund, Verkümmerung, Schrumpfung. Organschwund durch Mangelernährung.
Basilarmeningitis	tuberkulöse Hirnhautentzündung an der Hirnbasis
Brightsche Krankheit	schwere Nierenkrankheit mit Ödemen und Albuminurie (Eiweißausscheidung im Harn), Nephrose
***Bubo**	entzündlich vergrößerter Lymphknoten in der Leistenbeuge (bei Gonorrhoe oder Syphilis)
Cervicalregion	Hals-, Nackenregion, Halswirbelsäule
***Cervix**	Gebärmutterhals
Chlorose	Bleichsucht, Form der Anämie
***Chorea**	Veitstanz; Zuckungen an den Extremitäten, Grimassieren usw.
Coccygium	Steißbein
Coitus	s. Koitus
Continua febris	anhaltendes Fieber ohne wesentliche Schwankungen
***Diarrhoe**	Durchfall
Dysmenorrhoe	schmerzhafte Menstruation (Monatsblutung)
distal	weiter vom Rumpf entfernte Teile der Extremitäten
Dorsalregion	Gegend der Brustwirbelsäule
***Dysenterie**	Ruhr, ruhrartiger Durchfall
Dyskrasie	fehlerhafte Blutzusammensetzung
Dysmenorrhoe	schmerzhafte Monatsblutung
***Elephantiasis**	unförmige Anschwellung einzelner Körperteile (bes. der Extremitäten) als Folge von Lymphstauung mit Bindegewebsvermehrung und Verdickung der Haut
***Enuresis nocturna**	Bettnässen
Erysipel	Wundrose
Exostose	gutartige Knochengeschwulst, die von der Knochen-

	oberfläche ausgeht
***Exsudat**	durch Entzündung bedingte Ausschwitzung von Flüssigkeit und Zellaustritt aus den Blutgefäßen und Lymphbahnen
Fibrille	Fäserchen
***fibrös**	faserig; aus derbem Bindegewebe bestehend
Fissur	Riß, Einriß, Schrunde
Flatulenz	reichlich abgehende Blähungen; Aufblähung des Magens oder der Därme
fluktuieren	schwanken; Wellenbewegung bei Palpation oder Perkussion,
***Fluor (albus)**	Weißfluß, Ausfluß aus den weibl. Genitalien, Leukorrhoe
fungoid	pilzartig, schwammig
Fungus	Pilz
Ganglion	Nervenknoten außerhalb des Zentralnervensystems gelegen
***Gangrän**	Brand, Gewebsnekrose, Nekrose
***gastrointestinal**	magendarm-bedingt
***Gastrointestinaltrakt**	Magen-Darmtrakt
Haemoptoe	Bluthusten, Blutspucken
Hämorrhagie	Blutung
hektisches Fieber	das Fieber der chron. Tuberkulose (Steigerung am Abend, Nachlassen am Morgen)
***Herpes (simplex)**	plötzlich auftretende Reizbläschen gruppenweise angeordnet bis linsengroß auf gerötetem Grund; Viruserkrankung.
***Hypertrophie**	Vergrößerung der Zellen eines Organes
Hyperästhesie	Überempfindlichkeit
***Hypochondrium**	Unterrippengegend, seitliche Oberbauchgegend
Hypogastrium	Unterbauchgegend
***idiopathische Krankheit**	Krankheit eigenen Ursprungs; primär entstandene, selbständige Krankheit
Ikterus	Gelbsucht
***Impetigo contagiosa**	Eiterflechte, ansteckende Grindflechte
Interkostalneuralgie	Neuralgie im Bereich eines oder mehrerer Zwischenrippennerven
intermenstruell	zwischen den Monatsblutungen
***intermittierend**	zeitweise aussetzend
***Kachexie**	Kräfteverfall, Blutarmut und Auszehrung
Karotiden	Halsschlagadern
Katalepsie	Starrsucht; Zustand von Starre der Extremiäten
Klimakterium	Wechseljahre der Frauen
klonische Krämpfe	rasch aufeinanderfolgende, kurzdauernde Zuckungen antagonistischer Muskeln (vgl. tonische Krämpfe)
Koitus	Geschlechtsverkehr

Koma	Stadium tiefer Bewußtlosigkeit
***Kondylome**	(Condylome) Feigwarzen; warzenähnlicher Befall der Haut im Genital- und Analbereich
***Kongestion**	Blutüberfüllung, Blutandrang, Stauung
Konkremente	Steine; Abscheidung fester Massen in Sekreten od. Exkreten oder innerhalb der Körpergewebe
Konstriktion	Einschnürung, Einengung
Kontraktion	Zusammenziehung
***Konvulsion**	über den ganzen Körper verbreitete Muskelzuckungen, Schüttelkrampf
***Läsion**	Schädigung, Verletzung, Schaden; krankhafte Veränderung, Prozeß
***latent**	verborgen, versteckt
Leukorrhoe	Fluor, Weißfluß; Ausfluß aus den weibl. Genitalien
Liniment	Einreibung; weiche Salbe oder dickflüssiges Gemisch
Leukophlegmasie	(Phlegmasia alba dolens) weiße, schmerzhafte Schenkelgeschwulst infolge Thrombophlebitis der Vena femoralis (Oberschenkelvene)
Lochien	Wochenfluß (im Wochenbett)
***Lumbago**	Lendenweh, Hexenschuß
Lumbalregion	Gegend der Lendenwirbelsäule
Mamma	weibl. Brust
Meatus	Ausgang od. Mündung der Harnröhre
Membran	zarte Haut, Häutchen; Belag
Menopause	Aufhören der Monatsblutungen im Klimakterium
***Menorrhagie**	abnorm starke Monatsblutung
***Mesenterium**	Dünndarmgekröse
Metrorrhagie	Gebärmutterblutung außerhalb der Menstruation
Myofibrille	Muskelfäserchen aus denen der M. zusammengesetzt ist
fibrilläres Zucken	schnell aufeinanderfolgende Kontraktionen einzelner Muskelfibrillen
***Naevus**	Mal, Muttermal; umschriebene Fehlbildung der Haut, u. a. auch hyperplastisch
Nymphomanie	Mannstollheit
***Obstipation**	Stuhlverstopfung
Oesophagus	Speiseröhre
Onanie	Selbstbefriedigung (Masturbation)
Opistotonus	Krampf der Rückenmuskulatur mit Rückwärtsbeugung (bei Tetanus u.a.)
***Ovar**	Eierstock
Ödem	Wassersucht
ödematös	wassersüchtig
Oxyuren	Madenwürmer 2 – 5 mm lang
Palliativmittel	lindernde Mittel. die gegen einzelne Symptome, nicht gegen die Krankheit selbst wirken.
Papel	Knötchen, Blatter: primärer, über das Hautniveau er-

	habener Hautausschlag, meist flach, kleiner oder größer
***Panaritium**	Nagelgeschwür, eitrige Nagelentzündung, Umlauf
Papillom	meist gutartige Geschwulst, den Hautpapillen ähnlich
***Papula**	Knötchen, Blatter, Papel
Paralyse	vollständige Lähmung
Parese	unvollständige Lähmung
***Pathologie**	die Lehre von den Krankheiten
***Perineum**	Damm, Bereich zwischen After und Genitale
Petechien	punktförmige Hautblutungen
phagedänisch	weiterfressend (Geschwür)
Plethora	Blutüberfülle
***Pollution**	Samenerguß im Schlaf
postgonorrhoischer Katarrh	Nachtripper, chronischer Harnröhrenausfluß
postgonorrhoisch	nach der Gonorrhoe auftretend
Priapismus	krankhafte und schmerzhafte Erektion ohne geschlechtliche Erregung
***Prolaps**	Vorfall
***Prolaps uteri**	Gebärmuttervorfall
Pruritus	Jucken
proximal	näher am Rumpf
Pseudo-Psora	die tuberkulöse Diathese, die ererbte tuberkulöse Disposition. (s. Band 1)
Psora	von Hahnemann entdeckte Urkrankheit, die allen anderen Krankheiten zugrunde liegt und sich ursprünglich auf der Haut abspielte. (Thema von Band 1, bes. S. 9–12, 15–19, 46–47, zieht sich durch das ganze Werk.)
***Rektum**	Enddarm, Mastdarm
***Retroflexion**	Rückwärtsknickung (der Gebärmutter)
***Retroversion**	Rückwärtsbeugung, Rückwärtsverlagerung
Sacralregion	Kreuzbeingegend
Sacroiliacalgelenk	Kreuzbein-Darmbeingelenk
Satyriasis	krankhaft gesteigerter Geschlechtstrieb beim Manne
***Sepsis**	Blutvergiftung, bakterielle Allgemeininfektion
serös	auf Serum bezüglich
Sinus	Vertiefung, Höhle; auch geschlossener Kanal
Skrotum	Hodensack
Sphinkter	Schließmuskel
Strangurie	schmerzhafter Harndrang, Harnzwang
Stupor	Zustand völliger Bewegungslosigkeit und Stummheit mit völliger Reaktionslosigkeit gegenüber Außenreizen; Betäubung, Stupor
***Subinvolution**	mangelhafte Rückbildung der Gebärmutter im Wochenbett
***Suicid**	Selbstmord

supraorbital	über der Augenhöhle liegend
Sykose	chron. Krankheitszustand nach unterdrückter Gonorrhoe, kann auch durch Impfung entstehen; erblich. (Thema von Band 1, Teil II)
***Szirrhus (Scirrhus)**	Faserkrebs, harte oder derbe Geschwulst
***Tenesmus**	beständiger, schmerzhafter Drang
Thrombophlebitis	Entzündung der Gefäßwände, am häufigsten der Unterschenkelvenen
***Tibia**	Schienbein
Tinea	Fadenpilzerkrankung, Trichophytie
tonische Krämpfe	Kontraktionen von starker Intensität und langer Dauer, z. B. bei Tetanie und Tetanus
Torpor	Regungslosigkeit, Stumpfsinn, Schlaffheit
***Tube (tuba uterina)**	Eileiter
***Uterus**	Gebärmutter
Vagina	Scheide
Varizen (Varicen)	Krampfadern
vasomotorisch	die Gefäßnerven betreffend
***Verruca**	Warze
vikariierend	stellvertretend
Vulva	äußere weibl. Geschlechtsteile
Zyanose	Blausucht
Zervix s. Cervix	
***Zyste (Cyste)**	durch eine Kapsel abgeschlossene, sackartige Geschwulst mit flüssigem Inhalt

Register

Die römischen Ziffern geben das Kapitel der Arzneilehre an, in dem das jeweilige Mittel zu finden ist, dahinter steht die Seitenzahl.

C. HERING
„LEITSYMPTOME UNSERER MATERIA MEDICA"

10 Bände aus dem Englischen übersetzt und herausgegeben von Renée von Schlick, mit einem Vorwort von Dr. O. Eichelberger. Ab Band 2 mit vollständigen Querverweisen zu Hahnemann „Reine Arzneimittellehre" und „Chronische Krankheiten", ca. 1.800 Verweise pro Band.

Der Preis des gesamten 10-bändigen Werkes beträgt zur Zeit DM 1.299,00
Band 1 wird auch allein abgegeben, er enthält alle Säuren. Preis DM 168,00.
Bei folgender Abnahme aller Bände gilt der Gesamtpreis.

Mit ca. 6.100 Seiten stellt der HERING die umfangreichste klassische Arzneimittellehre dar, die bis jetzt in deutscher Sprache vorliegt. Als Schüler und Zeitgenosse Hahnemanns hat HERING mit diesem Werk eine umfassende Arzneilehre geschaffen, die zur Grundlage aller späteren Arzneimittellehren und Repertorien wurde.

Die Mittel sind in 48 Kapitel eingeteilt, die neben der KOPF- BIS FUSS-EINTEILUNG (35 Kapitel) noch zusätzliche Zusammenstellungen enthalten.

So geben die Kapitel NERVEN, GEWEBE oder HAUT schnell einen Überblick über die klinischen Heilungsmöglichkeiten eines Mittels, während man die Modalitäten in den Kapiteln RUHE, LAGE und BEWEGUNG / TEMPERATUR und WETTER / ANFÄLLE und PERIODIZITÄT findet.

Die Kapitel ALTER und KONSTITUTION oder VERWANDTSCHAFTEN sind ferner für Vergleiche wertvoll, sie enthalten Heilungsangaben, Beziehungen der Mittel und Vergleichsmittel.

Weitere Sammelrubriken sind z.B. ZEIT – ORT und RICHTUNG – EMPFINDUNGEN, auch „als ob" Empfindungen – BERÜHRUNG, VERLETZUNGEN – Aufzählung der geheilten Fälle im Kapitel LEBENSALTER – Angabe der Ähnlichkeit im Kapitel VERWANDSCHAFTEN, mit Verschlechterungen und Antidotes.

Ferner sind im HERING alle Heilungen mit ıı oder ı gekennzeichnet, so daß mit den Prüfungszeichen ıı und ı alle Symptome in 4 Wertigkeiten eingeteilt sind.

Der HERING ist ein wichtiges Werk, das jeder klassische Homöopath besitzen sollte.